FORMULAIRE

DE

L'HERBORISTERIE

CONTENANT

1º **Étude générale du végétal** au point de vue thérapeutique — Récolte — Conservation — Mise en valeur des principes médicaux — Adjuvants et incompatibles ;

2º **Répertoire alphabétique des végétaux et de leurs produits** : Nom — Synonymie — Habitat — Récolte — Composition — Effets thérapeutiques — Formules et emploi clinique ;

3º **Memorandum clinique.** — Indications dans les maladies — Formes pharmaceutiques, rationnelles et usuelles, par ordre alphabétique.

PAR LE

Dr S.-E. MAURIN

« Nul n'est thérapeute s'il ne connaît les vertus des plantes et le moyen de les mettre en valeur cliniquement. »

PARIS

LIBRAIRIE FÉLIX ALCAN

Successeur de GERMER BAILLIÈRE & Cie

108, BOULEVARD SAINT-GERMAIN, 108

—

1888

FORMULAIRE

DE

L'HERBORISTERIE

DRAGUIGNAN (VAR)

OLIVIER & ROUVIER

Imprimeurs-Editeurs

PRÉFACE

La Thérapeutique subit plus que toute autre branche de la médecine l'influence des idées doctrinales qui ont cours et de la mode.

Ainsi, à l'heure actuelle, il est de bon goût de prendre en commisération les naïfs qui se servent des *simples*.

Les plantes médicinales, pour la plupart des médecins, sont une remembrance de la vieille matière médicale.

On en brasse l'étude en quelques heures dans les cours, et la plupart des étudiants se hâtent d'oublier les notions fugaces qui leur ont suffi pour passer leurs examens.

Cependant, les plantes médicinales fournissent le contingent le plus sûr, le plus complet et le plus usuel à la Thérapeutique vraie, et le clinicien qui ignore tous les détails de la Botanique médicale n'est qu'un empirique redoutable.

Pourquoi néglige-t-on cette partie de l'art de guérir ? certains disent parce que le médicament doit être le plus simple possible et la médication par les végétaux se rapproche de la polypharmacie.

Les mêmes esprits forts envoient, chaque année, leurs malades aux Eaux qui, comme les plantes, représentent la polypharmacie !

Une réaction est nécessaire contre ces idées préconçues, systématiques et fausses.

Au point de vue pratique, il est certain que le médecin trouvera dans les plantes ses agents thérapeutiques les plus puissants. Mais il faut abandonner les vieilles traditions de la routine, et discuter la valeur des principes immédiats que les végétaux contiennent, il faut savoir apprécier la valeur médicale de chacun de ces principes immédiats, savoir comment ils se comportent avec les véhicules dans lesquels on les met ou avec les éléments dont ils subissent l'influence.

C'est ce plan de rénovation d'étude que nous allons suivre dans ce formulaire essentiellement pratique destiné à éclairer la conscience et l'esprit des cliniciens.

Laissant de côté la Botanique pure que nous considérons comme acquise à nos lecteurs ou pour laquelle nous les renvoyons aux traités spéciaux, nous allons déterminer : 1º les principes actifs ; 2º les préparations pharmaceutiques ; 3º les formules magistrales les plus avantageuses ; 4º les effets physiologiques et thérapeutiques de chaque plante.

Nous ferons précéder cette étude de notes sur

la récolte et la conservation des végétaux et de leurs produits.

Enfin nous terminerons l'ouvrage par une table analytique qui servira de répertoire thérapeutique.

Dr S.-E. MAURIN.

PREMIÈRE PARTIE

ÉTUDE GÉNÉRALE DU VÉGÉTAL

AU POINT DE VUE THÉRAPEUTIQUE

I

LA PLANTE ALIMENT OU REMÈDE

Au point de vue médical la plante est un aliment ou un remède.

Toute la partie alimentaire est assimilable par absorption immédiate ou après transformation par les sucs digestifs.

Dans l'aliment végétal on trouve: 1° des composés *albuminoïdes* renfermant O, C, H, A, Z, et en minime quantité S, Ph. De cette classe d'aliments sont le *gluten,* ou *fibrine végétale,* *l'albumine végétale,* la *légumine,* la *caséine végétale*;

2° des composés ternaires contenant C, H, O, dont la dernière oxydation forme toujours le *glycose,* de cette classe d'aliments sont *les sucres, l'amidon, la dextrine, la gomme, les mucilages, l'alcool, les aldehydes*;

3° des composés binaires contenant C, H, et constituant *les graisses* et *les huiles* que les sucs digestifs émulsionnent;

4° des sels divers à bases terreuses, métalliques, ammoniacales, et qui servent à la nutrition des tissus.

L'aliment végétal est donc aussi complet que l'aliment animal, mais la partie inerte du végétal, c'est-à-dire la partie inattaquable par les sucs digestifs est relativement considérable. Elle est fournie par la *chlorophylle*, *le ligneux*, tout le *squelette* du végétal.

Au point de vue thérapeutique la plante a, en outre de sa valeur alimentaire, des propriétés médicales qui proviennent :

1º De ses *principes immédiats*, combinaisons salines nées dans l'organisme végétal et afférentes à la vie propre de l'espèce ;

2º Des sels qu'elle contient et qui diffèrent avec les milieux dans lequel la plante végète ;

3º Des composés inattaquables par les sucs organiques et qui affectent différemment la muqueuse gastro-intestinale ou les parasites de cette muqueuse ;

4º Des sucs qui découlent normalement ou anormalement de la plante et constituent de nouvelles substances alimentaires ou thérapeutiques.

Il importe donc de bien connaître la composition chimique de la plante médicinale et cette analyse est la base première de toute étude physiologique du remède tiré du règne végétal.

Comme conséquence : il faut noter avec soin les conditions d'habitat, de récolte, de conservation des plantes que l'on destine à servir de remède, et ne pas changer ces conditions si l'on ne veut s'exposer à des déceptions cliniques.

II

DE L'HABITAT DE LA PLANTE

Le végétal, puisant par ses racines dans le sol
ses éléments constitutifs, doit être recueilli là
où ses principes propres seront le plus développés. Suivant que l'alimentation du végétal est
naturelle ou factice, abondante ou rare, suivant
que la lixivation de ses vaisseaux par les eaux
naturelles ou d'arrosage est plus ou moins poussée,
les produits alimentaires ou médicaux ont plus
ou moins de valeur.

C'est ainsi que la culture dans un terrain meuble, bien propre, fumé avec des engrais ammoniacaux, développe les composés glutineux,
féculents, huileux, sucrés, caséeux aux dépens
des sels et des principes immédiats amers ou
narcotico âcres qui sont des produits d'oxydation
plus avancés.

C'est ainsi, encore, que les principes salins ou
les principes immédiats solubles disparaissent
de la plante lavée par un excès d'arrosage, que
les principes sucrés ou gommeux et mucilagineux
se développent par un excès de chaleur.

Tandis que les principes acides se maintien-
nent à l'aide d'une température plus basse.

Donc, il faut tenir compte rigoureusement de
l'habitat des plantes et ne pas croire que l'on
puisse transporter les végétaux dans des milieux
différents sans modifier leurs qualités.

Dans une zône donnée la plante a une constitution. des principes, et conséquemment des propriétés qu'elle n'a plus dans les autres zônes.

III

DE L'ÉTAT DE VÉGÉTATION

On ne trouve pas toujours les mêmes principes de constitution dans la plante alimentaire ou médicinale. Suivant l'état de végétation les éléments chimiques varient ; non seulement la jeune pousse diffère essentiellement de la tige formée, de la racine, de la fleur, du fruit, mais encore chaque partie de la plante change de composition suivant que le végétal est aux périodes d'accroissement, de floraison, de fructification ou de maturité.

C'est que la vie du végétal comporte l'absorption de principes divers et leur réduction. Cette réduction, œuvre des propriétés de la cellule est plus ou moins forte suivant la constitution propre de la cellule. Les réductions, les oxydations, par conséquent les corps de constitution varient avec la forme et la puissance de la cellule.

IV

DE LA RÉCOLTE DES PLANTES

Déduisons de ce qui vient d'être dit, qu'il est absolument indispensable de recueillir les plantes médicinales à un point déterminé constant de leur état végétatif.

C'est le seul moyen d'obtenir des produits autant que possible similaires, vainement on chercherait à faire du pain, du vin avec du blé ou des raisins verts, on n'obtient pas davantage les principes immédiats actifs de plantes recueillies en dehors de l'état de végétation où ces principes immédiats sont normalement développés.

Or le développement maximum des principes médicamenteux varie avec les espèces végétales, et de même que, suivant les pays, on recueille les fruits, les graines et les racines alimentaires à des époques à peu près déterminées, de même il faut, suivant les localités, ne cueillir les plantes médicinales qu'à une époque désignée par l'expérience.

Aucune règle scientifique ne peut ici remplacer l'empirisme, et la connaissance pratique du temps de la cueillette est le seul guide certain. Nous indiquerons bien à propos de chaque plante le mois où l'on doit en faire la récolte, mais cet à peu près doit être contrôlé par l'herboriste à l'aide de la tradition conservée par les gens de la campagne dans chaque localité.

V

DE LA CONSERVATION DES PLANTES

La bonne conservation des matières végétales cueillies assure seule l'intégrité et quelquefois le développement des principes médicamenteux que nous désirons.

Cette bonne conservation des matières végétales cueillies dépend des conditions de la récolte :

1º Toute matière mouillée, couverte de terres humides, altérée par les champignons inférieurs, contenant des parasites, est destinée à se putréfier ou à se piquer ;

2º Toute matière entassée, privée d'air, exposée à l'air humide et chaud, associée à des matières acides, ammoniacales, sulfurées, putrides est destinée à fermenter ;

3º Toute matière qui ne se dessèche lentement, par momification, est destinée à se corrompre.

Il faut donc cueillir les matières végétales par un temps sec, les débarrasser des produits alibiles, des produits en décomposition ; les étaler sur des séchoirs bien aérés, à une température douce, exempte d'humidité excessive ; conduire lentement la dessiccation et la faciliter même suivant les cas par des brassages, des lits de paille sèche et autres moyens généralement employés dans les fermes pour la conservation des produits agricoles.

La conservation des plantes, des fleurs et des fruits n'est pas indéfinie. On peut bien retarder la décomposition en tassant les produits en ballot ou dans des barriques entourées de papier collé à l'aloès, ou dans des bocaux, mais les insectes, les moisissures, détruisent au bout d'un an ou

deux les provisions les mieux soignées. Quelquefois même, comme cela arrive pour la digitale,
le principe actif disparaît presque entièrement
et la substance devient inerte.

L'herboristerie exige donc des soins méticuleux
et des qualités de conscience rares en commerce.
Ces quelques lignes, en relevant une profession
aussi obscure qu'utile, indiquent la part considérable de responsabilité morale qui incombe aux
modestes moissonneurs des matières végétales
médicinales.

VI

VALEUR THÉRAPEUTIQUE DE LA PLANTE

La plante médicinale agit par ses éléments.

Nous avons dit que le talent de l'herboriste
consiste à saisir le moment de végétation, le lieu
d'habitat, les moyens de conservation les plus
aptes à développer ou à maintenir les principes
médicamenteux.

Le praticien doit en outre ne pas ignorer les
propriétés chimiques de ces principes médicamenteux ; cette science peut seule lui permettre
de faire des ordonnances rationnelles et utiles.

Les plantes médicinales n'ont donc une valeur
thérapeutique sérieuse que lorsqu'elles ont été
analysées, décomposées en leurs éléments principaux et que chacun de ces éléments a été
étudié au point de vue physique et chimique, au

2

point de vue de ses incompatibles et de ses
adjuvants, et au point de vue physiologique.

Ces principes serviront de base logique aux
notes que je vais donner sur les plantes médicinales.

Mais je ne puis quitter ce sujet général sans
m'appesantir sur les difficultés d'une bonne médication par les végétaux. La même plante traitée
par infusion, macération, décoction, par l'alcool
l'éther, les huiles, la glycérine donne des produits
divers, d'un effet tout opposé les uns aux autres,
parce que les agents physiques, les véhicules,
les menstrues ont fait jaillir de la plante des
principes divers par dissolution dialyse ou combinaison.

Il faut donc bien comprendre que le végétal
soumis à une opération physique ou chimique
perd ses qualités propres et donne comme résultats les qualités du produit particulier qui naît
de l'opération.

Ce produit particulier a une manière propre
de répondre aux agents physiques et chimiques.
Ses effets physiologiques sont la conséquence de
ses qualités intrinsèques ; toute substance alibile
peut l'atteindre, le décomposer et former avec
lui des corps nouveaux dont les incitations phy
siologiques seront semblables ou exagérées ou
différentes.

Ces études thérapeutiques sont donc très difficiles ; les préparations demandent une exécution
ponctuelle ; il faut éviter avec soin les incompati-

bilités physiques ou chimiques, il faut tenir compte même des décompositions rapides, des fermentations et la pharmacie végétalienne est la plus délicate et la plus compliquée de toutes.

Est-ce à dire que l'on doive renoncer à se servir de végétaux en médecine et recourir seulement à l'emploi des alcaloïdes dont la fixité chimique est normale? Sûrement non. Je ne veux absolument pas diminuer la valeur incontestable de la plupart des alcaloïdes. Je rends justice à Burgraëve d'avoir vulgarisé leur emploi par la médecine dosimétrique et d'avoir trouvé une formule banale : « donnez jusqu'à effet, » qui permet à tous de se servir des principes immédiats les plus toxiques et partant les plus actifs; mais vouloir restreindre la thérapeutique aux seuls principes immédiats en granules, c'est se priver d'agents puissants et refuser des ressources cliniques importantes.

Je pourrais citer ici de nombreux exemples, je me borne au seul cas des sueurs des phthisiques. Donnez à certains tuberculeux de l'agaricine et tous les alcaloïdes de l'opium, morphine, codéine, narcéine, etc., les sueurs persisteront. Donnez-leur un mélange de poudre d'agaric et d'extrait thébaïque la diaphorèse se modifiera. Pourquoi? parce que dans certains extraits les alcaloïdes sont à l'état de combinaison avec le tannin et subissent facilement la transformation en tannates doubles ayant un effet antisudoral que ni l'agaricine, ni les alcaloïdes de l'opium simplement mélangés n'auront jamais.

Des considérations analogues peuvent être
faites à l'occasion des quinquinas, des aloès, des
arnicas et d'une foule de plantes médicinales
d'un emploi quotidien.

La pratique médicinale indique même des
tours de mains, des mélanges, des additions qui
produisent d'excellents effets que la physiologie
explique longtemps après que la clinique les a
démontrés. Ainsi l'aloès purge par son principe
actif l'aloïne. Cependant on ne peut obtenir par
l'aloïne les effets congestifs, fluxionnaires,
hémorhoïdants que l'on obtient par l'aloès, et, si
l'on veut augmenter l'action de l'aloès, il faut le
mélanger à une poudre, sans effet sur lui, de sulfate de fer par exemple ; le même mélange de
sulfate de fer et d'aloïne détruit au contraire les
effets de l'aloïne. Parce que l'alcaloïde n'agit
plus comme le suc d'aloès. L'alcaloïde est un
simple purgatif ; le suc d'aloès produit ses effets
sur le sang par la résine âcre, sur l'intestin par
l'aloïne et la résine et plus on étend l'action ex-
citatrice des particules résineuses plus on augmente la saillie du suc intestinal dans le tube
digestif.

VII

PRÉPARATIONS VÉGÉTALIENNES.

Les considérations précédentes me font émet-
tre cette règle absolue : « *Le mode de mise en
valeur des principes thérapeutiques contenus dans
les végétaux varie avec la nature de ces principes.*

Cette règle ne souffre pas d'exception elle est malheureusement oubliée dans toutes les pharmacopées, et il suffit qu'un végétal passe pour avoir quelques vertus médicinales pour qu'on fasse immédiatement de ce végétal une infusion, une décoction, un extrait aqueux, un extrait alcoolique, une alcoolature, une teinture éthérée, un sirop, des poudres, des pilules, des préparations multiples et composées qui toutes seront prescrites sans distinction, presque comme étant similaires les unes des autres.

Je tiens à protester énergiquement contre cette routine malheureuse qui peuple d'idées fausses la thérapeutique et conduit le clinicien, au milieu de déboires, au scepticisme en matière médicale.

Les plantes médicinales n'ont de valeur que par les principes que les préparations dissolvent. Inutile de rechercher les effets des *alcaloïdes non solubles* dans l'alcool, dans les teintures alcooliques. Inutile de rechercher les effets des *fécules* dans les infusions où elles ne seront pas digérées. Inutile de rechercher les effets des *huiles volatiles* dans les décoctions concentrées d'où elles ont été évaporées.

Il importe donc de se rendre compte de l'agent médical actif dans chaque plante et de choisir le mode de préparation qui, chimiquement, convient le mieux au développement de ce principe actif.

C'est pourquoi, sans m'attarder à des questions de détail, je signalerai, à propos de chaque végé-

tal, dans le cours de l'ouvrage, les seules préparations que l'on doit en utiliser et les indications
de leur emploi.

Il est inexact de dire qu'une plante est fébrifuge, vermifuge ou tonique, ce sont certaines
parties de cette plante qui deviennent fébrifuges,
vermifuges ou toniques suivant qu'on les met en
valeur par des modes de séparation et de décomposition que règle la chimie et qui constituent la
vraie science pharmaceutique.

Je me suis étendu sur ces points delicats pour
bien démontrer la nécessité absolue d'une rénovation de la médecine végétalienne, les difficultés
pharmaceutiques et cliniques des médications
par les végétaux, l'étendue des études délicates
que nécessitent ces agents puissants de la thérapeutique, et cette vérité absolue que : *Nul n'est
thérapeute s'il ne connaît les vertus des plantes et
le moyen de les mettre en valeur cliniquement.*

DEUXIÈME PARTIE

RÉPERTOIRE ALPHABÉTIQUE

DES VÉGÉTAUX ET DE LEURS PRODUITS

ABATS-JOGO, v. HABI-TCHOGO.

ABEILLES APIS MELLIFERA, L.— Vit en groupe dans les ruches. Fournit le *miel,* la *cire,* et le *propolis.*

Le miel, substance sucrée employée pour la confection des mellites, des oxymellites, et l'édulcoration des tisanes lorsqu'on veut obtenir un effet laxatif dû à la présence d'une certaine quantité de cire de constitution alliée à la substance saccharine et purgeant par indigestion.

La cire, huile fixe composée de *cérine* et de *myricine,* augmente la propriété adhésive des cérats et des onguents.

Le propolis, cire imparfaite qui enduit le dedans de la ruche est un succédané de la cire.

Le genre *Apis* a le ventre pourvu d'un aiguillon qui distille un venin âcre, il faut enlever ce dard souvent cassé dans la *plaie.* Cautériser à l'ammoniaque.

Thé d'abeilles.— Abeilles sèches écrasées $\frac{10}{100}$ Infusez, passez à froid dans l'angine simple et comme diurétique.   (*Gordon*).

ABIES, v. MELÈZE

ABI-TSALIM par corruption *Abitzélim*, nom abyssin du JASMINUM FLORIBUNDUM R. Br. ou *remballal*, tœnifuge.

On emploie les feuilles et les jeunes pousses pilées et détrempées dans l'eau à consistance de hachis pâteux. Une cuillerée à bouche 1/2 heure après huile de ricin. (V. *Jasmin*).

ABSINTHE genre des SYNANTHÉRÉES SÉNÉ-CIONIDÉES.

Absinthe (grande) *Absinthium vulgare*, J. B. *Artemisia absinth.* L. Vulgò *Aluine. Herbeaux vers.* Lieux incultes, bords des chemins. Juillet. Parties usuelles : feuilles, sommités fleuries, odeur désagréable, saveur amère. 0,50 à 0,90 long. Exiger de belles feuilles basales non tachées.

L'absinthe agit principalement : 1° par l'*absinthine*, résine soluble dans l'alcool, insoluble dans l'eau; 2° par les nitrate et chlorhydrate de potasse; 3° par une matière azotée féculente.

EN DÉCOCTION dans l'eau $\frac{20}{1000}$ elle est tonique. fébrifuge, diurétique, anti-parasitaire. On l'ordonne contre les anémies, les fièvres intermittentes chroniques, les catarrhes purulents, les fièvres septiques et baccillaires, les ascarides.

EN LOTIONS décoction concentrée dans eau 1000. Alcool 50. Absinthe 50. Contre les poux des diverses régions du corps.

C'est à tort que l'on prescrit l'absinthe en *infusion* elle n'agit plus alors comme tonique ni anthelmiuthique.

Vin d'absinthe 30 sommités fleuries. 1000 vin blanc macérés 24 heures à 30°. Filtrez et bouchez.

Le vin d'absinthe contient toute l'absinthine, l'extrait aqueux et les sels, mais il ne contient pas la matière féculente Il n'est donc pas nutritif; il surexcite les fonctions digestives à la dose de 15 à 30 grammes avant les repas. Il convient spécialement dans les dyspepsies par anémie ou paresse organique.

Essence d'absinthe. Fleurs 50. Eau 150.

Au bain marie par distillation. L'essence d'absinthe est l'huile volatile de la fleur. C'est un très puissant excitant que l'on donne aux doses de X à XX gouttes.

Quintessence d'absinthe (*Bouchardat*).

Alcool à 56°	300
Sucre	10
Girofle id.	10
Absinthe 9 et 6°	40

Macérez 8 jours. Filtrez. Pour exciter l'appétit 30 grammes dans 250 gr. eau 1/2 heure avant le repas.

Absinthine pure. — Résine amère, âcre, nauséabonde, ayant, d'après Marcé, une action spéciale sur le cerveau et donnant aux centres réflexes une grande énergie : de là les terreurs, les mouvements cloniques, le délirium tremens des buveurs d'absinthe. La liqueur que l'on appelle vulgairement *absinthe* est un composé d'extraits alcooliques de plusieurs plantes aroma.

tiques. Les effets nuisibles de l'abus de l'absinthe sont dus à l'alcool, à l'absinthine, aux essences volatiles et aux benjoins qu'on y ajoute.

Absinthe suisse liqueur de Virey :

Grande absinthe	1000
Petite id.	500
Racine d'angélique	
id. de Calamus	aa 60
Badiane	30
Dictame	15
Alcool à 20°	9000
Distillez et alcoolisez	4500
Ajoutez essence d'anis	4
Coloriez avec du jus d'épinards.	

Les formules des *absinthes du commerce* varient. La nocuité de ces liqueurs dépend surtout de la nature des alcools et de la quantité de Badiane que l'on emploie Il est très rare que l'on ne remplace pas la grande absinthe par la Pontique et diverses armoises.

Préjugé relatif à l'absinthe. On attribue à tort des effets abortifs à la décoction d'absinthe. Les préparations de cette plante ramènent la menstruation comme tous les toniques mais sans sollicitations spéciales du coté de l'utérus.

Succédanées.

Absinthium maritimum. J B. *Art. marit.* L. Vulgò *Saignette, Sanguenitte.* (Provençal : *Encen de mar*), plus grêle, duveteuse et blanchâtre dans les marais, principalement en Saintonge. Vulgairement employée en décoction dans l'eau ou le lait contre les vers : de 4 à 15/1000 moins active que la grande.

Absinthium Judaïca. Artemisia Judaïca. L.— *Slechmanniana.* Besser. *Armoise de Judée, Semen contra vermes*, arbrisseau du nord de l'Afrique et du Don, exploité commercialement à Nidgi-Novogorod où l'on transporte les sommités fleuries, les fruits et les feuilles terminales brisées formant un mélange qui se vend sous le nom de *Semen contra* de Barbarie ou du Levant.

L'Armoise de Judée contient une *huile volatile* toxique, âcre, amère. De la *Santonine* principe immédiat $C^{30}H^{18}O^6$ cristallisant en prismes nacrés, jaunissant au soleil.

La *Santonine* donne à l'armoise de Judée sa valeur vermifuge.

Le *Semen contra* se donne en poudre à la dose de 0,30 à 8 grammes suivant les âges contre les ascarides.

En infusion : de 5 à 15/1000.

En lavement : de 10 à 20/250.

La *Santonine* dix fois plus forte se donne principalement sous forme de dragées de 0,10.

Les premiers effets d'intoxication de l'armoise de Judée et de la Santonine se traduisent par des troubles de la vision, les objets paraissent alors en jaune ou en violet. A doses élevées *l'armoise de Judée* et la *Santonine* occasionnent des coliques, des vomissements et des convulsions. Le café concentré est le meilleur antidote.

Absinthium ponticum. J. B. *Artemisia pontica.* L. *Petite absinthe. Absinthe romaine.* (Provençal : *Encen en herbo*). Midi de l'Europe. Hauteur 0,40 à 0,60, succédanée de la grande absinthe seule employée par le vulgaire contre les vers, surtout pour la confection de l'*Escudet* emplâtre formé des feuilles pilées étendues sur une peau et saupoudrées de camphre.

Sophistications. La grande absinthe est souvent remplacée dans les liqueurs par des succédanées et par la Badiane ou l'anis.

ACACIA genre des légumineuses. Mimosées.

Acacie arabique, ACACIA ARABICA, Wild. *Mimosa Nilotica* L. — *Gommier rouge.*

Très répandu en Egypte, Arabie et Sénégal. Hauteur 2 à 6 mètres.

On utilise le suc qui provient des éraillures naturelles ou factices de l'écorce. Ce suc fourni par le corps ligneux forme les grumeaux de *gomme arabique* ou *gomme du Sénégal.*

La GOMME ARABIQUE se fendille et se casse. La *gomme du Sénégal* se maintient mieux, surtout celle du *bas du fleuve.* Toutes les gommes de l'acacia arabique sont similaires au point de vue clinique. Elles agissent toutes par *l'arabine* $C^{12} H^{10} O^{10}$. Substance mucilagineuse qui se gonfle dans l'eau et forme une espèce de vernis là où elle s'étend. Dans les humeurs animales *la mucine* a les mêmes qualités que *l'arabine* dans les humeurs végétales. Voilà pourquoi lorsque dans les catarrhes la *mucine* est altérée, striée, et ne peut plus remplir ses fonctions, on utilise les propriétés adéquates de la *gomme* soit en la donnant en nature, par morceaux que l'insalivation réduit peu à peu, soit en l'administrant sous forme : 1º de *tisane* $\frac{20}{1000}$; 2º de *sirop* gomme 50, eau 75, sirop 500 ; 3º de *julep* gomme 8, sirop 30, eau 120 ; 4º de *boules* dissoutes dans l'eau de fleur d'oranger et coulées dans des moules.

La GOMME est neutre par ses vertus thérapeutiques, elle agit mécaniquement, elle favorise les émulsions dans l'économie comme elle le fait hors l'économie.

C'est, à ce point de vue, un agent très important à l'aide duquel on obtient les émulsions des huiles, des résines et des thérébentines surtout si on associe la gomme au sucre.

Gomme arabique	10 grammes.
Sucre	20 grammes.
Baume de copahu	10 grammes.

Eteignez exactement dans un mortier, ajoutez goutte à goutte eau 120 grammes, en tournant, vous obtiendrez une émulsion parfaite et sans goût qui se maintiendra plusieurs jours et remplacera avantageusement la potion Chopart. Par le même procédé vous ferez prendre aux malades sans répugnance les huiles, les thérébentines et les résines.

Acacia catechu Wild. — *Cachou* arbre du Bengale, de la haute Egypte et des Indes Orientales.

On traite par ébullition dans l'eau ses fruits et la partie centrale de son bois, et on obtient ainsi un *extrait* arrivant dans le commerce sous forme de gros pains parallellipipèdes applatis, enveloppés de feuilles et de toile grossière et livrés sous le nom de *cachou.*

Le cachou doit être brun foncé, d'une saveur amère astringente, laissant un arrière goût sucré, et se briser à cassure brillante.

Le *cachou* agit : 1° par son tannin qui est l'acide cachoutannique ; 2° par la cachétine ou acide cachutique composés naturels qui forment le 60 0/0 environ du produit total.

Le cachou est donc éminemment astringent. On l'emploie :

1° En *poudre* ou amalgame, en pilules 0,05 à 1 gramme.

2° En *infusé* $\frac{5 \; 10}{1000}$.

3° En *sirop* cachou 7, eau 64, sirop 500.

4° En *tablettes* cachou 100, sucre 100, amalgamés avec mucilage de gomme.

5° En *extrait rectifié* ébullition jusqu'à solution dans l'eau, filtration rapide, ébullition jusqu'à concentration. Le cachou perd alors une partie de sa saveur mais il est débarrassé des substances étrangères.

6° En *teinture* alcool 60 à 500, cachou 100.

Le *cachou* entre dans une quantité de préparations astringentes. Il masque l'odeur du tabac. On a exploité cette propriété commercialement avec le *cachou de Bologne* dont voici la formule simplifiée.

Extrait de réglisse
Eau $\quad\big\}\quad$ *aa* 10 grammes

Faites fondre et ajoutez :
Cachou   30
Gomme   15

Evaporez à consistance d'extrait et aromatisez vanille mastic, t. d'ambre et t. carcarille

Coulez sur marbre huilé, aplatissez au rouleau et divisez en petits cubes ou losanges.

LES PRÉPARATIONS DE CACHOU sont indiquées dans tous les flux séreux, internes ou externes, elles modifient profondément la vitalité des tissus et forment la base des traitements rationnels dans les diarrhées atoniques, les hémorrhagies séreuses, les plaies ternes où les sérosités abondent, les flux utéro-vaginaux, toutes les fois que le sang manque de plasticité.

Le cachou est tonique et parasiticide, il enraye les fermentations septiques à la manière du charbon.

De là les bons effets des lotions au cachou contre les gerçures du sein ou autres, entretenues par la fermentation acétique ou putride.

Les succédanés du cachou sont nombreux en dehors de *l'uncaria gambir* de *l'arecha catechu* L. de plusieurs *rubiacées* exotiques, *le ratanhia,* la *bistorte,* la *tormentille* donnent chez nous des extraits dont les propriétés sont similaires de celles du *cachou.*

3

ACANTHE genre des acanthacées.

Acanthe ACHANTUS MOLLIS, L. — *Branche-Ursine.* — Midi de l'Europe, feuilles cueillies avant la floraison, au printemps.

Contiennent un *principe mucilagineux* succedané de celui de la mauve, cataplasmes et décoction émollientes. Peuvent servir au pansement des vésicatoires.

ACHE genre des ombellifères.

Ache APIUM GRAVEOLES, L. — *Ache puante, céleri des marais, persil odorant, api fè* (ne pas confondre avec la burle) forme sauvage du céleri cultivé.

France. On recueille la racine à sa deuxième année, avant la floraison qui a lieu en juillet. Les feuilles et les fruits en septembre. Plus la racine est fraîche plus elle est active. Elle doit ses propriétés à une *mannite* qui se rapproche de la cicutine. Cette mannite disparaît à mesure que la graine se forme, voilà pourquoi la racine doit être recueillie avant la floraison.

L'ache se donne : 1° en décoction $\frac{30}{1000}$, à l'intérieur $\frac{60}{1000}$, à l'extérieur comme carminatif, tonique dans les dyscrasies et les cachexies.

Les *feuilles* d'ache agissent plus spécialement par les sels de potasse et *l'huile volatile* qu'elles contiennent

La DÉCOCTION $\frac{20}{1000}$ et plus spécialement le *suc* sont calmants, activent la circulation et favorisent la diurèse.

L'ache n'est qu'un succédané, bénin, de la *ciguë*.

Ache-Persil, APIUM PETROSELINUM, L. *Persil cultivé*. (Provençal : *Buenos herbos*).

Provence, Sardaigne, lieux ombreux et humides. Feuilles en tout temps. Racines, printemps; fruits, automne.

Le *persil* doit sa saveur et ses propriétés thérapeutiques principales, à l'huile essentielle qu'il contient et à un camphre isolé par Joret et Homolle, sous le nom *d'apiol*.

La TISANE concentrée de *feuilles de persil* se prend, par le refroidissement, en gelée qui provient d'un dépôt émulsif de l'huile essentielle dans l'eau. C'est cette émulsion que Braconnot a nommé la *pectine du persil* et qui donne à cette tisane des facultés laxatives utilisées par le vulgaire pour *faire passer le lait*. ou contre les engorgements des mamelles.

Les *semences du persil* contiennent en plus grande quantité le camphre que Joret et Homolle ont nommé *apiol* C^{12} H^{14} O^4

L'APIOL à petites doses est excitant du système nerveux et de la circulation, de là ses bons effets dans les congestions utérines par atonie nerveuse, et les dysmenorrhées communes aux anémiques, aux cachectiques et aux femmes qui ont des fluxions chroniques dérivatives des flux cataméniaux. Il suffit de donner à ces femmes, pendant la période menstruelle, matin et soir, une *drigée* de 0,25 d'apiol pour rétablir le flux cataménial.

A hautes doses *l'apiol* agit comme parasiticide et s'oppose aux fermentations. De là son emploi avantageux contre les fièvres intermittentes. Mais on ne peut obtenir des effets qu'en forçant les doses ce qui amène des phénomènes d'intoxication.

Les premiers de ces phénomènes sont les vertiges, des tintements d'oreille, des éblouissements, puis surviennent des symptômes plus graves d'excitation cérébro spinale et des convulsions.

Le café à hautes doses est indiqué pour combattre cet empoisonnement.

L'INFUSION de persil rappelle dans ses effets ceux de *l'apiol*.

Les LOTIONS, faites avec la décoction de semences, atténuent les odeurs des plaies fétides ou gangréneuses en arrêtant la fermentation.

La DÉCOCTION de racines est légèrement laxative, elle agit surtout par la pectine. C'est un remède infidèle à rayer du cadre thérapeutique malgré le préjugé populaire.

Les CATAPLASMES de feuilles de persil, empruntent à l'action excitante de l'huile leurs qualités maturatives.

Tisane apéritive des cinq racines diurétiques ou apéritives.

Racines sèches de :

Fenouil
Ache
Persil $aa \ \frac{30}{1000}$.
Petit houx
Asperges

Sirop des cinq racines, même mélange. Eau q. s. et sucre 1000.

Extrait de f^{lles}, suc de feuilles conduit au bain marie, à consistance d'extrait. Dose 0,30 à 1 gramme.

Sirop d'apiol apiol 5, sirop 1000, (*Marotte-Réveil*).

Gouttes d'apiol, dans une tisane V à X, mauvaise préparation laissant une saveur piquante, âcre et désagréable à la bouche et au gosier.

ACHILLÉE genre des Synanthérées.

Achillée Mille-feuille ACHILLŒA MILLE FO-LIUM. L. — *Herbe aux coupures, aux charpentiers, aux voituriers, militaire, sourcil de Vénus* (Provençal : *Millo fuillo*).

Lieux incultes, près, tout l'été feuilles et fleurs.

Les *feuilles* sont amères astringentes, contiennent beaucoup de *tannin* et une *huile* aromatique âcre. Les fleurs sont plus chargées en huile et moins en tannin Il n'est donc pas indifférent d'employer les feuilles ou les fleurs.

L'INFUSION DE FLEURS est considérée par Récamier comme un nervin tonique très puissant.

L'INFUSION DE FEUILLES d'après Récamier et Chomel, exerce une réelle action contre les hémorrhagies passives et surtout les flux cataméniaux prolongés.

Vulgairement les *feuilles écrasées* sont appliquées sur les plaies pour hâter la cicatrisation. Ces feuilles agissent à la façon des solutions légères de tannin, elles diminuent les secrétions séreuses.

Les *racines* rarement employées ont eu la réputation de fébrifuges. On s'est servi de la décoction pour enrayer les sueurs des phthisiques. (S. Paul).

La *poudre de racine* est sternutatoire.

Achillée ptarmique. ACHILLŒA PTARMICA. L. — Herbe à éternuer.

Juillet-Septembre.

Odeur aromatique plus développée et plus âcre que celle du mille-feuille.

Poudre de feuilles sèches parasiticide sternutatoire.

Racine à mâcher pour développer la salivation et la sternutation. Succédanée de la *pyrèthre*.

ACONIT genre des Renonculées-Elléborées.

Aconit-Napel. ACONITUM NAPELLUS. L. — *Napel. Tue-Loup. Coqueluchon Capuchon. Pistolet.*

Lieux ombreux et humides. Vosges, Jura,

Alpes, Pyrénées. Plus le terrain est vierge et le site méridional plus les qualités de l'aconit sont développées. La culture les diminue. Feuilles en juin, racines en hiver. Les feuilles et les racines agissent par le principe immédiat qu'elles contiennent d'*aconitine*.

L'ACONITINS découverte par Brandes est une poudre amorphe blanche. Duquesnel a obtenu l'*aconitine cristallisée* C^{66} H^{43} O^{24}. Insoluble dans l'eau même bouillante, dans les huiles et la glycérine, soluble dans l'alcool, l'éther et le chloroforme. Elle est essentiellement toxique et amène la mort par paralysie nerveuse. On l'administre sous forme de *granules*, faits le plus souvent avec l'aconitine amorphe de Liégeois et Hottot. Il importe de commencer par de petites doses 1/4 milligramme que l'on répète jusqu'à effets thérapeutiques qui sont : sédation du pouls et de la chaleur.

L'ACONITINE est la meilleure préparation, c'est la seule qui produise des effets constants.

Les *feuilles et les racines d'aconit* n'ayant des vertus réelles que par l'aconitine qu'elles contiennent, et la quantité relative de cette aconitine variant avec les conditions d'élevage, il en résulte que les effets sont très incertains, tantôt très actifs, tantôt nuls.

En règle générale *les racines* sont vingt-cinq fois plus actives que les *feuilles*.

Il n'est donc pas indifférent d'employer les

feuilles ou les racines pour les diverses préparations

La *plante à l'état frais* ne doit être utilisée
qu'en *applications externes*. Hufeland, Fleming,
Fouquier les ont recommandées contre les névralgies non fébriles. J'ai souvent appliqué avec
succès presque immédiat les feuilles confuses
fraîches sur les régions douloureuses par refroidissement. La douleur cède en peu d'instants, mais
si l'application est maintenue plus de 20 minutes
il survient une rougeur de la peau et de petites
pustules acnoïdes produites sans doute par la
fermentation d'une gomme résine entrant dans
la composition de la plante.

L'emploi de la plante fraîche à l'intérieur en
tisane doit être formellement interdit.

L'extrait du suc de feuilles est une préparation
infidèle contenant des proportions très variables
d'aconitine. Doses : 0,05 à 0,30

L'extrait alcoolique de feuilles.

Feuilles pulv. d'aconit	100
Alcool à 60°	600

Macérez 12 h. Lessivez. Distillez et réduisez au bain
marie à consistance d'extrait. C'est l'extrait usuel en
pharmacie. — Doses 0,01 à 0,10.

Teinture éthérée d'aconit.

Feuilles sèches d'aconit pulv.	100
Ether alcoolisé 0,76	500

Passez l'éther sur la poudre dans l'entonnoir à
déplacement.

Préparation peu usitée. — Doses X. — XX.

Alcoolature d'aconit.

Feuilles sèches d'aconit	500
Alcool à 90°	500

Macérez 15 jours. Pressez. Filtrez. — Cette préparation, d'un usage courant, exige des soins minutieux ; toute sa valeur dépend du choix.des feuilles. Il importe surtout de changer le moins possible la source de l'aconit, pour éviter des écarts considérables dans la proportion d'aconitine et par conséquent dans les effets physiologiques. Doses : X. — XX. — L.

Alcoolature de feuilles fraîches d'aconit.

Mauvaise préparation très infidèle.

Alcoolature de racines d'aconit.

Alcool à 40°	100
Rac. fr. aconit	100

Macérez, exprimez et filtrez.

Préparation plus active que l'alc. de feuilles mais inusitée.

Sirop d'aconit.

Alcool de feuilles d'aconit	1
Sirop	100

Une cuillerée à bouche toutes les trois heures.

(Genest de Servières).

Aconitine.

En pilules ou en granules.

0,005 à 2 milligrammes.

Toutes les préparations d'aconit constituent de dangereux poisons et des remèdes fort utiles.

L'aconit est l'opium du grand sympathique. Il fait cesser *tous les actes réflexes qui proviennent de la perturbation des vaso-moteurs ou de l'arrêt des fonctions sudorales* Voilà pourquoi l'aconit est antifébrile ; pourquoi il réussit à merveille contre les refroidissements, les suppressions de sueurs, les courbatures ; pourquoi il jugule les fluxions a frigore quand on les prend au début, et même les fluxions séreuses qui compliquent les exanthèmes fébriles.

Les homœopathes avec leur teinture mère et la dosimêtrie avec les granules d'aconitine ont mis l'aconit sur un piédestal et ils ont eu raison, l'aconit est aussi indispensable que l'opium, mais il faut le manier avec prudence, sagacité et énergie.

Commencer par de faibles doses, les répéter jusqu'à effet et s'arrêter à temps ; heureusement l'accumulation n'est pas à redouter. Les premiers effets sont la sédation du pouls, la défervescence et les sueurs. Viennent ensuite les premiers symptômes toxiques ; sueurs froides puis somnolence et convulsions. Le café est l'antidote le moins impuissant.

ACORE genre des Aroïdées-Callacées.

Acore aromatique CALAMUS AROMATICUS. Bauh. — *Acora calamus.* L. — Acore vrai. — ROSEAU AROMATIQUE.

Belgique. Hollande. Bretagne, Lieux marécageux. Printemps. Automne. Rejeter les morceaux piqués des vers.

Le rizhome odoriférant contient une *huile* volatile, une *résine* visqueuse des principes *féculents*.

On lui donne, en Allemagne, des propriétés stimulantes. Il a été recommandé contre les hémorrhagies lentes après l'avortement.

DÉCOCTION $\frac{20}{1000}$.

POUDRE 1 à 4.

ACTÉE genre des renonculacées.

Actée en Epi ACTŒA SPICATA, L. — *Herbe aux poux*, *H. de St-Cristophe*.

Dans les bois, fleurs juin. Racine toute l'année, saveur âcre, amère, odeur désagréable. C'est un violent toxique à la manière des narcotico âcras.

Sa racine est employée fraîche, sous le nom d'*Ellébore noir*.

INFUSION DE RACINE FRAICHE $\frac{20}{1000}$ par 1/4 de verrées pour calmer la toux des tuberculeux (Lejeune).

DÉCOCTION DE RACINE FRAICHE $\frac{30}{1000} \frac{60}{1000}$ pour lotions contre les poux de tous genres.

Actée rameuse ACTŒA RACEMOSA, L.--*Amérique*

La *teinture de racine fraîche* :

Racine fraîche actœa racemosa	100
Alcool à 85°	400

Macérez 8 jour, pressez et filtrez.

Dose XX à IV, contre la toux des tuberculeux (Réveil).

ACTINOMERIS genre des composées sene-
cioïdées.

Actinomeris Helianthoïdes. — DIABETES
WEED, Amérique, racines de 1 à 5 millimètres
d'épaisseur contenant une huile essentielle et
une résine thérébentinée.

          Rac. d'actinomeris helianthoïdes   8
          Ether   10

Teinture éthérée. Doses : = 1 à 6 grammes dans
les catarrhes par calculs (Bardet).

ADANSONIA genre des malvacées.

Adansonia digitata, V. BAOBAB. L'écorce
fraîche contient un mucilage très adoucissant et
tonique.

Décoction $\frac{30}{1000}$

ADIANTHUM genre des fougères V. CA-
PILLAIRE.

ADONIS genre des renonculacées.

Adonis vernalis ADONIDE. Bois, lieux secs.

Doit ses propriétés à un principe glucoside
l'*adonidine* isolé par Cervello.

L'ADONIDINE est amorphe, jaune serin, très
hygrométrique et très amère, soluble dans l'eau
et l'alcool, insoluble dans l'éther, 10,000 grammes
feuilles en tiges donnent 2 adonidine.

INFUSION $\frac{20}{1000}$ par cuillerée à bouche toutes les
heures pour régulariser les battements.

Extrait aqueux dose 0,05 à 0,50.

Tannate d'adonidine 0,001 à 0,005.

Comme régularisateur du cœur (Mortagne).

ÆSCULUS HIPPOCASTANUM, v. MARRONNIER.

AFFIUM, v. PAVOT POURPRE.

AGARIC genre de champignons hymenomycètes.

Il ne faut pas oublier que le genre *agaric* compte en France 7 espèces vénéneuses, ainsi déterminées par Héraud.

Pédicule	central suc	non laiteux	collier	parfait . ag. annulaire. imparfait ag. amer.
			sans collier. . . ag. brûlant.	
		laiteux chapeau	roussâtre. . . . ag. meurtrier. jaunâtre. . . . . ag. caustique.	
	latéral, spores		ferrugineux. . . ag. de l'olivier blanchâtres. . . ag. styptique.	

Agaric annulaire AGARIC ANNULARIS, Bul. — *Tête de méduse*.

40 à 50 sur vieux arbres, chapeau convexe, strié, fauve ou roux. Odeur nauséeuse, saveur styptique.

Agaric amer AG. AMAVUS, Bul. — *Ag. Lateritius*, Schœf.

Vieux arbres toutes saisons. Chapeau bombé conique, puis plat et incurvé, jaune rougeâtre au centre, lames inégales gris verdâtre puis noires. Odeur franche. Saveur amère nauséeuse.

Agaric Brulant AG. URENS, Bul.

Chapeau convexe puis plan ou concave au centre. Lames rousses. Pédicule velu à la base. Saveur poivrée brûlante.

Agaric Meurtrier AG. NECATOR, Bul.

Bois automne. Chapeau convexe puis plan et concave au centre, brun roux, zoné, lames inégales rousses ou bleues. Pédicule épais blanc sale. Suc âcre, chair jaunissant à l'air.

Agaric Caustique AG. PYROGALUS. Bul.

Chapeau large. Convexe aux bords, concave au centre. Rouge zoné. Lames rougeâtres saveur âcre et caustique.

Agaric de l'olivier AG. OLEARIUS, D. C. — *Oreille de l'olivier.*

Sur l'olivier, le lilas, le laurier, le chaume, grand chapeau ondulé contourné brun rouge. Saveur aigre.

Agaric Styptique AG. STYPTICUS, Bul. — Oreille d'homme.

Sur les vieux troncs coupés. Chapeau oblong. Bords enroulés. Brun cannelle saveur amère styptique.

Tous ces agarics contiennent une quantité relative considérable de *résine âcre* qui paraît être l'agent toxique. Cette résine est surtout en excès dans les spores. Les travaux de Boudier ont démontré que la cuisson des champignons amendait leur mycélium mais agissait peu souvent sur les spores qui sont rendues intactes ou gonflées dans les vomissements et les selles. La

fermentation gastro-intestinale produite par ces
spores, et les effets consécutifs à l'absorption de
la résine âcre expliquent les phénomènes physiologiques qui accompagnent l'empoisonnement
par les champignons; empoisonnement d'autant
plus à redouter que l'aliment absorbé est plus
voisin de la décomposition putride qui suit la
maturation des agarics.

Cette dernière considération permet de comprendre pourquoi *tous les champignons* même
comestibles deviennent vénéneux à une certaine
période de leur existence. Il importe donc de ne
jamais consommer de champignons trop avancés.

La *résine âcre* des champignons est soluble
dans l'acide acétique, c'est pourquoi certains
auteurs, Gérard entr'autres, ont soutenu que les
champignons, même les plus vénéneux pou-
vaient être mangés impunément si on les avait
fait préalablement macérer dans de l'eau vinaigrée. L'eau de macération est après essentiellement éméto-cathartique et toxique. Nous donnons ce procédé pour ce qu'il vaut, plusieurs
l'ont expérimenté, mais la lumière n'est pas
entièrement faite sur ce sujet.

Agaric-amadouvier : 1º POLYPORUS IGNIA-
RIUS, (Fries). *Boletus igniarus*, L. — Amadou.

2º POLYPORUS FOMENTARIUS, (Fries). *Boletus
ungulatus*, L. — *Ag. chirurgicorum* agaric du
chêne.

Le premier se développe en forme de sabot

sur les cerisiers, les pommiers, les frênes, les saules. Sa chair est inattaquable aux insectes. Le second naît sur le chêne, sa chair ne résiste pas aux insectes. Tous deux sont recueillis assez jeunes pour qu'ils soient malléables. On leur enlève la partie corticale et la couche tubuleuse des pores, on les coupes par tranches, que l'on fait macérer dans de l'eau de lessive. Dès qu'ils sont bien imbibés aplatissez-les en les battant et les étirant sur un billot. Faites sécher.

L'AMADOU CHIRURGICAL ainsi obtenu diffère de l'AMADOU DES FUMEURS qui est traité par une lessive de nitrate de potasse. Cependant les deux amadous peuvent être employés indifféremment. Ils agissent comme compresseurs mécaniques, en se gonflant à mesure qu'ils reçoivent le sang et produisant une obturation graduelle de la plaie comme le ferait un caillot. Voilà pourquoi l'amadou doit être placé sur le point même d'où jaillit le sang.

Une boulette d'amadou placée juste au point d'émergence agit mieux que toute une plaque, parce que le caillot sanguin obturateur est ainsi plus vite obtenu.

L'amadou chirurgical est encore employé en applications externes pour *ramener la transpiration* sur un point donné dans les *rhumatismes a frigore*. On fixe contre la chair la partie veloutée de l'amadou qui agit comme condensateur. Dans le même ordre d'idées on se sert des plaques d'amadou comme du caoutchouc pour isoler les PLAIES ECZÉMATEUSES et autres du con-tact de l'air.

Les plaques d'amadou *en bracelets* détrempées dans des solutions concentrées d'écorce de saule vulgairement employées jadis contre la fièvre intermittente, ont fait naître le *préjugé* des bracelets de *drap rouge*, commun dans les campagnes.

On se sert encore de l'amadou en *rondelles percées* pour isoler les CORS, les FISSURES les CLOUS et les petites plaies. En fixant la base de la rondelle avec du collodion on obtient à très bas prix d'utiles *Corn-plasters*.

Agaric blanc AGARICUS LARICIS POLYPHORUS LARICIS, D. — POLYPHORUS OFFICIN (Fries) Bolet du mélèze.

Sur le tronc du mélèze. Dauphiné (peu estimé). Circassie. Corinthie. Sa pulpe interne devenant blanc jaunâtre en vieillissant contient un principe immédiat : *l'agaricine* que Seifert a voulu substituer à la poudre d'agaric mais Francotte a démontré son inefficacité.

La partie active de l'agaric blanc paraît être une *résine âcre* que l'on retrouve dans les champignons les plus vénéneux et qui est ici en moindre quantité.

En somme l'agaric blanc renferme de la faugine, de l'agaricine, un extrait amer et une résine âcre.

On emploie l'agaric blanc en poudre à la dose de 0,05 à 0,30 contre les sueurs des phthisiques et les diarrhées colliquatives.

Agaric blanc   1
Mucilage gom.   1
Ext. gentiane   q. s.

20 pilules. 4 tous les soirs (*Burdach*).

L'association de l'extrait gommeux d'opium est avantageuse lorsque prédomine l'*insomnie* (Rayer).

Les premiers effets de l'agaric blanc sont de supprimer les sueurs, mais si les doses sont exagérées, bientôt les sueurs augmentent, les nausées, les vomissements avec coliques et collapsus annoncent le début de L'EMPOISONNEMENT. Un purgatif salin, des potions étherées, des boissons mucilagineuses seraient en ce cas immédiatement indiquées.

Agaric moucheté, v. AMANITE, *fausse oronge*.

AGAVE AGAVE AMERICANA, *maguey acalmet*. Amérique, Mexique. Racines succédanées de la salsepareille.

Suc de feuilles, contient 80 0/0 d'une matière sucrée légèrement laxative. Les analyses des sucs de tous les agaves sont à faire, ces liquides pourraient être exploités au point de vue commercial.

Le *suc concret* est utilisé frais au Mexique sous le nom de *miel de maguey*. Fermenté sous forme de liqueur alcoolisée appelé *Pulque*.

Les *feuilles rouïes* donnent un chanvre rude, *le pita,* qui sert à faire des toiles d'emballages.

AGNUS CASTUS VITEX AGNUS CASTUS, L. — *Gattilier. Poivre des moines.*

Cette verbénacée croît dans le midi de la France et surtout en Sicile et dans le Levant d'où nous viennent ses baies à odeur aromatique âcre.

Les feuilles et les tiges à recueillir en juin, juillet, avant la floraison et surtout la maturité de la graine.

Les fruits plus actifs en août.

INFUSION$\frac{20\ \text{à}\ 30}{1000}$ tonique par préjugé anaphrodisiaque.

AGRIMONIA genre des *rosacées*, V. AIGREMOINE).

AGRIPAUME LEONURUS CARDIACA. L. — *Cardiaque.*

Lieux incultes. A récolter en juin-juillet avant la floraison complète. Odeur aromatique forte. Agit par son principe amer et une huile essentielle constituant un camphre spécial.

Son INFUSION $\frac{20\ \text{à}\ 30}{1000}$ est tonique sans valeur particulière.

AGROPYRUM REPENS, V. CHIENDENT COMMUN

AIGREMOINE AGRIMONIA EUPATORIA, L. — *Agrimoine, ingrimoine* (Prov. : *Sorbeirello*).

Long des chemins, lisière des bois, prairies, fleurs juin, feuilles septembre.

Odeur aromatique faible, saveur amère astringente se perdant par l'ébullition. Agit par la quantité de tannin qu'elle contient. Astringent, léger tonique.

INFUSION $\frac{10}{1000}$ tonique.

DÉCOCTION $\frac{30}{1000}$ avec addition de vinaigre et sirop pour gargarisme dans les *amygdalites légères*.

Cataplasmes de feuilles contre les entorses pour prévenir les *phlogoses traumatiques*. Ces cataplasmes doivent être faits avec les *feuilles séparées des tiges*, macérées dans l'eau bouillante Q. S. pour les détremper et les recouvrir.

C'est un succédané des *Roses de Provins*.

·LAVEMENT INJECTION contre les *hémorrhagies passives* et les *menstruations prolongées*.

AIL ALLIUM SATIVUM. L. — *Gousse d'ail*. (Prov. : *Ayé*).

Cultivé midi France. Récolte des bulbes fin juin. Les *bulbes* sont seules employées.

Elles contiennent 1° une essence âcre formée de *sulfure d'allyre* qui se rapproche de l'essence de moutarde formée de *Sulfocyanate d'allyre*. Les bulbes contiennent ensuite un principe gommeux sucré, une fécule et quantité d'albumine végétale.

C'est au *sulfure d'allyre* que l'ail doit ses propriétés *excitantes*, *rubéfiantes* et même *vésicantes*. C'est encore cette substance qui s'éliminant par les poumons donne à l'air expiré par les personnes qui ont mangé de l'ail, son odeur *sui-generis*. Le sulfure d'allyre est un puissant *thermogéné-tique* il a une action *soporifique* à laquelle les mangeurs *d'aïoli* n'échappent pas.

La *fécule des bulbes d'ail* est amère et *drastique* c'est elle qui donne à l'ail ses propriétés *anthel-minthiques*. Le pouvoir purgatif est modifié par le principe gommeux sucré qui masque complé-tement l'amertume de la fécule.

On emploie : les *bulbes pilées* en *cataplasmes* pour obtenir un effet révulsif, excitant et sudori-fique, rubéfiant ou vésicant. De là l'usage popu-laire, dans le midi, des CATAPLASMES d'ail pour ramener la *transpiration des pieds*, pour faire cesser les *douleurs névralgiques*, mais c'est par *préjugé* que le peuple emploie les cataplasmes d'ail *contre les vers*. Les expériences de Lange qui font des *applications d'ail* un moyen *fébrifuge* sembleraient contrecarrer l'usage populaire qui fait de pareille pratique un moyen *fébrigène* sou-vent utilisé par les soldats. Tout au contraire ces deux vertus sont solidaires et si l'ail produit un état hyperthermique tel, que la fièvre semble en être la conséquence, il doit avoir une valeur comme *agent substitutif*, valeur dont Lange a tiré parti cliniquement sans discuter le mode d'action du médicament qu'il employait.

A l'intérieur l'ail agit suivant les modes de préparations qui mettent en valeur ses principes divers. *L'aïoli* émulsion huileuse devient un condiment très excitant, un apéritif puissant, pectogène, thermogène dont les effets secondaïres, dus au sulfure d'allyre, se traduisent par l'odoration de l'air expiré et la somnolence tandis que les effets drastiques dus à la fécule amère se traduisent par des selles copieuses. L'*Odoration* est très atténuée si l'on exprime auparavant le *suc des gousses.*

. La *soupe à l'ail* dans laquelle le sulfure d'allyre est dissout dans l'huile et la fécule cuite, devient un *vermifuge* remarquable non seulement contre les *Lombrics* qui ne lui résistent pas, mais même contre les *tænias* qui cèdent à son usage continué quelque temps

L'INFUSION DANS DU LAIT vulgairement employée, est le résultat du *préjugé* qui attribue au lait le pouvoir d'attirer les vers. J'emploie de préférence et avec de réels succès la *soupe à l'ail* qui est moins déplaisante au palais.

LES LAVEMENTS :

Eau	250
Huile	30
Gousse d'ail	1

Faites bouillir 15 minutes et passez, donnez tiède. — Sont d'une puissance inouïe contre les *oxyures.*

L'ail pilé, incorporé à parties égales d'huile et de graisse forme la *moutarde du diable* ou *huile d'ail* employée par les Arabes comme topique substitutif contre les *inflammations chroniques* et les *douleurs rhumatismales*, son action contre les *tumeurs blanches torpides* est remarquable, mais il faut en surveiller l'emploi.

Comme le dit Fonssagrives les vertus incontestables de l'ail devraient pousser à l'étude physiologique du *sulfure d'allyre* il est probable qu'il y a là un médicament très énergique et un puissant antiseptique.

AIRELLE vaccinium, genre des Ericacées.

Airelle Canneberge VACCINIUM OXICOCCUS. L — *Coussinette.*

Baies acidules dont le suc est employé pour faire des confitures qui se conservent longtemps.

Sert à nettoyer l'argenterie.

Airelle Myrtille VACCINIUM M. L. — *Raisin de bois, brinbelle, mouretier, teintvin.*

Lorraine, Normandie. Bois, fruits juillet. Baies acidules astringentes dont le suc sert à colorer les vins et jouit d'une réputation populaire contre la *diarrhée.*

Le suc d'airelle myrtille concentré à consistance d'*extrait* a été utilisé contre les *diarrhées chroniques* D = 4 à 6.

Le *Sirop* :

Extrait	5
Sirop	1000

pour édulcorer les tisanes astringentes.

Le *vin d'airelle* constitue une bonne préparation tonique astringente.

Extrait	30
Vin	1000

Le principe acidule astringent des airelles est l'acide quinique.

Airelle ponctuée VAC. VITIS IDŒA, L. —
Suc acidule astringent, ses feuilles persistantes, elliptiques obtuses, à peine dentées, à face inférieure blanche parsemée de points noirs sont employées pour sophistiquer les feuilles de *Busserole*.

Les *cataplasmes de baies* sont employées par le peuple contre les *engorgements des seins*.

ALCHIMILLE ALCHEMILLA VULGARIS, L. —
Pied de Lion, *Manteau de Dames*.

Bois et prés. Rosacées.

Racine noire, septembre. Feuilles juin.

Succédanée de l'aigremoine.

ALISMA PLANTAGO V. PLANTAIN.

ALISMACÉES (nom de famille des)duCelte *alis*, eau, par allusion aux terrains marécageux affectionnés par le plantain.

ALKÉKENGE PHYSALIS ALKEKENGI, — *Coqueret, cerise d'hiver des Anglais, de Juif, Physale*.

Baies fin automne. — Saveur aigrelette. Le *suc* frais de cette solanée a été vanté par Arnaud de Villeneuve comme diurétique. C'est un médicament tombé en désuétude.

La DÉCOCTION DE FEUILLES $\frac{30}{1000}$ est réputée diurétique elle doit son amertume à la *physaline* principe cristallin immédiat découvert par Dessaigne et Chautard.

ALLIAIRE ERYSIMUM ALLIARIA L, — *Vélar, Julienne alliaire, Herbe aux Aulx.*

Bord des chemins, avril-juin. Cette crucifère contient du sulfure d'allyre qui lui donne l'odeur de l'ail. Aussi se sert-on de ses feuilles fraîches comme condiment.

Elle n'a pas de valeur thérapeutique.

ALOÈS genre des Liliacées.

Aloès SUC CONCRET provenant des feuilles de diverses espèces d'aloès. On distingue en commerce quatre sucs concrets principaux.

1º **L'Aloès socotrin** *de l'Ile Socotra.* Rouge hyacinthe, peu translucide, à lames rouges, cassure lustrée, poudre jaune doré, odeur douce, aromatique, saveur amère d'où le dicton amer comme un *chiquotin.*

2º **L'Aloès hépatique** *des Barbades.* Foie jaune et rouge verdâtre, peu translucide, lames à reflets variés, cassure cireuse, poudre jaune doré, odeur douce.

3º **L'Aloès du Cap** le plus employé en commerce. Brun noir verdâtre, lames transparentes, cassure vitreuse, poudre jaune verdâtre, odeur forte.

4º **L'Aloès cabalin** en calebasses, couleurs variées, poudre rougeâtre, impuretés odeur, d'iode et de résine.

L'Aloès cabalin est employé dans la médecine vétérinaire seulement.

L'Aloès socotrin est le plus estimé.

L'Aloès agit par son principe résineux et par ses principes immédiats *l'aloïtine* de Robiquet $C^6 H^{14} O^{10}$ et *l'aloïne* de Smith $C^{34} H^{18} O^{14}$ glycosides dont la série n'est probablement pas encore achevée.

L'aloïtine est une poudre jaune amorphe tournant au rouge à l'air, soluble dans l'eau et décomposable par l'eau bouillante.

L'aloïne jaune cristalline devient inerte aussi par l'ébullition dans l'eau.

L'aloïne a un pouvoir purgatif quatre fois plus fort que l'aloès.

Cette constitution chimique de l'aloès et les propriétés de ses éléments donnent la clef des phénomènes cliniques que nous observons tous les jours.

Lorsque l'on a voulu traiter par l'ébullition les sucs aloétiques pour les purifier et en faire des *extraits raffinés*, ces extraits sont demeurés sans valeur.

Quand on donne *l'aloès à petites doses fractéee* il est absorbé par le sang, détermine une excitation vasculaire, une excitation hépatique, une congestion de la Veine Porte et consécutivement la tumescence des vaisseaux hémorrhoïdaux, utérins, vésicaux et du gros intestins, secondairement à cet excès de circulation locale succèdent des *hémorrhoïdes*, des congestions utérines qui amènent les *menstrues*, des congestions vésicales, prostatiques et surtout des hypersecrétions de mucus intestinal qui amènent des *selles tardives copieuses*.

Quand on donne l'alcool à *doses massives* la gomme résine et les glucosides agissent directement sur la muqueuse intestinale et provoquent la saillie de la bile et du mucus en abondance, d'où SELLES *liquides avec coliques*. L'excès de dose n'augmente pas le pouvoir purgatif, l'aloès agissant sur la muqueuse à la manière d'un condiment dont la puissance physiologique ne saurait être indéfiniment accrue.

Il résulte des précédentes considérations que l'on peut utiliser l'aloès soit pour *dériver* des fluxions lointaines *cérébrales ou autres*, soit pour déterminer des fluxions locales *hémorrhoïdaires* ou *utérines* soit pour vider le *gros intestin*, soit enfin comme *purgatif cholagogue*.

En l'état actuel de la science l'aloès est un médicament très important qu'il faut connaître et employer en nature suivant les indications ci-dessus précisées, sans recourir à des simplifications qui atténueraient sa puissance thérapeutique

Les doses sont : poudre 0,10 à 0,20 pour effets congestifs et dérivatifs, 0,30 à 2 pour effets purgatifs.

A l'extérieur, l'aloès, par ses principes résineux et glucosides devient un excellent *vulnéraire*, mettant les plaies hors du contact de l'air, il favorise leur cicatrisation. Il a de plus une action agglutinative qui diminue les glissements de surface et réussit contre les *contusions musculaires* ou les *entorses* dont il facilite la guérison en maintenant en place les tissus. C'est sous forme de *teinture* pure ou étendue d'eau qu'on l'emploie en ces cas. *La glycérine* le dissout aussi.

Les explications précédentes permettront de comprendre la valeur et l'intérêt des trop nombreuses formules où l'aloès a été introduit comme agent principal ou secondaire.

Je dois ajouter un dernier mot; certaines *substances inertes mêlées à l'aloès* paraissent augmenter son pouvoir purgatif, ce phénomène est le résultat de la dissémination de l'aloès sur de plus nombreux points de l'intestin. Il est bon de connaître ce mécanisme et de l'employer.

AMANDIER AMYGDALUS COMMUNIS, L. — V. DULCIS, *Amandes douces,* (Prov. *amendounier*).
Fleurs en avril, fruits en octobre.

Les *amandes* seules sont employées. Elles contiennent 54 p. 0/0 d'une huile fixe, douce, $D = 0,918$. Odeur agréable, soluble dans l'éther. Elles contiennent aussi de l'Emulsine $C^{20} H^{35} Az^2 O^{52}$, un sucre liquide et de la gomme.

L'Huile d'amandes douces est un lénitif vulgairement employé. Mais cette huile rancit très rapidement et produit alors des effets tout opposés.

L'*émulsine* donne à l'amande douce son pouvoir émulsif de là son emploi pour la confection des Loochs.

La DÉCOCTION D'AMANDES agit par l'émulsine. Elle est remplacée chez le peuple par la décoction d'*écorces d'amandes* qui a un goût plus aromatique mais qui est moins lénitive.

AMANDIER AMER, AMYGDALUS COMMUNIS, L.—V. *Amara* (Provençal : *Amendo amaro*).

Fleurs en avril, fruits en octobre.

Les amandes amères contiennent la même huile fixe que les amandes douces. L'émulsine y est remplacée par l'*amygdaline* $C^{40} H^{27} AzO^{22}$ qui au contact de l'eau donne de l'essence d'amandes amères $C^{14} H^6 O^2$, de l'acide Cyanhydrique $C^2 Az H$ et du glycose $C^{12} H^{12} O^{12}$.

L'Essence d'amandes amères ou *hydrure de Benzoile* est un poison violent d'une composition instable et dont on fait un malheureux abus pour les liqueurs et les pâtisseries.

Les aliments où rentrent les amandes amères sont d'autant plus funestes que l'hydrure de Benzoile est incompatible avec le chlore, l'iode, les sels métalliques et surtout le mercure. Sans doute l'indigestibilité des frangipanes est souvent due à ces incompatibilités.

Formules pratiques :

EMULSION OU LAIT D'AMANDES

Amandes moudées	50.
Sucre blanc	50
Pilez, ajoutez peu à peu, Eau	1000

Passez à l'étamine. (Codex)

SIROP D'AMANDES OU D'ORGEAT

Amandes douces	50
Amandes amères	15
Sucre	300
Eau	162

Emulsion, passez, faites fondre au bain marie, ajoutez eau de fleurs d'orangers 25, mettez à froid en bouteilles sèches (Codex).

PATE OU CONSERVE D'AMANDES

Amandes mondées	50
Gomme ar. pulvérisée	8
Sucre pulvérisé	25
Eau Q. S.	

Pâte homogène à diviser en tablettes. N'enfermez que bien sèche.

CATAPLASME D'AMANDES AMÈRES

Amandes amères pulvérisées G. S.
Eau pour humecter

Placer le magma dans de la mousseline et appliquer sur les régions atteintes de *névralgie* à la condition que l'épiderme de ces régions ne soit pas excorié.   (Reveil)

Les qualités *lénitives* des amandes ne sont pas seulement utilisées en médecine, en parfumerie elles sont largement exploitées et l'on vend sous les noms de *savons à la pâte d'amandes, savons à l'essence d'amandes amères*, etc., des produits de toutes formes et de toutes compositions.

La formule du *savon d'amandes* ou *savon amygdalin* appelé aussi *savon médicinal* utilisé en médecine à l'intérieur pour *matière pilulaire* et pour *suppositoire* est celle-ci :

Soude caustique liq. (D=1,33—36°R)   10
Huiles d'amandes douces   21

Agitez jusqu'à formation d'une pâte molle. Coulez dans des moules.

Doses à l'intérieur   0,20 à 2
En lavement lénitif   2 à 10

Taillé en suppositoire pour être introduits dans l'anus contre la constipation, d'un usage vulgaire pour les enfants, sous le nom de *chandelette.*

AMANITE genre de champignons caractérisé par un *volve* espèce de sac entourant le champignon dans sa jeunesse Le volve se rompt pendant l'évolution du chapeau.

Amanite fausse oronge, AMANITA MUSCARIA, Vénéneux.

Amanite bulbeuse AM. PHALLOIDE, *Orongeciguë,* v. Blanche, v. jaunâtre, v. verdâtre.

Toutes les variétés sont vénéneuses. Elles contiennent un principe immédiat signalé par Letellier sous le nom *d'amanitine* mieux étudiée par Boudier sous le nom de *muscarine* paralysant la circulation et produisant des effets tardifs de congestions secondaires mortelles même lorsqu'il est pris à petites doses.

Les dangereux effets des amanites sont combattus par l'*atropine* qui est son antidote le plus sûr.

• AMARANTHÉES nom 'de famille du grec ne pas se flétrir, allusion à la dureté des fleurs. — V. *Agaric.*

AMBRE GRIS matière animale excrémentitielle de quelques cétacés. Soluble alcool et éther. La teinture se fait au dixième. Inusité.

AMBRETTE. Se trouve dans le commerce sous forme de graines lenticulaires anguleuses. C'est le fruit de l'*Hibiscus abelmoschus* ou *abelmosc de mahabar* usité en parfumerie.

• AMBROISIE DU MEXIQUE. Chenopodium ambrosioides. *Thé des Jésuites, thé du Mexique.*

Elle doit son odoration à une huile volatile et sa saveur chaude à un produit extractif azoté la *phyteumacolle.*

Elle a comme succédanée le *chenopodium Botrys* L dont les feuilles sont garnies de poils et échancrées.

Cette Chenopodée entre dans une liqueur *La moquine.* Les semences contenant plus d'huile essentielle sont considérées comme *vermifuges.*

Le *Thé d'ambroisine* est un tonique sans grande valeur. On le fait avec les sommités de chénopodium. INFUSION $\frac{10 \text{ à } 20}{1000}$

AMIDON. Substance extraite des graines de céréales. Employé comme lénitif. *glycérolé d'amidon.*

Amidon de blé 1.
Eau   1.

Mêlez et chauffez en remuant dans glicérine 15. jusqu'à formation en gelée (Codex).

BAIN D'AMIDON

Amidon 250
Eau   25 litres

L'amidon se dissout difficilement dans l'eau froide. Il forme pâte tendant à la rétraction par la dessiccation, de là l'usage populaire des *emplâtres d'amidon détrempé* contre les *ecchymoses*, les *thrombus*, les *contusions* et les entorses.

Quand on veut développer l'adhésivité de l'amidon, il faut le convertir en matière gluante par ébullition, c'est ainsi que l'on obtient la *gelée d'amidon* qui sert à placer les *appareils inamovibles* pour les *fractures*.

Les LAVEMENTS D'AMIDON BOUILLI si fréquemment employés contre la diarrhée sont en réalité des lavements de matière gluante. Ils n'ont plus l'effet astringent de l'amidon lentement détrempé à froid ou à une température tiède. Ces phénomènes ne sont pas assez connus des cliniciens qui se laissent surprendre par un mirage chimique.

L'emploi de l'*amidon eu poudre* pour calmer les *démangeaisons* dans les affections cutanées, et pour *enrayer* LES AFFECTIONS ÉRYSIPÉLATEUSES est basée sur les phénomènes de dessiccation suscités par l'amidon qui s'empare lentement de l'eau émise par la transpiration insensible. Il importe de changer souvent l'amidon pour éviter des fermentations acides

AMMI SISON AMMI, I*r*. — *Ammi des boutiques, Fenouil de Portugal* (ombellifère).

Terrain sablonneux (d'où son nom). Les séminoïdes en septembre.

Carminatif succédané de l'anis.

ANDA ASU Plante de l'Inde donnant une huile purgative.

ANCOLIE AQUILEGIA VULGARIS, L. — *Gant de Notre-Dame* (comme la Digitale).

Renonculacée succédanée de l'aconit inusitée malgré les travaux de Tragus sur son emploi dans l'*ictère* d'Eysel sur son emploi dans le SCORBUT.

ANÉMONE genre des renonculacées par allusion, à ce que la plante se plaît dans les lieux exposés au vent.

Anémone 1° ANÉMONE DES PRÉS, *Anemóna pratensis,* L. — *Pulsatille noire, Fleur de vent, Coucou.*

. 2° ANÉMONE DES BOIS, *Anemona nemorosa,* L.— *Pulsatille, Coquelourde, Passe-Velours, Teigne œuf, Fleur de Pâques.*

Prés, bois, avril.

Doivent se récolter avant la floraison, ne peuvent s'utiliser que fraîches ou conservées dans le vinaigre.

Agissent par un principe immédiat neutre à l'état cristallin, l'*anémonine* C^{30} H^{12} O^{12} devient âcre par l'hydratation.

L'extrait aqueux a été utilisé comme agent substitutif dans les OPHTHALMIES SCROFULEUSES et les BLÉPHARITES GRANULEUSES (Stœrk).

Les *feuilles fraîches* sont rubéfiantes et même vésicantes. Le vulgaire les emploie pilées en bracelets aux mains et aux pieds comme *révulsifs*.

A ce point de vue, les anémones peuvent rendre des services.

Les homœopathes se servent de la *teinture de pulsatille* en inspirations contre les FAIBLESSES NERVEUSES. En allopathie on emploie dans les mêmes circonstances le *sirop de suc*.

Suc frais d'anémone	125
Sucre en poudre	250

Incorporez dans

Sirop de sucre	1125
	(*Mouchon*).

C'est un excitant cardiaque léger de peu de valeur clinique.

ANETH ANETUM GRAVEOLENS, L. — *Fenouil bâtard.*

Fleurs juillet, fruits août, récolte des sommités séminoïdes septembre.

Agit par l'huile essentielle qu'il contient, est un excellent succédané du fenouil et d'autres ombellifères.

INFUSION STOMACHIQUE $\frac{1}{250}$.

ANGÉLIQUE ANGELICA-ARCHANGELICA, L. — *Angelique officinale, H. du Saint-Esprit.*

Bois, culture, tiges en juin. Racines septembre, semences août.

Les tiges et les racines contiennent une matière résineuse, l'*angélicine* et une huile volatile unies sous forme de *Baume* et se conservant indéfiniment ce qui donne à ces parties du végétal une saveur et un arôme utilisés par les confiseurs. La valeur médicale de l'angélique est presque nulle. C'est un mauvais succédané de l'anis.

ANGUSTURE VRAIE CUSPAREA FEBRIFUGA *Cusparé, West-India.*

C'est l'écorce de la rutacée d'Amérique qui était employée comme tonique antidiarrhéique.

Ce succédané du *Colombo* a été abandonné à cause de sa fréquente falsification avec l'*angusture fausse*, écorce d'une apocynée et même de *nux vomica* amère et inodore, à bords non taillés en biseaux mais contenant de la *brucine* et de la *strychnine.*

ANIS. PIMPINELLA ANISUM, L. *Anicet de Dioscoride, anis boucage.*

Culture dans une terre douce, chaude et meuble. Semer au printemps ; arracher la plante en août, faire sécher ; battre en septembre, vaner et trier les grains.

En commerce on distingue :

1° **L'anis de Tourraine**, vert et doux ;

2° **L'anis d'Albi,** blanchâtre et aromatique ; ·

3° **L'anis d'Espagne et de Malte,** gros et vert blanc ;

4° **L'anis de Russie**, noir et petit. ·

La culture de l'anis serait lucrative dans le midi de la France.

L'anis contient une *huile volatile* $C^{20} H^{12} O^2$ qui se fige à plus 10°. Voilà pourquoi toutes les liqueurs anisées louchissent quand on les mélange à de l'eau fraîche.

Une résine unie à une *gomme* et à de *l'acide inulique.* Solubles dans l'alcool.

L'huile volatile et la résine donnent à l'anis ses vertus médicinales.

L'huile volatile agit sur le système nerveux qu'il surexcite, et tonifie de là les bons effets des décoctions d'anis dans les *crampes d'estomac, les coliques venteuses, l'inertie gastrique, les Dyspepsies flatulentes.* Mais ces effets sont fugaces. La diurèse extrait le principe qui se combine avec les odorants de l'urine et leur donne une odeur désagréable.

La *résine gommeuse* agit directement sur l'intestin qu'elle surexcite, et dont elle favorise les contractions péristaltiques, c'est ainsi qu'elle modère les coliques occasionnées par les purgatifs lents comme l'aloès ou imparfaits comme le séné.

La surexcitation légère produite sur la peau par la résine gommeuse a fait encore employer l'anis comme agent subtitutif dans les *liniments antirhumatismaux*.

INFUSION$\frac{10}{1000}$ n'agit que prise chaude.

Alcoolat.

Fruits d'anis	1
Alcool à 80°	8

Macérez 2 jours. Distillez au bain-marie 4 à 30.

Huile d'anis. Ratafia d'anis.

Anis	45
Eau-de-vie à 24°	1500
Macérez 8 jours et ajoutez : Eau	1000
Sucre	80

Filtrez.

Les liqueurs à base d'anis sont très nombreuses et toutes douées de quelques vertus carminatives.

La poudre d'anis masque entièrement le goût de la *poudre de Valériane* et comme correctif doit entrer dans toutes les formules de purgatifs susceptibles d'augmenter les flatuosités de l'intestin.

Les *dragées d'anis* de Verdun, Flavigny et autres sont d'un usage populaire, on peut les employer en *infusions* dans les cas pressants.

Anis étoilé ILLICIUM ANISATUM, L. — *Badanier de la Chine. Badian anisé.*

Succédané de *l'anis* contenant une *huile grasse âcre* qui doit le faire rejeter de la thérapeutique.

ARACHIS HYPOGŒA Légumineuse dont les fruits (*arachides*) donnent *l'huile d'arachides*.

ARBOUSIER - BUSSEROLE, ARBUTUS UVA URSI, L. — *Busserole, Raisin d'ours, Petit buis.* (Provençal : *Pan Bouissé.*

Les feuilles de cette éricinée peuvent être cueillies en tous temps dans le midi de la France. Lieux incultes et montagneux.

Elles contiennent un peu de *tannin*, une *résine gommeuse* et un principe glycoside *l'arbutine.* Ce principe est toujours accompagné de *l'éricaline* $C^{34} H^{56} O^{24}$ et de *l'ursone* $C^{20} H^{34} O^2$ qui lui donnent un amertume commun à tous les composés à base d'*Hydroquinone* $C^6 H^6 O^2$.

C'est par l'arbutine, amère et happant à la bouche que la busserole paraît agir sur les secrétions muqueuses et modérer leur tendance à la *fermentation pyoïde.* Aussi la DÉCOCTION DE FEUILLES $\frac{20}{1000}$ est-elle avantageusement employée dans les CATARRHES MUCO-PURULENTS On peut compter sur des effets sérieux lorsque ces catarrhes siègent à la VESSIE ou au CANAL DE L'URÈTHE. C'est par la même raison que les BLENNORRHÉES CHRONIQUES sont modifiées, l'arbutine étant rejetée par les urines en majeure partie. De même que pour le copahu l'action antiblennorrhéïque n'est pas ici directe, elle est la conséquence d'un produit de transformation qui naît pendant le travail de secrétion urinaire. C'est pourquoi les injections d'*extrait de Busserole* employées par Venet à l'hôpital Saint-Louis de Bordeaux n'ont pas donné de meilleurs résultats que les injections de tannin.

L'action de l'*arbutine* sur les bronches dans les CATARRHES MUCO PURULENTS est encore un effet de l'assimilation du glycoside par le mucus. Il convient donc dans ces cas de donner L'INFUSION DE FEUILLES $\frac{30}{1000}$ qui contient la majeure partie du principe amer.

Lorsqu'on veut recourir aux qualités astringentes de la busserole, et les utiliser contre les HÉMORRHAGIES PASSIVES, il faut se servir de la DÉCOCTION $\frac{20}{1000}$ et augmenter sa puissance en la réduisant au quart et l'édulcorant avec du sirop de ratanhia, car la quantité relative de tannin contenue dans la busserole est moindre que celle contenue dans la plupart des astringents.

Ce qui rend la busserole précieuse c'est qu'elle porte son action sur l'*utérus*, d'où son emploi contre les HÉMORRHAGIES POST PARTEM et qu'elle maintient une certaine *facilité de défécation*. Ce dernier phénomène est dû à la *résine* de la busserole qui excite la secrétion du suc intestinal.

ARENARIA RUBRA SABLINE ROUGE. Cette cariophyllée a été mise en vogue par Bertherand d'Alger. Elle agit par les sels sodiques qui forment le 5 p. 0/0 de son poids, comme *diurétique antigravelleux*.

Plante avant floraison	50	
Eau	250	
Faites réduire à	200	ajoutez
Sucre	400	

Faites à consistance de *sirop* à prendre par

cuillerées directement ou en édulcorant une tisane.

Succédané de la *pariétaire*.

ARISTOLOCHIA genre des ARISTOLOCHIÉES.

ARISTOLOCHE CLÉMATITE. ARISTOLOCHIA CLÉMATIS, L. — *Poirier*, (ne pas confondre avec la *Clématis vitalba*, Clématite, renonculacée).

L'aristoloche vient dans les haies, les vignes ; racines en septembre.

Elle a été considérée comme sudorifique et dépurative, de là son emploi contre la goutte et les accidents syphilitiques.

Poudre du duc de Portland :

Racine aristoloche en poudre	
Feuilles d'airelle	
Feuilles germandrée	*aa* 2
Racine gentiane	
Petite centaurée	4

Mêlez. Dose 1 à 4 par jour pendant six mois.

L'emploi de l'aristoloche n'est pas sans inconvénient dit A. Bossu. Tout jugement doit être suspendu sur cette plante jusqu'à ce qu'on ait déterminé ses principes de constitution.

Aristoloche serpentaire A. OFFICINALIS, *Serpentaire de Virginie*, Vipérine de *Virginie*.

Racine des montagnes de l'Amérique agissant principalement 1º par son *huile volatile* ; 2º par sa *résine* unie à un principe amer la *serpentarine* de Chevallier et Lassaigne.

L'INFUSION $\frac{10}{1000}$ chargée de l'huile volatile est excitante. sudorifique et antispasmodique.

La DÉCOCTION $\frac{30}{1000}$ devient d'autant plus excitante qu'elle est plus concentrée, elle produit alors des nausées, des selles, des troubles gastriques, l'augment des pulsations, et la diaphorèse par lipothymie.

Les inhalations de vapeurs chaudes de la décoction ont une puissance particulière d'excitation des muscles de Résius.

Ces propriétés expliquent l'emploi heureux de la serpentaire dans les BRONCHITES CATHARRALES ATONES, pour ramener L'EXPECTORATION.

ARMOISE. ARTEMISIA VULGARIS, L.—*Herbe de Saint-Jean.* Remise. Arquemise. (Provençal : *l'Arcamiso*).

Sommités fleuries et feuilles en juin Racines en septembre.

Les fleurs contiennent plus d'*huile volatile*, les feuilles puis les racines le plus de *principe extractif amer*. La valeur médicale tonique et antispasmodique de *l'infusion* des sommités fleuries $\frac{10}{1000}$ provient de l'huile volatile.

La DÉCOCTION $\frac{30}{1000}$, la DÉCOCTION VINEUSE, la POUDRE DE RACINE 2 à 4, agissent par le principe amer et surexcitent la circulation et le tube digestif d'où leur emploi contre les COLIQUES qui accompagnent les MENSTRUATIONS DIFFICILES ou les SUPPRESSIONS DE RÈGLES A FRIGORE. Les FUMICATIONS $\frac{100}{1000}$ agissent par la chaleur et l'huile volatile. Dans tous les cas l'*armoise* n'est qu'un succédané de l'absinthe (v. ce mot).

ARNICA. ARNICA MONTANA. L. — *Tabac des Vosges*, *des Savoyards. Bétoine des montagnes. Nard celtique.* Pâturages montagneux, feuilles et fleurs en juillet, racines en septembre.

Les fleurs, avant la maturité de la graine, contiennent le maximum des principes actifs. Ces principes sont : 1º une *huile essentielle* qui agit comme tonique, *névrosthénique* ; 2º une *résine* sorte de térébenthine d'où l'on a extrait un composé cristallin, *arnicine* de Bastick, mal défini. La résine agit comme *vulnéraire* et diminue notablement l'expansion des *phlogoses traumatiques* et des *suppurations*.

De là l'emploi des fleurs d'arnica en INFUSION légère $\frac{10}{1000}$ dans les DÉBILITÉS NERVEUSES

De la DÉCOCTION CONCENTRÉE d'arnica $\frac{50}{1000}$ en lavements dans les *constipations opiniâtres.*

On a renoncé à l'utiliser comme vomitif à cause des coliques qui accompagnent son ingestion.

Les *cataplasmes de fleurs d'arnica* faits en détrempant les fleurs dans très peu d'eau bouillante, rendent des services signalés pour LIMITER LES PHLEGMONS, arrêter LES SUPPURATIONS DIFFUSES, et juguler les THROMBUS.

La *teinture d'arnica.*

Fleurs d'arnica   1
Alcool à 20º   5

est d'un usage vulgaire contre les CHUTES, EN-

TORSES, CONTUSIONS, mais l'excitation que l'arnica apporte aux plaies n'est pas sans danger quand celles-ci sont enflammées et il faut se tenir en garde contre les *effets d'excitation* de la résine.

L'extrait alcoolique de fleurs est avec la teinture les deux formes que l'on peut employer dans les potions pour activer la contraction des muscles de Résius dans les CATARRHES AVEC DIFFICULTÉ D'EXPECTORATION.

L'action DIAPHORÉTIQUE ET NAUSÉEUSE a été utilisée dans les PLEURÉSIES CHRONIQUES avec SUFFUSIONS PASSIVES (*Hanner*).

La dose de l'extrait est de 0,05 à 0,20.

De la teinture 1 à 4.

Des fleurs 4 à 6 en décoction 0/0 d'eau.

Autrefois on se servait de la *poudre de racine* comme *sternutatoire*.

L'Iode et les sels métalliques sont incompatibles avec l'arnica.

AROIDÉES (famille) : Spathe contenant un spadice portant des étamines sessiles et au-dessous un anneau de pistils.

ARRÊTE-BŒUF ONONIS SPINOSA, L. — *Bugrane*, (Provençal : *Agon*).

La racine de cette papillonacée a été considérée comme *Lithontriptique* (?)

DÉCOCTION racine fraîche $\frac{50}{1000}$.

ARROCHE Atriplex hortensis, L. — *Bonne-Dame. Folette.*

Cette salsolacée qui contient des sels de soude en notable proportion jouit dans le peuple d'une réputation laxative.

Les *graines* sont légèrement purgatives.

ARROW-ROOT. salep des indes orientales. *Fécule arrow-root Amylum Marenta.*

Fécule obtenue par macération de la pulpe de diverses racines, décantation ou sèchement du résidu.

Le Salep des Indes provient des *Maranta Arundinacra* et *Indica.*

L'Arrow-root de Tolomane, en commerce : de *tous les mois* provient de la *Canna coccinæa,* Mill.

L'Arrow-root de Travancoze provient du *Cucurma angustifolia.* Rox.

L'Arrow-root de Taïti provient du *Tacca primatifolia,* L.

Les *arum,* les *calladium,* les *manihot* donnent encore des arrow-roots. C'est un aliment léger, trop vanté comme analeptique, mais très utile pour la conservation des farines alimentaires; le mélange de l'arrow-root à la farine de froment la garantit longtemps des *charançons.*

ARTHANTE ALLONGÉE arthante elongata. *Miq. Piper angustifolium,* R. — *Matico, Herbe du soldat, Stephensia.*

Les feuilles nous arrivent de Bolivie, du Pérou et du Chili, en bottes comprimées. Elles contiennent beaucoup de tannin, une résine, un acide particulier, l'acide arthentique, un produit immédiat mal défini la *maticine* poudre jaune sépia, amère, nauséeuse soluble dans l'eau et l'alcool, insoluble dans l'éther et une *huile volatile* dextrogyre.

Les expériences faites jusqu'à ce jour ne permettent pas encore de déterminer quel est le principe réellement actif du matico.

De toutes les formes pharmaceutiques une seule m'a toujours réussi et je l'emploie avec un réel succès, c'est la DÉCOCTION CONCENTRÉÉ $\frac{10}{100}$ édulcorée au sirop de ratanhia et additionnée d'ergotine contre les HÉMORRHAGIES CONGESTIVES, ACTIVES DES POUMONS OU DE L'UTÉRUS.

J'ai été chargé, pendant mon internat, d'expérimenter l'un des premiers dans le service du P. Bartoli les INJECTIONS contre les ÉCOULEMENTS; nous n'avons rien obtenu qui méritât une mention spéciale. Le matico ne doit être considéré que comme un styptique tonique et c'est déjà beaucoup.

ARTICHAUT CYNARA SCOLYMUS, L. — *Choux épineux.* (Provençal : *Cachouflier sauvagi.*)

De tous temps les DÉCOCTIONS de feuilles ont été employées comme fébrifuges et anti-ictériques purgatives.

Les travaux de Guitteau de Poitiers donnent une nouvelle actualité à la plante.

L'*extrait* obtenu par ébullition des feuilles, jusqu'à consistance d'extrait et reprise de cet extrait par l'alcool à 55° distillé jusqu'à nouvelle consistance, donne un *suc aloëtiforme*, très amer à cassure vitreuse.

Le *suc aloëtiforme* traité par l'acide azotique donne un isomère de l'acide chrysammique, et un isomère de *l'aloëtine*, la *cynarine*.

La *cynarine* est un purgatif qui demande à être étudié et expérimenté.

Les *écailles* et le *réceptacle des capitules* que nous mangeons dans l'artichaut ne contiennent pas de *cynarine*, mais la base du réceptable et le pédoncule en contiennent en quantité.

Il importe de cueillir les feuilles avant la floraison.

Les *fleurs* légèrement salées *caillent le lait*, elles agissent par une *gomme résine* qu'il importe d'étudier.

L'artichaut possède dans ses feuilles un *principe colorant* jaune d'or qui a été utilisé dans l'art du teinturier.

ASA FŒTIDA, v. FÉRULE.

ASARET. ASARUM EUROPŒUM, L. — *Oreillé d'homme, cabaret, Nard d'Europe.*

Bois à l'ombre.

Feuilles toute l'année. Racine printemps, automne.

Les feuilles perdent leur activité en se desséchant.

Les racines ne sont plus actives lorsqu'elles ont perdu leur odeur camphrée et leur saveur piquante.

Les principes immédiats cristallisables *l'asarite* et *l'usarone* sont mal définies et forment un camphre de peu de valeur, mais *l'huile grasse jaune* est éméto-cathartique. L'asaret doit sans doute à cette huile les *qualités éméto-cathartiques* qui le faisaient rechercher avant l'introduction de l'ipéca dans la thérapeutique.

Toutes les préparations d'asaret s'altèrent rapidement; mais lorsque la plante est employée fraîche, elle donne des résultats remarquables surtout dans les DYSPEPSIES A CRAPULA.

La poudre de racine est encore employée comme *sternutatoire* contre certaines MIGRAINES.

ASCLÉPIAS, genre des asclépiadées.

ASCLÉPIADE, v. DOMPTE-VENIN.

ASPERAGUS, genre des ASPARAGINÉES.

ASPERGE. ASPARAGUS OFFICINALIS, L. — (Provençal : *Roumaniou de tino.*)
Du grec sparassé, je pique.
Bois. Fusions en juin, racines en septembre.

On se sert à tort des asperges cultivées pour les préparations médicinales.

L'asperge sauvage contient un principe immédiat *l'asparagine* $C^8 H^8 Az^2 O^6$ cristallisant en prismes droits rhomboïdaux incolores. Cette asparagine, unie à de la mannite et à de l'albumine végétale s'accroît par la culture. Toutes ces substances sont à leur maximum de développement dans les asperges de Montreuil. Mais c'est aux dépens de la *résine* et du *principe amer* qui contrebalancent l'asparagine et l'albumine végétale dans les asperges sauvages.

Les effets *diurétiques* avec odoration spéciale de l'urine, et les effets *sédatifs* sur le cœur sont beaucoup plus marqués avec l'asperge sauvage qu'avec l'asperge cultivée.

Je fais ces observations surtout pour le SIROP DE POINTES D'ASPERGES.

> Suc de pointes d'asperges sauvages 10
> Sucre   20

Sirop par solution au bain marie couvert. Passez à l'étamine.

Le sirop de pointes d'asperges cultivées est inerte.

LES DÉCOCTIONS DE RACINES D'ASPERGES SAUVAGES $\frac{50}{1000}$ sont aussi plus actives mais la différence est ici moins sensible.

Les préparations d'asperges sont contrindiquées chez les blennorrhéïques.

6

ASPIDOSPERME. Aspidosperma quebracho, S. — *Graine à bouclier*, *quebraco*.

Grande apocynée du Brésil agissant par deux principes solubles dans l'alcool.

L'Aspidospermine C^{42} H^{26} Az O^3 de Fraude et la quebrachine C^{44} H^{30} Az^2 O^4 de Herse, et son *tannin* abondant.

En Europe la *teinture* est employée à la dose de 2 à 15 pour régulariser la circulation et diminuer l'oppression dans l'asthme nerveux. Elle réussit quelquefois à calmer les accès.

ASPHODÈLE. Asphodelus ramosus, L. — (Provençal : *Parachu de cuelo*).

Cette liliacée n'est remarquable que par l'eau-de-vie que l'on extrait de ses bulbes. L'alcool d'asphodèle a comme tous les alcools amyliques un aldhéïde qui fait reconnaître l'origine du produit.

ASTRAGALE, genre de légumineuse qui a donné à la médecine l'**A. glyciphyllos**, L. — *réglisse bâtarde*, l'**A. excapus**, L. l'**A. massiliensis** dont les racines ont été employées comme adoucissantes et dépuratives. Actuellement on n'utilise plus que le produit des cellules médullaires de l'**A. vera tragacantha**, c'est-à-dire arbuste épineux aimé du bélier, qui fournit la *gomme adragant*. La véritable gomme adragant contient 1° environ 53 0/0 d'*adragantine* ou bassorine C^{24} H^{20} O^{20} qui s'hydrate et se gonfle dans l'eau sans s'y dissoudre ; 2° de l'*arabine* ; 3° enfin de l'*amidon* et des substances minérales.

Diverses gommes fournies par d'autres espèces d'astragales donnent à l'analyse des quantités variables moindres de Bassorine.

La *gomme adragant* est de toutes les gommes celle qui possède le plus grand pouvoir émulsif, mais elle n'a pas les qualités lénitives des gommes à base *d'arabine*.

AUNE. Betula alnus, L. — *Vergnece.*

L'écorce de cette amentacée est chargée de tannin. De là sa valeur astringente utilisée par les gens de la campagne.

Les fomentations de décoction concentrée sont populaires pour empêcher la montée du lait $\frac{100}{1000}$.

AUNÉE. Enula hellenium, L — *Grande aunée, Œil de cheval. Aillaune. Lionne. Enule.*

Cette synanthérée-astéroïdée doit son nom à ses propriétés dépuratives signalées par les auteurs Grecs.

De nos jours on utilise la racine de 3me ou de 4me année cueillie en septembre.

Cette racine contient alors le maximum de principes parmi lesquels on distingue surtout : 1° Une résine âcre ; 2° un extrait amer ; 3° une matière féculoïde gommeuse mal définie *l'inuline* et 4° un camphre *l'hélénine*.

Les qualités excitantes, balsamiques, vulnéraires de l'aunée proviennent sans doute de la résine âcre miscible à l'eau et à l'alcool.

La DÉCOCTION D'AUNÉE est un puissant détersif des PLAIES SANIEUSES, très employé en médecine vétérinaire, utilisé par le peuple contre les ulcères atoniques et trop négligé par les médecins.

Cette action détersive est avantageuse dans les DYSPEPSIES EXULCÉREUSES OU ATONIQUES si l'on a soin de modérer la dose. Il faut alors donner L'INFUSION faite à l'eau tiède $\frac{15}{1000}$, je dis faite à l'eau tiède pour qu'on obtienne ainsi la solution de l'inuline qui se précipite en masse gluante lorsqu'on traite la racine par l'eau bouillante. L'infusion à l'eau tiède est donc non seulement *détersive* mais encore *analeptique*.

La *teinture* $\frac{1}{5}$ le *vin* $\frac{50}{100}$ agissent plus spécialement par l'*hélenine* $C^{42} H^{28} O^{6}$ qui est un camphre presque insoluble dans l'eau, essentiellement antiseptique et antiparasitaire. Lors donc que l'on veut agir contre les baccilles secondaires des fermentations pyoïdes, c'est aux préparations alcooliques d'aunée qu'il faut avoir recours et leur emploi est indiqué dans les AFFECTIONS ZYMOTIQUES, dans les VARIOLES, les EXANTHÈMES, les FIÈVRES A FORMES TYPHOÏDES, les CATARRHES A BACILLES, toutes les fois qu'il faut tonifier l'économie et la débarrasser de *parasites* encombrants.

Teinture 5 à 10. — Vin 50 à 100.

Les *extraits* et les *sirops* sont des préparations de peu de valeur. .

Aunée antidysenterique. Inula dysent, L. — *Inule odorante.*

Mêmes principes que l'aunée, huile volatile plus abondante, réussit dans les *diarrhées de fermentation* a été vantée contre le CHOLÉRA.

AURONE. Artemisia abrotanum, L. — *Aurône mâle, citronelle,* (ne pas confondre avec *mélisse*), *armoise des jardins.*

Cette synanthérée qui frappe par son odeur camphrée citronnée, est tonique, amère et vermifuge. On la mélange souvent aux autres vermifuges pour les odorer. Elle n'est pas employée seule.

AVOINE. Avena sativa, L. — (Provençal : *Civado*).

Les *glumes* de l'avoine sont utilisées pour faire des coussins dits en *balles d'avoine* avantageux parce qu'ils sont mauvais conducteurs de la chaleur.

Les semences d'avoine avec leur péricarpe sont considérées comme donnant une *infusion diurétique* par extension au préjugé populaire qui considère tous les graminées comme diurétiques.

La *semence mondée* c'est-à-dire privée du péricarpe constitue le *gruau d'avoine* que l'on trouve, dans le commerce, concassé ou moulu. Ce gruau contient du gluten, de l'albumine, de l'amidon, de la dextrine, un principe sucré. Il est par conséquent très nutritif ; mais ce qui le distingue des autres gruaux c'est qu'il contient une huile jaune odorante et excitante.

Les DÉCOCTIONS, sont légèrement analeptiques et passent pour adoucissantes.

Les CRÊMES OU BOUILLIES constituent un aliment avantageux lorsqu'on les cuit suffisamment ; mais ce degré de cuisson n'est pas obtenu si après la solution de la farine on ne la laisse mitonner. Ce défaut de cuisson rend alors la crème indigeste, elle tend à l'acescence, surtout dans les pays chauds. Voilà pourquoi l'élevage des enfants à la BOUILLIE D'AVOINE paraît donner quelques résultats heureux dans le Nord, tandis que dans le Midi, où l'avoine est plus dure, ce mode d'éducation est l'une des causes les plus certaines *d'entérites par acescence* à bref délai.

Inutile d'ajouter que les *crèmes d'avoine* sont contrindiquées dans les *dyspepsies acides*, et dans les *fièvres avec diminution de la secrétion salivaire.*

LA FARINE D'AVOINE peut entrer dans la confection d'une bonne farine alimentaire, mais elle ne constitue pas à elle seule un aliment parfait.

BADIANE V. ANIS ÉTOILÉ.

BAGUENAUDIER COLUTEA ARBORESCENS *Séné d'Europe, Faux Séné, Séné vésiculeux. Colutier, Arbre à vessie.*

Cette papillonnacée fleurissant en juin a des

feuilles semblables à celles du séné, on les récolte en septembre.

Si ce végétal n'était pas indigène, il aurait une grande réputation Le vulgaire seul lui rend justice en le plaçant au-dessus du séné.

Les feuilles jaunes de Baguenaudier contiennent une *huile essentielle* qui leur donne une âcreté particulière.

Le PRINCIPE PURGATIF n'a pas encore été isolé, c'est une étude à faire.

La DÉCOCTION de feuilles de Baguenaudier $\frac{30}{500}$ purge comme une décoction à double dose de séné. Bodard recommande avec raison d'ajouter quelques grammes de fenouil ou d'anis pour éviter les coliques venteuses.

Les feuilles de Baguenaudier servent à sophistiquer le séné du commerce et ce n'est pas un mal. Elles entrent dans le thé Suisse, le thé des Alpes et toute une série de thés purgatifs que la réclame a mis en vogue.

L'INFUSION $\frac{00}{500}$ est préférée par Coste et Willemet. Elle est moins active à dose égale que l'infusion du séné. En l'état actuel de nos connaissances, l'étude chimique et physiologique du Baguenaudier n'étant pas faite nous ne saurions nous prononcer. Nous signalons ce point qui pourrait devenir le sujet d'une bonne thèse.

BALLOTE ce genre de Labiée tire son nom de ce que ses plantes repoussent par leur odeur.

Ballote noire BALLOTA NIGRA, L.— *Marrube noir* (Provençal : *Mount blanc*).

Mai, Juin. Haies et chemins. *Huile essentielle* et *résine amère*. Antispasmodique en INFUSION ? Antiseptique en BAINS, FOMENTATIONS et FUMIGATIONS.

Ballote cotonneuse BALLOTA LANATA. *Leonorus lanatus*

Sibérie. Allemagne. Agit par *ses sels* et une matière résinoïde amère aromatique. La *picroballotine* de Orccsi.

En DÉCOCTION $\frac{60}{1000}$ contre les *arthrites goutteuses avec poussées inflammatoires surtout s'il existait des manifestations psoriques antérieures devenues torpides depuis l'accès goutteux.*

BARDANE ARCTIUM LAPPA, L. — *Glouteron, Herbeaux teigneux, Napolies, Grande Bardane* (Provençal : *Gran Lapaz*).

Chemins et ruines. Fleurs Juin, Juillet. Feuilles employées fraîches. Racines automne. Les racines doivent être raclées, séchées, étuvées, coupées en rouelles. Elles sont alors blanches, odorantes et mucilagineuses En vieillissant elles deviennent grises, striées de brun et inodores.

La racine de Bardane agit comme aliment par l'*inaline,* comme diurétique par *ses sels,* comme laxatif léger par son mucilage et une matière *céro-oléagineuse* odorante.

DÉCOCTION $\frac{60}{1000}$.

Les *feuilles de Bardane* contiennent beaucoup plus de *mucilage uni à la matière céro-oléagineuse.*

L'INFUSION DE FEUILLES $\frac{60}{1000}$ doit à ces éléments le pouvoir de calmer le prurit des affections herpétiques : Faites des *fomentations tièdes* sur les *eczémas les plus aigus* et vous obtiendrez des succès. Les autres vertus de la Bardane sont imaginaires.

BASILIC OCYMUM BASILICUM (Provencal : *Balico).*

Culture. — Feuilles, Juin. Fleurs, Juillet. Graine, Septembre.

Ces plantes cultivées dans le Midi surtout, pour leur odeur, contiennent une *huile volatile* abondante et un *mucilage.* Elles sont par l'huile volatile *antispasmodique,* par le mucilage *émollientes.*

L'INFUSION $\frac{50}{1000}$ est considérée comme *nervine* et *antispasmodique.*

Les *graines* contiennent plus de mucilage que la graine du lin Ce mucilage a la propriété de sécher et de reprendre sa viscosité par une nouvelle immersion dans l'eau. La *farine de graines* de Basilic remplace très avantageusement la farine de graine de lin pour les *cataplasmes émollients.*

BAUMIER BDELLIUM 1° BALSAMODENDRON AFRICANUS. Arn

Cette Térébinthacée de l'Afrique, arborescente, laisse suinter de ses tiges, par des fentes naturelles ou artificielles, une *gomme résine* à saveur faible, aromatique et amère.

Le Bdellium d'Afrique contient une *gomme insoluble,* une *résine âcre,* une *huile volatile,* il a des propriétés adragantes augmentées par une addi‐ tion constante de gomme arabique.

2° BALSAMODENDRON ROXBURGÌÌ, Arn.

Cette Térébinthacée de l'Inde, arborescente, fournit un bdellium plus chargé en *résine âcre* et exhalant une odeur de myrrhe.

Le Bdellium entre dans la composition du diachylon gommé.

Baumier de Calaba CALOPHYLLUM CALABA.

Ile Bourbon. Cet arbre de la famille des gutti‐ fères, donne une gomme résine se solidifiant et devenant verte à l'air. *Baume vert, B. Farot, B. Marie.* Autrefois renommé comme vulnéraire et ayant encore cette réputation dans le pays. Le *B. Marie* ou *Tamacaque,* mis à l'état liquide sur les plaies favorise, en se solidifiant, la réunion par première intention. Le *B. Marie* est soluble dans l'alcool. La teinture au 5ᵐᵒ produit des effets plus rapides que le *B.* du Commandeur sur *les plaies par instrument tranchant* après avoir tari l'écoulement sanguin, affrontez les bords, appli‐ quez une bandelette de toile trempée dans la *Teinture* de *B. de Calaba,* comprimez légèrement et quelques jours après la cicatrisation sera obtenue. Le *B. de Calaba* paraît agir par sa parfaite adhésivité et la transformation de la plaie en plaie sous cutanée. C'est un médicament à tirer de l'oubli.

Baumier du Pérou MYROSPERMUM PELUIFERUM, D. C.

Cette légumineuse papillonnacée est arborescente, le tronc fournit trois sucs : 1° un *Baume blanc,* 2° un *Baume brun* grumeleux, 3° un *Baume noir* qui est le plus commun.

' D'autres légumineuses fournissent, d'après divers auteurs, des Baumes du Pérou. On en extrait du *Toluifera balsamum* arbre indigène des environs de Tolu (d'après Baillon) ce qui créerait une certaine ressemblance d'origine entre le B. du Pérou et le B. de Tolu, si vérification de cette opinion était faite.

Dans tous les baumes du Pérou, on trouve une *gomme résine,* un corps isolé, liquide la *cinnaméine* $C^{54} H^{26} O^8$ qui s'oxyde à l'air pour se transformer en métacinnaméine et *acide cinnamique;* une *matière huileuse.* Cette huile lui donne son arrière *odeur balsamique* utilisée en parfumerie.

La permanence d'une certaine *viscosité* et le pouvoir d'*adhésivité moléculaire* du Baume de Pérou l'ont fait adopter comme matière pilulaire ou emplastique. C'est pourquoi il entre dans les Pilules de Morton, dans la Thériaque, etc.

Teinture $\frac{1}{5}$ à la dose de 0,25 à 2.

Sirop ad libitum.

Inhalations jeté dans l'eau bouillante contre les *catarrhes torpides.*

Baumier de Tolu TOLUIFERA BALSAMUM
Myroxylon Toluifera. K. *Baume d'Amérique.*

Grande légumineuse papillonacée arborescente du tronc de laquelle découle par incisions le *Baume de Tolu* blanc et fluide au sortir de l'arbre, devenant jaune, puis noirâtre, dur et cassant par dessiccation et transformations moléculaires. Le Baume de Tolu contient de la *cinnaméine* des *acides cinnaméique* et *benzoïque,* moins de *gomme résine* et d'*huile volatile* que le B. du Pérou.

Ces deux qualités dernières le font préférer au B. du Pérou pour les préparations officinales à prendre à l'intérieur.

Le B. de Tolu est un *excitant anti-fermentescible* il convient toutes les fois qu'il faut modifier la surface muqueuse et détruire la tendance pyoïde résultant de granulations ou de plaies atones.

L'élimination du remède, surtout en ce qui concerne la cinnaméine, se fait par les voies muqueuses. L'acide benzoïque décompose les urates, les transforme en hippurates solubles et facilite ainsi le départ de substracta morbides qui augmentent les chances d'inflammation. Voilà comment le B. de Tolu est avantageux : 1° dans les *catarrhes muco-purulents des bronches et de l'estomac ;* 2° dans les *catarrhes de la vessie* avec *dépôts processifs uratiques ;* 3° dans les *plaies et les granulations à secrétion muco-purulentes.*

Son action incitante est nuisible par contre dans tous les *états aigus* il faut donc bien se garder de le prescrire durant la *période fébrile des affections pulmonaires.*

Teinture $\frac{1}{5}$ à la dose de 4 à 8 dans une potion mucilagineuse.

Sirop ad libitum dans une tisane mucilagineuse.

Pastilles Baume de Tolu   10
~ Sucre   200
      Eau et g., adragant. Q. S.
      Faites une pâte et divisez en tablettes.

Incompatibles. Les tannins et les persels.

Sophistication. Le B. de Tolu est presque toujours falsifié 1° par la *colophane* ou des résines. 2° par le *Baume de Tolu épuisé.* Pour reconnaître l'addition de la colophane, traitez par acide sulfurique concentré, sans addittion : liqueur rouge cerise sans dégagement d'acide sulfureux; avec addition : liqueur brun noirâtre avec dégagement acide sulfureux. (Ulster).

⁂ L'addition du *Baume de Tolu épuisé* se fait en introduisant le B. *fourré* au centre des potiches. Coupez la masse transversalement vous verrez autour le tolu pur blond, translucide et sec, et au centre le tolu fourré, roux, opaque et présentant des gouttes d'eau (Chevalier).

Baumier porte myrrhe BALSAMODENDRON EHRENBERGIANUM, B.

C'est un arbrisseau de la famille des Térébinthacées, croissant en Abyssinie et laissant découler une gomme résine *la Myrrhe* qui nous arrive en morceaux irréguliers, striés, fragiles, rouges jaunâtres.

La Myrrhe contient une *huile volatile, le Myrrhol* qui lui donne son odeur, deux *résines gommeuses* âcres et amères, de l'*arabine,* de l'*adragantine,* et des *sels.* Elle est *excitante* par son huile et ses résines quelque peu *apéritives,* et si l'on force la dose *fébrigène* par surexcitation vasculaire.

On a utilisé ses vertus emplastiques dans l'emplâtre de Vigo, la Thériaque. Elle entre dans la confection de safran, dans des pilules, celles de cynoglosse entr'autres. Sa valeur excitante se déploie dans le B. de Fioraventi et ses qualités apéritives dans l'élixir de Garus. Les fumigations excitantes de Myrrhe sont vulgairement employées contre les *refroidissements partiels* surtout contre les *coliques utérines à frigore.*

BÉBÉERU NECTANDRA RODICI de la famille des Laurinées.

Arbre de la Guyane dont l'écorce et l'amande contiennent un principe immédiat la Bebéerine $C^{35} H^{20} Az O^6$ identique de la morphine et cependant ayant d'autres vertus.

La Bébéerine isolée par Rodic sous forme de cristaux aiguillés est essentiellement amère soluble dans l'alcool, insoluble dans l'eau. Employée par Rodic et autres avec succès contre les *fièvres intermittentes* comme succédanée du sulfate de quinine. On donne le *sulfate de Bébéerine* à doses double du sulfate de quinine.

BEJUCO DE MAVACURE HUMBOLDT *Strychnos Toxifera.*

Liane de la famille des Strychnées d'où Humboldt fait provenir le *curare*. D'autres plantes *S. Castelnœana* (Haut Amazone), *S. Cogens* (Guyane Anglaise), *S. Crevauxii* (Haute-Guyane) passent aussi pour fournir le Curare suc résinoïde analogue au suc de réglisse, très amer, soluble dans l'eau, qu'il colore en rouge, insoluble dans l'éther et peu soluble dans l'alcool.

Boussingault et Boudin ont extrait du Curare la *Curarine* $C^{10} H^{15}$ Az qui seule doit être employée. Elle cristallise en prismes, est très amère, soluble dans l'eau et l'alcool.

Elle a pour *incompatibles* l'éther, le sulfure de carbone, la benzine, l'essence de térébenthine, le chlore, le brome, les sulfates acides, les iodures et les bromures alcalins.

Elle a été employée dans toutes les maladies où il convient d'abolir *les manifestations convulsives du système nerveux. Rage, épilepsie*. Les doses variées du 1/4 de milligramme à 5 milligrammes produisent des effets physiologiques très utiles pour les travaux de laboratoire mais sans effets curatifs cliniques.

BELLADONE OFFICINALE ATROPA BELLADONA, L. — *Tue belle dame, Belle dame, Parmantan, Morelle furieuse, Mandragore baccifère.*

La plus active des Solanées.

Lieux ombragés légèrement humides.

Feuilles juillet avant floraison complète

Baies en août avant maturité complète.

Racines en septembre de deux ans au moins.

Les feuilles et les baies doivent être soigneusement desséchées, même à l'étuve lentement.

Les feuilles mal desséchées ou conservées dans des flacons mal bouchés, s'altèrent, les alcaloïdes se décomposent et laissent échapper de l'ammoniaque (Norbert-Gille)

Les racines doivent être coupées en morceaux et mondées avant la dessiccation à l'étuve.

La Belladone agit : 1° par une matière grasse, cireuse, mucilagineuse ; 2° surtout par son principe immédiat, l'*atropine* C^{34} H^{23} Az O^6 isolée par Brandes sous forme d'un alcaloïde cristallisant en prismes soyeux, plus soluble dans l'alcool et l'éther que dans l'eau qui le dissout en petite quantité.

L'*atropine* est à l'état de malate dans les feuilles qui en contiennent à l'état frais un gramme, à l'état sec un gramme et demi environ pour cent ·grammes.

Dans les racines la proportion de sels d'atropine chlorhydrate, malate, etc., est d'environ un gramme pour quatre cents grammes.

Dans les baies la proportion de malate d'atropine varie suivant le degré de maturité.

On ne saurait donc recommander pour l'usage interne les préparations de Belladone indistinctement, il faut bien spécifier le médicament que l'on désire. — Chaque forme médicamenteuse exige ici une posologie différente.

Poudre de feuilles (effets inconstants) 0,05 à 0,30.

Extrait acqueux) (contenant le moins d'atro-
Ext. alc. avec suc)   pine), 0,02 à 0,20).

Extrait alcoolique (contenant le plus d'atropine),
0,01 à 0,10. C'est la meilleure préparation.

Teinture alcoolique (au suc de feuilles sèches),
VI à XII gouttes.

Teinture éthérée alc. (au suc de feuilles fraîches),
X à XX gouttes.

Sirop de teinture $\frac{75}{1000}$ 20 à 50.

Ces diverses préparations, et je pense qu'il
faut pratiquement se borner à l'emploi de l'extrait
alcoolique et de l'alcoolature, ont des effets
physiologiques légèrement différents de l'atropine elle-même, comme on peut le constater en
clinique. Les phénomènes que l'extrait et l'alcoolature déterminent sont moins mydriasiques
que ceux obtenus par l'atropine et plus sédatifs,
plus analgésiques, probablement parce que des
principes innomés, des *matières extractives* entre-
vues par Brandes (La *phyteumacolle*, la *pseudo-
toxine)* par Lubekind (la *belladonine)* ont des effets
physiologiques spéciaux non encore suffisamment
étudiés.

Il est certain que si l'on veut obtenir la
mydriase, la paralysie vasculaire, la congestion
torpide l'*atropine* est spécialement indiquée. C'est
pourquoi son emploi en *granules* au 1/4 de milligramme répétés jusqu'à effet, son instillation en
collyres ou en *injections* au 10mo est si fréquemment

usité par les *oculistes* et les *cliniciens* qui veulent modérer la *contractilité* ou *diminuer les secrétions.*

Mais les *préparations de Belladone* rendent des services plus avantageux comme *analgésiques* dans les *névralgies à frigore,* les *affections grippales* toutes les fois que la contractilité nerveuse a été sollicitée par une *impression catarrhale.*

Les préparations de Belladone produisent moins rapidement la Mydriase que l'atropine, elles amènent plus rapidement l'hypocrinie sudorale et salivaire et le dessèchement spécial du gosier.

Ont-elles un effet réel dans les *fièvres infectieuses?* Surtout un effet prophylactique contre la *scarlatine?* Ces questions paraissent acceptées par les médecins sans que la clinique ait fourni des preuves certaines.

La valeur *des applications externes de feuilles de Belladone* en cataplasmes contre les *douleurs et les fluxions dentaires et les douleurs rhumatismales à frigore* n'a pas été suffisamment appréciée. La chaleur du cataplasme, le mucilage gommeux des feuilles ont un effet réel et immédiat, tandis que l'absorption locale de l'atropine détermine une sorte de détente nerveuse dans les muscles et ces applications ramènent le bien-être avec rapidité si elles sont faites de façon que toute l'eau chaude soit absorbée par les feuilles destinées à former le cataplasme. En somme la Belladone maniée avec intelligence et circonspection est appelée à rendre de très grands et de très nombreux services sinon comme remède curatif, du moins comme palliatif contre des complications dues à l'augmentation de la synergie nerveuse ou musculaire réagissant contre *l'excitant froid*.

L'*atropine* est plutôt à réserver pour obtenir la *paralysie vasculaire des milieux organiques,* jouer le rôle de *modérateur réflexe* dans les affections convulsives, *asthme, épilepsie, contractions spasmodiques.*

Vous aurez des succès avec l'atropine et les préparations Belladonées toutes les fois que vous les emploierez à doses fractées pour qu'elles soient absorbées par le sang ou que vous les appliquerez près des terminaisons nerveuses.

Vous obtiendrez beaucoup moins lorsque vous les mêlerez à des corps gras, onguents, huiles et de cette liste je n'excepte pas même, l'*onguent mercuriel Belladoné* qui agit par le mercure et non par la Belladone, la preuve en est que les malades soumis à ces embrocations sont sujets à la salivation mercurielle mais jamais à la mydriase.

Les préparations de Belladonine *à base d'alcool ou de chloroforme* constituent seulement des *liniments* actifs bien que leurs effets soient peu comparables à ceux obtenus par les *cataplasmes de feuilles.*

En résumé j'établirai le tableau ci-dessous des applications de l'atropine et des préparations belladonines :

Atropine : 1º Comme *mydriatique* dans les affections occulaires, pour faciliter l'examen microscopique, s'opposer aux adhérences iriennes, développer la vision diminuée par la contraction de l'iris.

2° Comme *stupéfiant* dans les névralgies profondes, les cancers de l'estomac, les coliques sèches, les coliques de plomb, les ilœus, le tétanos, l'épilepsie, les convulsions.

Préparations de Belladone : 1° Comme *réducteur des secrétions* dans la diarrhée, la bronchorhée, la polyurie.

2° Comme *tonique des vaso-moteurs* dans les délires, les fièvres, les exanthèmes.

Feuilles en applications dans toutes les affections douloureuses lorsque les nerfs algésiques sont près de la peau et qu'il n'y a pas de phlogose avec tendance pyoïde.

Les *incompatibles* des préparations Belladonées et de l'atropine sont principalement le chlore, le brome, l'iode et leurs sels alcalins ; le tannin, le café, les huiles, l'opium et ses alcaloïdes trop souvent associés avec les médicaments Belladonés.

Sophistications par substitution de feuilles de *Morelle noire* ou d'*Hyosciamus scopolium* et de racines du *Malva Sylvestris*.

BENJOIN styrax benzoin. Dryander. *Alibousier benjoin. Asa dulcis, Benzoe Asstirack.*

Cet arbre de la famille des Styracacées croît à Siam, Sumatra, Malacca, Java. On tire de son écorce, par incisions répétées, un suc que l'on ramasse et dont en remplit des caisses. Ce suc concret vendu dans le commerce est tantôt nougaté c'est le *Benjoin amydalin,* tantôt en masse brune sans larmes *c'est le Benjoin en sorte.* Le Benjoin en *larmes isolées* ou *Pungot* est très rare.

Plus le Benjoin est odorant, plus il est estimé. Celui de Siam a l'odeur de la vanille.

Le Benjoin agit : 1° par trois résines ; 2° par l'acide benzoïque. Le bon Benjoin est presque entièrement soluble dans l'alcool. Il est précipité de sa solution par l'eau froide ; le magma qui en résulte constitue le *lait virginal* vanté comme eau de toilette contre les acnés et les rougeurs diffuses de la peau.

Le Benjoin traité par l'eau bouillante abandonne son *acide benzoïque* $C^7 H^6 O^2$.

La *teinture de Benjoin* $\frac{1}{5}$ est un dessiccatif *des plaies* elle entre dans le *B. du Commandeur* et a été employée avec succès unie à la vaseline contre les *gerçures du sein.*

Ici ce sont les résines qui agissent plus spécialement en mettant les plaies hors du contact de l'air et les convertissant en plaies sous-cutanées.

Les FUMIGATIONS de Benjoin sont populaires contre les *douleurs à frigore.*

Le *papier à cigarettes* humecté de teinture de Benjoin a été préconisé par Golfin contre les *aphonies catarrhales.*

La *poudre de Benjoin* entre dans la confection de diverses pilules.

L'*acide benzoïque* et les *benzoates alcalins* transforment l'acide urique et les urates insolubles en
hippurates solubles et rendent de réels services
dans la *goutte urique* surtout dans la *goutte* avec
tophus. C'est à ce point de vue, l'un des médicaments les plus sûrs pour prévenir les *accès des
goutteux*. Le *benzoate de soude* sous forme pilulaire,
continué longtemps à la dose de 0,20 à 0,40 par
jour constitue le traitement par excellence de la
goutte urique, et fait non seulement cesser les
douleurs, disparaître les tophus, mais encore
modifie l'état de la vessie et règle la marche
des urines.

BENOITE GEUM URBANUM, L. — *Herbe de Saint-
Benoît, Galiote, Recide, Racine giroflée.*

Racines au printemps avant floraison, sécher
lentement. Ne se servir que des racines ayant de
l'odeur et partant récoltées dans l'année.

La racine agit par son *huile lourde,* sa *matière
gommeuse* et son *tannin* comme tonique et cardiaque. De là les effets de la DÉCOCTION $\frac{15}{1000}$
contre les *dyspepsies atoniques,* les *diarrhées chroniques torpides* et les *écoulements sanguins menstruels
lents* des anémiques.

La racine agit encore par sa *résine amère* soluble
dans l'alcool comme *fébrifuge.* De là les bons
effets du *vin de Benoîte* dans les *fièvres intermittentes chroniques par anémie* qui ont résisté à la
quinine.

Incompatibles les sels métalliques et les alcaloïdes.

BERBERIDE BERBERIS VULGARIS, L. — *Épine vinette, Vinetrier.*

Cette Berberidée est commune dans les haies et les cultures au nord et au centre de la France.

Feuilles avant floraison, Juin. Fruits, Août. Racines, Octobre

Les fruits sont plus actifs que les feuilles. Tous deux contiennent des acides citrique. malique. oxalique qui rendent l'INFUSION $\frac{30}{1000}$ acidule rafraîchissante.

Le *suc de baies* à la dose de 20 à 30 et plus est un rafraîchissant acidule.

Les racines contiennent un alcaloïde insoluble dans l'eau et l'alcool, la *Berbérine* C^{40} H^{17} Az O^8 soluble dans l'ammoniaque qu'il colore en rouge. C'est le colorant de Bœdeker, sans effet sur l'économie. Mais les racines contiennent un deuxième alcaloïde l'*Oxyacanthine* découvert par Polex soluble dans l'eau chaude et l'alcool qui donne des vertus laxatives à la DÉCOCTION $\frac{60}{1000}$.

BÉTOINE BETONICA OFFICINALIS.

Prés et lieux ombragés.

Fleurs, Juin-Septembre. Racines avant floraison. La Bétoine contient une huile lourde et surtout une résine âcre plus développée dans la racine.

La *poudre de feuilles sèches* doit à cette résine âcre ses vertus excitantes et sternutatoires. On l'a employée en prises contre les *migraines*.

La DÉCOCTION DE RACINE $\frac{15}{1000}$ est un éméto-cathartique jadis usité mais abandonné depuis l'introduction de l'Ipéca.

Des études nouvelles sont à faire sur ce végétal indigène trop négligé.

BETTERAVE BETA VULGARIS, *Bette, Poirée, Grande Poirée.*

Les *feuilles* fraîches de cette Chenopodées servent vulgairement au *pansement des vésicatoires.*

Les *racines* alimentaires contiennent du sucre découvert par Margraff en 1747 et industriellement exploité depuis 1814 d'après les procédés amendés de Chaptal. Dans le nord les bonnes femmes taillent en trochisques des morceaux de racines de Betterave qu'elles introduisent dans le nez ou dans l'anus des enfants pour faciliter les excrétions.

BITTERA BITTERA FEBRIFUGA, Amic. *Bitterash, Bois Saint-Martin.*

Martinique. Semblable au bois de Surinam.

L'écorce contient : 1º le *Bittérin* de Girardias alcaloïde sans effets certains. 2º Une *résine amère* principe actif soluble dans l'alcool. C'est un succédané du quinquina comme fébrifuge et du quassia comme tonique.

Le *Vin* aux mêmes doses que le vin de quinquina — même formule.

BISTORTE POLYGONUM BISTORTA, L. — *Renouée, Grande Renouée.*

Prés et monts du Midi. Racine en Décembre.

La *racine* deux fois tordue de cette polygonée contient du *tannin* et de l'*acide gallique,* une *gomme résine amère.*

C'est un puissant astringent en DÉCOCTION $\frac{50}{1000}$ elle modifie les *diarrhées atoniques des tuberculeux et des cachectiques.*

En INJECTIONS elle réussit à merveille contre les *écoulements leucorrhéiques,* atones même avec granulations grisâtres, sans symptômes d'acuité.

La Bistorte est trop négligée, elle est aux flux chroniques ce que le ratanhia est aux flux aigus.

BLÉ TRITICUM SATIVUM, L. — *Froment.*
Cultures.

Est utilisé en médecine : 1° sous forme de *farine,* agissant physiquement par son extrême divisibilité et son hygrométricité pour empêcher le contact de l'air et absorber la perspiration. Les *applications de farine sèche* limitent les *erysipèles,* les *erythèmes,* les *engelures,* mais la farine doit être renouvelée toutes les 2 heures, parce qu'elle fermente rapidement.

Les *cataplasmes de farine* d'abord émollients, deviennent aussi, par suite de la fermentation, excitants.

Les *crèmes de farine* sont analeptiques à la condition que la farine soit fraîche et l'estomac dépourvu d'acescence, c'est parce que, sous l'influence du lait l'acescence est commune pendant le 1er âge que les *bouillies de farine* sont dangereuses et conduisent souvent à l'*entérite* si l'on ne suspend ce genre d'alimentation dès les premiers symptômes d'embarras gastriques flatulent avec selles vertes acescentes.

2° L'*amidon* C^{12} H^{12} O^{12} produit séparé du gluten et présenté dans le commerce sous forme de *pains carrés* ou d'*aiguilles*.

C'est un émollient, s'il est bien délayé. De là son emploi en DÉCOCTION $\frac{15}{1000}$ et en LAVEMENT $\frac{30}{1000}$ pour diminuer les *inflammations des muqueuses*. Il est contrindiqué dans toutes les *maladies avec fermentation*. En CATAPLASMES il est émollient d'abord, mais lorsqu'il se dessèche il devient *compressif* et légèrement *astringent* mécaniquement. Cette action de l'*Empois* est utilisé par les gens du peuple pour résoudre les *bosses* et les *contusions avec thrombus ;* L'*emplâtre d'Empois* est un excellent compresseur physiologique dont Sentin a tiré parti pour ses *bandages amidonnés amovo-inamovibles*.

3° La *dextrine* C^{12} H^9 O^9 H^0 est un amidon privé d'eau par une dessiccation ou surélévation à 200°. Sa solution dans l'eau fournit un produit gommeux substitué par Velpeau à l'empois pour la confection des bandages.

4° Le *Gluten* produit abandonné par la pâte de farine pétrie sous l'eau est l'un des aliments azotés les plus importants. Il est utilisé en médecine pour la confection du *pain de gluten* destiné aux *diabétiques* qui ne doivent absorber aucun aliment saccharin.

5° Le *son* résidu de la moûture n'agit que par la quantité de farine et d'amidon qu'il contient.

Ses propriétés *laxatives* proviennent de ce qu'il sollicite les contractions péristaltiques comme le font tous les corps étrangers indigestibles.

Bain de son, 500 à 1000 par 25 litres.

Bain d'amidon, 120 à 250 par 25 litres.

BOIS-GENTIL DAPHNÉ MEZEREUM, L. — *Mezeréou, Lauréol-femelle.*

L'écorce, du tronc et des grandes branches, récoltée en mai, contient une huile volatile âcre, une résine âcre et de la Daphnine $C^{64} H^{42} O^{46}$ Cet alcaloïde a peu d'effets sur l'économie, mais l'huile et la résine sont de puissants *révulsifs,* aussi l'écorce bien choisie du Bois-gentil peut-elle remplacer le *Garou.*

A l'intérieur la DÉCOCTION $\frac{8}{1000}$ concentrée autrefois préconisée par Cazenave et Hufeland est encore populaire contre les *exanthèmes chroniques* surtout d'origine syphilitique.

BOLDO BOLDEA FLAGRANS, Jus

Moximiacée arborescente d'Amérique, dont les feuilles contiennent : 1° un alcaloïde, la *Boldine* peu soluble dans l'eau et amer dans les solutions alcooliques. C'est un défervescent peu actif 0,005 à 0,02.

2° Une *huile essentielle* qui d'après les travaux de Dujardin-Baumetz est *apéritive* à la dose de 0,40 à 0.50 en *dragées* de 0,10.

La DÉCOCTION DE BOLDO $\frac{15}{1000}$ est vulgairement usitée en Amérique contre les *embarras bilieux.*

3º Un glucoside le *Boldo-glucine* sirupeux, qui en injections hypodermiques ou par la bouche produit un sommeil tranquille (Bardet).

BOLETS BOLETUS genre de Champignons.

Moquin-Tandon signale comme espèces. vénéneuses :

1º à tubes rouges, chair de couleurs variées odeur nauséuse. **Bolet pernicieux.**

2º à tubes jaunes. **Bolet cuivré.**

3º à tubes blancs, cassure devenant bleue à l'air. **Bolet indigotier.**

4º à tubes blancs. cassure devenant rose à l'air, saveur amère. **Bolet chicotin.**

En médecine on a employé contre les *sueurs des phthisiques* la *poudre* de **Bolet odorant,** BOLETUS SUAVEOLENS, L.

Les autres espèces de Bolets sont comestibles et connues sous les noms de Cèpes. BOLETUS EDULIS *Cèpe Girolle,* BOLETUS ŒRBUS *Cèpe noire,* BOLETUS CIRCINALIS, P. BOLETUS SCABER, L. BOLETUS HEPATICUS.

Reportez-vous à l'article *Agaric* pour ce qui concerne les *empoisonnements.* J'ajoute ici que la *muscarine* se développe dans tous les bolets sous de certaines conditions mal déterminées de végétation et d'habitat. De là est venu le *préjugé populaire* que le champignon prend le venin là où il vit. Cette erreur contient au fond cette vérité que l'on doit regarder comme suspect tout Bolet non reconnu comestible dans une localité, on arrivé à la période de putréfaction qui succède à la maturité des spores.

BOUILLON BLANC VERBASCUM THAPSUS, L.
— *Molène, Herbe St-Fiacre, Cierge N.-D.* (Provençal : *Tabafé*).

Champs incultes.

Fleurs (corolles), Mai. *Feuilles,* été.

Les *fleurs* de cette scrophulariée agissent par leur *huile volatile* et surtout leur *gomme sucrée.*

Elles sont considérées comme adoucissantes et diaphorétiques en INFUSION $\frac{30}{1000}$.

Les *feuilles* contiennent en outre de l'huile et de la gomme sucrée, un principe extractif la *Verbascine,* mal défini et beaucoup de *mucilage* ; c'est ce dernier qui donne aux LOTIONS $\frac{60}{1000}$ FOMENTATIONS et INJECTIONS leurs vertus *émollientes.* Ces préparations calment les *douleurs prurigineuses* des *exhanthèmes qui n'envahissent que l'épiderme.*

BOULEAU BETULA ALBA, L. —
Les feuilles de cette Bétulée contiennent un principe amer dit-on *vermifuge.*

L'*écorce* est employée dans le Nord en application sur la plante des pieds pour *ramener la transpiration supprimée* et les douleurs' qui en résultent. Il est probable qu'elle agit par *une résine* cristallisable la *Bétuline,* et par son *huile pyrogénée* connue sous le nom d'*Huile russe* ou *Essence de cuir de Russie.* Ce serait alors en assouplissant l'épiderme que l'écorce de Bouleau favoriserait les fonctions sudorales.

L'étude des *Betula alba, niger et alnus* est entièment à refaire au point de vue thérapeutique.

BOURDAINE RHAMNUS FRANGULA, L. — *Aune noir, Bois noir.*

Les *feuilles* et surtout le *liber* à l'état sec sont éméto-drastiques. La réputation populaire que cette écorce a dans le Nord contre les *hydropisies*, les succès avérés que les paysans en retirent doivent fixer l'attention des médecins sur ce végétal insuffisamment étudié.

INFUSION 15 à 30/1000.

Vin.

PURGATIF DE GUMPRECHT.

Rac. de Bourdaine	45
Ec. d'oranges am.	8
Sem. de Cumin	12
Eau	2000

Réduire de moitié par décoction. 60 grammes amènent purgation.

BOURRACHE BORRAGO OFFIC, L.

Cette Borraginée herbacée croît communément dans les terres meubles.

Plantes à la montée des tiges florales, Mai. Fleurs en Juillet. La dessiccation exige des soins méticuleux et doit être conduite lentement pour que les feuilles ne deviennent pas noires ou jaunes. Les fleurs perdent leur couleur surtout au soleil.

Les plantes de Bourrache relativement chargées en *sels* de potasse et de chaux donnent par INFUSION $\frac{15}{1000}$ une tisane *diurétique*.

Elles contiennent en outre un *principe albuminoïde* et surtout un abondant *mucilage* qui sont cédés à la DÉCOCTION $\frac{30}{1000}$ et lui communiquent des qualités *béchiques* incontestables.

Les *fleurs* portent de plus une *huile volatile* et de *la myricérine* qui donnent des vertus *diaphorétiques* à l'INFUSION CHAUDE $\frac{15}{1000}$.

Les *sucs* et les *extraits* sont presque sans valeur

Les préparations chaudes de Bourrache sont d'excellents adjuvants dans les *maladies aigues catarrhales lorsqu'il faut faciliter la diurèse, l'expectoration et la sueur ;* elles sont sans influence dans les mêmes maladies torpides et chroniques. Les INFUSIONS et les DÉCOCTIONS, doivent toujours être passées à l'étamine à cause des poils rigides de la plante.

BRYONE DIOIQUE BRYONIA DIOICA, J. — *Vigne blanche, Couleuvrée, Navet du Diable* (Provençal : *Vigno saouvagi*).

Haies, Bois.

Racine en automne, séchée au soleil. Choisir les racines les moins striées concentriquement.

Ces racines contiennent comme principe actif surtout la *Bryonine* matière amorphe brun rougeâtre insoluble dans l'éther, soluble dans l'alcool et dans l'eau, aussi la Bryonine se retrouve-t-elle dans la *fécule de Bryone*. C'est plutôt un amalgame de plusieurs résines, Bryoïcine (Dulong) et Bryonitine (Walz), qu'un principe alcaloïde ; mais toutes les vertus de la Bryone se retrouvant dans la *Bryonine* mieux vaut se servir de ce produit qu'il est plus facile de doser. On évite d'ailleurs ainsi les inconvénients qui ont fait abandonner la Bryone (goût amer, nauséabond, coliques, vomissements, superpurgations, chaleur âcre au gosier).

La *Bryonine* agit à la façon du *Jalap* mais elle porte ses effets surtout sur le gros intestin. Elle amène là des suffusions séreuses abondantes qui triomphent de l'*inertie du sphincter* et produisent d'excellents effets dans les *hydropisies par congestions de la veine porte*. Le système vésical est secondairement excité par la Bryonine et la *diurèse* en devient plus active.

Dose ; 1 milligramme à 1 centigramme.

Les vomissements sont les premiers signes d'intoxication. Le café fort les arrête.

Les paysans Allemands, moins délicats, se purgent en avalant une cuillère à bouche de bière qu'ils ont fait séjourner une nuit dans une racine fraîche de Bryone taillée en creux. Les effets éméto-cathartiques ne se font pas attendre.

BUCHU DIOSMAC ENATA, DIOSMA SERRATIFOLIA et divers BAROSMA.

Les *feuilles* de ces Rubiacées proviennent d'arbrisseaux du Cap de Bonne-Espérance. Elles doivent être odorantes et leur saveur camphrée. Elles agissent par une *huile volatile* à odeur de menthe. Cette huile exposée au froid forme du camphre en aiguilles.

Burchell a introduit ce médicament qui d'après Mallez a une action sédative sur la vessie et l'urèthre dont il tonifie la muqueuse.

INFUSION $\frac{30}{1000}$.

TEINTURE au 5mo 4 à 16.

POUDRE trop facilement altérée.

BUGLOSSE ANCHUSA OFF , L. — (Provençal : *Bouragi sauvagi*).

Borraginée succédanée de la Bourrache.

BUIS BUXUS SEMPERVIVENS.

Cette Euphorbiacée commune contient dans son écorce une résine amère. La *Buxine* qui lui donne quelque vertu *diaphorétique*.

INFUSION $\frac{30}{1000}$.

En médecine le Buis n'est plus employé que par le peuple, il le mélange au gayac, à la salsepareille et à d'autres prétendus *dépuratifs*.

En commerce l'écorce de buis sert à falsifier la bière ; on l'y reconnaît par diverses réactions. (V. Chevalier).

BUPLÈVRE BUPLEVRUM ROTUNDIFOLIUM, L. *Perce-feuille, Oreille de Lièvre.*

Terrains secs et sablonneux.

Le *suc des feuilles fraîches* contient une gomme-

8

résine qui lui donne quelques qualités comme vulnéraire. Inusitée.

CACAOYER THEOBROMA CACAO, L. — *Cacao-Cabosse.*

Cette malvacée arborescente répandue dans les régions chaudes fournit des *graines* commercialement classées par Fonssagrives ainsi qu'il suit :

Saconusco, grisâtre, saveur agréable.

Caraque, micacée,	—	—
Maragnan, gris rouge,	—	douce.
Haïti, terre,	—	faible.
Brésil, rouge terreux,	—	amère.
Bourbon, rouge brun,	—	vineuse.
Jamaïque, gris,	—	âpre

Le bon Cacao doit avoir l'amande pleine, plus rouge en dedans, sa saveur un peu amère astringente et douce.

Les Cacaos caraques *terrés* c'est-à-dire ayant séjourné 4 à 5 jours dans la terre sont les plus estimés.

Les Cacaos des Iles *non terrés* absorbent plus facilement les fécules et sont employés, dit Chevalier, pour les chocolats inférieurs.

La graine de Cacao est recherchée :

1° pour son *Beurre,* huile ou matière grasse lénitive ;

2° pour sa fécule sucrée contenant en outre un principe immédiat la *Théobromine* $C^{14} H^8 Az^4 O^4$ découverte par Weskresensky, c'est une sorte de *caféine* ralentissant le mouvement de désassimilation.

Le *Beurre de Cacao* que l'on obtient en torréfiant la graine, la séparant des enveloppes, la traitant par l'huile bouillante et la pression, est un corps solide jaunâtre fusible à 33° et rancissant difficilement.

Cette substance se prête à la confection des masses pilulaires, des suppositoires, des onguents.

Elle est lénitive comme tous les corps gras et facilite la guérison *des ulcérations* en les mettant hors du contact de l'air.

La *fécule de Cacao* est un analeptique qui donne au *chocolat* une partie de sa valeur alimentaire.

Le *chocolat* contient tous les principes actifs du Cacao plus le sucre, la cannelle, la vanille que l'on doit y ajouter règlementairement et les *fécules* que la fraude commerciale y fait presque toujours entrer.

C'est un excellent aliment, trop gras pour certains estomacs et qu'il faut refuser aux *diabétiques* à tous les *dyspeptiques par atonie biliaire,* et aux *enfants en bas âge.*

La base des *chocolats médicamenteux* est un mélange de

Cacao	600
Sucre	500
Cannelle	5

dans lequel on incorpore la substance active.

Le *chocolat de ménage* devrait être fait par simple solution dans l'eau bouillante, mais vu les sophistications fréquentes par addition de fécules, l'ébullition prolongée quelques minutes est indispensable pour une bonne cuisson.

Le *racahout des Arabes* est fait d'après la formule suivante :

Cacao caraque	60	*Le Palamoud.*	
Salep de Perse	15		
Glands doux	60	Cacao torréfié	250
Fécule p. de terre	45	Farine de riz	1000
Farine de riz	60	Santal rouge	30
Sucre	250	Fécule p. de terre	1000
Vanille	q. s.		
(Dorvault).		*(Soubeyran)*.	

CAFÉ COFFŒA ARABICA, L.

Arbrisseau toujours vert, originaire d'Ethiopie, et qui s'est répandu dans la zône chaude (moyenne $+ 20°$ à $21°$) est une rubiacée.

Ses fruits sont des baies contenant accolées face à face deux graines. Ce sont ces graines séparées, entourées d'une pellicule membraneuse, qui constituent commercialement le *Café*.

Parmi les variétés de Café, nombreuses, les plus estimées sont :

1° Le *Moka,* grains petits, inégaux, comme roulés, gris jaunâtres.

2° Le *Bourbon,* grains plus forts, plus réguliers, gris jaunâtres.

3° Le *Martinique,* grains gros, réguliers, verdâtres.

Toutes les autres variétés ne peuvent être

distinguées que par une étude spéciale et
pratique.

Les grains de *café cru* contiennent :

1º De la légumine et de la caséine du
glucose, de la dextrine qui lui donnent ses
qualités *nutritives.*

2º Des substances grasses et amères avec
acide indéterminé, espèce de *gomme résine* qui lui
donnent des vertus *fébrifuges.*

3º Du chlorogynate de potasse et de caféine
combinaison tannique de l'alcaloïde qui lui
donne des vertus *excitantes de la circulation*.

4º Une huile essentielle concrète se transformant
au feu en huile pyrogénée aromatique qui lui
donne son *odeur suave.*

Il résulte de cette analyse que le *café cru* traité
par *macération* cède à l'eau ses sels et une certaine quantité de sa *gomme résine amère,* aussi la
macération de café cru est-elle *fébrifuge* et
excite-t-elle la circulation.

.La vertu fébrifuge de la macération de café $\frac{60}{500}$
est bien au-dessous de l'action du sulfate de
quinine, mais elle agit surtout dans les *fièvres
intermittentes comateuses* ou lorsqu'il faut stimuler
le système nerveux engourdi. C'est alors un bon
adjuvant du traitement quinique.

La Caféine $C^{16} H^{10} Az^4 O^8$ de Runge est
un alcaloïde analogue à la *théine* et de même
rang que la *théobromine.* Elle cristallise en aiguilles
soyeuses blanches, inodores, légèrement amères,
solubles dans l'eau et l'alcool dilué. Elle est,

dans le café cru, combinée à l'acide caféique ou café-tannique et aux sels terreux. Elle forme des composés stables avec plusieurs acides.

L'action de la caféine sur l'économie a été soigneusement étudiée surtout par Vanden Corput, Hamon, Lehman, etc. On doit la considérer comme un *tonique du cœur,* elle augmente la force des pulsations et détermine secondairement la diurèse, la secrétion biliaire, la surexcitation cérébrale par amplitude des ondées sanguines. La caféine convient donc dans tous les cas d'*oppression des forces* et d'*atonie vasculaire.* C'est ainsi qu'elle triomphe du *Coma,* de la *migraine* dues à l'anémie cérébrale, des *suffocations* dues à des congestions dérivatives loin des organes cardiaques ou pulmonaires, des *toux nerveuses* sollicitées par une surexcitation locale vasculaire aux dépens de la circulation générale : *coqueluche, asthme.* En tous les cas la caféine est un adjuvant contre le symptôme et non un agent curatif.

Dose : 1 milligramme toutes les heures jusqu'à effet.

La *caféine* a été poussée par Lépine et Huchard à des doses massives de 0,10 à 3 grammes par jour. Cette posologie dangereuse est abandonnée.

Le café torréfié a un aspect et une composition qui diffèrent de celles du café cru.

1º Les matières alimentaires sont facilement absorbables si la torréfaction n'a pas été trop poussée, d'où ses vertus *analeptiques.*

2º La gomme résine amère a subi une modification indéterminée mais qui lui enlève en partie ses propriétés fébrifuges.

3° Une partie du tannin est mise en liberté, l'acide caféique en majeure quantité décomposé, la caféine mise à nu.

4° L'huile concrète s'est transformée en huile pyrogénée aromatique ou *caféone* essentiellement excitante.

Il en résulte que la DÉCOCTION de *café torréfié* contient des produits alimentaires dissous et qu'elle est nutritive ;

Que, si elle n'est plus fébrifuge, elle renferme un principe résino-gommeux purgatif à la manière du jalap, de là les mouvements péristaltiques et antipéristaltiques déterminés par l'ingestion de la *décoction de café fort* en boisson et en lavements contre l'*engouement herniaire* ;

La décoction de café torréfié est aussi chargée de tannin ; de là ses effets heureux dans les *empoisonnements par les incompatibles du tannin.*

La caféine dissoute lui donne les vertus *excitantes de la circulation* d'où les bons effets constatés par Fonssagrives, reconnus par tous les praticiens, de la décoction de café dans la *migraine par atonie cérébrale,* le *coma par dépression des fièvres septiques ou typhoïdes.*

Enfin, la **Caféone,** qui donne au café son arôme, cette substance huileuse qui indique en suintant sur le grain dans le torréfacteur le moment où il faut arrêter la cuisson, produit de nouveaux effets que l'on n'obtient pas avec le café cru : Ces effets se traduisent par l'insomnie, la surexcitation générale et surtout cérébrale que l'on pourrait appeler *l'ivresse du café* et qui cède rapidement comme tous les phénomènes dus à des huiles empyreumatiques.

Ces notions suffisent pour apprécier les indications de toutes les préparations du café et de ses dérivés

CAIL CEDRA Swietenia senegalensis, *Kaya.*

L'écorce de cet arbre contient entre autres produits une résine amère, le *caïl cédrin,* soluble dans l'eau chaude et l'alcol, qui donne à la DÉ-COCTION $\frac{200}{1000}$ et à la *teinture* $\frac{250}{1000}$ des propriétés fébrifuges.

C'est un succédané du quinquina agissant à dose double.

CAILLE-LAIT. 1º Gallium luteum, L. et 2º Gallium mollugo, L. — *Gaillet. Petit muguet.* (Provençal : *Caioule).*

Rubiacées des prés et des haies, sommités florales, juin.

Très vantées dans la Drôme comme antiépileptiques. On fait prendre le *suc* et la *décoction avec le marc.* Les effets *sédatifs* et légèrement *hypnotiques* de ces plantes ainsi ingérées, sont certains, mais leur influence sur la guérison de l'épilepsie est au moins douteuse et je crains que la diminution de la fréquence des attaques ne soit obtenue qu'au préjudice de la perte de

l'intégrité des fonctions cérébrales qui paraissent
s'atrophier par l'usage longtemps continué du
médicament.

CAINÇA CHICOCCA ANGUIFUGA, Mach. —
Chicoque. Dompte venin. Racine noire. Baie de neige.

Cette rubiacée en arbrisseau croît au Brésil, au
Pérou, à la Guyane, à Cuba, sa racine à écorce
noirâtre nous est expédiée en fragments cylin-
driques.

Elle agit : 1° par une matière *résinoïde* amère
unie à *l'acide caïncique* $C^{32} H^{26} O^{14}$; 2° par de
l'éméline et une *huile à odeur vireuse.*

La *poudre* fraîchement obtenue est *purgative* à
la manière de la scamonnée, à la dose de 1 à 2.
Elle devient *éméto-cathartique* à la dose de 2 à 4.

N'ayons aucune confiance aux autres préparations.

Le caïnca peut être utile dans les *hydropisies
par compression du système Porte* comme hydragogue.

CALAMENT MELISSA CALAMINTHA, L. —
(Provençal : *Aoumenthastré-majeiranoti)*.

Coteaux arides.

Sommités juin-juillet.

Cette labiée est une succédanée de la mélisse.
C'est la plante principale qui entre dans la liqueur connue sous le nom de *Pippermint.*

Le *calament* contient un *principe amer,* plus soluble dans l'eau que dans l'alcool, qui lui donne des vertus vermifuges remarquables.

DÉCOCTION $\frac{15 \text{ à } 30}{1000}$ en LAVEMENT. *Suc* par cuille-rée à café.

CATAPLASMES DE FEUILLES PILÉES.

CALABAR PHYSOSTIGMA VENENOSUM, Bal. — *Eséré.*

Cette grande liane, légumineuse-papillonacée poussant dans les terrains marécageux de l'Afrique tropicale fournit au commerce une graine : *fève de Calabar* ou *eséré* réniforme, brune avec sillon rougeâtre partant du micropyle.

Vée a extrait de cette fève un alcaloïde, l'*ésérine,*, cristallisant en lamelles rhomboïdales minces qui jaunissent et rougissent au contact de l'air; peu soluble dans l'eau, soluble dans l'alcool.

L'esérine fait rapidement *contracter la pupille* et pour ce motif est entrée dans la pratique de l'oculistique.

La meilleure *préparation* est la *gélatine de Hart* deux milligrammes pour un centimètre carré de gélatine. 1/4 de centimètre placé sous la paupière suffit pour obtenir la contraction pupillaire.

Le *papier de Berzélius* est dosé d'une façon semblable, mais il laisse un corps étranger sur l'œil.

La *calabardine* de Jost et Hesse, principe jaune pulvérulent de la fève, est restée sans emploi.

Les essais de l'*ésérine* contre les maladies convulsives n'ont donné aucun résultat satisfaisant.

CAMOMILLE PYRÈTHRE ANTHEMIS PYRE THRUM, L. — *Anacycle pyréthu.*

La racine nous arrivant d'Afrique ou de Turquie contient un principe, la *pyréthrine* composé d'une résine et de deux huiles âcres.

C'est par ce principe que la *poudre de racine* agit comme *insecticide.*

La pyréthrine est soluble dans l'alcool, sa résine est précipitée par l'eau. Voilà pourquoi elle cautérise les caries dentaires et se déposant sur les filets nerveux elle empêche leur contact avec l'air et devient momentanément *antiodontalgique.*

L'excitation des muqueuses par la *poudre de Pyrèthre* l'a faite employer comme *sternutatoire* et agent substitutif des *phlegmasie chroniques de la bouche ou des glandes salivaires.*

Teinture éthérée 1/5. Application locodolenti contre *l'odontalgie.*

Vinaigre de Pyrèthre $\frac{15}{1000}$ macérez quelques gouttes dans l'eau pour *soins de la bouche.*

Poudre de Pyrèthre en application sur le cuir chevelu pour *tuer les poux,* agit mal contre les pédiculi-pubis

Racines en morceaux 1 à 2 mâcher dans les *inflammations chroniques de la bouche* pour exciter la salivation.

Camomille puante ANTHEMIS COTULA, L. — *Maroute.*

Chemins, champs en friche.

Capitules, juin, juillet.

Contiennent une *huile rouge, un camphre* et une *résine âcre* qui leur donnent des vertus *laxatives* et font qu'elles modifient la vitalité du gros intestin surtout. Aussi L'INFUSION $\frac{2 \text{ à } 4}{1000}$ et surtout les LAVEMENTS $\frac{3 \text{ à } 10}{250}$ sont-ils avantageux dans *les dyspepsies flatulentes par inertie intestinale.*

Camomille Romaine ANTHEMIS NOBILIS, L.-C. *Noble.*

Lieux secs, pelouses, terres arides.

Têtes (capitules), Juin.

Dessiccation rapide au soleil ou à l'étuve. Mettre immédiatement en lieu sec, clos et sans air.

Les capitules de camomille agissent : 1° par leur *huile volatile* qui donne à l'INFUSION 5 à 20/1000 des propriétés *antispasmodiques;* 2° par leur principe *gommo-résineux uni à l'acide anthémique* qui ont une action spéciale sur les mouvements péristaltiques ; d'où la valeur de la DÉCOCTION dans les *dyspepsies par atonie du tube digestif;* 3° par leur *tannin et leur camphre* qui rendent ces préparations *légèrement antiseptiques et toniques.*

La camomille n'est pas un agent curatif, c'est un excellent adjuvant, un très bon véhicule toutes les fois qu'il faut *stimuler les fonctions intestinales à condition qu'il n'y ait pas de phlogose organique.*

Les *lavements* surexcitent le rectum et amènent des selles complètes par exagération des mouvements péristaltiques, mais la camomille n'agit pas à la façon des purgatifs.

Lorsqu'on prend avec excès ce médicament, des convulsions antipéristaltiques se produisent et secondairement des vomissements.

Les préparations de Camomille doivent être *données* *chaudes* le camphre et la résine ne pouvant rester dissous à froid.

L'huile de camomille obtenue par macération des fleurs dans l'huile d'olive est sans action réelle quoique d'un usage populaire.

Le *vin* à la dose de 60 à 90 par jour est une excellente préparation contre les *constipations par atonie.*

Tous les précipitants des résines et du tannin sont *incompatibles.*

CAMPÊCHE. HÆMATOXYLUM CAMPECHIANUM.
Le bois de cette légumineuse (arbre de troisième grandeur) nous vient du Mexique. Il est chargé en *principe colorant,* utilisé pour la *coloration des vins,* et en *tannin.*

L'extrait aqueux

> Bois rapé   37
> Eau   370

Réduisez au feu à consistance.

a été employé comme *désinfectant* et *antidiarrhéique* sans indication spéciale.

CAMPHRIER. LAURUS CAMPHORA, L. — *Laurier du Japon. Cinnamome-camphré.*

La distillation du bois de cette laminée avec de l'eau donne une huile volatile solide le *camphre* $C^{20} H^{16} O^2$ et *l'huile liquide de camphre* $C^{20} H^{16} O$

Le *camphre* nous arrive brut de la Chine et du Japon. On le raffine et il est livré en pains au commerce.

Le *camphre* est soluble dans l'alcool, l'éther, les graisses, les huiles, la glycérine, le chloroforme, l'acide acétique. L'eau n'en dissout qu'un à deux millièmes de son poids.

Les vertus du camphre ont été, tour à tour, exagérées et amoindries. Physiologiquement à faibles doses c'est un hyposthénisant, un défervescent, un antiputride, mais si l'on élève les doses l'influence sur les réflexes devient des plus énergiques et les symptômes d'excitation peuvent aller jusqu'à la manie ou au délire avec mouvements musculaires et désordonnés

L'action sédative du *camphre en poudre* à la dose de 0,01 renouvelée d'heure en heure est remarquable dans *les fièvres avec surélévation de température.*

Les *embrocations camphrées* avec la pommade $\frac{5}{30}$ ont aussi des effets de défervescence très prononcés

Mais c'est à tort que l'on ordonne L'ALCOOL CAMPHRÉ, dans des potions aqueuses ou *l'éther camphré.*

Sitôt que le mélange est effectué une notable partie du camphre se précipite et reste sur l'appareil à filtration.

Les *applications* d'alcool camphré, d'eau sédative, d'onguents camphrés sur la peau sont tout d'abord essentiellement *réfrigérantes,* mais si l'on abuse de ces remèdes la congestion réflexe reprend le dessus et la *phlogose* est ravivée. Voilà pourquoi tant de phlegmons, traités par le système Raspail manié par des ignorants, deviennent diffus et graves.

Les propriétés *antiparasitaires* du camphre sont indéniables.

Le camphre étant volatisable à la température ordinaire peut être employé en *inhalations* sans que l'on soit obligé de le chauffer. La *cigarette de camphre* est, de ce fait, un léger réfrigérant antispasmodique et même anesthésique. Quand on n'en abuse pas elle peut diminuer la valeur des causes excitantes de là toux.

La puissance *anesthésique* de la poudre de camphre sert de base aux *applications en nature ou sous formes linimentaires* contre les *douleurs, l'odontalgie, les névralgies superficielles.* C'est en ces cas un agent palliatif mais non curatif.

L'influence du camphre sur les *reins* et sur la *vessie* est des plus remarquables. Le camphre agit ici à la manière du copahu, et de tous les huileux pourvus d'un principe susceptible de s'éliminer par les urines et d'en changer la nature. La vitalité de la muqueuse est modifiée par le contact du corps nouveau, la miction est plus facilitée qu'augmentée, et l'on dirait que chaque huile donne un produit devenant l'antidote physiologique spécial d'un altérant de la muqueuse génito-urinaire. C'est ainsi que le copahu est spécial contre l'état gonorrhaïque. Le santal contre l'état catarrhal et le camphre contre *l'état de phlogose déterminé par les préparations cantharidées.*

En ces circonstances le camphre doit être donné à doses massives de 0.50 à 1 et de préférence en *émulsions sucrées.*

C'est à tort que l'on considère le camphre comme un *anti-ferment,* il n'est poison que pour les animaux d'ordre inférieur c'est pourquoi il agit comme *parasiticide,* mais il enraye peu les fermentations putrides, acetiques, butyriques.

CAMPHRÉE CAMPHOROSMA MONSPELIANA, L. — *Camphrée de Montpellier* (provençal : *quoue de gari).*

Cette chénopodée dont les feuilles froissées dans la main laissent une odeur camphrée est vulgairement employée dans l'Hérault et le Gard en INFUSION $\frac{15}{1000}$ et en LOTIONS $\frac{30 \text{ à } 60}{1000}$ comme succédanée du camphre. Aucune étude médicale n'en a été faite.

CANÉFICIER CASSIA OFFICINALIS, L. — *Casse des boutiques.*

Le fruit de cette légumineuse arborescente des pays chauds nous vient surtout de l'Amérique sous le nom de *casse gousse* siliquiforme, d'un brun noir avec sutures latérales l'une saillante, l'autre creuse. Il faut choisir les siliques pleines, refuser celles dont les graines grelottent, les conserver à l'abri de l'humidité. Goûter la *pulpe*, partie active, et rejeter la casse à pulpe acide ou fermentée.

La *pulpe de Casse brute* est appelée *Casse en noyaux* ; passée au tamis elle donne la *Casse mondée*. L'*extrait* s'obtient en délayant la casse mondée dans l'eau et la rapprochant à consistance

.La *gomme*, la *pectine*, le *sucre* et *une partie extractive* amère paraissent être les éléments actifs de la casse qui agit en *purgeant par indigestion*.

Il faut éviter après l'ingestion de ce purgatif toute tisane acide, toute alimentation flatulente et les causes d'indigestion qui aggraveraient la maladie du remède et entraîneraient des coliques plus ou moins violentes. La dose de la *casse mondée* est de 10 à 60. L'extrait de 5 à 30, suivant les âges.

C'est un médicament qui se perd, heureusement.

CANNE A SUCRE SACCHARUM OFFIC, L. — Cette graminée des pays chauds fournit le sucre $C^{12} H^{11} O^{11}$ d'un usage constant sous ses diverses formes pour édulcorer les potions et les boissons des malades.

On ne doit pas oublier que le sucre est un aliment respiratoire pouvant augmenter la réserve graisseuse, mais qu'il exerce, lorsqu'on en sature l'économie, des effets désastreux soit sur les muqueuses, qu'il rend acescentes, soit sur les dents, qu'il corrode, soit sur la vessie qu'il excite au point de développer une cystite aiguë.

Dans le cours des maladies fébriles et longues, il est bon de diminuer les effets secondaires du sucre par des boissons alcalines entrecoupant les tisanes et les potions édulcorées. Mais la médication trop sucrée devient surtout un danger durant le premier âge si porté aux maladies par acescence et si mal disposé, organiquement, à digérer le sucre.

La même observation s'applique aux dyspeptiques, aux gens atteints de maladies du foie et aux diabétiques.

Je ne donne ces notes sommaires que pour fixer l'attention des cliniciens sur un point important par la fréquence physiologique et qui pour cela passe souvent inaperçu.

CANNE DE PROVENCE ARUNDO DONAX, L. — *Roseau.*

Le rhizôme de cette graminée cueilli en septembre et divisé en morceaux séchés au soleil passe pour anti-laiteux. DÉCOCTION $\frac{30 \text{ à } 40}{1000}$.

Elle est d'un usage populaire, comme le chiendent.

CANNELLE 1º LAURUS CINNAMOMUM, L. — *Cannelle de Ceylan ;* 2º LAURUS CASSIA, L. — *Can-*

nelle de Chine ; 3° LAURUS MALABATHUM, *cannelle de Malabar* ; 4° CINNAMOMUM CULILARVAN, Blinn. — *Cannelle giroflée du Molluques* ; 5° DICYPELLIUM CARYOPHILLATUM, L. — *Cannelle du Brésil.*

Toutes ces écorces de Laurinées doivent leurs effets excitants à leur *huile volatile,* leur *tannin,* et leur *acide cinnamique.*

Les cannelles surexcitent les systèmes nerveux, musculaire et sanguin. Elles produisent d'excellents effets dans tous les cas de prostration par *oppression des forces,* dans les *fièvres malignes, ataxo-adynamiques,* dans les *dyspepsies atoniques,* toutes les fois qu'il faut stimuler les systèmes alanguis mais on ne doit jamais les prescrire dans les phlogoses même chroniques.

La meilleure préparation est la teinture $\frac{1}{5}$ à la dose de 2 à 10 incorporée dans une potion ou mieux dans du vin qui ne précipite aucun des principes dissous.

Tous les incompatibles du tannin et des huiles volatiles sont *incompatibles* des cannelles.

L'influence métrorrhagique de la cannelle a été exagérée. Elle n'agit réellement que dans les hémorrhagies par atonie, *purpura* et *suffusions sanguines.*

CAOUTCHOUC SIPHONIA GUYANENSIS, Jus. — *Gomme élastique.*

C'est le suc obtenu par incision du tronc de cet arbre, appartenant aux euphorbiacées, qui nous arrive de la Guyane, de l'Amérique centrale et du Brésil.

Le caoutchouc pur $C^8 H^7$ en solution dans le chloroforme donne le *lait de caoutchouc* qui a été employé avec succès contre les *brûlures* et les *érysipèles*, pour mettre les régions atteintes hors du contact de l'air.

Le docteur Hannon l'avait recommandé en pilules contre la diarrhée des phthisiques, mais ce médicament n'a produit aucun effet sérieux.

Le *caoutchouc vulcanisé* c'est-à-dire trempé dans une solution de polysulfure de potassium D=1,208 à la température de 14° et lavé à l'eau alcalinisée puis à l'eau simple, et d'un emploi fréquent sous toutes les formes pour appareils et instruments.

Tous les siphonia et plusieurs euphorbiacées donnent du caoutchouc soluble dans l'essence de thérébentine pure, la benzine, l'éther, le chloroforme, le naphte, le sulfure de carbone et quantité d'essences volatiles. Ceci dit pour tenir en garde contre la *mode des bouchons en caoutchouc* pour les produits pharmaceutiques.

CAPILLAIRE 1° *du Canada* ADIANTHUM PEDATUM, L. —

2° *de Montpellier* ADIANTHUM CAPILLUS VENERIS.

Les feuilles contiennent une *huile essentielle,* une *matière amère,* un peu de *tannin.*

Leurs effets thérapeutiques sont nuls bien qu'elles soient renommées pour leurs vertus béchiques.

INFUSIONS et SIROPS ad libitum.

CAPRIER capparis spinosa, L — (Provençal: *Tapénier*).

Provence. Var.

Fleurs en boutons au mois de juin pour confire dans du vinaigre. Les *boutons floraux* forment les *câpres*, les *ovaires* avant maturité de la graine (juillet-août) forment les *cornichons de câpres*.

L'écorce de la racine qui en séchant se roule comme une plume est dit-on diurétique. INFUSION $\frac{30}{1000}$.

CAPSICUM ANNUUM poivre long, *poivre de Cayenne*.

Les fruits de cette solanée contiennent des *matières grasses, résineuses,* un alcaloïde volatil que Febletar croit analogue à la *Conine* et un composé cristallisable non volatile, excessivement irritant nommé *capsaïcine* par Eresct. La *capsaïcine* de Braconnot n'est qu'un mélange de corps gras de conine et de capsaïcine. La capsaïcine est insoluble dans l'eau.

Il en résulte que le poivre long agit comme un condiment très excitant. et peut, en nature, stimuler la muqueuse, d'où son emploi dans les *dyspepsies atoniques*, ou agir comme *rubéfiant*.

Mais l'*extrait aqueux* agit à la façon des solannées d'où ses bons effets contre les *hémorrhoïdes dont il calme l'inflammation et les douleurs,* comme Allègre l'a démontré.

Extrait aqueux de capsicum annuum en pilules de

vingt centigrammes, à prendre deux matin et soir.

Jamais les *teintures alcooliques éthérées* comme calmants toujours comme excitants dans les *dyspepsies et les angines atoniques.*

Capsicum brésilienne POIVRE ENRAGÉ, L. — et CAPSICUM FASTISGIATUM, *poivre d'Inde* succédanés du *capsicum annuum.*

CAPUCINE TROPŒOLUM MAJUS, L. — *Cresson d'Inde.*

Les fleurs de cette géraniacée sont très *stimulantes et apéritives.* Elles doivent leurs vertus à un principe mal déterminé voisin de la sinapésine.

C'est une étude à faire.

On les mange en salade.

CARDAMINE DES PRÉS CARDAMINA PRATENSIS, L. — *Cresson sauvage. Passerage sauvage.* (Provençal : *Barométro dou paysan).*

Prairies humides.

Cette crucifère agit par la *sinapisine.* C'est un succédané du cochléaria et du cresson *suc* ou *salade.*

CARDAMOME DU MALABAR ELLATERIA CARDAMOMUM, With.

Les fruits de cette amomacée et de plusieurs autres espèces voisines nous arrivent du Malabar, de l'Inde, de Java, de Ceylan, de Mahé, etc.

Ils contiennent une *huile essentielle* qui leur

donne une odeur vive employée en parfumerie. Ils renferment en outre une *huile fixe* excitante dont l'ancienne pharmacie a tiré parti dans diverses confections : thériaques, diascordium, etc.

L'usage des cardamomes tend à se perdre, leur valeur clinique est d'ailleurs fort contestable.

Les *épices* sont cependant prisés dans les pays chauds pour *stimuler l'appétit*.

CAROBA BIGNONIA COPAÏA.

Ecorce et racine venant du Brésil. Analyse à faire. Réputation de sudorifique et d'antisyphilitique.

DÉCOCTION : $\frac{16 \text{ à } 30}{1000}$.

CAROTTE DAUCUS CAROTTA.

La *racine fraîche* de cette ombellifère et les *feuilles fraîches* sont vulgairement employées comme *lénitives, adoucissantes* et *calmantes*.

Elles ont réellement ces propriétés qu'elles doivent : 1° à leur fécule douce ; 2° à leur pectine mucilagineuse ; 3° à un principe cristallisable orangé, neutre, la *carotine*.

LA DÉCOCTION a peu de valeur, elle est légèrement diurétique

Mais le *suc exprimé* est franchement *laxatif* sans phénomènes d'excitation intestinale, mais par *hypersécrition biliaire* due au sucre et à la carotine.

La *pulpe* et les *feuilles pilées* appliquées sur les *plaies enflammées* ont un effet *sédatif réel* trop méconnu par la majorité des médecins et trop apprécié par le peuple.

La *carotine* est plus abondante dans la carotte sauvage.

Les *sucs* de la carotte s'altèrent rapidement et passent à l'acescence, il faut donc souvent renouveler les applications pour en avoir les bons effets. Dans les *plaies cancéreuses* et *gangrénées* elles amènent rapidement une diminution de la douleur.

CAROUBIER CERATONIA SILIQUA.

Les siliques de cette légumineuse contiennent une pulpe sucrée légèrement laxative, succédanée de la réglisse.

Les fruits secs passent pour béchiques.

CARRAGAHÉEN CHONDRUS CRISPUS, *Mousse d'Islande, Mousse marine perlée.*

Cette algue des mers du Nord contient 79 0/0 de *gelée,* des *matières résineuses* amères et un principe sulfuré et azoté la *Goêmine.*

C'est un *analeptique* succédané du *Lichen d'Islande.*

La *gelée* 100 à 300. La TISANE $\frac{15}{1000}$ la gelée associée au *lait* (Lait de Thollander) ont été prescrits contre les *cachexies.*

CARVI CARUM CARVI, L. — *Cumin des Prés.*
Prairies.

Plante cueillie en septembre séchée et battue

pour en faire tomber les semences. Les semences agissent comme succédanées de l'anis. Leurs qualités excitantes proviennent surtout de la *Carvène* C^{10} H^8 huile essentielle.

CASCARA SAGRADA RHAMNUS PARSCHIANA, *Écorce sacrée.*

L'écorce de cette rhammacée nous arrive de l'Amérique.

On ne connaît encore que très incomplètement la composition de cette écorce. A peine sait-on qu'elle contient un *principe cristallisable,* une *huile fixe,* une *huile volatile* et des *résines.* Ces dernières paraissent les parties actives.

L'effet *laxatif* de la *poudre* 0,50 à 0,75, de l'*Extrait fluide,* 2 à 4, constaté par Dujardin, Beaumet, Landousky, etc . a mis le médicament à la vogue.

CASCARA AMARGA ? — *Écorce d'Honduras.*

Cette écorce contient des résines des huiles et un principe cristallin isolé par Thomson sous le nom de *Picramine.*

Les effets diaphorétiques et laxatifs de l'*Extrait fluide* à la dose de 2 à 4 ont été étudiés par Akkinson qui les a utilisés dans le traitement des Syphilis invétérées et des Blennorrhées chroniques.

CASCARILLE CROTON ELEUTERIA, Beun. — *Chacrille, Écorce de Bahama, Ec. éleutérienne, Quinquina aromatique.*

L'écorce de cet arbrisseau de la famille des Euphorbiacées nous arrive de la Jamaïque de Lima et de Vera-Cruz.

Elle agit : 1° par son *principe amer* et sa *résine,* comme tonique fébrifuge, 2° par son *huile essentielle* et la *Cascarilline* principe cristallisable soluble dans l'alcool comme *excitant du système nerveux.* C'est un succédané du quinquina supporté par les estomacs délicats qui éprouvent des pincements avec les préparations trop chargées en tannin. La poudre de Cascarille mieux que la poudre de Calamus aromaticus *excite la secrétion du lait.*

Poudre 1 à 4. Fébrifuge tonique.

Teinture 1 à 2. Excitante.

Extrait 1 à 2. Excitant eupeptique.

CASSE CASSIA ACUTIFOLIA, Del. — *Séné de la Palthe.*

Les *feuilles* de cette légumineuse et ses fruits improprement nommés *follicules du séné* nous viennent de Nubie, d'Ethiopie et constituent le *séné de la Palthe* c'est-à-dire qui a payé l'impôt frappé en Egypte.

Le séné du commerce contient en outre des feuilles du *cassia acutifolia,* des feuilles du *cassia oborata,* du *cynanchum arguel,* du *tephrosia appolinea* et quelquefois du *coriora myrtifolia* ou *redoul* (V. ce mot).

Ce *séné de la Palthe* arrive en balle de 100 à 150 kilos. Après avoir été mondé Il constitue le séné le plus estimé.

Les autres sénés de Moka, de la Mecque, de Tinnevelly, de l'Inde sont moins répandus.

Le séné agit surtout par son principe extractif la *cathartine* glycosidé mal défini malgré les travaux de Bourgoin qui est parvenu à décomposer la cathartine 1° en glycose dextrogyre; 2° en acide chrysophanique; 3° en chrysophanine.

Au point de vue pratique il reste de ces études que l'on doit employer seulement l'INFUSION DE SÉNÉ $\frac{15 \text{ à } 30}{200}$ en LAVEMENT. On fait souvent dissoudre 30 grammes de sulfate de magnésie dans les infusions pour lavement. Ce mélange rend de réels services dans les *engouements intestinaux*.

Les purgations au séné sont tantôt insuffisantes tantôt excessives. Les *thés populaires*, grâce à la réclame, dans lesquels entrent le séné, occasionnent souvent des nausées, des superpurgations, des coliques, d'autant plus que le nombre des incompatibles du séné est considérable. Je cite entre autres : les acides forts, les sels alcalins et terreux, les bissels métalliques. l'émétique, etc.

L'action du séné pris à dose purgative ne se porte pas seulement sur l'intestin, elle se répercute sur tout le système vasculaire abdominal, et sollicite des flux menstruels et hémorrhoïdaux, des congestions ovariques et péritonéales qui doivent faire rejeter l'emploi de ce purgatif dans toutes les phlogosés abdominales.

CASSIE ACACIA FARNESIANA.

Culture espalier, juillet.

La poudre de fleurs aromatise les pommades et les poudres.

CASSIS RIBES NIGRUM, L. — *Groseiller noir*.

Cultures, feuilles avant floraison, fruits septembre.

Les *baies* de cette ribesiacée renferment une *huile volatile* amère qui les rend excitantes, du *tannin* et du *malate de chaux*. De là leurs vertus.

Les *feuilles* sont chargées en tannin et sels, de là leurs qualités astringentes et diurétiques.

La *teinture* de baies de Cassis $\frac{1}{5}$ peut rendre de réels services comme tonique, apéritif et eupeptique.

L'INFUSION de feuilles $\frac{30}{1000}$ a été recommandée contre la *goutte urique*.

CATALPA BIGNONIA CATALPA.

Les *racines* de cette bignoniacée sont employées en Allemagne contre l'*asthme*.

DÉCOCTION $\frac{15}{250}$ pour diminuer l'accès, c'est un succédané du stramonium.

CATAIRE NEPETA CATARIA, L. — *Herbe aux chats. Menthe de chat*.

Lieux pierreux, autour des roches, juillet, septembre. Sommités fleuries.

Cette labiée agit par son *huile essentielle* comme excitante. Elle a une réelle action aphrodisiaque sur le chat. Ses effets dans les *dysménorrhées spasmodiques* sont controversés.

INFUSION $\frac{30 \text{ à } 50}{1000}$ *chlorose avec suppressions de menstrues.*

CÉDRON SIMAROUBA CEDRON (Planchon), (simaroubées *Huassia cedron* Hbn. (rutacées).

La graine formée de deux gros cotylédons nous arrive de la nouvelle Grenade (Planchon), de Colombie et du nord du Brésil (Egasse). Elle contient un principe neutre la *cédrine,* liquide, vernis jaune, soluble dans l'eau et l'alcool, et un *principe amer* actif.

Poudre 0,50 à 4 contre les fièvres intermittentes.

C'est un succédané de la quinine.

CENTAURÉE GRANDE CENTAUREA CENTAURIUM, L.

Montagnes des Alpes.

Fleurs en août. Racines avant ou en septembre.

Cette synanthérée carduacée contient un *principe amer,* le *cnicin* de nativelle, cristallisant en aiguilles blanches, soluble dans l'eau bouillante, presque insoluble dans l'eau froide, et le tannin.

Bouchardat lui accorde une grande valeur comme fébrifuge. Il devient nauséeux à la dose de 0,30.

La grande centaurée doit au cnicin ses vertus *fébrifuges* incontestables.

DÉCOCTION $\frac{60}{1000}$ racine fraîche $\frac{80 à 100}{1000}$ r a c i n e sèche. à prendre chaude.

La grande centaurée a une réputation de *vulnéraire* dans le peuple. J'ai employé avec succès la poudre de racine sèche, à l'état impalpable, en *applications* contre les *ulcères sanieux* rebelles.

C'est un succédané doux du quinquina.

Centaurée petite ERYTHŒA CENTAURIUM, L.— *Herbe à chiron.*

Bois, prairies, haies.

Sommités fleuries juillet-août. Les préserver du jour et les sécher rapidement dans un grenier aéré.

Cette labiacée contient un principe non azoté, cristallisable en aiguilles, soluble, se colorant en oranger, rose et rouge par l'exposition à l'air; c'est l'*erythro-centaurine* de Méhu qui donne aux fleurs leur coloris.

Le principe actif de la petite centaurée est une *résine amère* qui agit comme *tonique eupeptique* dans les *dyspepsies par atonie de la muqueuse.*

Ses vertus *fébrifuges* la font classer comme succédané faible du quinquina.

INFUSION $\frac{10 à 15}{1000}$.

DÉCOCTION $\frac{30 à 50}{1000}$ pour lavements ou injections détersives.

CERFEUIL scandix cerefolium, L.

Cette ombellifère cultivée contient un principe *résineux* et une *huile essentielle* répandus surtout dans les feuilles fraîches qui contiennent aussi du *mucilage* en abondance et un principe analogue à la *cicutine*.

Les effets *laxatifs, désobstruants,* du *suc de cerfeuil* à la dose de 30 à 60 dans les dyspepsies par arrêt ou inertie de secrétion biliaire sont remarquables.

Les effets *calmants* et *antiphlogistiques* des cataplasmes, de feuilles fraîches pilées, appliqués sur les *hémorrhoïdes enflammées* et renouvelés dès que le cataplasme sèche, méritent de passer de la pratique populaire dans la pratique médicale, et doivent remplacer surtout les *fumigations de vapeurs chaudes* dont les conséquences sont désastreuses.

Les *engorgements laiteux,* les *prurits par acescence des parties génitales* cèdent encore aux mêmes *cataplasmes de feuilles fraîches pilées.*

CÉVADILLE veratrum sabadilla. *Schœno caule officinal.*

Est une colchicacée du Mexique dont le fruit semblable à un grain d'orge contient une semence noirâtre rugueuse et convexe.

Les fruits, avec leurs graines, réduits en poudre, dite *poudre de capucins,* servent comme *parasiticides.* Ce n'est pas sans danger que l'on pulvérise la cévadille, ses effets locaux sont rubéfiants, son absorption par les plaies et les excoriations peut amener des accidents dus aux principes actifs de la cévadille 1° l'*acide cévadique*; 2° surtout la *vératrine* $C^{34} H^{21} Az O^6$ de Meisner.

La *vératrine* se trouve dans la cévadille sous forme de *gallate acide*. Ses effets sont excitants et vésicants, analogues à ceux des poisons âcres et corrosifs.

Les préparations de cévadille sont surtout plus dangereuses si on traite les semences par l'alcool qui dissout entièrement la vératrine.

Les premiers effets physiologiques se portent sur le tube digestif d'où l'*action éméto-cathartique*. Dans une seconde période suivant Faivre et Leblanc, la vératrine agit sur le sang, diminue la circulation et la température d'où son *action défervescente*. Enfin la troisième période est marquée par les *convulsions* cloniques et toniques, le trismus et l'asphyxie.

La difficulté de limiter les effets, avec les décoctions, les extraits et les teintures de cévadilles de diverses provenances, doit faire renoncer à l'emploi de la cévadille en nature, d'autant plus que la *vératrine,* plus facile à manier produit des phénomènes thérapeutiques entièrement similaires

La *vératrine* se dose par 1/4 de milligramme. C'est un agent précieux contre les *névralgies rhumatismales* et le *rhumatisme articulaire avec fièvre* et *surélévation de température.*

On l'a employée contre la *chorée,* mais elle ne réussit qu'à la condition d'être réservée pour les cas où la congestion violente de la face et la dureté du pouls font redouter des phénomènes méningitiques.

C'est dire que d'une manière générale la vératrine, maniée avec prudence, doit être seulement administrée comme *sédatif défervescent dans les congestions musculaires actives.*

CHANVRE CANNABIS SATIVA. L.

Culture.

Les sommités fleuries de cette cannabinée contiennent une *huile essentielle* jaune ambrée se congelant entre 12° et 14° formée de *cannabène* $C^{38} H^{20}$ et d'hydro carbure de *cannabène* $C^{12} H^{14}$ intimement liés à une *résine* (Personne).

Les *graines de chanvre* contiennent une huile grasse *l'huile de chènevis.*

L'INFUSION de sommités fleuries $\frac{50 \text{ à } 60}{1000}$ est légèrement narcotique et calme les *douleurs lancinantes de la blennorrhagie aiguë.*

L'émulsion d'huile de chènevis est *laxative.*

Chanvre du Canada APOCYNUM CANNABINUM, L.

Cette apocynée qu'il ne faut pas confondre avec les chanvres cultivés et indiens contient un principe âcre *l'apocynine* très diaphorétique et laxatif considéré aux Etats-Unis comme *antisyphilitique.*

Chanvre indien CANNABIS INDICA, Hachisch.

Espèce voisine du chanvre cultivé contient plus de résine que celui-ci. C'est un hypnotique puissant, dont le narcotisme n'affaiblit pas toutes les sensations cérébrales et sollicite même l'exaltation de l'imagination durant le sommeil ; de telle sorte qu'en mêlant au hacshich des substances capables de surexciter les réflexes d'une région, on peut obtenir, durant le sommeil provoqué, des rêves ayant pour sujet l'ordre d'idées afférent à ces réflexes surexcités.

La médecine n'a tiré, jusqu'à ce jour, aucun parti sérieux de ces qualités speciales qui sont exploitées par les passions humaines. C'est ainsi que les arabes joignent au *hachisch* (extrait gras) des cantharides, des essences ; que les indiens se servent tantôt du *charras* (résine de feuilles) qu'ils mâchent, tantôt de *cunjah* (sommités fleuries) qu'ils fument, tantôt du *bangh* (feuilles et fleurs sèches) qu'ils prennent en infusion, tantôt de la teinture alcoolisée de la plante le *chatiraky* avec laquelle ils se grisent. Mais dans tous les cas ils ont soin de préparer le hachisch, c'est-à-dire d'y ajouter les adjuvants de leur félicité

Le haschich est un médicament très infidèle. Les préparations les plus recommandées sont :

1° La *haschischine* ou *extrait* par épuisement avec l'alcool à 80°. Dose *sédative* 0,05 *hypnotique* 0,10, *illusioniste* 0,15.

2° La *teinture* avec l'alcool à 30 degrés contenant un centigramme du principe actif par goutte.

CHARDON BÉNIT CENTAUREA BENEDICTA, L. — *centaurée sudorifique* (provençal : *Testo espinouso*.

Composée du midi de la France.

Feuilles et sommités fleuries avant l'épanouissement en juin. Dessiccation prompte à l'étuve ou au soleil.

Le chardon bénit contient 1º un principe amer, le *cnicin* de Scribe déjà trouvé dans la *grande centaurée* (V. ce mot) ; 2º une *matière grasse sulfurée* ; 3º une *huile volatile* ; 4º de la gomme et des sels.

Les vertus *febrifuges* de ce végétal sont incontestablement dues au cnicin.

Le *chardon bénit* est non seulement un succédané de la quinine, mais il réussit presque toujours là où la quinine a échoué, dans les *fièvres intermittentes anomales et chroniques*.

La meilleure préparation en ce cas c'est la *macération* dans partie égale de *vin blanc* à prendre par verre à Bordeaux 3 fois par jour.

L'*huile* et le *principe gras sulfuré* du chardon bénit expliquent ses qualités *sudorifiques* et donnent à la sueur qu'il amène une odeur forte spéciale.

L'élimination des *sels* et d'une partie des principes actifs se fait surtout par les reins d'où *effets* diurétiques et urines colorées en rouge par une certaine quantité d'érythro-centaurine.

L'Influence du chardon bénit sur les principales secrétions est donc incontestable et en ce sens on doit le considérer comme un véritable *dépuratif* dans l'expression physiologique du mot.

En somme c'est un *excitant des secrétions* qui convient dans les *maladies fébriles atoniques lorsqu'à l'instant de la convalescence et après une longue diète les intestins et la vessie demeurent paresseux.*

La meilleure forme médicamenteuse est l'*infusion très chaude* $\frac{30 \text{ à } 60}{1000}$.

En *applications* le *suc de feuilles fraîches* déterge rapidement les *ulcères et les plaies atoniques.*

On ne peut abuser du chardon bénit à l'intérieur sans produire des vomissements dus à l'action du cnicin

Chardon bénit des Parisiens CARTHAMUS LANATUS. *Centaurée lanugineuse.*

Nord de la France.

Succédané bien moins actif, du charbon bénit.

Chardon étoilé CALCITRAPA STELLATA *chasse-trappe* (Provençal : *Caouquo tripo).*

Succédané du chardon bénit.

Chardon aux ânes ONOPORDON ACANTHIUM
Succédané du chardon bénit.

Chardon-Marie CARDUUS MARIANUS. *Chardon N. Dame.* (Provençal : *Cardou dei paouré).*

Succédané du chardon bénit.

Chardon à foulon DYPSACUS FULLONUM.
Succédané du chardon bénit.

Les gens du peuple attribuent une valeur médicale à la rosée déposée dans les cupules de l'inflorescence. Ils l'utilisent pour baigner les yeux dans les ophthalmies scrofuleuses ou catarrhales. C'est un préjugé inoffensif.

CHÉLIDOINE (GRANDE) CHELIDONIUM MAJUS, L. — *Grande éclaire. Felouque. Herbe d'hirondelle.* (Provençal : *Santo clero*).

Cette papaveracée croît dans les décombres et les terrains arides.

Feuilles fraîches avant floraison. Racines séchées lentement.

Les principes actifs du suc jaune de cette plante sont 1º L'*acide chélidonique* $C^{44} H^2 O^{14}$, $\frac{3 \text{ à } 0}{}$ de Probst ; 2º La *chélidexanthine* de Probst et Polex. Ce dernier principe est purgatif à la manière des résines. Il agit donc plus spécialement sur le système biliaire de là les bons effets de la DÉCOCTION *de feuilles fraîches* $\frac{30 \text{ à } 60}{1000}$ dans les *ictères par atonie ou hypertrophie lamineuse du foie.*

La TEINTURE au suc frais et alcoolisé parties égales, est essentiellement *purgative* même *drastique* à la dose de 8 à 15 grammes. Elle est employée, en Allemagne surtout, contre les *hydropisies par hypertrophie de la rate ou du foie.*

Si l'on veut obtenir les effets purgatifs de la chélidoine sans en avoir les effets excitants il faut exécuter rapidement ces préparations. Le *suc* laissé quelque temps au contact de l'air *s'acidifie promptement* et la teinture ou les décoctions occasionnent alors de violentes coliques.

L'acide chélidonique se développe surtout quand on laisse le *suc* à l'air. Ce suc devient alors très *excitant, caustique même,* de là l'emploi du *suc de chélidoine* pour toucher les *cors* et les *verrues.*

Les *applications* de feuilles contusos ne tardent pas à s'*acidifier* et déterminent des *phénomènes révulsifs* De là leur emploi populaire contre les *migraines,* les *fièvres* et les *coups de soleil.* Toutes les fois qu'une défervescence est nécessaire l'économie ayant été frappée par un excès de chaleur.

Ces propriétés révulsives ont été utilisées par Cazin pour modifier la vitalité de la peau dans les *dermatoses atoniques.*

Chelidoine petite RANUNCULUS FICARIUS, L.

Renonculacée âcre qu'il ne faut pas confondre avec la grande chélidoine papaveracée.

CHÊNE QUERCUS RUBUR, L. — *Rouvre.* (Provençal : *Rouré).*

Ecorce des pousses de 3 à 4 ans avant floraison : avril-mai.

Feuilles : été

Glands : automne.

L'ÉCORCE agit surtout par le TANNIN qui lui donne des propriétés *astringentes.*

Les formes pharmaceutiques recommandables sont : 1° La POUDRE DE TAN ou écorce pulvérisée, pour les *applications* sur les *plaies atoniques ;*

2° La décoction $\frac{15\ \text{à}\ 30}{1000}$ pour *gargarisme* et *lotions astringents,* on doit l'utiliser de suite ; les carbonates et autres sels alcalins de l'eau précipitant le tannin en noir sous le contact de l'air.

Les *feuilles* sont utilisées en médecine pour faire des paillasses et des oreillers.

Les *glands* contiennent une *fécule,* une *huile grasse,* une *résine amère* et de la *quercite* $C^{12}\ H^{12}\ O^{10}$ analogue à la mannite. Cette composition nous explique pourquoi le gland de chêne, nutritif et amer, a été considéré comme un *tonique fébrifuge laxatif.* La torréfaction ne lui enlève rien de ses qualités, et le *café de glands* de chêne est souvent ordonné aux *scrofuleux* et aux *convalescents de fièvres intermittentes.*

Pour satisfaire au goût des malades on remplace les glands du Rouvre par les *glands doux d'Espagne* ceux-ci ne contiennent plus de principe amer, beaucoup moins de mannite, et leur café ne produit aucun effet thérapeutique, c'est un simple *analeptique.*

Ce que nous venons de dire des glands du QUERCUS HISPANIÆ *chêne à glands doux* d'Espagne, s'applique aux fruits des QUERCUS BALLOTA de Corse, QUERCUS ŒSCULUS de Grèce, QUERCUS ALBA du Canada.

Je parle pour mémoire des *noix de Galle* excroissances parasitaires chargées en tannin, maintenant inusitées en médecine.

CHÉNOPODE VERMIFUGE chenopodium anthelminthicum.

L'*huile volatile* des feuilles et des graines de cette chépopodiacée d'Amérique est couramment employée à New-York pour *expulser les lombrics*.

Huile de Chénopode   X gouttes
Sirop simple   30 grammes,

à prendre une cuillerée à café matin, midi et soir pendant 3 jours. Prendre un laxatif le 4mo jour.

Chénopode vulvaire chenopod vulvaria, L.
Chemins, murs, enclos.
Fleurs et rameaux, juillet, octobre.

L'odeur infecte des feuilles fraîches froissées entre les mains provient de la propylamine $C^4 H^9$ Az que contiennent leurs glandes et qui se transforme à l'air en un carbure d'hydrogène et d'ammoniaque.

Les *applications* de feuilles fraîches pilées sur les *articulations* atteintes de *rhumatisme* ont souvent calmé les douleurs. Ces applications agissent par la propylamine *(Dessaignes)*.

CHICORÉE SAUVAGE chicorium intybus, L.
Chemins. Lieux incultes.
Feuilles en juin. — Sécher et conserver au sec.
Racines, septembre.

Les *feuilles* sont *toniques, apéritives* par leur principe amer et *diurétique* par les *sels*.

Les *racines* sont toniques par leur principe amer et analeptiques par leur *inuline*.

C'est avec la *poudre de racine torréfiée* que l'on fait le *café de chicorée*.

DÉCOCTION DE FEUILLES $\frac{15 \text{ à } 30}{1000}$.

EXTRAIT DE SUC 1 à 4.

La chicorée entre dans le *Sirop de rhubarbe composé* dont le peuple abuse dans les maladies infantiles.

CHIENDENT TRITICUM REPENS, L. — (Provençal : *Gramé*).

Lieux incultes, vieux murs.

Rhizôme en septembre, le dépouiller, le battre et le conserver en bottes

Cette racine n'agit que par les *sucres de fruit et interverti* qu'elle contient, un *mucilage amidoné* et quelques *sels,* sa réputation populaire comme *diurétique* et *antilaiteux* est au-dessus de sa valeur.

DÉCOCTION : $\frac{20 \text{ à } 60}{1000}$.

CIGUE CONIUM MACULATUM, L. — *Grande ciguë, Fenouil sauvage.*

Lieux incultes un peu frais. La ciguë des contrées méridionales sèches est plus active.

Feuilles à l'instant de la floraison : mai, juin

Fruits dits *semences* à complète maturité.

Les fruits contiennent : 1° de la *Ciculine* $C^{16} H^{15}$ Az alcaloïde liquide incolore, oléagineux, odeur nicotinée-âcre, soluble dans l'alcool et l'éther peu soluble dans l'eau. Décomposé par l'ébullition. 2° de la *Conhydrine* $C^{16} H^{17}$ Az O^{2}

dérivé par oxydation de la *Conicine.* 3° une *huile volatile* brune se solidifiant à l'air.

Les feuilles contiennent moins de *conicine* et de *conhydrine,* plus d'*huile volatile* et un principe *résinoïde jaune* uni à de la gomme, de la fécule et de l'albumine. Ces notions chimiques permettent de comprendre les effets médicamenteux différents que l'on obtient avec la ciguë : toutes les fois que l'on se sert de préparations alcooliques surtout extraites des semences, le principe actif dissous et effectif est la *conicine ;*

Si par contre on traite par l'eau et l'ébullition les feuilles et le suc des feuilles de ciguë, les préparations renferment encore de la conicine et de la conhydrine mais elles contiennent en outre les principes extractifs *fécules* et *résinoïde.*

Les effets thérapeutiques de l'alcaloïde principal, la *conicine* sont actuellement bien déterminés, les travaux de Guillermond, Devay, Dujardin Beaumetz, Burgraêve et l'expérimentation clinique de tous les jours démontrent que la conicine est l'hypnotique du bulbe rachidien, qu'elle modère l'action réflexe du pneumo-gastrique, qu'elle calme la sensibilité et la contractilité, qu'elle est indiquée toutes les fois que la *phlogose de la moëlle entraîne des douleurs lancinantes, l'insomnie, les convulsions.*

Les granules de 1/2 milligramme répétés jusqu'à effet nauséeux, qui est le premier signe d'intoxication, amendent les phénomènes morbides.

Mais c'est en vain que l'on demanderait à la

conicine les effets *détersifs des plaies cancéreuses* ou *scrofuleuses* et les effets *résolutifs* que l'on obtient par *l'application des feuilles, du suc des feuilles* ou d'*onguents à l'extrait de suc non dépuré.*

Ces effets médicamenteux ne sont pas dus à la conicine ni aux huiles mais aux *principes extractifs résinoïdes.* Et c'est pour avoir méconnu cette dualité d'action de la cigue, que certains thérapeutes ont nié les bons effets d'un médicament qui depuis des siècles est considéré comme l'un des plus puissants.

Les *applications de feuilles fraîches, d'onguent à base d'extrait de suc de feuilles fraîches* doivent être attentivement surveillées.

La *ciguë* ne doit être administrée à l'intérieur que sous la forme de son alcaloïde la *conicine.*

Les *applications* et les *doses internes* doivent être cessées aux premiers symptômes d'intolérance qui sont les nausées et les vertiges.

L'infusion du café fort, le tannin sont les antidotes de la conicine.

Les *acides,* le *vinaigre,* le lait sont incompatibles avec la ciguë et la conicine.

CITRONNIER CITRUS LIMANUM, L. — *Limon.*

Le *fruit* de cette *rutacée amantiacée* est d'un usage commun en ménage et en médecine.

Le ZESTE DE CITRON ou épicarpe contient 1° une *huile volatile* $C^{10} H^8$ jaune, suave, composée de deux carbures d'hydrogène; 2° une matière amère l'*aurantine ;* 3° une substance résineuse l'*hespéridine ;* 4° de l'acide *gallique.*

Les *cloisons blanches* des drupes contiennent fort peu d'huile volatile et beaucoup plus d'*aurantine* et d'*hespéridine.*

Le péricarpe contient surtout de l'*acide citrique* $C^{12} H^{3} O^{11}$, $3H^{0}$ et de l'*acide maligue.*

Les *graines* un excès d'*hespéridine.*

Il résulte de ce rapide exposé que les diverses parties du citron doivent exercer sur l'économie des actions différentes.

Le *zeste* trop souvent employé dans les *liqueurs* agit par ses carbures d'hydrogène qui figent le globule sanguin à la manière de l'oxyde de carbone et s'opposent à l'hématose. D'où les effets pernicieux des liqueurs à base d'alcoolat de zeste de citron ou d'orange, après quelques phénomènes d'*excitation* dus à la circulation des globules desoxygénés agissant comme corps étrangers dans le système vasculaire. Ces globules desoxygénés se réunissent pour former des *embolies* qui déterminent des processus hémorrhagiques fréquents chez les buveurs de liqueurs à base de zeste de citron ou d'orange.

Les *principes amers* des parties blanches du *citron* rendent celles-ci *anthelminthiques* et *fébrifuges.* C'est pourquoi les *citrons entièrement desséchés* réduits en *poudre* à la dose de 1 à 4 grammes sont *anthelminthiques* et *fébrifuges.*

Les *acides citrique et maligue* ont un véritable pouvoir *défervescent,* ils permettent la transfor-

mation des urates insolubles en hippurates
solubles et sont à ce double point de vue très
utiles dans les *fièvres* et les *rhumatismes aigus*
pour *modérer la chaleur* et *faciliter la miction*.

En ce cas il importe d'enlever tout le blanc et
tout le zeste du citron, et de traiter la matière
aigre par digestion dans l'eau bouillante pour
obtenir une *limonade* contenant les acides et non
les essences ni les résines du citron.

Quant au contraire on veut obtenir des effets
détersifs et *vulnéraires,* dans les cas de *gangrène
humide,* de *pourriture d'hôpital,* de *plaies sanieuses atones.* Il faut exprimer directement sur les
plaies le *suc de citron frais, qui agit* par les acides
et par des résines.

CLAVALIER XANTOPHYLLUM FRAXINEUM.

L'écorce de cette rutacée est excitante, sudorifique et analgésique.

Il nous arrive d'Amérique l'*essence de clavalier*
extrait hydralcoolique fluide que l'on emploie
dans les accidents douloureux ostéocopiques de
la syphilis à la dose de X à LXXX gouttes.

C'est un adjuvant peu important du traitement
antisyphilitique.

CITROUILLE CUCURBITA MAXIMA, POTIRON.
(Provençal : *Cougourdo).*

Je passe sur les qualités *laxatives* et *alimentaires* de la pulpe du potiron pour m'occuper
seulement de ses *graines fraîches* qui ont une

réputation de vermifuge légitimement établie.
Elles doivent cette vertu à un résinoïde qui
existe surtout dans la *pellicule verte* située entre
l'*épisperme* et le *mésosperme* d'après Heckel.

Des différentes espèces de courge, la cucurbita
maxima est celle dont les graines contiennent
le plus de résinoïde.

Les tœnias botriocéphalis et inermis résistent
rarement au traitement suivant :

1° huile de ricin 15 grammes,

Le soir, le malade ne prenant pas son repas;

2° Périspermes de graines de potiron 15 grammes enrobés de miel Q. S. à avaler le matin à
jeun.

3° huile de ricin 20 grammes 2 heures après et
boissons mucilagineuses pour hâter l'effet purgatif.

Ce procédé est préférable à celui de Reimo-
neng qui consiste à remplacer les 15 grammes de
perispermes de graines par 60 grammes de *graines
de courge mondées et émulsionnées.*

CLÉMATITE CLÉMATIS VITALBA, L. — *Herbe aux gueux.* (Provençal : *Entrevadis*).

Haies, midi de la France.

Fleurs en mai-juin.

Les fleurs ont été vantées par le docteur Krausa
comme *diurétiques.* INFUSION $\frac{5 \text{ à } 12}{1000}$.

Les feuilles contiennent un suc âcre, corrosif
et vésicant.

L'analyse de la clématite est à faire. Cette

plante indigène est appelée à rendre des services comme *révulsif* d'autant plus inoffensif que les phlyctènes qu'il produit n'intérressent pas le derme et ne sont pas douloureuses comme celles qui résultent de l'action prolongée de la moutarde.

Clématite droite CLÉMATIS ODORATA, L. — Qui croît dans les Flandres est moins âcre. Le *suc des feuilles en extrait* a été employé par Storck à la dose de 0,03 à 0,10 comme *antisyphilitique*, *anticachectique* et à la dose de 0,20 à 0,30 comme *drastique*. C'est un médicament infidèle, dont la chimie n'a raisonné ni la valeur, ni la conservation.

COCA ERYTHROXYLON COCA, Lam.

Cette linacée-érythroxylée nous vient du Pérou, de la Colombie, de la Bolivie, par paquets de feuilles sèches comprimées.

Ces feuilles contiennent principalement :

1° une *huile volatile, l'hygrine*.

2° du *tannin*.

3° un *alcaloïde*.

La *cocaïne* $C^{32} H^{40} Az^2 O^8$, de Neïman, cristallisant en prismes, très amère, soluble dans l'alcool, l'éther et peu dans l'eau.

Par son HYGRINE la coca surexcite d'abord les secrétions comme le font tous les végétaux chargés d'huiles volatiles, mais cette hypersécrétion n'est que momentanée.

Par son TANNIN la coca est tonique.

Elle doit à la COCAÏNE ses qualités médicinales les plus remarquables.

La COCAÏNE en nature, ou en solution alcoolique, anesthésie les extrémités nerveuses avec lesquelles elle est en contact tangentiel par absorption locale. Ses effets ne sollicitent pas de réflexes à moins que la dose ne soit considérable.

Plus les extrémités nerveuses sont susceptibles de balnéation, plus les *phénomènes anesthésiques* sont prompts et complets. Voilà pourquoi la cocaïne est si utile *pour obtenir l'anesthésie de la muqueuse occulo-palpétrale.*

Il est déjà plus difficile d'anesthésier la muqueuse de la bouche ou du palais et à fortiori de l'estomac.

La *cocaïne* se donne en *applications* ou en *injections* à la dose de 1 p .0/0.

A l'intérieur en granules de 1/2 milligramme jusqu'à effet.

Les FEUILLES DE COCA en poudre 4 à 16 en *teinture alcoolique* X à 4, en *vin* 20-30, ont eu leur moment de vogue. On prétendait que ces feuilles et ces préparations apaisaient la faim ; en somme elles agissent, ni plus, ni moins que la cocaïne, elles anesthésient les extrémités nerveuses, font disparaître le *sentiment de la faim*, mais les phénomènes d'oxydations moléculaires qui constituent l'assimilation et la désassimilation interstitielles n'en continuent pas moins, au contraire ils sont augmentés par l'absence de tonus nerveux périphérique et le malade soumis au coca brûle ses carbures de réserve comme en état de fièvre par phlogose locale.

COCHLÉARIA COCHLÉARIA OFFICINALIS, L. — *Herbeaux cuillies. Cranson.*

Ruisseaux de Bretagne et pays humides, bords de la mer; jardins culture

Feuilles fraîches à l'instant de la floraison.

Elles agissent 1° par une matière âcre résinoïde la COCHLÉARINE qui lui donne des propriétés *laxatives*; 2° par son HUILE SULFURÉE C^6 H^5 SO jaune, amère, odorante, plus dense que l'eau, soluble dans l'alcool, excitant violent des secrétions

L'INFUSION $\frac{15 \text{ à } 30}{1000}$ est un révulsif interne réveillant non seulement *les muqueuses digestives atones*, mais encore les *muqueuses pulmonaires et autres*, l'élimination de l'oxysulfure d'allyle se faisant par les poumons, les glandes salivaires, rénales et le foie (partie muqueuse). Ce médicament puissant devient dangereux dans les phlogoses aiguës.

L'ALCOOLAT DE COCHLÉARIA est une excellente préparation topique 10 à 30 par verre d'eau, pour *modifier l'atonie des gencives chez les scorbutiques* et chez les scrofuleux ou les lymphatiques sujets à des *engorgements torpides chroniques.*

Le vin de 30 à 100 stimule à la manière d'un condiment les *estomacs paresseux sans phlogose :*

11

il devient eupeptique et convient dans les *dyspepsies atoniques*.

Cochléaria de Bretagne COCHLÉARIA ARMONICA, L. — *Cran. Raifort sauvage.*

Ruisseaux de Bretagne, lieux humides. Racine fraîche de deux ans après floraison, agit par son *huile* plus odorante et plus âcre que l'huile de feuilles de cochléaria officinal.

C'est un succédané du cochléaria officinal plus excitant sans plus de valeur clinique.

COIGNASSIER PYRUS CYDONIA, L. — *Coignier* (Provençal : *Coudounié*).

Le *fruit frais* dans lequel il faut distinguer : 1° la *pulpe* contenant principalement du *tannin*, de l'*acide malique*, de la *pectine*, une *huile essentielle*.

2° Les *pépins* contenant un *mucilage*, une *huile grasse* et de la *cydonine* matière gommeuse.

La *pulpe* agit surtout par le tannin et doit être considérée comme un *tonique astringent léger* aussi n'est-elle employée médicalement que sous forme de *sirop de coings* destiné à édulcorer les tisanes. Les *marmelades*, les *gelées*, les *pâtes* sont des adjuvants alimentaires des traitements astringents, mais leur valeur est bien au-dessous de leur réputation

Les *pépins* fournissent un mucilage doux et visqueux très utile à la dose de 4 sur 100 d'eau pour *lotionner les gerçures et les érosions enflammées*.

COLCHIQUE D'AUTOMNE COLCHICUM AUTUMNALE, L. — *Safran bâtard, Mortchien, Veilleuse, Chenarde, Tue-Loup.*

Pâturages humides.

Fleurs, automne, *fruits et bulbes*, juin.

Il est important de ne récolter les bulbes qu'après maturité des fruits, de les dessécher rapidement, de les conserver en lieu sec et de n'employer que ceux qui ont une odeur forte et une saveur âcre corrosive.

Le colchique n'agit que par son principe, la *colchicine* $C^{46} H^{31} Az O^{21}$ soluble dans l'eau et l'alcool. La colchicine s'altère sous l'influence des acides et se dédouble en *colchicéine* et *matière résinoïde*. Houdé a démontré que le rendement du colchique en colchicine varie suivant les parties de la plante :

SEMENCES $\frac{3.35}{1000}$.

FLEURS FRAÎCHES $\frac{3.20}{1000}$.

BULBES $\frac{0.40}{1000}$.

Ces travaux indiquent à quelles causes d'erreurs on s'expose en prescrivant des préparations de colchique, sans indications suffisantes. Lorsqu'il s'agit de manier un produit si dangereux, qui n'agit que par son alcaloïde, mieux vaut recourir à l'alcaloïde seul que l'on mesure et que l'on dose suivant les indications.

La *colchicine* agit comme *paralysant analgésique* des extrémités nerveuses ; comme la cocaïne elle surexcite secondairement les flux secrétoires par défaut de tonus périphérique, mais au dépens des réserves de l'économie.

Son action n'est donc pas antirhumatismale, ni antigoutteuse et comme l'a observé Garrod, la colchicine diminue la secrétion de l'acide urique.

La *colchicine* doit sa réputation non à la destruction de l'*élément Rhumatisme mais du symptôme Douleur*. A ce point de vue elle peut rendre des services lorsqu'elle est administrée sagement par granules de 1/2 milligramme jusqu'à l'apparition des symptômes d'excitation bulbaire : nausées et céphalalgie qui sont les premiers signes d'intoxication.

Se méfier de l'accumulation des doses.

Pour *injection hypodermique*.

Colchicine cristallisée	0,05
Alcool à 60°	0,02 cubes
Eau distillée	0,08 cubes

1 cent. renferme 0,005 de colchicine. Dans les cas de douleurs violentes *(Houdé)* une injection par jour au maximum.

La colchicine n'a aucune influence sur l'altération fibrineuse du sang, si commune dans les rhumatismes aigus, voilà pourquoi les lésions cardiaques suivent leur cours, avec ce traitement qui masque le symptôme douleur, et ces lésions cardiaques surprennent fatalement le malade au milieu d'un bien-être relatif dû à l'anesthésie de ses ramuscules nerveux terminaux.

COLOMBO COCCULUS PALMATUS, D. C. —
Menisperme Colombo, Jateoriza Colombo.

La *racine* de cet arbre sarmenteux nous arrive
de l'Afrique orientale, de Madagascar et de
l'Inde.

Elle contient principalement 1° du *colombate
de berbérine*, 2° de la *colombine*, 3° une matière
amylacée.

La *berbérine* est commune au colombo et à
d'autres plantes, l'épine vinette par exemple,
c'est un *tonique fébrifuge*.

La *colombine* est le réel principe actif. C'est
un corps neutre isolé par Lebourdais sous forme
de cristaux, amers rhomboïdaux, peu solubles à
froid même dans l'alcool et solubles dans les
liqueurs chaudes ou acidulées La *colombine*
$C^{42} H^{22} O^{14}$ est souvent colorée en jaune par de
l'*acide colombique*.

Les principes ci-dessus font du colombo un
excellent *tonique amer eupeptique*, stimulant des
sécrétions gastriques et de toutes les sécrétions
acides de l'économie.

La *poudre de racine* 0,50 à 4.

Le *vin* 30-60 sont d'excellents adjuvants du
régime tonique et agissent fort bien contre les
*diarrhées atoniques, les selles mal liées des malades
atteints de cachexie paludéenne*, les *diarrhées des
pays chauds*. En ces cas surtout le colombo présente l'avantage de pouvoir être ordonné en
même temps que la diète lactée ou que les pré-

parations ferrugineuses, le colombo étant dépourvu de tannin.

Les DÉCOCTIONS $\frac{15 \text{ à } 30}{1000}$ et les INFUSIONS $\frac{10 \text{ à } 15}{1000}$ de Colombo sont légèrement analeptiques et émollientes par l'amidon, l'huile volatile, les sels et la matière albuminoïde du colombo. Ces préparations contiennent fort peu de *colombine*.

COLOQUINTE CUCUMIS COLOCYNTHIS, L.

La pulpe de cette cucurbitacée nous arrive de l'Archipel et du Nord de l'Afrique

Elle contient : 1° la *colocynthine* de Braconnot $C^{56} H^{42} O^{23}$ amorphe jaune, amère, soluble dans l'eau et l'alcool glycoside qui sous l'influence des acides se transforme en *colocynthéine* âcre.

2° La *colocynthinéine*, oléorésine âcre, blanche, soluble dans l'éther.

3° de l'huile grasse, de la pectine, un extrait gommeux.

La *colocynthine* agit vigoureusement sur le tube gastro-intestinal, surexcite la secrétion des glandes intestinales, amène des selles abondantes et claires consécutivement, favorisées par l'exagération du tonus musculaire et la congestion du systèmede la veine porte.

C'est pourquoi les granules de colocynthine au 1/2 milligramme données jusqu'à effet purgatif ou drastique conviennent dans les *inerties rectales par hémorrhagie cérébrale* ou pour combattre les *hydropisies provenant d'une difficulté de circulation dans la veine porte par maladies du foie ou du cœur.*

L'emploi de la colocynthine devient dangereux si le malade est sujet à l'acescence ou atteint de dyspepsie acide, le glycoside se transformant alors en *colocynthétine* âcre et déterminant des coliques, des nausées et des selles sanguinolentes premiers symptômes d'intoxication.

L'action de la *colocynthynéine* se rapproche de celle des huiles âcres. Elle surexcite le tube digestif et pousse aux contractions péristaltiques ; c'est par ce mécanisme qu'elle amène l'issue des *vers*.

Les *préparations de coloquinte*, contenant les divers principes ci-dessus analysés, ont en même temps des effets drastiques, congestifs et vermifuges. Si l'on pouvait préciser la valeur médicamenteuse de ces préparations, elles rendraient de réels services ; mais telle que nous les présente la pharmacie actuelle, on doit les rejeter de la pratique interne pour n'employer que la colocynthine.

A l'extérieur, dans les cas précis ou des accidents fébriles concorderaient, chose rare, avec des oxyures ou des lombrics, la *teinture de coloquinte* en *applications* sur l'abdomen ou au pourtour de l'anus amènerait l'expulsion des helminthes et quelques selles diarrhéiques sans que l'on s'expose à de graves complications qui peuvent résulter du dosage illusoire d'un magma non titré.

COLZA BRASSICUS NAPUS OLEIFERA, L.
Culture.

Des graines de cette crucifère on extrait l'*huile de colza* de saveur médiocre, propriétés générales des huiles grasses.

CONCOMBRE CULTIVÉ CUCUMIS SATIVUS.
L. — (Provençal : *Coucoumbré*).

La *pulpe* est comestible. — Le *fruit* contient un *mucilage doux* utilisé pour préparer des émulsions calmantes, la pommade au concombre, etc.

Concombre sauvage MOMORDICA ELATERIUM L. — *Ecballic, Concombre d'âne* (Provençal : *Coucounbrasso*).

Lieux incultes. — Midi de la France.

Fruits en automne avant maturité.

Racine au printemps.

Le principe actif du *suc*, appelé suc d'Elaterium et variant de composition suivant les Pharmacopées est l'*ellatérine* de Zwenger $C^{20} H^{28} O^5$ cristallisant en octaèdres amers et âcres, insoluble dans l'eau et soluble dans l'alcool surtout chaud.

L'*ellatérine* purge à la dose de 1 à 3 milligr. elle devient drastique si on élève la dose et de même que la colocynthine et le séné elle favorise la congestion du système vasculaire abdominal *la réapparition des règles et des hémorrhoïdes.* L'ellatérine est entrée dans la pratique médicale elle est souvent employée pour combattre les *constipations par atonie de la muqueuse instestinale.*

La facilité que présente son dosage doit faire renoncer aux *préparations moins fidèles d'ellaterium* et surtout au *concombre sauvage en nature*.

CONDURANGO GONOLOBUS CONDURANGO.

Les tiges de cette asclépiadée de l'Amérique du Sud contiennent environ 2,5 0/0 d'une *résine jaune amère* qui leur donne des propriétés *toniques excitantes*.

La DÉCOCTION DE TIGES $\frac{30}{1000}$ stimule les secrétions salivaires et rénales.

Cette plante, jusqu'à présent, ne remplit aucune indication spéciale qui nécessite son introduction dans la matière médicale usuelle.

CONSOUDE SYMPHYSUM OFF. L. — *Oreille d'âne, Grande Consoude.*

Prairies humides.

Racine fraîche.

Elle agit par le *tannin* qu'elle contient, par son *mucilage*, et surtout par le *malate acide d'althéine* dont la valeur styptique est incontestable. C'est donc un *astringent* qui peut servir d'adjuvant sous forme de *sirop* pour édulcorer les potions et sous forme de DÉCOCTION $\frac{30-60}{1000}$ comme boissons dans les *hémorrhagies actives*.

Les *préparations de grande consoude* ne doivent pas être faites dans des vases en fer, le malate acide d'althéine attaquerait ces vases. Même observation pour les cueillers en fer qui noirciraient au contact.

COPAYER COPAÏFERA OFF. Jacq.

Du tronc incisé de cette légumineuse en arbre, de l'Amérique méridionale, coule le *Baume de Copahu,* suc liquide, incolore, devenant jaune en vieillissant.

Le *Baume de Copahu* contient : 1° une *huile volatile* C^{20} H^{16} isomère de la thérébenthine $D = 0,878$; 2° de l'*acide copahivique* C^{40} H^{30} O^{14} inodore soluble dans les huiles, l'éther et l'alcool ; 3° une *résine incristallisable* amère, visqueuse, d'autant plus abondante que le Baume est resté plus longtemps exposé à l'air.

Chacun des principes du Baume de Copahu a produit des effets physiologiques qui expliquent les modes d'action du remède L'*huile volatile* agit à la façon des thérébenthinés sur la secrétion de l'urine. C'est par la voie rénale que la majorité de l'huile est expulsée, quoique l'odeur des sueurs et de l'haleine indiquent que les glandes sudoripares et les poumons servent aussi d'organes émonctoires.

L'urine oléagineuse des malades qui ont pris du B. de Copahu agit sur le canal urétrhal par contact, et *amende les blennorrhagies* en modifiant la vitalité de la muqueuse.

L'*acide copahivique* a plus de tendance à s'associer aux bases pour former des sels qui, au contact de l'air, se dédoublent et laissant à nu l'acide occasionnent les éruptions érythémateuses milliaires, scarlatiniformes, rubéolaires qui accompagnent l'administration du copahu à hautes doses.

La *résine amère* agit à la manière d'un drastique de là les coliques, les selles liquides.

Au point de vue pratique ce puissant médicament *antiblennorrhagique* par excellence, jusqu'à ce jour, agit d'autant mieux que ses parties constitutives, surtout son huile, sont moins altérées. Mais, comme précisément l'huile volatile est répugnante à l'odorat et au goût, la spécialité s'est avidement jetée sur ce produit qu'elle a désodoré en le transformant par calcification ou saponification. Les vertus du copahu disparaissent ou diminuent par ces métamorphoses.

Considérez que le B. de Copahu est de la nature des huiles, que les huiles sont émulsionnées par le sucre et la gomme, qu'une émulsion peut être odorée par des essences et n'altère pas le corps émulsionné ; dès lors le meilleur procédé pour faire prendre du B. de Copahu, en quantité suffisante pour tous les cas de son emploi, est celui que nous avons indiqué avec Roussin :

B. de Copahu	10
Sucre ,	20

Faites absorber le sucre par le Copahu :
Ajoutez : Gomme   10
Emulsionnez dans eau   250

Odorez par essence ou teinture au gré du malade.

Cette potion est tolérée par tous les estomacs et remplace avantageusement la *potion Chopart*.

Lorsque la blennorrhagie est peu grave et que de faibles doses de B. de Copahu suffisent, la meilleure préparation est celle de Villevieille :

B. de Copahu   10
Gomme   q. s.

Faites 100 pilules enrobez-les de B. de Tolu. Le goût du B. de Copahu est entièrement masqué par le Tolu.

Mais toutes les préparations de Copahu saponifié ou calcifié sont à rejeter comme à peu près inertes ; elles détruisent l'action de l'acide copahivique et de la résine qui est essentielle dans la physiologie thérapeutique du médicament. Notez, en effet, que le B. de Copahu commence à agir sur les accidents uréthraux à l'instant où il fait naître la diarrhée et les éruptions cutanées. Avec les mauvaises préparations de copahu on prépare les accidents blennorrhéïques chroniques, avec les bonnes préparations on jugule la blennorrhagie dès les premiers jours, mais pour cela il faut *utiliser la période de phlogose du canal* et donner le copahu jusqu'à diarrhée établie, sans tisanes émollientes préalables.

COQUE DU LEVANT MENISPERMUM COCCULUS, L. — (Ne pas confondre avec *Menispermum cocculus colombo.* La coque du Levant a été placée dans le genre *coccullus* par D C. et dans le genre *anarmita* par Wigt et Arnok).

Le *fruit,* qui nous arrive des Indes orientales et de Malabar par les ports du Levant, contient :

1º La *cocaline* ou *picrotoxine* C^{10} H^6 O^4 de Boullay cristallisant en aiguilles, très amère, soluble dans l'alcool, peu dans l'eau, et toxique tétanique employé à la dose de 1/4 à 3 milligr. par Brouw et Planat contre l'*épilepsie,* agent dangereux, à surveiller à cause de l'accumulation des doses et de son effet sur le cœur.

Les dosimètres manient assez souvent la *picrotoxine* qu'ils emploient contre l'*éréthisme des centres bulbaires,* jusqu'à turgescence vultueuse de la face, par doses fractées. La rougeur du visage est le premier signe d'intoxication. C'est un anticonvulsif thermogénétique.

2º La *menispermine* C^{18} H^{12} Az O^2 alcaloïde insoluble dans l'eau, soluble dans l'alcool et l'éther est *vomitive.*

Les qualités sérieuses de la coque du Levant paraissent résider dans la picrotoxine. Ce dernier agent doit seul être employé en thérapeutique.

COQUELICOT PAPAVER RHŒAS, L. — *Ponceau, Pavot des champs* (Provençal : *Roualo).*

Champs.

Fleurs, pétales, été.

Les pétales doivent être rapidement désséchés au grenier chaud ou à l'étuve brassés pour qu'ils ne se collent, et tenus renfermés hors de l'air et de l'humidité, pour qu'ils conservent leur belle couleur rouge.

Les pétales contiennent : 1ºdes acides *rhœadi-*

nique et *capavérique ;* 2º de la *rhœadinéne ;* 3º une *résine gommée.*

Les fleurs de coquelicot en INFUSION $\frac{5-10}{1000}$ et en *sirop* 20-50 sont considérées comme *béchiques, sudorifiques* et *hypnotiques.* C'est un adjuvant du traitement des *catarrhes légers.*

COQUERET PHYSALIS ALKEKENGI, L. — *Cerise d'hiver, Physale, Alkekenge.*

Bois, champs, vignes. C'est une solanacée.

Baies à maturité en septembre, les séparer du calice et les dessécher en lieu chaud.

Tiges et feuilles avant fruits.

Les *baies* sont *diurétiques* et *défervescentes* par les *malates acidules* qu'elles contiennent.

Les tiges et les feuilles doivent leur amertume à la *physaline* substance très amère, pulvérulente jaunâtre, insoluble dans l'eau, soluble dans l'alcool, et agissant comme succédané du sulfate de quininine. — *Fébrifuge.*

Limonade de baies $\frac{10 \ à \ 30}{1000}$ jetées dans eau bouillante.

Vin de feuilles et de tiges 60 à 100.

Teinture de feuilles et de tiges 2 à 10.

Les baies de Belladone sont souvent confondues avec les baies d'Alkekenge par les enfants et cette confusion occasionne de dangereux accidents. Le médecin de la campagne doit avoir ce fait présent à l'esprit.

CORIANDRE CORIANDRUM SATIVUM, L.

Cultivée aux environs de Paris, en Touraine.

Fruits dits semences en septembre.

Dessécher à l'ombre.

Ils doivent leur odeur et leur saveur légèrement âcre et piquante à une huile $C^{20} H^{18} O^{2}$ isomère du camphre de Bornée (Egasse et Bordet).

Les semences de Coriandre peuvent être employées à titre de carminatif comme succédané de l'anis.

INFUSION $\frac{8 \text{ à } 20}{1000}$.

COTYLET COTYLEDON UMBILICUM, L.— *Gobelet, Nombril de Vénus.*

Murailles.

Les *feuilles fraîches* de cette crassulacée contiennent 1° de la *propylamine* (Hetet) ; 2° des sels : 3° une *resine douce.*

LES APPLICATIONS de feuilles contuses passent pour *vulnéraires.*

Le SUC très estimé des anciens, a été remis en honneur contre l'*épilepsie* par les derniers travaux de Fonssagrives, 1 à 4 cuillerée par jour.

COTO PALICUREA DENSIFLORA, *Martius.*

L'écorce de cette rutacée ? ou de ce cinchona ? contient un principe actif la *cotoïne* $C^{22} H^{18} O^{6}$ de Jobst et Hesse, cristallisant en prismes jaunes, d'une saveur amère, sternutatoire, soluble dans l'alcool, moins dans l'eau chaude, et peu dans l'eau froide.

La *teinture de l'écorce,* au dixième, IV à XXX gouttes agirait d'après Albertoni contre l'*inappétence et les troubles intestinaux des maladies mentales* (Bardet et Egasse).

COUSSO BRAYERA ABYSSINICA, Moq. *B. anthelminthica,* Kunth, *Kousso.*

Les *fleurs* de cette rosacée spirœacée arborescente nous arrivent d'Abyssinie en paquets de 100 à 125 grammes mêlées des débris des pédoncules.

Ces fleurs sont plus estimées lorsqu'elles sont rouges (cousso femelle), qu'elles ont l'odeur franche du thé et un goût âpre légèrement amer.

Leurs principes actifs ne sont pas bien connus malgré de nombreuses analyses. Cependant il ressort de nos études que les fleurs de Cousso agissent :

1º par la *cousséine* $C^{26} H^{22} O^3$ de Paveri, cristallisant en aiguilles blanches, soluble dans l'alcool et peu dans l'eau ;

2º par une *résine amère,* astringente, à odeur d'huile répondant d'après Fluckiger à la formule $C^{31} H^{38} O^{10}$.

La *Kousséine* serait le principe le plus actif d'après Willing et a été adoptée par les dosimètres qui l'administrent à la dose de 20 milligrammes contre le *tœnia.*

Les fleurs de Cousso subissent quelquefois la

fermentation. On y trouve alors des composés ammoniacaux que Viale et Latini ont voulu regarder comme provenant de la combinaison d'un acide particulier l'*acide agénique* avec l'ammoniaque. L'existence et la formule de cet acide sont hypothétiques

Au point de vue pratique, vu les résultats certains de la poudre de cousso bien mondée et bien pulvérisée à la dose de 15 à 20 grammes, c'est à cette substance que nous accordons notre entière confiance.

Préparez le malade par 20 grammes d'huile de ricin la veille, après diète du dîner.

Donnez le matin à jeun 15 à 20 grammes de poudre de cousso soit sous forme granulée soit enrobée de miel . ·

Deux heures après si le tœnia n'est pas rendu nouvelle dose d'huile de ricin qui dans la majorité des cas amène l'expulsion du tœnia, inermis ou botriocéphale, mort.

En *lavement* LA DÉCOCTION $\frac{10\text{ à }15}{250}$ réussit contre les ascarides et les oxyures.

Le Cousso est un véritable helminthicide. Les coliques et les nausées que produit l'ingestion du cousso sont passagères, analogues à celles du séné, exigent le séjour du malade pendant 24 heures à l'abri de l'humidité et des variations athmosphériques, et cèdent aux infusions chaudes d'anis ou de mélisse.

CRESSON SISYMBRIUM NASTURTIUM , L. — *Cresson de fontaine.*

12

Cette crucifère cultivée contient un principe : le sulfocyanure sulfuré d'Allyle qui lui donne des qualités excitantes : son extractif amer, ses sels et de faibles doses d'iode la rendent *apéritive et détersive* aussi le *suc* de cresson est-il employé vulgairement : 15 à 30 le matin à jeun comme désobstruant dans les maladies du foie et de l'abdomen que compliquent des embarras dans le système de la veine porte.

C'est un bon adjuvant au traitement que ces maladies comportent. *Incompatibles* tannin et sels mercuriels.

Cresson de Para SPILANTHUS OLEACEA, L.
Succédané du cresson des fontaines, plus chargé en *sulfure d'allyle* et plus sialalogue.

CROTON CROTON TIGLIUM, L.
Les *graines triloculaires* de cette euphorbiacée nous arrivent sous les noms de *Graines de Tilly, des mollusques, petit pignon de l'Inde,* et contiennent environ 38 0/0 d'une huile épaisse, se coagulant à 5°, se solidifiant à 0°, saveur âcre, odeur nauséeuse.

L'*huile de croton tiglium* est la partie employée en médecine. C'est le plus actif des purgatifs. On doit la doser à 1/2 goutte, deux gouttes au maximum.

L'huile de croton est d'autant plus irritante qu'elle renferme plus *d'acide crotonique* et cet acide augmente à mesure que l'huile vieillit et rancit.

A dose médicinale l'huile de croton porte principalement son action sur l'intestin grêle, c'est un violent révulsif, drastique pour ce point de l'économie ; il faut donc se garder de l'ordonner dans les phlogoses abdominales ; mais il convient dans les constipations atoniques dues à des phlegmasies parenchymateuses éloignées, elle réussit à merveille pour donner le coup de fouet aux pneumonies et aux pleurésies tendant à la chronicité.

Les effets purgatifs de l'huile de croton doivent être facilités par des boissons mucilagineuses. Ils exigent le séjour du malade dans une chambre chaude. Contrairement à l'opinion des auteurs, et m'appuyant sur des faits cliniques nombreux je déclare que l'huile de croton, bien et prudemment maniée est l'un des remèdes les plus importants de l'arsenal thérapeutique.

A l'extérieur, les *frictions* avec IV à XV gouttes d'huile de croton déterminent sur la peau une éruption vésiculeuse confluente révulsive très utile dans les *angines inflammatoires non couenneuses* et contre les *pneumonies lobulaires des tuberculeux*.

En traitant l'huile de croton par partie égale d'alcool à 90° il se forme après un long temps de contact, une couche supérieure que l'on décante et une couche inférieure comprenant la plus grande partie du principe vésicant de l'huile. On évapore au bain marie l'alcool ; on humecte une rondelle de diachylon avec le produit qui reste et l'on obtient ainsi un *emplâtre vésicant* (Egasse et Bardet) qui très actif, n'a plus les effets excitants des épithèmes cantharidés sur la vessie. Ces *vésicatoires au crotonol* rendent de réels services lorsque le malade (pour lequel un vésicatoire est indiqué) est atteint de *cystite ou de catarrhe de vessie.*

CUBÈBE PIPER CUBEBA, L. — *Poivre à queue.*

Le fruit de cette piperacée nous arrive d'Amérique et de Java, etc. sous le nom de *poivre cubèbe.* Il ne doit être, ni noir, ce qui prouve qu'on en a extrait l'essence, ni blanc, ce qui prouve qu'il n'a pas été cueilli mûr ; il faut qu'il ait une odeur aromatique âcre.

Le cubèbe agit 1° par son *huile volatile* $C^{15} H^{24}$; 2° par une *résine âcre* sans doute alliée à un acide.

La *cubébine* $C^{33} H^{30} O^{10}$ d'Engelhardt est un principe neutre cristallisable sans effets physiologiques. Comme le copahu le cubèbe s'élimine en partie (huile) par les reins, et son action sur l'urine modifie la vitalité du canal de l'urêthre. L'autre partie (résine âcre) détermine des hypersecrétions intestinales, et l'acide probablement occasionne les éruptions cutanées.

Le *cubèbe en poudre* 10 à 15 le plus souvent ordonné sous forme d'*électuaire* ou d'*opiat* est un succédané du *copahu* indiqué surtout lorsque la *blennorrhagie a perdu son acuité. C'est un agent révulsif* qui donne le coup de fouet aux sub-inflammations blennorrhéiques. Il agit rapidement, et s'il ne produit pas d'effets en quelques jours

il faut en supprimer l'emploi car le cubèbe longtemps continué détermine finalement la *goutte
militaire.*

CUMIN CUMINUM CYMINUM, *faux anis.*

Les séminoïdes ovoïdes de cette ombellifère
contiennent 1° une essence jaunâtre le *cymène* C^{20}
H^{14} ; un isomère de l'essence d'anis le *cuminol* C^{20}
$H^{12} O^2$.

Ces principes rendent le cumin *excitant,* aussi
est-il considéré comme un succédané de l'anis.

CURARE 1° **du Haut Amazone**, extrait
du *strychnos castelnocana.*

2° **de la Guyane française** extrait des *S.
toxifera, cogens, shumbergii.*

3° **de la Haute Guyane** *S. Crevauxii* (Planchon).

Le curare est toujours un extrait de plusieurs
plantes mélangées suivant les traditions de la
contrée. Le suc obtenu agit par la *curarine* C^{10}
H^{15} Az, qui cristallise en prismes, est très amère,
soluble dans l'eau et l'alcool et insoluble dans
l'éther et le chloroforme, les essences et les
huiles.

On a voulu l'utiliser contre le tétanos, la rage et
l'épilepsie. Malgré les essais de Vella, Manec,
Thiercelin, J. Simon la curarine n'est pas entrée
dans l'arsenal thérapeutique. Elle est utilisée
dans les laboratoires de physiologie pour abolir
la motilité par la périphérie des muscles.

Les *curare* étant tous d'origine et de composition différentes ne doivent jamais être employés sur l'homme, même en injections hypodermiques à un dix milligramme par goutte, sans essai préalable des effets physiologiques, du même curare, utilisé sur les animaux.

CURCUMA CURCUMA TINCTORIA Guib. AMOME CURCUMA, *Souchet. Safran des Indes.*

Les racines de cette amomée nous arrivent des Indes. Les longues sont moins estimées que les rondes Elles contiennent de la fécule, et surtout 1^v une *gomme odorante* qui leur donne un *piquant condimentaire* analogue au gingembre ; 2° une *résine colorante* la *curcumine* qui sert en pharmacie à *colorier les potions et les onguents.*

CYCLAMEN CYCLAMEN EUROPŒUM, L. — *Pain de pourceau.*

Bois et montagnes.

Racines en automne.

Ces racines sont beaucoup plus actives sèches que fraîches.

Elles agissent par une *résine âcre* mal définie, la *cyclamine,* dont les effets sont tantôt *laxatifs,* tantôt *drastiques* suivant que le principe résineux provient de plantes cultivées dans le nord, ou de plantes recueillies à l'état sauvage dans le midi.

L'*extrait aqueux* de cyclamen mélangé à de la graisse constitue l'onguent d'arthanita qui dans quelques provinces est employé, par le peuple, en frictions abdominales contre les *helminthes.*

Les travaux de la faculté de Naples et ceux de Vulpian n'ont pas éclairé suffisamment la question thérapeutique pour que le cyclamen et la cyclamine soient pratiquement employés.

CYNOGLOSSE CYNOGLOSSUM OFF, L. — *Langue de chien. Herbe d'Antal.*

Terrains secs et sablonneux.

Racine de la deuxième année avant la floraison. L'écorce de la racine est seule gardée et séchée conservée en lieu sec.

Elle a une action légèrement excitante par son *principe odorant vireux* et sa *résine grasse*. Elle est tonique et diurétique par son *tannin* et ses *sels*.

En somme peu utile, n'ayant pas d'emploi spécial. L'*extrait* entre par routine dans les *pilules de cynoglosse* contenant 1/8 d'opium et actives grâce à ce dernier principe.

CYPRÈS CIPRESSUS SEMPERVIVENS, L.

Les globules ou noix de cyprès recueillies avant maturité complète contiennent un *baume résine* odorant, soluble dans l'alcool, et dont la puissance *styptique et analgésique* doit être utilisée plus qu'elle ne l'est dans les *vulnéraires*.

La *teinture* $\frac{1}{5}$ mêlée à l'eau constitue un excellent pansement contre les *plaies atones et douloureuses*.

CYTISE CYTISUS LABURNUM, L. — *Faux ébénier, cytise des Alpes.*

Les *jeunes pousses fraîches* contiennent un principe résinoïde. La *cytisine* mal défini, que l'on retrouve dans les *graines à maturité*.

La CYTISINE est purgative et vomitive à la dose de 0,30 à 0,40, mais sans application spéciale.

DAPHNÉ DAPHNÉ GNIDIUM, L. — *Bois Garou.* Thymélée. *Lauréole paniculée.*

Lieux arides et secs.

Écorce, coupée en lanières au printemps ou à l'automne, desséchée lentement, tenue au sec.

L'écorce première raboteuse, écailleuse, a peu de valeur ; mais l'*écorce seconde* qui se réduit en poudre sous le pilon est essentiellement âcre, aussi faut-il couvrir le mortier pendant la pulvérisation pour ne pas subir les effets révulsifs de la poussière et faut-il rejeter la partie cotonneuse qui représente la filasse de l'écorce première après la pulvérisation.

La *poudre de daphné,* plus connue sous le nom de *poudre de garou* contient 1° la *daphnine* C^{64} $H^{42} O^{46}$ glycoside susceptible de dédoublement en glycose et *daphnétine*. La daphnine donne au garou ses propriétés *diurétiques;* 2° c'est la partie active, et une *résine âcre.*

La poudre de garou, à cause de cette résine âcre est corrosive. Elle agit à l'intérieur comme un *drastique violent* même à la dose de 0,05 à 0,25.

En DÉCOCTION seulement à $\frac{5}{1000}$ elle détermine souvent des coliques et des sub-inflammations intestinales. Aussi a-t-on renoncé à son emploi à l'intérieur sinon dans les *dartres et les syphilis invé-térées* où elle semble faire surgir l'économie de sa torpeur et devenir un agent substitutif de premier ordre. Mais, même dans les cas où elle paraît avantageuse elle prépare souvent des dé-ceptions et son usage est suivi de dyspepsies graves. En somme c'est un remède dangereux.

Le *sirop*, l'*extrait* $\frac{1}{1000}$ est la seule préparation dont on puisse se servir sans grand danger mais c'est alors un bien infidèle médicament.

Les *préparations pour usage externe au garou.* Pommade épispastique, taffetas et papier vésicant sont d'un emploi journalier pour maintenir la suppuration des vésicatoires.

L'*application* de l'écorce de garou, ramollie par de l'eau, la face lisse étant maintenue serrée contre la peau, par une bande, produit même la *vésica-tion* en 18 à 24 heures sans avoir les inconvénients des préparations cantharidées. On peut utiliser cette propriété s'il faut appliquer un *vésicatoire à un malade atteint de catarrhe de vessie ou de cystite.*

Le DAPHNÉ GNIDIUM a comme succédanés prin-cipaux le DAPHNÉ MEZEREUM (V. *Bois gentil),* le DAPHNÉ LAURÉOLA *Lauréole,* le DAPHNÉ TARTON-RAIRA.

DAMIANA TURNERA APHRODISIACA.
Les tiges et les feuilles de cette portulacée du Mexique en DÉCOCTION $\frac{30}{1000}$, en extrait 0,30 à 0,40 trois fois par jour, ont la réputation d'être aphrodisiaques.

DATTIER PHŒNIX DACTYLOFÈRE, L

Les drupes de ce palmier contiennent du *glycose,* de l'*inuline,* des *matières grasses* et *albuminoïdes* qui leur donnent quelques propriétés lénitives.

DÉCOCTION $\frac{50 \text{ à } 60}{1000}$ *fruit pectoral.*

DATURA STRAMOINE DATURA STRAMONIUM, L. — (Provençal : *Poumo espinouso).*

Champs incultes, jardins abandonnés.

Feuilles à la floraison, juillet; graines avant déhiscence.

Le datura stramonium contient 1º de la *stramonine* principe neutre ; 2º de la *daturine* $C^{34} H^{23}$ Az O^6, de Geïger et Hesse, cristallisant en prismes, soluble dans l'alcool, moins dans l'éther, et dans 280 fois son poids d'eau. La daturine se distingue de l'atropine par la propriété qu'elle a de précipiter en blanc par le chlorure d'or, tandis que l'atropine précipite en jaune.

Les effets physiologiques de la daturine sont plus accentués que ceux de l'atropine, quoiqu'il y ait une certaine conformité d'action des deux alcaloïdes sur le système musculaire. La mydriase, l'affaiblissement musculaire sont communs aux deux agents, mais la daturine occasionne une lourdeur particulière; le malade éprouve après avoir absorbé la daturine comme la sensation de meurtrissure des muscles, tandis qu'après avoir ingéré l'atrophine il ressent seulement une fatigue. De plus les muscles phonétiques sont spécialement frappés par la daturine: enfin la chaleur générale, l'activité cérébrale illusionniste sont plus sensiblement accrus.

Les effets heureux de la daturine donnée par 1/4 de milligramme jusqu'à sentiment de constriction à la gorge et de sédation musculaire, dans le *rhumatisme,* les *convulsions musculaires* sont connus de tous les cliniciens.

Dans les *manies qui concordent avec l'anémie cérébrale ou les spasmes musculaires* la daturine est encore utile.

Dans la *coqueluche,* l'*asthme,* les *toux quinteuses* l'action de la daturine se porte sur le *système musculaire dont elle calme le spasme* et non sur la cause catarrhale qui peut entretenir la maladie et qu'il faut combattre par une médication complémentaire.

Le *tanain,* l'*iode,* le *brôme,* le *chlore* et l'*opium* sont incompatibles avec la daturine.

Quand il est si facile de doser et de manier un principe actif et toujours identique de composition, on se demande quel intérêt peuvent avoir les praticiens à recourir aux *préparations de datura* telles que *extrait, teinture, alcoolature,* qui varient en alcaloïdes dans des proportions colossales, et peuvent exposer à de graves méprises.

Les *feuilles de datura* ne doivent être employées qu'en *applications* contre les *douleurs rhumatismales articulaires aiguës.* Ces cataplasmes constituent de puissants amyosthéniques.

Les *feuilles sèches*, légèrement nitrées, lentement brûlées dans la chambre des *asthmatiques* dont les accès sont dus à une surexcitation convulsive des muscles de Résius amènent une prompte sédation.

En dehors de ces circonstances renoncez au eatura en nature et formulez de la daturine.

DAUPHINELLE DELPHINIA.

Genre de renonculacées parmi lesquelles on distingue.

1º Dauphinelle des jardins DELPHINIUM AJACIS. *Pied d'alouette.*

Cultivé et ornemental.

Sommités fleuries en juillet.

2º Dauphinelle consoude DELPHINIUM CONSOLIDA, L. — *Pied d'alouette.*

Champs incultes.

Sommités fleuries en juillet.

Sécher à l'abri du soleil.

Ces deux espèces, la deuxième surtout, agissent comme *excitantes des pluies*. INFUSION ou mieux MACÉRATION $\frac{60}{3100}$ par un acide volatil l'*acide delphinique* de Lassaigne et Feneuble. Elles ont la réputation populaire de *vermifuges* qu'elles doivent à une certaine quantité de *delphine* principe *éméto-cathartique* et poison violent pour la série animale, plus encore pour les animaux à sang blanc.

3° **Dauphinelle staphysaïgre** DELPHINIUM STAPHYSAGRIA, *Herbe aux poux, pédiculaire.*

Les graines récoltées à maturité en automne sont seules employées, elles sont connues dans le commerce sous le nom de semences de staphysaïgre ou *graines de capucins.* Leur *poudre* incorporée à un corps gras $\frac{5}{11}$ sert à détruire les *poux.* On en fait un appas pour *enivrer le poisson.*

La partie active de la graine de staphysaïgre est un principe ambré mal défini malgré les travaux de Brandes, la *delphine.* On y a découvert d'autres principes la *staphysine,* la *staphysaigrine,* une *résine âcre* sur lesquels des études restent à faire.

La *delphine* insoluble dans l'eau, soluble dans l'alcool, l'éther, etc., est éméto-cathartique.

Turnbull l'a employé contre les *névralgies rebelles avec fulgurations.*

Delphine	1
Alcool rect	8

X à L Gouttes

La delphine est toxique à 0,006 à 0;01.

La *résine âcre* rend toxiques les semences de staphysaigre, c'est un violent poison paralyso-moteur des muscles et du cœur.

La *staphysaigrine* paraît une substance neutre.

Les espériences de Lassaigne et Feneable, de Brandes, de Récamier surtout on fait renoncer à l'emploi interne de cette substance dangereuse.

DENTELAIRE PLUMBAGO EUROPŒA. *Herbe aux cancers.*

Champs. Fleurs fin été.

La plante fraîche.

La racine séchée.

La *plante fraîche* contient un principe neutre le *plombagin* et un *suc âcre* vésicant, à la manière des clématites. De là l'emploi populaire de la dentelaire pilée pour obtenir la détersion des *plaies cancéreuses,* des *ulcères,* modifier les *éruptions atoniques* et détruire les *vésicules de la gale.*

La *racine* est aussi employée par le peuple pour *cautériser les dents cariées* douloureuses.

DICTAME DE CRÈTE ORIGANUM DICTAMUS, L. —

Les sommités fleuries mélangées à des impuretés nous viennent de Candie.

C'est un excitant, tonique léger inusité après une vogue séculaire.

DIGITALE DIGITALIS PURPURŒA, L. — *Gant-N.-Dame, Gantelet Doigtier, Pétrole. Gandio.*

Bois, pâturages sur terrain siliceux. *Feuilles* en juillet. Choisir les plants les plus aérés, les feuilles radicales, plants de la deuxième année cueillir par temps sec ; dessécher loin du soleil.

Aucun végétal ne perd plus vite ses qualités que la digitale, les feuilles sèches sont sans effets après un an de dessication.

D'après Buchner les *graines à maturité* contiennent, plus de principe actif que les feuilles. Les graines jouent un grand rôle dans la médecine chinoise.

Parmi les nombreuses substances que contient la digitale une seule produit réellement des effets physiologiques constants, c'est la *digitaline* C^{27} O^{45} H^{35} d'Homolle et Quevenne, poudre blanche, amère, sternutatoire, insoluble dans l'eau, l'éther, soluble dans l'alcool, l'éther alcoolisé et l'eau alcoolisée.

La digitaline n'est pas un alcaloïde, elle est décomposable et les nombreux travaux de Valy, Kosmann, Nativelle, Morin ont permis de tirer de la digitaline le *digitalin,* la *digitalose,* la *digitaliaine,* la *digitalosine,* l'*acide digitaléïque,* l'*acide digitalique,* la *digitaliréline.* Mais aucune de ces substances n'a les effets physiologiques et thera-.peutiques nets et constants de la digitaline que l'on doit considérer comme l'un des glucosides les plus importants.

La *digitaline* est le tonique du cœur; elle en *rythme les mouvements.* Tous les effets qu'elle produit : ralentissement de la respiration, deffervescence, diminution de l'urée, augmentation des secrétions, diurèse, diaphorèse, sont les conséquences de l'acte premier de la digitaline, absorbée par le sang à doses fractées, et produisant ses effets tangentiels sur la membrane interne du cœur et des vaisseaux.

Si on exagère les doses de digitaline on obtient,

en dehors des effets sur la circulation, des effets sur les organes digestifs et sur le cerveau ; de là nausées, vertiges premiers symptômes d'intoxication qui s'exagérant amènent le délire, les vomissements, le coma et la mort en contraction tonique du cœur.

Avec la *digitaline* on peut mesurer les effets au 1/4 de milligramme. Avec la *digitale,* c'est impossible, la digi'ale, contenant, suivant l'heure de sa récolte, l'habitat, le mode de dessiccation, le temps où cette dessiccation a lieu, des quantités fort variables de digitaline. De plus, la digitale obstrue l'action de la digitaline et la complique par les effets secondaires des nombreux glucoses, amidons, résinoïdes, tannins et acides qu'elle contient.

Il vaut donc mieux, en clinique, ne se servir que de la digitaline. Observons encore qu'une différence sensible existe entre la *digitaline amorphe d'Homolle et Quevenne* et une nouvelle *digitaline, cristallisée de Nativelle* celle-ci, privée de la *digitaléine* serait d'après Kosmann de la *digitalétone* $C^3 O^{12} H^8$ elle est *dix fois plus active* que la digitaline amorphe. En présence de ce fait ; comme le médecin n'est jamais sûr de la digitaline employée dans les granulés, les sirops ou les alcoolats qu'il prescrit, son devoir strict est de mesurer la valeur du remède par de petites doses données jusqu'à effet thérapeutique.

La digitaline est contrindiquée dans les stases sanguines avec amincissement et flaccidité des parois ventriculaires.

Les *incompatibles* de la digitaline sont principalement : les sels métalliques et les tannins.

Dosez les *alcoolatures* et les *sirops* de manière à pouvoir administrer la digitaline par milligramme jusqu'à effet, sans jamais dépasser 0,004 par dose.

DORÊME DOREMA AMMONIACUM.

La gomme qui s'écoule des piqûres, faites à cette ombellifère par des animaux, nous arrive de Perse et d'Arménie sous le nom de *gomme ammoniaque,* elle agit non seulement par la *bassoreïne* mais encore par une *résine* et par une *huile volatile* qui lui donnent des propriétés stimulantes. Elle est d'une grande utilité pour *faciliter l'expectoration dans les convalescences atones des catarrhes pulmonaires.* On la donne en pilules 0,50 à 3.

L'émulsion de gomme ammoniaque en injections vaginales modifie la vitalité des tissus dans les *vaginites chroniques* avec ou sans ulcérations. Mais il faut prescrire un lavage vaginal avec l'eau acidulée au vinaigre quelques minutes après l'INJECTION ÉMULSIVE $\frac{5}{250}$ pour éviter une inflammation excessive.

La *gomme ammoniaque* donne aux *onguents,* dans lesquels on la fond, des *qualités révulsives* moins fortes que celles de l'huile de croton et plus que celles de la moutarde ; les lymphatiques sont localement surexcités par ces applications qui déterminent des *vésico-papules* si on les laisse plusieurs heures en place.

DOUCE-AMÈRE, SOLANUM DULCAMARA *Morelle grimpante, Vigne de Judée, Herbe à la fièvre, Crève-chien, Loque, Bronde.*

Haies et buissons.

Tiges d'un an pourvues de moëlle plus ligneuses qu'herbacées.

Feuilles fraîches.

Les tiges de cette solanée doivent être fendues, coupées, puis séchées à l'étuve. La dessiccation lente à l'air la jaunit.

Les tiges agissent par les principes suivants : 1° la *solanine* C^{86} H^{71} Az O^{32} cristallisant en aiguilles soyeuses, amère et nauséeuse, peu soluble dans l'eau, un peu plus dans l'alcool et tout-à-fait dans l'alcool bouillant. La solanine agit à la façon d'un stupéfiant paralysant musculaire et convulsif des membres inférieurs. elle n'a pas d'effet mydriatique et n'est pas employée. en médecine ; 2° la *dulcamarine* C^{44} H^{34} O^{20} de Wisttein, jaune, amère, puis douce ; 3° le *picro-glycion* de Pfaff mélange de solanine et de sucre ; 4° une *résine*, de l'*acide benzoïque* et des *sels*.

Le picroglycion, la résine, l'acide benzoïque, les sels et des traces de dulcamarine, voilà les éléments solubles qui rendent active la *décoction de tiges de Douce-amère* considérée, par le peuple surtout. comme diurétique, diaphorétique, laxative et finalement dépurative $\frac{20}{1000}$. De là, son emploi contre les *rhumatismes*, la *syphilis* et l'*her-pétisme chronique*. Malheureusement les effets cliniques ne sont pas à la hauteur de cette grande réputation.

Les CATAPLASMES de *feuilles fraîches* moins vulgairement appréciés sont de bons succédanés des cataplasmes de *belladone*.

DUBOISIE DUBOISIA MYOPOROÏDES.

Les feuilles de cet arbre nous arrivent principalement d'Australie et contiennent un alcaloïde la *duboisine* de Duquesnel considéré comme le plus puissant mydriatique connu, agissant au 1/4 de milligramme plus vite et moins longtemps que l'atropine disent Egasse et Bardet.

Cependant, pratiquement les occulistes préfèrent se servir de l'atropine, la duboisine devenant souvent inerte lorsqu'elle vieillit.

La *duboisine* est un paralysant convulsif. Elle porte son action sur la moëlle épinière d'abord. Héraud la déclare *antagoniste de la muscarine.*

ELLÉBORE BLANC VERATRUM ALBUM, L. — *Varaire, Vérâtre blanc.*

Pâturages, Jura, Alpes, Pyrénées, Auvergne. *Racines,* printemps, automne.

Elle nous arrive sèche et inodore de la Suisse.

La racine de cette colchicacée contient : 1º comme le colchique et la cévadille, de la *vératrine* dont les effets ont été examinés à propos de la *cévadille* (v. ce mot); 2º de la *jervine* $C^{60} H^{43} Az H^3$ (Héraud). alcaloïde, cristallin, blanc, soluble dans l'alcool, peu dans l'eau ; 3º de

l'acide *jervique* C^{18} H^{14} O^{24} $+$ H^9 (Weppen);
4° du *gallate acide de vératrine.*

Les effets de l'ellébore blanc sont des plus violents et des plus toxiques à cause de l'action complexe de ses divers principes élémentaires. A l'action *défervescente, controstimulante, vomitive, sternutatoire* de la vératrine se joignent les effets drastiques, cholériformes, les éruptions cutanées, la diurèse et la diaphorèse dûs à la jervine, à l'acide jervique et au gallate acide de vératrine, aussi a-t-on renoncé à l'usage interne de l'ellébore blanc.

A l'extérieur la *poudre de racine* 1 à 4 sert à saupoudrer des topiques pour déterminer une *éruption révulsive fort avantageuse dans les névralgies intercostales, la pleurodynie, etc.*

L'éruption produite par l'ellébore est peu douloureuse et disparaît rapidement.

L'*ellébore blanc* a pour succédanés l'ELLÉBORE VERT, *veratrum viridis* d'Amérique et la *veratrum nigrum.*

Les *incompatibles* des ellébores et leurs antidotes sont le *tannin et l'iodure ioduré de potassium.*

Ellébore noir HELLÉBORUS NIGER, L. — *Rose de Noël, Rose d'hiver, Herbe de feu.*

La *racine* de cette renonculacée nous arrive de Suisse.

Elle contient une résine l'*helléborine* qui lui donne ses propriétés *drastiques.*

La racine d'ellébore noir qui jouissait jadis d'une grande faveur pour combattre les *hydropisies passives* est actuellement abandonnée, soit parce qu'il est difficile de se procurer cette racine sans mélanges d'ellébores colchicacées soit parce que le degré de puissance de la racine change avec son degré de dessiccation.

Cependant, en Suisse surtout parmi le peuple, on se sert de la *poudre* d'ellébore 0,30 à 0,50 et de la DÉCOCTION $\frac{2 \text{ à } 3}{1000}$ pour ramener la *menstruation* et favoriser *son établissement*. C'est là une pratique dangereuse prédisposant à de graves congestions de l'utérus et de ses annexes.

Ellébore fétide H. FŒTIDUS, L.

Pied de griffon.

Succédané de l'ellébore noir, *drastique vermifuge*. Cette racine est abandonnée pour les mêmes raisons que l'ellébore noir.

ENCENS 1° PLOSSŒA PAPYROCEA, Men. L. — 2° AMYRIA PAPYRIFERA, D. — 3° BOSWELIA.

La *gomme-résine* de ces divers arbres nous arrive de l'Afrique sous le nom d'*encens de l'Inde* plus aromatique et plus estimé et d'*encens d'Arabie*.

L'encens contient : 1° une *gomme*, 2° une *résine*, solubles dans l'alcool, 3° une *huile volatile*, 4° un résidu insoluble.

Il doit à son huile volatile quelques propriétés *stimulantes*, à sa résine des propriétés *laxatives légères*, aussi a-t-il été ordonné comme *stoma-chique* dans les *dyspepsies atoniques*.

> Poudre d'encens   0,50
> Jaune d'œuf n° 1.
> Emulsionnez.

En *topique* il est considéré comme vermifuge par le peuple.

En *fumigations* il est aussi souvent employé pour combattre les *coliques utérines* et les *douleurs à frigore*. On expose la partie malade aux vapeurs de l'encens enflammé.

Ses *vertus antiseptiques*, autrefois prisées, sont très hypothétiques. Il masque les odeurs mais ne détruit aucunement les germes nuisibles des fermentations. Son *pouvoir adhésif* est en réalité la vertu dominante qui le fait employer dans la confection des emplâtres.

EPIAIRES 1° STACHYS SYLVATICA *Ortie puante*, 2° STACHYS PALUSTISI *Ortie rouge*, 3° STACHYS RECTA *Crapaudine*.

Ces labiées ont des propriétés *toniques exci-tantes* sérieuses. Elles sont cependant abandon-nées par les médecins ; le peuple seul les utilise et avec succès, contre les *fièvres rebelles* et les *dysmenorrhées par anémie* Il serait utile de faire l'analyse chimique de ces plantes indigènes.

ERGOT DE SEIGLE SCLEROTIUM CLAVUS, D. C SPERMŒDIA CLAVUS, Fries, *Seigle ergoté*. CLAVICEPS PURPURŒA, Tul. SPHŒRIA, Fries.

SPHACELIA SEGETUM, Lev. (Provençal : *Segué bastard*).

C'est le mycélium d'un champignon le *sphacelia segetum* qui naît spécialement sur le seigle pendant les années pluvieuses, mais qui prend aussi naissance sur d'autres graminées.

L'*ergot de seigle* contient : 1° une *huile jaune*, 2° de l'*albumine*, de l'*inuline*, de l'*amidon*, de la *gomme*, du *sucre*, 3° une substance active l'*ergotine* découverte par Wiggers.

L'*huile* est toxique.

L'*ergotine de Wiggers*, composée d'après Wenzell 1° d'*ecboline* et 2° d'*ergotine* unies par de l'*acide ergotique*, est aussi vénéneuse à de faibles doses. L'*ecboline* représente, d'après Wenzell, la partie active de l'ergot. D'après Tanret cette partie active serait un alcaloïde l'*ergotinine* C^{10} H^{40} Az^4 O^{14} cristallisant en aiguilles blanches se colorant à l'air.

L'*ergotinine de Tanret* est très rarement employée, elle est environ 60 fois plus active et plus toxique que l'*ergotine*, aussi ne la prescrit-on qu'au 1/4 de milligramme.

Les *tumeurs fibreuses de l'utérus*, les *hémorrhagies par les corps fibreux* ont été combattus par Ferrand à l'aide d'injections sous cutanées faites avec le liquide suivant :

Ergotinine	0.01
Ac. lactique	0,02
Eau de laurier-cerise	10

à la dose restreinte de 0,0002 à 0,001 d'*ergotinine*.

Au point de vue pratique Bonjean a tranché la question en faisant un *extrait aqueux d'ergot de seigle* qu'il a décoré du nom d'*ergotine* et qui est usuel en pharmacie. Ce n'est pas une substance chimique, mais un extrait ayant heureusement les qualités du seigle ergoté sans en avoir tous les inconvénients.

L'*ergotine Bonjean* donnée à la dose de 0,50 à 2 dans une potion ou en granules tous les 1/4 d'heure réussit fort bien contre les *hémorrhagies atoniques par suffusion*, les *métrorrhagies*, les *hémophthysies en nappes*

L'*ergot de seigle* est trop souvent prescrit pour faciliter l'accouchement, les effets désastreux de ce médicament employé sans indication précise augmentent dans d'immenses proportions la léthalité du produit et même des femmes en couches. En dehors du seul cas d'*inertie utérine simple sans obstacles de présentation ou de position* l'ergot de seigle pendant l'accouchement est nuisible à la mère ou à l'enfant.

Ergot de seigle fraîchement pulvérisé 1,50 en 3 paquets. L'ergot de seigle s'altère en vieillissant et par l'humidité; c'est une substance très hygrométrique.

La *dilatation de la pupille*, la *paleur de la face*, les nausées sont les premiers symptômes d'intoxication. Donnez : café ou tannin.

EUCALYPTUS E GLOBULUS, Labil.
Climats doux, sans vents.
Feuilles, écorce avant floraison.

Les *feuilles des nouveaux bourgeons*, moins lancéolées, sont plus chargées en *huile essentielle* et en *matière résineuse*.

Les *feuilles basales et l'écorce* ont plus de *tannin*, d'acide gallique et de sels.

L'*huile essentielle* liquide, verdâtre, aromatique, amère et âcre, bouillant à 175 donne l'*eucalyptol* C^{24} H^{20} O^2 de Cloëz soluble dans l'alcool et peu dans l'eau. L'acide phosphorique la réduit en *eucalyptène* C^{24} H^{18}.

L'huile essentielle d'eucalyptus est anesthésique à la manière du chloroforme et s'élimine comme lui par le poumon et la vessie. Elle est toxique à haute dose pour l'homme et à doses de plus en plus faibles pour les animaux à mesure que l'on descend l'échelle zoologique.

De là les bons effets de l'huile essentielle, et des *émanations de fleurs fraîches* dans les *fièvres bacillaires*, le *parasitisme inférieur* et les *maladies zymotiques*.

Essence d'Eucalyptus.

Feuilles d'eucalyptus	1
Eau	2

distillez au bain-marie, recueillez l'essence dans le récipient Florentin.

1 à 3 en capsules de 0,15.

EN APPLICATIONS :

Essence	5
Cire	15
B. Cacao	15

pour modifier et adoucir les *plaies fétides*.

La *résine d'eucalyptus* rougeâtre, cassante, soluble dans l'alcool et l'éther, a une action topique sur les muqueuses, elle modifie leur vitalité, surexcite la secrétion de la mucine et déterge des *magmas catarrhaux*. C'est à la résine que sont dus les bons effets de la *teinture d'eucalyptus* dans les *catarrhes* et les *bronchorrhées chroniques avec crachats muco-purulents*.

Feuilles sèches	1
Alcool à 80°	5

Macérez pendant dix jours, 1 à 7 dans une potion par c. à b.

La DÉCOCTION DE FEUILLES OU D'ÉCORCE $\frac{30 \text{ à } 60}{1000}$ contient les sels, le tannin, les principes amers, et réussit comme la POUDRE 2 à 8 en prises de 0,50 toutes les 3 heures dans les *fièvres intermittentes atoniques*.

Les LOTIONS avec la DÉCOCTION modifient avantageusement les *plaies ascescentes ou putrides*. En somme il faut considérer l'eucalyptus comme essentiellement surexcitant, puis anesthésique et en toute circonstance comme l'un des meilleurs *antiseptiques*.

EUPHORBE DES CANARIES EUPHORBIA CANARIENSIS, L.

La gomme résine, *euphorbium,* qui s'écoule de cette euphorbiacée nous arrive de l'Afrique et de l'Inde dans des sacs de cuir.

Elle contient : 1° une *résine* rougeâtre, soluble dans l'alcool; 2° l'*euphorbon* $C^{26} H^{22} O^2$ de Buchner principe cristallisable essentiellement *drastique*, *sternutatoire* et *toxique* soluble dans l'alcool.

L'*euphorbium* qui nous arrive en larmes ne doit être mis en poussière qu'avec précaution. On ne doit pas employer ce médicament à l'intérieur. A l'extérieur en APPLICATIONS il détermine des *pustules* et des *vesications* comme les cantharides. De là les emplâtres saupoudrés de 1 à 2 de *poudre d'euphorbe* ou mieux humectés de TEINTURE D'EU-PHORBIUM $\frac{1}{5}$ 1 à 2 pour amener une révulsion sur la peau dans les *névralgies superficielles*, les *intercostales* ou les *pleurodynies rebelles*.

EUPHORBE EPURGE E. LATHYRIS, L. —

Epurge, Purge, Catherinette, Catapuce (Provençal : *Lanciousto*).

Haies et champs.

Les *graines* traitées par l'éther donnent environ 35 0/0 d'*huile d'epurge* qui doit être considérée comme une succédanée de l'huile de croton tiglium.

Les expériences de Martin Solon témoignent qu'on peut avoir un *effet purgatif*, *drastique* avec 0,20 d'huile d'épurge ; les doses ont été poussées jusqu'à 4 sans intoxication mais non sans coliques.

Les paysans se purgent souvent avec la DÉCOC-TION des graines ou de la racine. Cette pratique est infidèle quant au résultat thérapeutique et dangereux pour la santé.

L'*huile d'épurge* comme la *résine du suc* sont

des *agents révulsifs* qui le cèdent peu à l'euphor-
bion des Canaries.

EUPHORBIA PALUSTRIS, *Grande esule ;*
EUPHORBIA CYPARISSIUS, *Petite esule ;*
EUPHORBIA ESUTA, *Esule ;*
EUPHORBIA HELIOSCOPIA, *Réveille-matin*, ont
toutes des principes identiques, une huile âcre,
drastique, une résine âcre. Le suc de toutes ces
euphorbes agit comme un *vésicant*, de là leur
emploi pour modifier les *plaies gangréneuses*,
cautériser les *cors,* les *verrues*, et même déterminer par des *injections sous-dermiques* qui ne
sont pas exemptes de dangers, la *chute des Lipô-
mes*, que des charlatans obtiennent ainsi sans opération sanglante.

En somme les euphorbes indigènes méritent
d'être étudiées à nouveau. L'un de leurs principes,
l'huile d'épurge est sans nul doute destiné à jouer
en thérapeutique un rôle plus large que celui qui
lui est confié par la médecine de nos jours.

EUPHRAISE EUPHRASIA OFFI. L.
Fleurs et feuilles, juillet, octobre
Vulgairement employée pour donner du ton à
la vue. Agit par le tannin.
POUDRE $\frac{4 \text{ à } 12}{200}$ INFUSION, LOTIONS *sur les yeux.*

EVONYME EVONYMUS ATROPURPUREUS.
Les américains ont extrait de cette célastracée
divers produits commerciaux, entre autres *l'évonymine brune* poudre soluble dans l'eau, étudiée

par Thibault et Dujardin Beaumets et reconnue *laxative cholalogue* à la dose de 0,10 à 0,15 par jour

Du temps que l'on étudie avec soin ce produit des contrées lointaines d'où il nous reviendra plus ou moins altéré ou sophistiqué on néglige notre **Fusain**, EVONYMUS EUROPEUS, dont les *baies*, les *feuilles* et la 2ᵐᵉ *écorce* contiennent une *évonymine* gomme-résine purgative douce au printemps, lorsqu'elle a été lessivée par la sève, et drastique dans les écorces sèches cueillies en octobre.

3 ou 4 baies de fusain dites *bonnets de prêtres* suffisent pour purger. C'est un cholalogue vulgairement employé dans les *embarras gastriques bilieux*, ou pour rendre moins douloureuses les selles des *hémorrhoïdaires*.

L'étude médicale du *fusain* est à refaire entièrement.

FAAM ANGRŒCUM FAGRANS, *Faham, Thé de Bourbon, Thé de Madagascar.*

Les *feuilles* allongées, fauves, odorantes, nous viennent de l'île Bourbon et de Madagascar où croît cette orchidee.

Elles sont toniques excitantes par leur *huile essentielle* et par leur matière cristalloïde, *coumarine* de Gobley, elles précipitent le tannin des infusions végétales. Voilà pourquoi le Faham ajouté au thé de Chine enlève l'âpreté, l'astringence de ces infusions

FENOUIL ANETHUM FŒNICULUM.

Terrains pierreux et légers.

Fruits, racine,

Arracher la plante en temps sec, fin septembre.

Les tiges sont utilisées comme condiment depuis juin et séchées.

Les *fruits* contiennent une *huile essentielle* coagulable à 5°. C'est un succédané de l'anis, classé par l'ancienne pharmacopée dans les *fruits carminatifs chauds.*

Anis. — Carvi. — Coriandre. — Fenouil.

La racine contient moins d'huile volatile et un *résinoïde.* Elle est classée par l'ancienne pharmacopée dans les QUATRE RACINES APÉRITIVES.

Anis. — Angélique. — Carvi. — Fenouil.

L'huile essentielle de fenouil est soluble dans l'alcool. Elle entre dans la liqueur appelée *Fenouillette,* l'eau froide la fige et fait loucher le liquide dans les verres. C'est un *stomachique carminatif et apéritif* excellent adjuvant du traitement des *dyspepsies atones.*

Le FENOUIL DOUX *anethum dulce,* L., plus commun en Italie est employé en confiserie.

L'INFUSION $\frac{20}{1000}$ de fruits est carminative.

L'ALCOOLÉ 1/8 *fruits,* est recommandée comme *apéritive* et *carminative,* 4 à 20.

Ce ne sont que des succédanés de l'anis sans autres vertus.

FENU-GREC TRIGONELLA FŒNU-GRŒCUM, *Sénégrain*.

Cultivé en Alsace.

Les *semences* de cette légumineuse sont fort riches en mucilage. Leur farine peut être utilisée pour des *cataplasmes émollients*.

FÉRULE ASE FÉTIDE FERULA ASA FŒTIDA, L. — *Scorodosma, Nartha.*

La gomme-résine que l'on obtient par incision du collet de la racine de cette ombellifère, constitue l'ASE FÉTIDE qui nous arrive de la Perse et de la Syrie en *larmes* ou en *sorte*.

L'ASE FÉTIDE contient : 1° de la *bassorine*, 2° de la *gomme*, 3° de l'acide *férulique*, 4° une *huile volatile* C^{14} H^{14} S^9 , décomposable en mono et bisulfure d'allyle, C'est cette huile qui donne à l'ase fétide son odeur alliacée et sa saveur amère âcre, 5° une *resine* se colorant en rouge à l'air et de la classe des phénols.

Les effets physiologiques de l'ase fétide proviennent surtout de l'huile et de la résine. L'*huile* volatile est un modificateur du système nerveux, agissant spécialement sur le *spasme* et combattant l'*éréthisme*. Elle convient dans tous les *troubles musculaires convulsifs provenant d'une excitation congestive spino-cérébrale*. Non seulement elle modère l'éréthisme mais elle diminue la rapidité du pouls.

La *résine* produit des effets secondaires laxatifs

et de diurèse qui contribuent à la déplétion de l'économie, nécessaire après les *spasmes*.

L'élimination de l'*huile* d'ase fétide se faisant par les reins, les poumons et la peau, tout l'organisme subit l'influence de ce médicament dont la principale indication est nette.

L'ase fétide se donne en LAVEMENT $\frac{2 \text{ à } 15}{250}$ émulsion au jaune d'œuf. Ne craignez pas d'employer des doses fortes, cette gomme-résine n'est pas toxique et n'agit qu'à dose massive.

L'odeur et le goût répugnent trop aux malades pour qu'on administre l'ase fétide en *pilules* ou en *alcoolatum*.

Les PRÉPARATIONS CYANÉES sont incompatibles avec l'ase fétide.

Férule érubescente FERULA GALBANUIFERA.

La *gomme-résine* que l'on en retire nous arrive de l'Inde sous les noms de GALBANUM en *larmes* ou en *masse*, une troisième espèce le *galbanum sec* est, d'après Don, fourni par un arbre peu connu le *galbanum officinale*.

Elle contient : 1° de l'*adragantine*, 2° de la *gomme*, 3° une *résine* douceâtre, 4° une *huile volatile* jaune passant à l'indigo à la lumière. Les propriétés *anticonvulsives* du galbanum sont moindres que celles de l'asa fœtida, mais son *adhésivité* est beaucoup plus grande, de là son emploi pour la confection des *emplâtres antispasmodiques*.

Férule persique F. PERSICA, Willd.

On en tire le *sagapenum* où *gomme séraphique* qui nous vient en *larmes* ou en *masse* de la Perse. Le *sagapenum* contient en outre des *sels*, de la *bassorine*, de la *gomme*, une *huile volatile sulfurée* et deux *résines sulfurées* mélangées qui lui donnent l'odeur alliacée.

C'est un succédané de l'asa fœtida agissant comme *excitant névrosthénique* sur les muqueuses. De là son emploi à la dose de 0,50 à 4 en pilules ou en lavement dans les *dyspepsies atones hystériques flatulentes avec constipation.*

FICAIRE RANUNCULUS FICARIA, L. — *Petite chélidoine. Petite éclaire. Herbe aux hémorrhoïdes.*

Lieux ombragés.

La *racine tuberculeuse,* septembre, lentement desséchée. Les feuilles fraîches.

Elle contient 1° de l'*acide ficarique ;* 2° de la *ficarine* analogue à la *saponine,* son action astringente l'a fait employer contre les hémorrhoïdes, DÉCOCTION $\frac{50 \text{ à } 60}{1000}$. Lotions et boissons.

Les feuilles fraîches, contuses, appliquées peu de temps, modifient la vitalité du paquet hémorrhoïdal par leur causticité. Mais c'est un médicament dangereux à manier et qui procure quelquefois de douloureuses *fissures.*

' FIGUIER FICUS CARICA, L. — (Provençal : *Mouissano).*

14

Le réceptacle charnu de cette morée, connu sous le nom de figue grise, récolté en juillet-septembre, séché au soleil contient 1° un *mucilage sucré;* 2° un *acide malique ;* 3° des *embryons recourbés en crochet.* La figue est *émolliente* par son mucilage. DÉCOCTION $\frac{50 à 100}{1000}$ pectorale.

La figue est *excitante* par ses embryons qui agissent comme toutes les graines qui ne peuvent être digérées. De là ses effets purgatifs.

C'est par préjugé que l'on a attribué au suc des pédoncules de la figue la propriété de détruire les verrues. Ce suc est à peine révulsif, mais non caustique, par un *acide indéterminé.*

Figuier de barbarie CACTUS OPUNTIA, L. —
Le fruit ou *figue* très *sucré,* est analeptique et astringent. Remède vulgaire en Algérie contre les *diarrhées saisonnières,* se garder de les donner dans les *diarrhées dyspeptiques inflammatoires.*

FOUGÈRE MALE POLYPODIUM FILIX MAS, L. —
Aspidie. Polystichum. Nephrodium.

Bois. Buissons humides.

Rhizome plutôt frais que sec et jamais ne s'en servir quand il est devenu inodore. Le rhizome contient surtout : 1° une *huile volatile ;* 2° une *résine à base de filicine ;* 3° de *l'acide filicique ;* 4° une *matière grasse sucrée ;* 5° du *tannin.*

Ces principes actifs se retrouvent en partie dans les *jeunes bourgeons.*

Les effets thérapeutiques de la fougère mâle doivent être distingués en deux ordres : 1° effets sur l'homme : presque nuls sauf un *état nauséeux faible* suivi de *constipation* ; 2° effets sur les helminthes de tous genres : *anesthésie profonde.* De là la réputation vermifuge méritée par la fougère. Mais de là aussi l'obligation pour le médecin de faciliter l'œuvre de la plante par des purgatifs. Voilà pourquoi, de toutes les préparations de fougère mâle, celle de *Madame Noufer* restera toujours la meilleure avec quelques corrections : la veille, le soir, un simple potage, le matin 12 grammes *poudre de racine fraîche de fougère* dans 200 grammes de véhicule miellé, 2 heures après purgatif excitant à la scomonnée et au jalap.

L'*huile éthérée* obtenue par l'épuisement des *racines fraîches* est active à la dose de 2 à 4 plutôt contre les *lombrics* en *ascarides* et surtout en *onctions* contre les *oxyures.*

Les autres FOUGÈRES sont des succédanés d'autant plus actifs que leur rhizome est plus odorant.

FRAGON PIQUANT RUSCUS ACULEATUS. —. *Myrthe sauvage.*

Bois. Lieux stériles calcaires.

Rhizome septembre, sécher à l'étuve, agit par le *tannin, une résine* et *une huile* analogue au myrtol, *diurétique laxatif.*

DÉCOCTION $\frac{30 \text{ à } 60}{1000}$ Cette smilacée fait partie des *cingracines apéritives.*

FRAISIER FRAGARIA VESCA, L.

Culture, mieux valent celles des bois.

Fruits contiennent des *sucres* et de l'acide *matique ;* ils agissent comme *rafraichissants défervescents.*

Sirop de fraises ad libitum.

Racines septembre contiennent principalement du *tannin,* de l'*érythrine* et des *sels.*

DÉCOCTION $\frac{30 \text{ à } 60}{1000}$ *diurétique astringente,* colorant les selles en rouge surtout après exposition à l'air : *tonique.* Supportée par les estomacs débiles cette décoction convient surtout aux *diarrhées et météorismes qui accompagnent la ménopause.*

FRÊNE A MANNE FRAXINUS ORNUS.

Les pores, les fissures de cette jasminée et les ouvertures que l'on fait au tronc laissent suinter la MANNE que l'on distingue en *manne de Sicile* et *manne de Calabre* plus estimée.

Au point de vue commercial on établit encore une différence entre la manne en *canons,* en *larmes,* en *sorte* et *grasse.* Cette dernière doit être répudiée de la thérapeutique.

La MANNE contient des *sucres,* un *mucilage,* une *résine,* un *acide indéterminé* et de la *mannite.*

La MANNITE $C^{12} H^{14} O^{12}$ glycoside cristallisant en prismes rhomboïdaux droits, a été considérée à tort comme le seul élément purgatif de la manne, le mucilage, les sucres, la résine mielleuse joignent leurs effets à la mannite.

La MANNE purge par indigestion, surcharge gastrique, et son influence sur l'économie n'est pas heureuse. Un *préjugé* malheureusement très répandu, même parmi les médecins fait que l'on administre la *manne* aux *enfants de naissance* pour leur faire rendre le *méconium*. Cette pratique est cause d'une quantité considérable d'*athrepsies* par suite de l'inappétence que le remède amène ; l'enfant n'a plus la force ni l'envie de téter et meurt en peu de jours.

La MANNE ne remplit aucune indication spéciale à peine peut-on en conseiller l'usage comme adjuvant des purgatifs doux ainsi que l'a fait Tronchin pour sa *marmelade*.

On retrouve la manne dans plusieurs jasminées et différentes plantes, entr'autres l'*abies laryx* (manne de Briançon), l'*hedysarium alhagi* (manne alhagi), le *laryx cédrus* (cédrin), le *tamarix gallica* (manne du Sinaï) et le *coecus manniparus* (mannite comestible des Arabes).

Frêne commun FRAXINUS EXCELSIS, *quinquina d'Europe.*

Bois, feuilles, écorce.

Les *feuilles* de frêne contiennent 1° de la mannite improprement appelée fraxinite ; 2° de la *fraxine* florescente ; 3° un *principe amer fraxinine* de Mondet ; 4° du tannin ; 5° une *huile fixe*. Ces divers éléments donnent à l'*infusion de feuilles* des qualités légèrement excitantes, laxatives et diurétiques secondairement ; l'élimination de certains principes se faisant principalement par la peau, la *diaphorèse* devient abondante, chaude et odorante. De là les bons effets de l'INFUSION $\frac{25\,à\,40}{1000}$ dans les affections *rhumatismales à frigore avec torpeur des fonctions digestives et sans phlogose intestinale.*

L'ÉCORCE contient une plus grande quantité de *fraxinine* et de *tannin*, son action en *poudre* 2 à 10 ou en DÉCOCTION CONCENTRÉE $\frac{20}{100}$ ou en *vin* se rapproche du quinquina dont elle est l'un des plus remarquables succédanés contre les *fièvres intermittentes.*

* FUCUS 1° VESICULOSUS, L. — *Chêne marin, laitue marine, varech.*

2° SACCHARINUS, L. — *Laminaria.*

3° LICHENOÏDES, L. — Mousse de Jafna et des diverses espèces de fucus recueillis en mer, avant sporulation, desséchés à l'abri du soleil, contiennent 1° du *sel marin ;* 2° de l'*iode, des iodures, des bromures ;* 3° une *huile volatile :* 4° un *mucilage gélatineux* tendant à la fermentation acescente.

La quantité relative des *sels iodés* est plus grande dans le *fucus vesiculosus,* de là son emploi de préférence pour le traitement de certaines *obésités lymphatiques.*

Poudre 5 à 10 ou INFUSION $\frac{50\,à\,100}{1000}$.

Tous les fucus pourraient être utilisés comme aliments à cause de leur *mucilage gélatineux,* le FUCUS CRISPUS (V. Carragahéem) le f. SPINOSUS *aja-aja,* et bien d'autres fournissent des aliments légers et substantiels, sous forme de *gelées.*

FUMÉTERRE FUMARIA OFF. L. — *Fiel de terre, pisse-sang.* — (Provençal : *Terrobusterri*).

Champs incultes.

Feuilles fraîches mai, juin avan' floraison.

Le SUC FRAIS a seul des vertus qu'il doit 1° à la *fumarine* cristallisant en prismes blancs à reflets rosés, très amère ; 2° à l'*acide fumarique* $C^8 H^2 O^6, 2 H^0$ de Peschier, tous deux solubles dans l'eau ; 3° à un *extractif amer résinoïde*.

L'action du SUC FRAIS se porte principalement sur l'appareil biliaire par *excitation intestinale* d'où selles bilieuses abondantes, et sur l'appareil *rénal*. Urines abondantes colorées en rose, de là le nom de pisse-sang donné au fumeterre par le peuple.

La *décoction* de fumeterre desséché n'a plus aucun effet sensible.

Mais le *suc* de fumeterre convient surtout dans les *maladies atoniques congestives du foie avec arrêt de secrétion biliaire*.

SUC FRAICHEMENT EXTRAIT édulcoré, 30 à 60 le matin à jeun.

GALANGA MARANTA ARUNDINACEA, Ad.

La racine rhizomateuse de cette amomacée des Antilles contient une fécule connue sous le nom d'ARROW-ROOT, *salep des Indes, poudre de Castilhon·*

C'est un analeptique supporté par quelques estomacs débiles qui refusent d'autres féculents.

Crème ad libitum.

GALÉGA GALÉGA OFF. L. — *Lavanose.* *Rue de chèvres.*

Bois, prés.

Autrefois sa décoction était vantée comme *sudorifique* et *apéritive.* Ces temps derniers on l'a cultivée et on a attribué aux *graines* de cette légumineuse cuites et prises sous forme de *crème* des vertus *galactogènes.* Les expériences ne sont pas assez concluantes, cependant les graines contiennent une *huile aromatique* qui doit être *excitante* et de la *légumine* qui les rendent *analeptiques.*

GARCINIA GARCINIA MORELLA. Desr. — *Mangostana, stalagmites, hebradendra.*

Guttifère dont les feuilles et les pousses contuses *laissent s'écouler,* goutte à goutte, un suc jaune, que le commerce nous amène solidifié du Cambodge.

La *gomme gutte* est en *masse* ou en *bâtons* celle-ci est plus estimée.

La gomme gutte agit par sa *résine acide cambodgique* $C^{40} H^{23} O^8$ soluble dans l'alcool, insoluble dans l'eau.

La RÉSINE est *laxative* à 0,05, *drastique* à 0,25.

La *gomme gutte* est laxative à 0,10, drastique à 0,50. On la donne rarement seule mais elle sert à faire les masses pilulaires de Bontius, d'Anderson, de Morisson et son action sur la circulation hémorrhoïdale, la fluxion qu'elle détermine, rendent ce médicament précieux come *adjuvant des préparations aloétiques dérivatives dans les maladies cérébrales.*

Eviter toute cause de refroidissement après l'administration de la gomme gutte.

GAULTHÉRIA G. PROCUMBENS, *Thé de Terre-Neuve, Thé rouge.*

Des feuilles de cette éricacée, arbuste du Nord de l'Amérique, on extrait une essence, incolore, rougissant à l'air, connue sous le nom d'*essence de Winter green* $C^{16}H^8O^6$, c'est du *salycilate de Méthyle,* et un hydrocarbure : le *gaultérylène.* C'est un *antiseptique, stimulant* légèrement *amyostalgique. A l'intérieur* de 2 à 8 grammes par jour dans une potion alcoolisée à prendre par cueillerée d'heure en heure. *A l'extérieur* en frictions contre les douleurs rhumatismales.

GAYAC GUAJACUM OFF., L. — *Gaïac.*

Le *bois* de cet arbre nous arrive de St-Domingue des Antilles, de la Jamaïque. On distingue dans ce bois l'*écorce* moins chargée de principes et l'*aubier.*

Le *bois* de gayac agit par : 1° un *extractif amer,* 2° l'esprit de gayac *huile pyrogénée ;* la *résine.*

Ces substances sont *stimulantes* et *sudorifiques.* Ces qualités sont dues surtout à l'*huile pyrogénée hydrocarbure de salicyle.* Aussi ne parlerons-nous que pour mémoire de la DÉCOCTION DE BAIES $\frac{60}{1000}$ et nous réserverons une mention spéciale au *bain de vapeurs de copeaux.* Ce bain de vapeurs sèches qui consiste à exposer la partie frappée de *rhumatisme chronique* à la fumée de copeaux de gayac enflammés, produit d'excellents résultats pratiques et ne saurait trop être recommandé.

La *résine de gayac* exsude du tronc par des incisions ou par la chaleur artificielle. Elle est soluble dans l'alcool et contient : 1º *acide gayacique* de Righini ; 2º *acide gayaconique* de Hadelich, 3º *deux résines* l'une acide, l'autre gommeuse.

Ces principes excitent notablement la circulation et amènent une abondante *diaphorèse* lorsqu'on donne la résine à doses fractées et faibles 0,05 d'heure en heure. Si on force les doses, la muqueuse gastro-intestinale est surprise et des effets *éméto-cathartiques* analogues à ceux des résines âcres ne tardent pas à se montrer.

Le gayac n'est donc qu'un adjuvant des traitements altérants dans lesquels la diaphorèse peut être utile, mais il n'a aucune valeur spécifique contre la syphilis ni contre le rhumatisme comme d'anciens auteurs l'ont prétendu.

GEISSOSPERMUM LŒVE, PAO-PEREIRO.

Cette écorce d'une apocynée en arbre nous vient du Brésil.

La Rochefontaine et Freltat, y ont découvert deux alcaloïdes : 1º la *péreïrine* verdâtre, amorphe, soluble dans l'éther, 2º *geïssospermine* $C^{40} H^{21} Az O^2$. Prismes blancs, soluble dans l'alcool, insoluble dans l'eau.

Ces deux alcaloïdes sont sédatifs du cœur à la dose de 1/2 à 4 milligrammes et toxiques par arrêt à hautes doses.

GENÊT A BALAI GENISTA SCOPARIA, L. — (Provençal : *Ginesto saooualagi*).

Cette légumineuse croît dans les bois.

Fleurs, mai-juin. Séchées et conservées hors du contact de l'air.

Ces fleurs contiennent : 1° la *scoparine* C^{24} H^{11} O^{11} de Stenhouse, étoile jaune, 2° la *spartéine* base liquide, incolore, brunissant à l'air, très amère, odeur depyridine, soluble dans l'alcool, peu dans l'eau, insoluble dans la benzine. Les fleurs de genêt doivent à la *scoparine* leurs vertus diurétiques et purgatives, à la spartéine, leur action rythmique sur le cœur.

Les effets de la DÉCOCTION DE FLEURS $\frac{20\ \text{à}\ 30}{1000}$ contre l'*anasarque*, l'*albuminurie*, les *hydropisies passives* par lésions auriculo-ventriculaires sont prônés depuis longtemps.

Les effets de la *spartéine* et de ses *sels* à la dose de 0,05 matin et soir ont été soigneusement étudiés par Sée. La *spartéine* est le *modérateur rythmique du cœur dans tous les cas où la digitale est contrindiquée.*

La *scoparine* agit comme diurétique à la dose de 0,15 à 0,30. Les fleurs des **Genêts des teinturiers** GENISTA TINCTORIA (Provençal : *Ginesto*), et G. **Griot** SPARTIUM PURGENS sont des succédanés infidèles du *Genêt scoparia*.

GENÉVRIER juniperus communis, L. —
Genièvre (Provençal : *Ginevro*).

On emploie les *fruits* appelés *baies* de genièvre.

Ils nous viennent commercialement par Trieste
et Hambourg.

Bois.

Fruits avant maturité pour obtenir l'*huile volatile*,
septembre, octobre en pleine maturité et presque
secs pour obtenir la *résine*.

Les fleurs ou baies de genièvre contiennent
1° une *huile*, 2° une *résine* en relations inverses
l'une de l'autre, 3° une matière extractive, de la
cire, des sels, etc.

L'*huile de baies* C^{20} H^{16} limpide, d'un jaune
tendre, aromatique, balsamique, est isomère de
l'essence de thérébentine. Elle agit comme
excitant diffusible diaphorétique et surtout *diuréti-*
que. Elle modifie avantageusement la vitalité de
la muqueuse dans les catarrhes vésicaux et odore
l'urine à la violette.

Dose X à XX dans une émulsion sucrée et
gommée (V. Copayer).

La *résine gommée des baies* presque insoluble
dans l'eau froide, soluble en partie dans l'eau
chaude et plus dans l'alcool est un *excitant gastro-*
intestinal amenant de la diarrhée, des vomissements, des congestions dans le système de la
veine porte et des fluxions collatérales, sanguines,
utérines et vésicales.

Cette résine acquérant une partie de gomme

dans le tronc devient la *sandaraque* que l'on réserve aux applications *topiques excitantes* en hippiàtriques.

Les notions précédentes expliquent pourquoi les *baies avant maturité complète* doivent seules être employées pour l'INFUSION $\frac{10}{1000}$.

La DÉCOCTION CHAUDE $\frac{60}{1000}$ pour lotionner et déterger les *plaies sanieuses atones*.

Le VIN, l'EAU-DE-VIE, le RATAFFIA sont des *excitants* qui ne conviennent ni à tous les estomacs, ni dans tous les états physiologiques.

D'après Heller l'*huile* aurait l'avantage de dissimuler l'*iode* et serait un excellent véhicule qui porterait le médicament dans toute l'économie, cette propriété mérite considération au point de vue pharmaceutique.

GENÉVRIER OXYCÈDRE J. OXYCEDRUS, L. — (Provençal : *Cade*).

Provence. Midi de l'Europe.

Bois.

En brûlant en dehors du courant d'air les jeunes tiges on obtient une *huile empyreumatique* lourde, presque noire, à odeur pyroligneuse l'*huile de cade vraie*.

C'est l'un des meilleurs parasiticides.

En APPLICATIONS elle modifie promptement la vitalité des tissus et convient à merveille pour déblayer la peau de toutes les *pellicules épidermiques* qui l'encombrent dans les dermatoses sèches ou humides atones et s'opposent à la guérison.

L'usage trop répandu de l'huile de cade comme *antiodontalgique* est pernicieux, l'huile de cade contenant presque toujours un isomère de la *pyrothonide* qui dissout le cément dentaire et amène la *carie molle de la dent*.

Genevrier savinier J. SABINA, L. — *Sabine*.
Bois du midi.
Sommités des rameaux.

Elle contient 1° une *huile* $C^{20} H^{10}$ analogue à l'essence de thérébentine excitante comme les huiles de genièvre ; 2° une *résine* âcre, amère, nauséeuse.

La *résine* est la partie active de la plante. Son ingestion amène des troubles gastro-intestinaux, des contractions violentes, une congestion collatérale intense qui se propage à l'utérus, à la vessie et peut occasionner des désordres mortels.

Le PRÉJUGÉ, se basant sur les phénomènes hémorrhagiques visibles, a placé la sabine en tête des *agents provocateurs de l'avortement*, l'ingestion de la sabine ne produit l'avortement que d'une manière secondaire. Il est le dernier terme des phénomènes toxiques qui mettent en danger la vie de la mère avant celle de l'enfant. *Au point de vue clinique* l'emploi de la sabine doit être proscrit. Les qualités vermifuges, excitantes, métrorrhagiques de ce médicament se retrouvent dans bien d'autres produits moins dangereux à manier.

La POUDRE DE SABINE est par contre un *excitant* fort utile pour modifier l'*exubérance des bourgeons charnus dans les plaies à marche lente*.

Dose 1 à 2, finement et franchement pulvérisée, jusqu'à netteté de la plaie.

GENTIANE genre des gentianacées.

Gentiane GENTIANA LUTŒA, L. — *Gentiane jaune. Grande gentiane* (Provençal : *Gensano, herbo piemountaiso.*

Montagnes et prés secs de France,

Racine deuxième année après chûte des feuilles, Lavée, mondée, coupée, séchée à l'étuve.

Elle contient : 1° une *huile volatile* fugace ; 2° une *huile fixe ;* 3° du *gentisin ;* 4° de la *gentiopi-crine ;* 5° de la *glu ;* 6° des *matières organiques.*

L'*huile volatile* existe surtout dans la *racine fraîche* qui tient de ce corps certaines vertus anesthésiques.

L'INFUSION DE RACINE FRAÎCHE $\frac{20}{1000}$ est un narcotique doux, diurétique et analgésique dans les *maladies de la peau* et les *catarrhes aigus de la vessie* par suite de l'élimination de l'huile volatile par les sueurs et par les urines.

L'huile volatile disparaît presque entièrement de la racine desséchée.

L'*huile fixe* est lénitive dans la racine jeune, elle devient drastique en rancissant. Ce phéno-mène explique les différences d'effets des racines bien ou mal conservées.

Le *gentisin* de Dulk est un principe colorant cristallisant en jaune brun. Il est peu soluble dans l'eau.

Le *gentiopicrine* $C^{40} H^{30} O^{20}$ (Héraud) est un principe amer cristallisable qui donne à la racine ses propriétés fébrifuges

La *glu* est un mélange de cire, de gomme et de résine.

Les *matières organiques* sont formées principalement de l'*acide gentianotannique,* de Ville, de *l'acide pectique,* du *tannin,* de *l'inuline,* du *gentianin* de Tromsdorff.

Ces notions sur la constitution chimique complexe de la gentiane étaient nécessaires pour faire comprendre ses effets multiples.

La MACÉRATION $\frac{30 \text{ à } 50}{1000}$ fournit une tisane chargée en principes huileux, résineux, tannins, et amers qui agissent comme *excitants des muqueuses* et *fébrifuges.*

La DÉCOCTION $\frac{30 \text{ à } 66}{1000}$ amène la disparition de l'huile volatile, les saturations des acides, ranime les fonctions digestives et, la chaleur aidant, modifie la vitalité de la PEAU et facilite la *miction.*

Le VIN est l'une des meilleures préparations toniques amères.

Le SIROP est un adjuvant sans grande influence.

En somme la gentiane est l'un des meilleurs médicaments toniques excitants et fébrifuges de la Flore médicale.

Les autres espèces de gentiane sont des succédanées secondaires.

GÉRANIUM genre des géraniacées.

Géranium bec de grue G. ROBERTIANUM. *Herbe à l'esquinancie.*

Vieux murs, décombres.

Plantes fraîches, été.

Contient 1° un résinoïde le *géranin;* 2° des sels.

Agit comme *astringent légèrement excitant.*

En CATAPLASMES plante contuse contre les angines simples. Remède populaire.

DÉCOCTION $\frac{30 \text{ à } 60}{1000}$ gargarismes et lotions astringentes.

Géranium moschatum, contient en outre une *huile volatile* révulsive.

APPLICATION plante contuse sous la plante des pieds pour ramener la transpiration arrêtée. Cette ancienne pratique des médecins du XVI° siècle s'est perpétuée par remembrance dans le peuple qui l'a heureusement sauvée de l'oubli.

Tous les *géraniums* sont des succédanés agissant par le géranin ou les huiles aromatiques.

GERMANDRÉE genre TEUCRIUM des labiées.

Germandrée petit chêne TEUCRIUM CHAMOEDRYS, L. — *Sauge amère, chasse- fièvre.* (Provençal : *Calamandrié*).

Bois et côteaux arides.

Feuilles et fleurs en septembre.

Choisir les plants les mieux feuillés. Dessiccation à l'air.

Les feuilles surtout contiennent 1° une *huile volatile ;* 2° un *principe amer.*

L'*huile volatile* est un excitant puissant qui s'élimine principalement par les sueurs qu'il odore.

Le *principe amer* agit à la façon du cnicin qu'il rap; elle par sa composition.

L'INFUSION $\frac{20}{1000}$ est essentiellement *diaphorétique et fébrifuge.* Ses effets sont remarquables dans les *courbatures,* les *affections catarrhales aiguës au début,* les *embarras gastriques à frigore avec fièvre.*

La valeur *antiseptique* du petit chêne n'est pas assez appéciée, dans toutes les *affections septiques à forme typhoïde.* L'infusion de teucrium chamœdrys est un excellent adjuvant du traitement.

Germandrée d'eau T. SCORDIUM CHAMARRAS.
Bords des ruisseaux et étangs.

Feuilles et fleurs en juin.

Dessiccation rapide, conserver en lieux clos, rejeter la plante sans odeur.

Agit principalement par sa résine amère *scordinine* soluble dans l'eau chaude.

INFUSION $\frac{30 \text{ à } 50}{1000}$ vermifuge, en tisane et mieux en lavement.

SUC FRAIS 15 à 30,

Elle entre dans le *diascordium.* On l'a vantée comme *antiseptique* surtout dans les *fièvres cachectiques gangréneuses.* A ce point de vue sa réputation populaire est de beaucoup au-dessus de sa valeur médicinale.

Toutes les autres germandrées sont des succédanés de moindre puissance.

GINGEMBRE zingiber off. L.

Est le rhizome d'une amomacée qui nous arrive surtoutde la Jamaïque sous forme de 1° *gingembre cortiqué* noir ou gris ; 2° *gingembre decortiqué* blanc.

Les deux produits agissent 1° par une *huile volatile* qui les parfume ; 2° par une *résine molle* qui leur donne le piquant.

On s'en sert comme condiment apéritif excitant.

Poudre 2 à 4.

Teinture 2 à 4 dans les potions ou les vins toniques.

GIROFLIER cariophillus aromat, L. — *Géroflier.*

Ce sont les fleurs non épanouies de cette myrtacée arborescente qui nous vient de l'Inde sous le nom commercial de *clous de girofle.*

Ces clous de girofle contiennent principalement 1° une *huile* elle-même décomposable en un *hydrocarbure* isomère de l'essence de thérébentine et de l'*eugénol* $C^{20} H^{12} O^2$; 2° une résine, isomère du camphre des laurinées, la *cariophylline* $C^{20} H^{16} O^2$ insoluble dans l'eau et soluble dans l'alcool. Les clous de girofle doivent à l'huile leur odeur, à la résine leur piquant. Ce sont des *condiments apéritifs excitants.*

Les effets *excitants des secrétions intestinales* sont dus à la résine et réservés à la teinture qui peut être utilement employée pour stimuler les organes dans les *dyspepsies atoniques.*

Dose 1 à 4 dans une potion.

Incompatibles les sels de potasse d'ammoniaque et les acides.

Les *clous de girofle* sont sophistiqués avec les *fruits* et les *pédoncules* connus sous les noms commerciaux d'*antofles,* de *mères,* de *clous matrices* et de *griffes de girofle.*

GLOBULAIRE TURBITH. GL. ALYPUM, L. — *Séné de Provence, herbe terrible.* (Provençal : *Bouen pastour.*

Bois et lieux arides du midi

Feuilles et fleurs en septembre

Dessiccation à l'air.

Cette globulaire agit principalement par un résinoïde très amer la *globularine* C^{20} H^{16} O^8 soluble dans l'eau.

La *globulaire* est un excellent purgatif hydragogue, plus facile à manier que le jalap et la scammonnée et bien préférable au séné car il ne procure ni nausées, ni coliques.

La DÉCOCTION $\frac{120}{1000}$ dix minutes ébullition, laissez refroidir, donnez 15 effet laxatif, 50 effet drastique.

L'extrait 0,20 à 0,50.

Cependant il ne faut pas oublier que *tous les corps oxydants* transforment la *globularine* en *hydrure de benzoïle* corps sans effets purgatifs. Les insuccès signalés par divers auteurs proviennent des incompatibles qu'ils ont ajouté à la décoction.

GOA ANDIVA ARAROBA.

C'est le suc concret des rayons médullaires et des vaisseaux allongés du tissu ligneux de cette légumineuse que l'on emploie en médecine.

Cette poudre agit par une résine âcre la chrysarobine C^{30} H^{26} O^7 (Egasse) elle modifie la vitalité de la peau dans les *dermatoses sèches chroniques*.

Poudre de goa	2 à 4
Vaseline	30

GRATIOLE GRATIOLA OFF. L. — *Herbe à pauvre homme. Centauroïdes. Faux séné des prés.*

Prés humides, bords des ruisseaux.

Fleurs et feuilles juin, septembre, racine octobre ne l'employer que desséchée.

Les *feuilles* contiennent 1º une *huile grasse;* 2º des *résines* dont une brune et l'autre, *gratiolacrine* de Welz, amère et âcre ; 3º de l'acide antirrhinique.

Contusées fraîches, en applications, elles produisent un effet révulsif local et purgent par absorption cutanée des résines acides.

Les *racines* contiennent une plus grande quantité d'*huile,* un principe mal défini *gratiolin* de Marchand et une *fécule nauséeuse.*

Comme pour la plupart de nos plantes indigènes les études chimiques sont à refaire. D'après nos connaissances actuelles la *gratiole* a des vertus purgatives hydragogues par ses *résines ;* et modifie la vitalité de la peau par *son acide.*

La DÉCOCTION $\frac{30 \text{ à } 60}{1000}$ à la dose de un verre constitue un purgatif sérieux en haussant les doses, on obtient des effets drastiques sans coliques.

L'INFUSION $\frac{10}{1000}$ est préférable comme laxatif et surtout pour amender les *maladies de la peau avec surabondance de suppurations sans état inflammatoire aigu,* mais il faut considérer cette infusion comme un adjuvant opérant une révulsion intestinale momentanée, et non comme la base du traitement curatif.

Les PRÉPARATIONS DE RACINES sont infidèles et doivent être rejetées de la thérapeutique.

Comme pour tous les agents qui influent, par les résines, sur les intestins, il faut qu'après l'ingestion de la gratiole le malade ne s'expose ni au froid, ni à l'humidité, ni aux surcharges gastriques qui transformeraient l'effet purgatif ou révulsif en effet phlogostique.

GRENADIER PUNICA RANATUM, L. — *Balaustrier.* (Provençal : *Migranier).*

Sauvage. Charmilles.

Fleurs (Balaustes) juin, août avant épanouissement.

Fruits (grenades) septembre.

Ecorce de fruits desséchée à l'air.

Racine fraîche décortiquée sur l'heure. *L'écorce* seule est utile.

Les diverses parties de cette myrtacée ont une composition chimique et des qualités thérapeutiques différentes.

La *fleur* contient un *tannin* qui précipite en noir les persels de fer Elle est astringente.

DÉCOCTION $\frac{30}{1000}$ tisane antidiarrhéïque.

LOTIONS $\frac{60}{1000}$ injections astringentes.

Le FRUIT contient des *acides maliques et citrique* combinés à des sels alcalins. Il est défervescent.

SIROP DE SUC }
LIMONADE DE SUC } ad libitum

L'ÉCORCE DE FRUIT (malicornium) contient 1° du *tannin ;* 2° une *huile volatile ;* 3° un *mucilage ;* 4° un *principe amer.* Il est astringent, vermifuge.

DÉCOCTION $\frac{10}{1000}$.

LOTIONS } $\frac{30 \text{ à } 60}{1000}$ } contre les leucorrhées
INJECTIONS } et les flux muqueux.

L'ÉCORCE DE RACINE FRAICHE contient 1° la *pelletierine* $C^8 H^{15} Az^6$ alcaloïde liquide se résinifiant à l'air, soluble dans l'eau et plus dans l'alcool. ; 2° l'*isopelletierine* $C^8 H^{15} Az^0$. Ces deux alcaloïdes isolés par Tauret constituent le *tœnicide* qui rend efficace la racine fraîche du grenadier.

Notez que les alcaloïdes doivent agir directement sur le tœnia pour le tuer. Il importe donc de mettre le malade à la diète la veille du jour où l'on doit administrer le tœnicide, il faut encore après favoriser par un purgatif l'issue du tœnia mort ou anesthésié.

De là les règles pratiques suivantes : DÉCOCTION écorce de racine fraîche 60. Eau 750 réduisez à 500 par ébullition. Donnez au malade mis à la diète la veille au soir.

Trois heures après si le tœnia n'est pas rendu administrez 30 huile de ricin.

Béranger Féraud remplace la décoction de l'écorce de racine fraîche par :

Sulfate de Pelletièrine	0.35 à 0,40
Tannin	1 à 1,50
Infusion du séné dans eau	100
Sirop	Q. S.

A prendre à jeun en une fois.

GROSEILLIER RIBES RUBRUM, L.

Fruits servent à préparer la GELÉE suc et sucre et le SIROP et agissent comme *défervescents* par l'acide citrique et l'acide malique.

Groseillier à maquereaux RIBES GROSSULARIA, L. — *Raisin épineux.*

Succédané du groseiller rouge.

GUI VISCUM ALBUM, L. — *Gui de chêne.*

Cette loranthacée parasite qui se trouve sur le chêne, l'amandier, le peuplier, le noyer, le tilleul, le châtaignier, le noisetier etc., contient dans son écorce du *tannin* qui la rend légèrement *astringente.* Elle a eu jadis une grande réputation comme *antispasmodique, anticonvulsif* et même *antiépileptique,* mais rien de certain ne la corrobore.

DÉCOCTION $\frac{60}{1000}$.

POUDRE *de racine sèche* 1 à 2.

Les *baies* et les *jeunes pousses* contiennent 1° de la *viscine* insoluble ; 2° de la *vischoutine* soluble qui constituent la glu, sans usage médical.

GUIMAUVE ALTHŒA OFF.. L. — *Mauve visqueuse, bimauve.* (Provençal : *Maougo blanco).*

Champs humides et incultes.

Fleurs juin juillet, desséchées loin du soleil.

Feuilles fraîches ou séchées à l'ombre.

Racines fraîches ou séchées alternativement au soleil et à l'étuve pour les obtenir blanches.

Les diverses parties de cette malvacée agissent par le *mucilage* qu'elles contiennent. Ce n'est ni l'*althéïne* de Bacon isomère de l'*asparagine,* ni les autres produits divers de la guimauve qui lui donnent ses vertus *émollientes.* Plus le mucilage est développé plus l'*infusion* est active.

Les *fleurs* contiennent moins de mucilage que les *feuilles* et surtout que les *racines* qui doivent être employées de préférence.

INFUSION de racines fraîches ou récemment desséchées $\frac{30 \text{ à } 60}{1000}$.

Les sels minéraux, les alcools et les tannins sont incompatibles avec la guimauve.

GURJUM BALSAMUM DIPTEROCARPUS TRINERVIS. *Wood oïl.*

Le *suc* ou *baume* de cette dipterocarpée de l'Inde est un succédané du copahu. On en retire une *huile essentielle* qui se prend en capsules à la dose de X à XXX trois fois par jour, une heure avant les repas.

C'est un produit moins fidèle dans ses effets effets que le copahu mais mieux supporté par les estomacs débiles.

HABI-TCHOGO OXALYDIS ANTELMINTHICA, Rich.
Abats jogo. Metchametako.

Les noms tigré et amhara s'appliquent aux bulbes de l'oxalydée que l'on fait prendre, à la dose de 60 grammes dans un véhicule, comme succédané du *cousso.*

Il faut souvent favoriser par un purgatif l'expulsion du *tœnia mort*

HABI-TSALIM JASMINUM FLORIBUNDUM R. Br.
Abi-tzélim.

Les jeunes pousses de cette jasminée contiennent une *huile essentielle* et un *principe extractif* très amer.

Elles sont *tœnicides* à la dose de 30 à 60 contuses réduites en pâte dans un demi-verre d'eau.

Même observation que pour l'habi-tchogo.

HARMALA PEGANUM HARMALA.

Les *graines* de cette rutacée contiennent 1° l'*harmaline* $C^{27} H^{14} Az^2 O^2$; 2° l'harmine $C^{27} H^{12} Az^2 O^2$ alcaloïdes doués d'une grande puissance d'excitation et opposés d'après Réveil à la narcotisation chronique

Ces alcaloïdes ne sont pas encore employés en thérapeutique.

HERNIAIRE HERNIARIA GLABRA, L. — *Turquette. Herbe du Turc. Millegraines.*

Champs incultes humides.

Fleurs tout l'été.

Fleurs et feuilles séchées à l'air.

Cette paronychiée a été remise en honneur par Van den Brœck qui a vanté ses effets dans les *hydropisies* et les *anasasques des anémiques.* Elle agit par *ses sels* et son *mucilage.*

INFUSION $\frac{80 à 100}{1000}$.

Herniaire velue HERNIARIA HIRSUTA, L. Succédanée.

HEPATIQUE HEPATICA POLYMORPHA, L — *Marchantia. Lichen étoilé. Herbe aux poumons.* (Provençal : *mouffo de couelo).*

Murs et troncs humides

Contiennent 1° un *mucilage gélatineux ;* 2° des *sels.*

DÉCOCTION $\frac{60}{1000}$ est *émolliente et diurétique.* Succédanée des lichens. Ne pas confondre l'action des hépatiques (Renonculacées) ces dernières sont excitantes par leurs résines.

HÊTRE FAGUS SYLVATICA, L. — *Fau, fayard, fouteau.*

Les *fruits* appelés *faînes* contiennent 1° une *fécule* nutritive ; 2° une *huile* ; 3° un principe indéterminé produisant l'ivresse.

L'*écorce* de deux ans contient un *principe amer salicylé* qui lui donne quelques vertus *fébrifuges,* et du *tannin* qui la rend astringente.

DÉCOCTION $\frac{60}{1000}$.

HIÈBLE SAMBUCUS EDULUS, L. — *Petit-sureau. Sureau hièble.* (Provençal : *Sambiquié saouvagi*).

Les *feuilles,* les *fruits,* l'*écorce seconde* et surtout la *racine* contiennent un principe *résinoïde* indéterminé éminemment *purgatif hydragogue* appelé à rendre des services dans les *hydropisies par congestion de la veine-porte* et dans l'*anasarque.*

L'hièble a moins de valeur que le sureau comme *diaphorétique.*

SUC DE FEUILLES 10 à 30.

SUC DE RACINE FRAICHE 8 à 15.

DÉCOCTION D'ÉCORCE SECONDE $\frac{15 \text{ à } 30}{1000}$.

DÉCOCTION DE RACINE SÈCHE $\frac{30 \text{ à } 60}{1000}$.

Les effets purgatifs commencent quelques heures après l'ingestion du premier verre. Les selles sont liquides, faciles, sans coliques, mais souvent compliquées de nausées et de vomissements.

L'Hièble a le tort d'être indigène. On ne l'a pas suffisamment étudiée malgré sa réputation populaire.

HOUBLON HUMULUS LUPULUS, L.
Culture.

Les *cônes ou fleurs ;* la dessiccation doit en être faite au four et conduite jusqu'à ce que les cônes aient pris la couleur jaune rousse.

La partie active des cônes est le *lupulin* que l'on obtient en frottant sur un tamis les cônes de houblon. La poussière jaune qui passe à travers les mailles est le *lupulin* que l'on vanne, et qui se conserve sans altération en lieux clos et sec plusieurs années tandis que les cônes de houblon fermentent avant la fin de la deuxième année.

Le *lupulin* contient : 1° une *huile volatile ;* 2° de la *lupuline ;* 3° de la *résine ;* 4° de la *cérosine ammoniacale.*

L'*huile volatile* verte, est composée de *valérol* $C^{10} H^{12} O^2$, d'un *hydrocarbure* $C^{20} H^{16}$ similaire à l'essence de térébenthine et d'acide *valérianique.* Cette huile volatile donne au houblon ses vertus *analgésiques* légèrement *narcotiques.*

La *lupuline* alcaloïde amer instable se transforme en produit ammoniacal qui vient joindre ses effets à la *cérosine ammoniacale* d'où vertus *diaphorétiques et diurétiques* et rarement *fébrifuges.*

La *résine* qui forme environ les $\frac{40}{1000}$ du lupulin est jaune doré, soluble dans l'eau et agit comme un stimulant laxatif doux, apéritif à faibles doses, éméto-cathartique, et plongeant dans l'engourdissement cérébral à hautes doses.

La médecine trouve dans le lupulin un puissant modificateur des *constitutions atoniques dont il faut réveiller les facultés d'assimilation après avoir obtenu le départ d'hydrocarbures encombrants.*

Voilà pourquoi l'on recommande le *houblon* aux personnes lymphatiques scrofuleuses chargées, d'une fausse graisse et dont l'économie saturée de principes carburés refuse l'assimilation d'aliments azotés.

INFUSION DES CONES $\frac{15 à 30}{1000}$.

MACÉRATION DE CONES $\frac{30 à 60}{1000}$ coupée au vin constitue une bonne boisson de table pour les lymphatiques.

LUPULIN EN POUDRE 0,50 à 1.

TEINTURE DE LUPULIN 2 à 5.

L'influence du lupulin comme anaphrodisiaque a été établie par Vanden Corput et d'autres auteurs. Elle est réelle, mais secondaire : La révulsion intestinale rénale et cutanée, que le houblon amène, laisse un repos relatif aux organes générateurs, mais sans vertu anaphrodisiaque spéciale.

HOUX ILEX AQUILIFOLIUM, L. — *Bois franc.* (Provençal : *Uouvé*).

Bois, terres rocailleuses.

Feuilles agissent par leur alcaloïde *l'illicine* principe amer soluble dans l'eau.

DÉCOCTION $\frac{50}{1000}$ faible *fébrifuge* vanté par Rousseau mais qui n'a pas pris place en thérapeutique.

De l'*écorce seconde* on extrait la *glu* analogue à celle du *gui.*

Houx maté ILEX PARAGUENSIS, Lamb.

Les *feuilles* et les *ramuscules* torréfiés arrivent dans le commerce sous le nom de *maté.*

Le *maté* contient 1º de la *caféine ;* 2º de *l'acide cafétannique.*

C'est moins un médicament qu'un aliment antileptique et excitant.

HYDRASTIS H. CANADENSIS, L. — *Racine jaune et rouge. Sceau d'or.*

La *souche* de cette renonculacée d'Amérique contient 1º des principes *colorants ;* 2º un alcaloïde l'*hydrastine* C^{22} H^{23} Azo^6 de Parisch et Durand cristallisant en aiguilles, très amer, peu soluble dans l'alcool, soluble dans l'eau ; 3º de la *berberine* ; 4º une huile *volatile.*

L'*huile volatile* et les *colorants* résinoïdes donnent à l'hydrastis ses vertus *diaphorétiques, diurétiques et astringentes.*

La TEINTURE à 1 pour 10. Dose X à L est la forme préférable pour obtenir les effets *antihémorrhagiques* et *diurétiques.*

L'*hydrastine* et la *berberine* pures ou mélangées à la dose de 0,10 à 0.30 agissent comme *fébrifuges* dans les fièvres intermittentes chroniques.

L'*hydrastis* n'arrive qu'altéré en France.

HYDROCOTYLE ASIATIQUE H. ASIATICA. *Piédéquin, écuelle d'eau d'Asie, bévélacqua, pancaga, Codagen.*

Cette ombellifère herbacée nous vient de toutes les contrées chaudes de l'hémisphère austral

Les *feuilles* seules sont employées Leurs principes actifs sont la *vellarine* de Lépine, une *huile* et des *résines*. Tous ces principes subissent une altération rapide dans les feuilles mal conservées et par conséquent les effets de l'hydrocotyle asiatique sont très infidèles.

En Amérique l'hydrocotyle est l'un des meilleurs antipsoriques. Ses vertus *diaphorétiques*, *diurétiques*, *excitantes*, *laxatives* lui assurent une large place dans la thérapeutique.

En France l'EXTRAIT HYDRALCOOLIQUE, à la dose de 0,05 à 0,20 par jour, dans les affections *vésiculeuses ou papuleuses qui dépendent d'un vice diathésique* rhumatismal, goutteux, scrofuleux ou syphilitique, a donné de bons résultats.

HYMENODICTYON H. EXCELSUM.

Rubiacée arborescente de Madras dont l'écorce contient l' *hymenodictyonine* C^{20} H^{40} Az^2 de Maylor alcaloïde succédané de la quinoïdine et fébrifuge comme elle.

HYSSOPE HYSSOPUS OFF. L — (Provençal : *Thé de couelo*).

Collines, murs.

Sommités fleuries été, desséchée à l'air elle perd son odeur seulement.

Elle contient 1° une *huile volatile*; 2° une *huile sulfurée* ; 3° un camphre dit *hyssopine*.

L'*huile volatile* donne à l'hyssopine ses qualités *diaphorétiques*

L'*huile sulfurée* et l'*hyssopine* la rendent *excitante, laxative* et l'émonction de ces principes se faisant par les poumons la vitalité de la surface muqueuse en est profondément modifiée, de là les effets anticatarrheux de l'hyssope.

Mais il ne faut pas oublier que ce sont là des phénomènes de révulsion et n'employer l'hyssope qu'après cessation de tout mouvement de phlogose aiguë.

DÉCOCTION $\frac{30 à 60}{1000}$ anticatarrhale.

INFUSION $\frac{10 à 20}{1000}$ diaphorétique.

ICIQUIER AMYRIS AMBROSIANA, L. — *Icicariba.*

Des incisions faites au tronc de cette thérébinthacée arborescente du Brésil s'écoule la *résine élémi* dont le pouvoir *excitant* est mis à contribution dans l'onguent Styrax, d'Arceus, le diachylum et le Baume de Fioraventi. La *résine élémi* est soluble dans l'alcool bouillant qui par refroidissement laisse déposer l'*élémine* résinoïde cristallisée.

L'Iciquier Caraque de la nouvelle grenade donne l'*élémi en pains* du commerce succédané de l'*élémi en caisse* du Brésil.

IF TAXUS BACCATUS, L.

Les baies de cette cupressinée de nos bois contiennent : 1° une *huile* analogue à l'essence de térébenthine, 2° une *résine* âcre.

16

De là leurs propriétés *excitantes* et *commenagogues* semblables aux propriétés de la *sabine*.

La POUDRE DE BAIES SÈCHES cueillies en septembre est employée en Allemagne contre les catarrhes atoniques 0,05 à 0,20 à l'intérieur, en INJECTIONS DÉCOCTION $\frac{20}{1000}$ contre les *flux muqueux et atoniques*.

IMPÉRATOIRE I. OSTRUTHIUM, L. — *Benjoin français*.

Pâturages, Auvergne.

Racine coupée par rouelles et séchée à l'air.

Contient : 1° une *huile volatile* très fugace, 2° une *résine*, 3° un résinoïde cristallisable : *l'impératorine d'Ossan*.

C'est un *excitant carminatif névrosthénique* dont il faudrait reprendre l'étude.

POUDRE 1 à 2.

DÉCOCTION $\frac{20 \text{ à } 30}{1000}$ populaire contre l'*hystérie* dans quelques contrées de la France.

IPECACUANHA I. Off., L. — CEPHŒLIS, *Racine brésilienne, Colicocca*.

La racine de cette rubiacée du Brésil provient commercialement presque toute de la province de Motto Grosso.

L'ipéca annelé gris muni d'une bonne écorce est le meilleur.

Dans cette écorce se trouve le principe vomitif par excellence l'*émétine* $C^{56} H^{40} Az O^{18}$ de Pelletier résinoïde pulvérulent blanc, amer et inodore soluble dans l'eau et l'alcool.

L'écorce de racine d'ipéca contient 16 0/0 d'émétine, le méditullium n'en contient que 5 0/0.

L'action *vomitive* de l'émétine est produite par des doses de 1 à 3 milligrammes suivant l'âge. Mais l'ipéca contient en outre de l'*acide ipecacua- nhique,* des *extractifs,* de la *gomme,* de la *cire,* une *huile concrète* qui tous solubles dans l'eau donnent à l'INFUSION $\frac{5 \text{ à } 10}{1000}$ des vertus *excitantes, révul- sives* sur les muqueuses, *diaphorétiques* et *perturba- trices* générales des secrétions et de la circulation qui font de l'ipéca l'un des agents les plus puis- sants de la médication *contro-stimulante.*

Il y a donc deux manières de se servir de l'ipéca.

Voulez-vous obtenir un simple effet d'évacua- tion, donnez de l'*émétine* quelques milligrammes ou de la *poudre d'ipéca* 0,20 à 0,80 suivant les âges, facilitez la régurgitation par de l'eau tiède et l'effet sera presque immédiat.

Voulez-vous au contraire bouleverser l'état actuel de l'économie, soustraire le malade à des fluxions sollicitées par un refroidissement ou une congestion mécanique sur un point de l'organisme, donnez l'*ipéca* en INFUSION à dose *nauséeuse* la diaphorèse, la diurèse, toutes les crases des secrétions seront troublées par ce grand pertur- bateur de l'économie et vous obtiendrez ainsi au début des maladies *catarrhales* et dans le cours des affections *convulsives* par *surexcitation nerveuse,* ou des *hémorrhagies* et autres *flux par congestion mécanique,* des résultats merveilleux.

Le *tannin* et les *iodures* sont incompatibles avec l'ipéca.

Le SIROP et la TEINTURE sont des préparations que l'on peut utiliser comme *vomitifs,* mais non comme agents *contro-stimulants.*

IRIS IRIS FLORENTINA. L.

Bois et cultures. Provence, Italie.

Rhizôme à la 3e année, éplucher et sécher lentement ; conserver en vases clos.

Le rhizôme d'iris contient : 1º principalement un *résinoïde*, 2º une *huile fixe*, 3º une *huile volatile.*

Le *résinoïde* visqueux et l'*huile fixe,* devenant âcre rapidement, donnent à l'iris des qualités *excitantes, émélo-cathartiques* à l'intérieur.

POUDRE 0,05 à 0,50 inusitée.

Le résinoïde permet à la racine de se gonfler en présence de l'eau. De là l'usage des *pois d'iris* pour le *pansement des cautères.* L'*huile volatile* $C^4 H^3 O$ cristallise en lames nacrées et communique à la racine son odeur de violette. De là l'emploi de la *poudre d'iris* sous les noms de *fard de violette, poudre de violette* pour les cosmétiques, les poudres à poudrer les enfants et les sachets aromatiques.

Parmi les iridées, l'I. Florentina compte un nombre considérable de succédanés, tous émétiques, depuis l'*I. pseudo-acorus* jusqu'à l'*I. ger-*

manica, mais ces émétiques sont bien moins fidèles que l'ipéca, et ne remplissent aucune indication spéciale

De l'IRIS VERSICOLOR, *Glaïeul bleu,* on a extrait un corps pulvérulent brun sombre qui paraît être le vrai principe vomitif des iridées. Ce corps nommé *iridine* ou *irisine* est émétique à 0,05. 0,10.

Dans tous les rhizômes on peut tailler des pois à cautères.

ISOUANDRE I. GUTTA, Hook. *Gettania, Gomme de Sumatra, Gutta-percha.*

De Malatra, Singapour, Bornéo et la Malaisie arrive le *gutta-percha* suc épaissi provenant d'incisions faites au trou de cette sapotacée arborescente.

Le *gutta-percha* contient principalement un principe analogue au *caoutchouc* et deux *résines* solubles l'une dans l'alcool, l'autre dans les essences.

La solution de $\begin{cases} \text{Gutta Percha} & 1 \\ \text{Chloroforme} & 6 \end{cases}$

constitue la *traumaciline* employée pour convertir les plaies de surface en plaies sous-cutanées.

IVETTE TEUCRIUM CHAMŒPITIS. L.
Succédanée de la germandrée.

Ivette musquée TEUCRIUM IVA, L.
Succédanée du TEUCRIUM SCORDIUM.

JABORANDI PILOCARPUS PENNATIFOLIUS. P. PRIMARIUS, Lem.

L'écorce et surtout les *feuilles* de cette rutacée du Brésil contiennent deux alcaloïdes isomériques 1° la *jaborine* $C^{46} H^{34} Az^4 O^8$, $H^2 O^2$; 2° la *pilocarpine* alcaloïde visqueux, amer, soluble dans l'alcool, peu dans l'eau.

Le principe actif est la *pilocarpine* qui, à la dose de un centigramme est éminemment *diaphorétique sialalogue* et augmente les *secrétions aqueuses des bronches.*

Le *jaborandi* est sudorifique sans calorique. Il détermine un véritable *flux aqueux* par les glandes sudoripares, salivaires et les follicules muqueux. Ces effets peuvent être utilisés pour diminuer la *viscosité des crachats bronchitiques* ou lorsque l'on veut obtenir une sudation énergique et rapide.

La *macération* de 4 grammes de feuilles pendant 24 heures dans 200 grammes d'eau produit une sudation de une heure environ mais mieux vaut utiliser le *nitrate de pilocarpine* à la dose de 0,005 à 0,01 soit en *granules* soit en *injections hypodermiques.*

JALAP CONVOLVULUS JALAPA, EXOGONIUM PURGA, IPOMŒA MARCHOUTIA, TOLOUPAH.

Cette *racine* nous vient de la Vera Cruz en balles (Jalap lourd) par opposition à la racine d'IPOMŒA ORIZABENSIS (Jalap léger de Tampico).

La *racine de Jalap* contient principalement :
1° une *fécule*, 2° une *résine*.

La *fécule* est souvent altérée par un bostriche qui en fait sa nourriture.

La *résine* non amère est la partie active du jalap Il importe donc de renoncer à l'usage de la racine et de n'employer en thérapeutique que la *résine*.

La *résine* insoluble dans l'eau, soluble dans l'alcool, est composée de deux résinoïdes aussi actifs l'un que l'autre.

1° La *jalapine* $C^{68} H^{50} O^{32}$.

2° La *convolvuline* $C^{62} H^{50} O^{30}$.

La POUDRE DE RÉSINE, sternutatoire, irritant des muqueuses, purge sans coliques à la dose de 0,20 à 0,80. Son action se porte sur l'intestin grêle principalement, les selles sont cholalogues et conviennent dans tous les cas d'*inertie par dyspepsie atonique ou stase biliaire*.

Mais le jalap est contrindiqué dans toutes les phlogoses intestinales.

La résine à *hautes doses* agit comme émétocathartique.

L'*action du jalap* est augmentée lorsqu'on le donne à l'instant du repas ou après des eupeptiques cholalogues ; c'est un purgatif dont il faut préparer l'effet.

L'*abus du jalap* dans les maladies de l'enfance doit être d'autant plus vigoureusement condamné que les entérites aiguës contrindiquent l'usage de ce médicament trop souvent prescrit à cause de son insipidité.

La TEINTURE 15 à 30 est une bonne préparation pour l'adulte.

JASMIN JASMINUM OFF. L.

Originaire des Indes, cultivé chez nous.

Fleurs dont on extrait, par les corps gras, l'*huile essentielle*.

Est plutôt apprécié par les parfumeurs que pour ses vertus *antispasmodiques*.

Jasmin de la Caroline GELSEMIUM NITIDUM, Mich. — BIGNONIA SEMPERVIVENS, L. — *Jasmin sauvage, J. jaune, J.*

Le rhizôme et souvent la racine aérienne de cette solanacée nous arrivent d'Amérique.

Elles contiennent : 1° une *huile volatile* peu odorante, 2° de l'acide *gelséminique*, 3° de la *gelsémine* $C^{13} H^{14} Az O^3$, amère, inodore, peu soluble dans l'eau, soluble dans l'alcool et l'éther.

La *gelsémine* est entrée dans la thérapeutique comme agent *analgésique*. Elle diminue rapidement les mouvements du cœur et de la respiration. On doit la réserver pour les douleurs *tenaces*.

La TEINTURE est une préparation infidèle l'ALCALOÏDE seul peut être employé avec succès et sans crainte si on le donne au 1/2 milligramme jusqu'à diplopie, dilatation de la pupille et vertiges. Se défier de la paralysie du pneumogastrique et lutter par les excitants et la respiration artificielle contre les symptômes inquiétants d'empoisonnement.

Jasminum floribundum HABITZALIUS, JASMINUM ABYSSINICUM, feuilles contuses comme *tœnifuges*, succédanée du COUSSO.

JEQUIRITY ABRUS PRECATORIUS, Wild. — *Réglisse sauvage.*

Les graines décortiquées et finement pulvérisées de cette papillonacée de la Jamaïque contiennent : 1° de l'*huile essentielle*, 2° de la gomme, 3° de l'*acide abrique*.

La MACÉRATION $\frac{20}{1000}$ est rapidement prise d'une fermentation active analogue à la fermentation acétique à cela près que le *spirille* du vinaigre y est remplacé par un *baccille*.

Cette macération fermentée joue le rôle d'*agent substitutif* dans les *conjonctivités atones*. C'est un procédé douteux de la médecine perturbatrice et un succédané peu avantageux de nos populaires collyres au vinaigre.

JOUBARBE SEDUM genre des crassulacées.
Joubarbe des toits SEMPERVIVUM TECTORUM, L.

Vieux murs.
Feuilles fraîches.

Elles contiennent : 1° un *mucilage*, 2° des sels, 3° un *acide indéterminé*, 4° un résinoïde doux.

APPLICATIONS *emollientes* et *réfrigérantes* sur

les *plaies* et les *hémorrhoïdes enflammées.* Usage populaire.

J. des Vignes, S. TELEPHIUM, L. — *Grasselle, Reprise, Herbe aux charpentiers.*

Bois, vignes.

Feuilles fraîches ou macérées dans l'huile.

Joubarbe rose S. RHODIALA, *Orpin rose.*

Montagnes élevées.

Feuilles à odeur de rose due à une *huile essentielle* céphalique.

JUJUBIER ZIZYPHUS VULGA, L.

Culture, Midi.

Fruits séchés au soleil.

Contiennent : 1° un *mucilage*, 2° du *sucre*, 3° de l'*acide ziziphique*, 4° de l'acide malique

DÉCOCTION $\frac{50}{1000}$ béchiques.

JUSQUIAME HYOSCYAMUS NIGER, L. — *Hamebane, Potelée, Careillade, Herbe aux engelures.*

Terrains incultes, décombres.

Feuilles avant la floraison, mai, sur les plantes de deux ans, séchées à l'étuve.

Racines plus actives, septembre.

Semences plus actives encore, fin août.

Le principe actif de la jusquiame est l'*hyosciamine* $C^{30} H^{17} Az O^2$ (Kletzniski) alcaloïde cristallisant en aiguilles en houppes, soluble dans l'eau et l'alcool, utile à faibles doses, par 1/4 de milligramme, dans *toutes les affections avec contrac-tilité excessive des sphincters.*

L'hyosciamine amène les détentes intestinales, vésicales, sudorales par l'effet antispasmodique réel sur les sphincters et non comme le feraient des incitants des secrétions.

Elle doit être en conséquence réservée pour les cas de *spasme des 'sphincters sans altération organique.* L'hyosciamine n'agit plus dès que l'occlusion est due à un néoplasme phlogosique ou autre.

A doses élevées l'*hyosciamine* amène des phé-nomènes congestifs, des vertiges, le trouble des sens, des vésanies, des hallucinations, le coma et la mort asphyxique.

La nécessité de doser strictement l'*hyoscia-mine* doit faire une loi au médecin de ne jamais se servir, à l'intérieur, des *préparations de jus-quiame toujours dissemblables.* Les vertus *analgé-siques* de la plante se retrouvent dans l'hyoscia-mine.

A l'extérieur les APPLICATIONS DE FEUILLES sur les *engelures enflammées* et *douloureuses,* les *arthrites aigues,* les *douleurs rhumatismales vio-lentes,* produisent d'excellents effets.

L'HUILE DE JUSQUIAME moins efficace est cependant d'un usage journalier.

L'*hyosciamine* est INCOMPATIBLE avec les tan-nins, les iodures et les sels terreux.

KALADANA PHARBITIS NIL.

Les *fruits* de cette convolvulacée d'Amérique, succédanés de la coloquinte agissent comme *purgatif drastique* par leur *résine âcre* soluble dans l'alcool.

TEINTURE 2 à 5. Inusité en France.

KAMALA ROTTLERA TINCTORIA, ROX ECHINUS, H. Bn.

Les *fruits* de cette euphorbiacée de l'Inde sont roulés dans un panier à claire voie ; les poils en étoile de ces fruits, et les glandes sphéroïdales de la base des poils passent à travers le crible et constituent la *partie utilisée* en thérapeutique.

Les *glandes* contiennent une *résine rouge* qui se dédouble en *produit sulfuré acide* et principe cristallisant en aiguilles jaunes : la *rottlérine*. Ces deux substances sont solubles dans l'alcool.

La *rottlérine* $C^{22} H^5 O^6$ est l'agent *tænicide*.

Davaine formule :

Teinture de Kamala	20
Eau	120
Sirop d'écorces d'oranges	20

à prendre en 4 fois d'heure en heure. 30 huile ricin, 2 heures après pour faciliter l'expulsion du botriocéphale mort.

KAVA PIPER METHYSTICUM, AVA-KARSA.

La racine de cette piperacée des Iles Marquises

contient : 1º une *huile* essentielle, 2º une *résine balsamique*, 3º la *havaïne* ou *méthysticine* de Cuzent.

C'est un succédané du cubèbe.

EXTRAIT FLUIDE 20.
Glycérine 60.

Une cuillerée après chaque repas dans les *blennorrhagies* (Bardet).

On prépare avec le kava une boisson fermentée qui procure une ivresse tenant des effets du vin et de l'opium. L'ivrognerie par le kava est l'une des plaies des pays océaniens, elle produit l'hébetude et des dermatoses sèches précédant de peu le gâtisme terminal.

KOLA COLA ACUMINATA, R. Br. — STERCULIA, SIPHONAPSIS, GOUROU, OMBENÉ, NANGOUÉ, KOK-KOROUKOU.

Les *graines* de cette malvacée en arbre contiennent d'après Heckel : 1º *caféine,* 2º *théobromine,* 3º *tannin,* 4º *matières protéiques, grasses et colorantes.*

C'est un succédané du café et un bon *tonique analeptique.*

KOUSSO v. COUSSO.

KRAMERIE v. RATANHIA.

LAICHE CAREX ARENARIA, L. — *Salsepareille d'Allemagne.*

Cette cyperacée sert souvent à falsifier la salsepareille. La *racine* de *laiche* est moins ridée.

La *racine fraîche* contient une *huile essentielle aromatique* qui rend légèrement *diaphorétique* l'INFUSION $\frac{30}{1000}$.

LAITUE Genre des synanthérées chicoracées.

A. **Laitue cultivée** LACTUCA SATIVA, L. — *Variétés : L. pommée, L. officinalis; L. Romaine, L. Romana ; L. épinard, L. laciniata ; L. chicorée. L. palmata : L. frisée, L. crispa.*

B. **Laitue vireuse** LACTUCA VIROSA, L — *Laitue sauvage. L. fétide. Lerceron. Méconide.*

C. **Laitue du Caucase** L. ALTISSIMA. *Laitue d'aubergier.*

Toutes ces plantes, dans leur jeune âge, ont des feuilles comestibles, les unes douces et mucilagineuses, les autres amères en raison d'un résinoïde. Elles sont mangées en salades considérées comme rafraîchissantes ou toniques suivant leur douceur ou leur amertume. Lorsque les *laitues montent*, des vaisseaux lacticifères se développent sur la tige, et, avant la floraison, si l'on incise ces vaisseaux, il s'en écoule un suc qui s'épaissit à l'air et constitue le LACTUCARIUM recueilli et séché au soleil.

Si on contuse les tiges, et si on en exprime le suc par compression on obtient le THRIDACE que l'on retrouve, dans le commerce, en rondelles desséchées

Le THRIDACE presque abandonné de nos jours était considéré autrefois comme *hypnotique doux*. La LAITUE ROMAINE qui produit plus de thridace est elle-même encore l'*hypnotique* du peuple : CŒUR DE LAITUE *en décoction* pour assurer le sommeil.

SIROP DE THRIDACE :

Thridace	10
Eau	80
Sirop	750

par cuillerées comme hypnotique doux.

Eau de laitue véhicule des potions calmantes.

Mais depuis que Duncan a mis à l'étude le lactucarium, le thridace est démodé ; il est entièrement condamné depuis la fortune d'Aubergier.

Remontons contre le flot de l'enthousiasme et cherchons les qualités réelles du *lactucarium*. Ce produit a ébloui les hautes sphères parce qu'on l'a présenté sous le nom pompeux d'*opium français*. En somme rien ne prouve que ses effets cliniques soient supérieurs à ceux du thridace, aucune préparation de lactucarium n'est fidèle en ses effets, pas même le *sirop d'Aubergier* qui doit ses qualités à l'extrait d'opium, et si l'on n'avait pas fait autour de ce produit un véritable tapage de réclames savamment ourdies il ne serait pas entré dans la thérapeutique routinière.

Les principes réellement actifs des laitues sont : 1° la *mannite* ; 2° l'*asparagine* ; 3° les *résines* ; 4° surtout le *lactucin*.

La *mannite* et les *résines* donnent aux laitues leurs vertus laxatives.

L'*asparagine* leur qualité diurétique.

Le *lactucin* résinoïde amer est l'agent narcotique doux. Il agite à la dose de 0,006 à 0,02. Mais des études nouvelles sont à faire pour obtenir un produit fixe, toujours identique dans sa composition et jusqu'à ce que ce produit soit facile à obtenir la médecine pratique doit n'escompter qu'avec restriction les effets des préparations de laitue.

LAMIER BLANC LAMIUM ALBUM, L. — *Ortie blanche.*

Lieux incultes et humides.

Fleurs en mai, mondées et séchées, elles se trouvent dans le commerce sous le nom de *fleurs d'ortie.*

Cette *labiée stachydée* a des vertus astringentes qu'il faut rapporter à son *tannin.*

L'INFUSION $\frac{20 \text{ à } 80}{1000}$.

Suc 30 à 60.

LAMINAIRE LAM. DIGITATA, Lamx FUCUS DIGITATUS, L. — *Baudrier de Neptune.*

Les lanières desséchées de cette algue-fucacée contiennent de l'*iode* et surtout de la *physcite* substance hygrométrique se gonflant comme les mannites sous l'influence de l'eau. De là l'emploi des fibres de laminaire pour obtenir l'élargissement des trajets-fistuleux.

LAURIER CAMPHRIER V. *Camphre.*

LAURIER CANNELIER. V. *Cannelle.*

LAURIER CERISE CERASUS LAURO-CERASUS.
Laurier amande. — *L. à lait. Laurine.*

Les feuilles de cette rosacée amygdallée contiennent de la *sypnatase* et de l'*amygdaline* qui par action réciproque donnent naissance au contact de l'eau à une *essence cyanique* analogue à l'*hydrure de Benzoïle* C^{14} H^6 O^2.

LES FEUILLES de laurier-cerise doivent donc leurs propriétés médicinales et toxiques à l'*acide cyanhydrique* et l'INFUSION de feuilles fraîches doit être faite de telle manière qu'elle soit expurgée de l'*huile essentielle* et qu'elle ne contienne au maximum que 50 milligrammes pour cent d'acide cyanhydrique.

L'HUILE ESSENTIELLE correspond à la formule C^{20} H^{10} et sa présence dans l'eau de laurier-cerise est marquée par le degré de lactescence de cette eau.

LE MOMENT DE LA RÉCOLTE influe sur la valeur relative des feuilles au mois de juillet et août, les quantités relatives d'essence et d'amygdaline sont plus fortes que jamais, de là la nécessité de faire la cueillette à ces mois et par un temps entièrement sec.

Les vertus *antispasmodiques* et *antinévralgiques* de l'eau de laurier-cerise correspondent principalement à l'acide cyanhydrique qu'elle contient.

17

et qui la rendent esssentiellement *paralysanta* des extrémités nerveuses.

Les vertus *antiprurigineuses* et *cicatrisantes* de l'eau de laurier cerise sont au contraire plus particulièrement dues à l'*essence*.

LAURIER NOBLE LAURUS NOBILIS L. — *L. d'Apollon. L. Franc. L. Sauce.*

Les *baies* contiennent une *essence* C^{20} H^6 O où *laurine* espèce de camphre qui leur donne les vertus *stimulantes apéritives et carminatives.*

L'INFUSION DE BAIES $\frac{10 \text{ à } 20}{1000}$ est employée avec succès dans les *dyspespsies atoniques* pour stimuler l'appétit.

L'HUILE DE LAURIER du commerce n'est qu'un mélange d'axonge colorée par des feuilles de laurier et de sabine. Elle n'est employée qu'en hippiatrique comme vulnéraire.

LAVANDE LAVANDULA VERA, L.
Cultivée, jardins.

Lavande stœchas L. STŒCHAS, L.
Provence, Algérie.

Lavande spic L. SPICA, L. ASPIC, L. MALE, *Faux nard.*
Provence, Algérie montagnes.

Les sommités fleuries des trois espèces doivent être recueillies avant la floraison complète, desséchées à l'air libre et conservées en bottes.

Les lavandes contiennent 1° du *tannin;* 2° un

principe amer; 3° un *résinoïde camphré;* 4° une *huile essentielle, l'huile de spic.*

Le tannin rend les lavandes légèrement *astringentes,* le principe amer leur donne des vertus *toniques,* le *résinoïde* camphré est similaire du camphre des laurinées, mais plus *excitant* et plus *antiseptique,* enfin l'*huile de spic* est l'agent le plus actif, il répond à la formule $C^{20} H^{16}$ et fige le globule sanguin à la manière des huiles essentielles.

De là, la plus grande valeur du *lavandula spica* qui contient le maximum d'essence.

Considérées dans leur ensemble les *sommités de lavandes* sont toniques, antiseptiques et excitantes. Elles conviennent 1° en SACHETS et en FUMIGATIONS SÈCHES comme antiseptique ; 2° en INFUSION $\frac{5 à 10}{1000}$ comme excitant dans les *maladies atones* et les *marasmes avec décompositions pyoïdes ou putrides et tendance à la septicémie sans fièvre ;* 3° en LOTIONS INFUSIONS $\frac{15 à 40}{1000}$ dans les secrétions *séreuses, sanieuses, atones, pyoïdes, putrides.*

Mais il faut s'abstenir de toutes les préparations de lavande dans les affections fébriles ou inflammatoires, et ne pas mésuser de l'*huile de spic,* même comme parfum, surtout chez les personnes sujettes aux migraines congestives.

LÉDON LEDUM PALUSTRE, L. — *Romarin sauvage. Olivier de bohême.*

Vosges, lieux humides et marécageux.

Cette rhodéracée contient une *huile essentielle,* rougissant le tournesol par l'*acide lédamique* et ayant pour stéaroptène un *camphre.* L'essence de Ledum est isomère de l'essence de térébenthine.

INFUSION $\frac{8^{à}15}{1000}$ *Tonique.*

HUILE en applications contre les *teignes* et les *affections parasitaires de la peau.*

LEPTANDRE LEPTANDRA VIRGINICA.

Le rhizome de cette scrofulariée herbacée du Canada abandonne à l'alcool un principe composé connu sous le nom de *leptandrin commercial.*

Du leptandrin commercial Lloyd extrait 1° Le *leptandrin,* substance cristalline très amère soluble dans l'eau et l'alcool ; 2° un *principe amer* qui paraît très actif tonique.

Le LEPTANDRIN COMMERCIAL se donne comme antidiarrhéique 0,10 à 0.30. On l'utilise surtout avec quelque succès dans les *diarrhées des dyspepsies atones.*

LENTISQUE PISTACIA LENTISCUS, L.
Algérie.

A Chio on en extrait par incisions, la résine connue sous le nom de *mastic.*

L'EXTRAIT DE LENTISQUE 0,10 à 0,30 est fort en honneur contre la *diarrhée des pays chauds.* On fait surtout grand usage des pilules algériennes :

Extrait de lentisque	1
Extrait thébaïque	0,06
Poudre d'ipéca	0,25
Myrrhe	0,50

En 10 pilules, 3 par jour. (Réveil).

LIANE A RÉGLISSE v. JEGUIRITY.

LICHEN D'ISLANDE L. ISLANDICUS, L. — *Cetraria, Physcia.*

Rochers et arbres. Vosges, Islande, etc.

Le débarrasser des matières impures sitôt après la récolte, car il se raccornit rapidement.

Le lichen d'Islande agit principalement 1° par son principe amer le *cétrarin* $C^{36} H^{16} O^{16}$; 2° par son principe mucilagineux la *lichénine* ou amidon de lichen $C^{10} H^{10} O^{10}$.

Le *cétrarin* soluble dans l'eau bouillante, où il déplace l'acide carbonique des carbonates pour former des cétrarates, est le principe tonique du lichen d'Islande. Dans les préparations usuelles de lichen le cétrarin n'est donc jamais pur (il serait insoluble), il se mêle au principe mucilagineux sous forme de cétrarates alcalins ou de lichenstéarates. Il agit en ces cas comme tonique amer, fébrifuge, et peut être de quelque utilité dans les *cachexies avec mouvement pyrétique lent.* Il convient donc, dans les tuberculoses et les dyserasies fébriles de donner l'*infusion amère de lichen* si l'on veut utiliser les *vertus toniques et antipyrétiques* de la plante.

INFUSION $\frac{10 \text{ à } 60}{1000}$.

L'Infusion de lichen d'Islande n'est pas seulement tonique, le cétrarin lui donne en outre des *vertus laxatives* qui se développent lentement et

ne permettent pas de continuer longtemps l'usage
de cette préparation ; même dans les cas où elle
paraît modifier la fièvre vespérine il faut veiller
à cette action secondaire du lichen et en suspendre l'emploi dès que le mouvement diarrhéique
s'accentue.

Si l'on veut recourir aux seules vertus adoucissantes du lichen, il faut le débarrasser du cétrarin
par blanchiment, jeter cette première eau, et
reprendre la LICHENINE de la plante par décoction.
La *tisane* est alors *analeptique et sédative.*

DÉCOCTION $\frac{30 \text{ à } 60}{1000}$.

GELÉE, SIROP, CHOCOLAT, SACCHARURE mêmes
vertus sédatives.

Lichen pyxidé L. PYXIDATUS, L.

Lichen pulmonaire L. PULMONAIRUS, L.
Succédanés du lichen d'Islande.

LIERRE TERRESTRE GLECOMA HEDERACEA,
L. — *Rondote, calamente, chamécisse.*

Haies, murs, vergers.

Cette labiée-népetée doit son odeur à une *huile*
essentielle et sa saveur amère balsamique à une
résine. Elle contient en outre un *mucilage* lénitif.

L'INFUSION $\frac{10 \text{ à } 40}{1000}$ est excitante légèrement sudorifique et secondairement sédative. De là son
emploi dans les *toux catarrhales avec affadissement*
des muqueuses.

Lierre HEDERA HELIX, L.

Contient en outre de l'*huile essentielle* et de la *résine* commune avec le lierre terrestre, une *gomme résine* styptique et purgative, abondante surtout dans les *baies.* On a tenté de l'employer, sans succès, contre la syphilis. Les qualités vulnéraires de la *décoction* aqueuse et de la *macération* alcoolique des feuilles et des baies de lierre sont vantées par les paysans du midi, mais aucun travail sérieux n'a été fait à cet égard.

LIN LINUM USITATISSIMUM, L.

Culture.

La graine.

Elle agit principalement 1° par le *mucilage ;* 2° par l'*huile grasse.*

Le *mucilage* contient un principe cristallisable, la *linine* de Pagenstecher, qui est essentiellement émollient. Il contient en outre de l'*arabine et des sels.* Tous ces principes sont solubles dans l'eau froide. De là la valeur *émolliente* certaine de **l'infusion à froid** de graines de lin connue sous le nom de *mucilage de lin* $\frac{1}{5}$ eau.

La graine de lin traitée par l'eau bouillante abandonne en plus de la *bassorine* et l'*huile grasse* essentiellement siccative agissant comme un purgatif par indigestion. De là les *vertus laxatives* de la TISANE DE GRAINES DE LIN $\frac{10 \text{ à } 20}{1000}$.

L'*huile de lin* est contenue dans l'amande. Elle rancit rapidement à l'air, elle devient en ces cas très excitante et produit des exanthèmes par contact. De là les éruptions qui surviennent sur les régions où l'on applique des CATAPLASMES DE FARINE DE LIN faits avec de vieilles farines.

Les explications précédentes serviront de guide pour les préparations de lin, intus et extra. Voulez-vous recourir aux vertus lénitives du lin, employez des préparations faites à l'eau froide ou tiède. Voulez-vous obtenir des *effets purgatifs ;* traitez par l'eau bouillante les farines ou les graines.

L'HUILE DE LIN en nature, fraîche, est le meilleur laxatif que nous possédions. A la dose d'une cuillerée à café tous les matins elle amène des selles tendres fort utiles pour diminuer les *douleurs des hémorrhoïdaires ;* mais à mesure que l'huile de lin vieillit et rancit ses effets purgatifs s'accentuent et deviennent même drastiques.

Les instruments de chirurgie dits en *gomme élastique* sont formés d'huile de lin séchée autour de moules en toile.

LIQUIDAMBAR LIQ. ORIENTALE, L.

L'écorce de cette balsamifluée asiatique, traitée par ébullition dans l'eau de mer donne le STYRAX.

Le *styrax* qui, mou d'abord, devient solide à la surface par concrétion d'acide cinnamique, agit principalement par deux principes : le *styrol*

$C^{16} H^8$ huile volatile analogue à la benzine dissolvant le soufre, le phosphore, l'alcool ; 2° la *styracine* $C^{36} H^{16} O^4$ résine à base d'acide cinnamique et d'acide benzoïque qui semblent être les principes excitants réels du styrax.

Les préparations de styrax pour l'usage interne sont actuellement abandonnées. Elles font d'ailleurs double emploi avec les préparations de baume de copahu.

La forme usuelle est l'*onguent styrax* excellent *pour raviver les plaies indolentes ou frappées de gangrène pultacée même d'origine parasitaire.* Les bons effets du styrax seront surtout appréciés si on acidifie la surface de la plaie avec un jus de citron.

Le styrax est l'un des agents antiseptiques les plus efficaces lorsque la septicité provient d'une cause microbienne

LISERON SCAMMONÉE CONVOLVULUS SCAMMONIA, L.

Alep. Orient, Syrie.

Résine de la racine.

Par incision du collet de la racine ou par évaporation à consistance du suc de la plante.

C'est la *résine,* glycoside insipide, inodore, soluble dans l'alcool et l'éther qui est le principe actif de la scammonée. La résine seule produit des *effets purgatifs* certains à la dose de 0,30 à 0,80.

Elle s'émulsionne, facilement dans le lait alcalinisé par le bicarbonate de soude, et peut s'incorporer dans les chocolats et les biscuits sans être altérée par la cuisson.

C'est un purgatif hydragogue, n'occasionnant pas de coliques et rendant de réels services dans toutes les *affections avec flux séreux abondants.*

Ne jamais prescrire la racine qui contient, suivant la provenance et les conditions de végétation des quantités très diverses de résine.

Liseron soldanelle *C. soldanelle,* L.

Liser. sepium GRAND LISERON, **Liser. des champs** PETIT LISERON succédanés indigènes de la scammonée, autrefois utilisés en décoctions laxatives contre les hydropisies, trop négligés de nos jours.

LOBÉLIE LOBELIA INFLATA, L. — *Indian tabacco.*

Amérique du Nord. France culture.

Les fleurs de cette campanulacée annuelle agissent par la *lobéline,* de Proctor, glycoside soluble dans l'eau et l'alcool.

La TEINTURE au $\frac{1}{5}$ est la meilleure et la plus usuelle des préparations Elle agit à la dose de 1 à 2 grammes dans les 24 heures contre l'asthme, elle paraît surexciter d'abord les muscles de Résius, mais elle les déprime si l'on continue l'usage et elle amène des perturbations des centres bulbaires si l'on pousse les doses. Il ne convient donc d'employer la teinture de lobélie que pour *calmer les accès* et avec réserve.

L'*élixir de green*.

Iodure de potassium	6
Décoction de polygala	100
Teint de lobélie	25
Teint d'opium camphré	25

agit plus par l'iodure que par la lobélie. On peut s'en convaincre en prescrivant l'iodure à hautes doses dans les cas où l'on prescrit l'élixir. La lobélie n'a de véritables effets que si on l'utilise momentanément contre l'inertie nerveuse de l'accès.

Ne jamais prescrire la teinture dans des tisanes chaudes, la chaleur détruisant la lobéline.

Lobélie syphilitique L. SYPHILITICA, L.

Plante excitante de l'Amérique du Nord, succédanée de la lobélie enflée, sans autre valeur.

LUPIN LUPINUS ALBUS, L.

Les graines de cette petite légumineuse contiennent une fécule amère pourvue d'un *résinoïde* purgatif et excitant.

La DÉCOCTION est estimée par les paysans comme laxative, emménagogue et anthelminthique. Mais c'est surtout aux CATAPLASMES de FARINE qu'ils ont confiance comme maturatifs

dans les phlegmons indolents. Cette plante indigène mériterait d'être expérimentée.

LYCOPERDON L. BOVISTA Bull. *Vesce du loup,*
Boviste.

La poudre de ce champignon est *hémostatique*
d'une façon indubitable. Elle peut rendre service
dans la médecine des campagnes.

LYCOPODE L. CLAVATUM, L. — *Herbe aux*
massues. Soufre végétal.

Les microspores de cette lycopodiacée sont
récoltés dans les pays montagneux de la Suisse,
des Vosges, de l'Allemagne avant la déhiscence
des microsporanges.

Les microspores *(soufre végétal)* contiennent :
1° une *fécule,* 2° une matière azotée la *pollénine.*

Ils agissent comme absorbants mécaniques,
interceptant le contact de l'air.

MAÏS ZŒA MAÏS, L. — *Blé de Turquie, Blé*
d'Espagne, Gros millet des Indes.

Culture dans le Midi.

Les fruits et les stigmates de cette graminée
sont utilisés.

Les *stigmates* sont recueillis dès qu'ils sortent
des bractées. Ils contiennent un *glycoside amer,*
soluble dans l'eau, des *sels* et une *mannite.* Ces

principes rendent la DÉCOCTION de stigmates de maïs, $\frac{10 \text{ à } 40}{1000}$, diurétique.

L'emploi de la tisane de stigmates de maïs est indiqué dans toutes les affections chroniques où la diurèse est peu abondante.

Les *fruits* ou *grains de maïs* empruntent leur valeur nutritive à l'*amidon,* à la *dextrine* et aux *matières azotées* qui entrent dans leur composition. Mais, à cause même de ces matières azotées les préparations de maïs doivent être prises sitôt préparées; elles fermentent et s'acidifient rapidement.

MANIHOT JATROPHA MANIHOT, L. — *Manioc.*

De la racine de cette euphorbiacée des régions tropicales de l'Amérique on extrait une pulpe qui projetée sur des plaques chaudes donne le *tapioca.*

Le tapioca, riche en *fécule,* en *sels* et en *matières azotées* est un aliment de digestion facile et de saveur agréable.

MARCHANTIE MARCHANTIA POLYMORPHAX, L.

Hépatique, autrefois considérée comme diurétique et douée d'une action spéciale sur le foie.

DÉCOCTION $\frac{60}{1000}$ dans du vin blanc.

CATAPLASMES contre les escites par dégénérescence du foie. Inusitée de nos jours.

MARJOLAINE ORIGANUM MAJORANA, L.

Cette labiée est excitante et carminative par l'*huile volatile* et l'*acide thymique* qu'elle contient.

INFUSION $\frac{10 \text{ à } 20}{1000}$.

POUDRE *sternutatoire.*

MARRONNIER D'INDE ŒSCULUS HIPPOCAS-TANUM, L.

L'écorce de cette hippocastanée, récoltée au printemps, contient du *tannin* et de l'*œsculine* $C^{44} H^9 O^{10}$ amère et cristallisable. Elle est astringente et fébrifuge.

Les paysans de certaines contrées du midi se servent de la MACÉRATION CONCENTRÉE d'écorce de marronnier dans l'eau tiède ou l'alcool en *applications,* pour couper les fièvres intermittentes.

Il est certain que ces applications tièdes, continues, ont l'avantage d'amender les accès et sont un adjuvant du traitement. Que la macération se fasse dans l'eau tiède ou l'alcool le principe actif est dissous ; mais il faut se garder d'employer l'eau bouillante qui ne dissout pas l'esculine.

Les MARRONS contiennent de l'*esculine* et de la *fécule.* La *macération de marrons* dissout presque toute l'esculine et devient très amère. De là son utilité dans les *névralgies rebelles,* intus et extra.

La TEINTURE ALCOOLIQUE A FROID $\frac{1}{5}$ à la dose de 4 à 8 grammes agit contre les *gastralgies atoniques des fièvres d'accès*.

Les travaux de Parmentier et ceux plus récents

de Thibierge et Remilly, prouvent que l'esculine est incompatible avec les alcalins à tel point qu'en lavant la pulpe des marrons dans une solution alcaline on peut la dépouiller de son esculine et obtenir une fécule, analogue à celle de châtaigne bonne pour l'alimentation.

MARRUBE MARRUBIUM VULGARE, L.

Lieux incultes.

Récolte à floraison avant graines.

Cette labiacée contient un principe mal déterminé la *marrubine* de Thorel qui, d'après l'auteur serait fébrifuge à l'égal du sulfate de quinine.

Laissant pour mémoire cette assertion nous retrouvons dans le marrube les qualités excitantes des labiées avec une tendance spéciale à déterminer des *flux actifs sur les parties congestionnées* de telle sorte que l'INFUSION concentrée de marrube $\frac{80 \text{ à } 100}{1000}$ donnée chaude par quart de verre, est singulièrement efficace pour déterminer le molimen hémorrhagique, l'expulsion des crachats, les sueurs, la miction abondante toutes les fois que l'économie est prédisposée à ces crises.

MARUM TEUCRIUM MARUM, L. — *Germandrée maritime, Pied de chats, Petite herbe aux chats.*

Collines voisines de la mer Méditerranée.

Belle saison, floraison.

Cette labiée est un succédané de la germandrée *Petit chêne* (v. ce mot) dont elle a les vertus toniques et en plus elle possède une partie des qualités du *Marrube* (v. ce mot).

L'analyse en est à faire.

INFUSION $\frac{8 \text{ à } 30}{1000}$.

MATÉ ILEX PARAGUARIENSIS, A. S. H. — *Thé du Paraguay, des missions.*

Les feuilles de cette célastrinée, desséchées au feu et réduites en poudre renferment de la *caféine,* de la *résine* et un *glycoside.* Elles se rapprochent des thés par leurs éléments chimiques et leurs effets physiologiques.

INFUSION $\frac{30 \text{ à } 60}{1000}$ en forçant les doses on obtient la surexcitation du bulbe et des vomissements. Le maté, mêlé en petites masses au thé, enlève à l'infusion de ce dernier son goût âpre.

MATICO PIPER ANGUSTIFOLIUM et autres pipéracées voisines.

Les feuilles de ces arbustes du Pérou contiennent : 1° une *huile essentielle,* éthyle de camphre, 2° du *tannin,* 3° une *résine,* 4° un principe amer, le *maticin,* brun, soluble dans l'eau et l'alcool.

L'*huile essentielle* a été vantée comme antiblennorrhagique à la dose de 0,10 à 0,30.

L'INFUSION CONCENTRÉE de feuilles $\frac{10 \text{ à } 20}{1000}$ est très astringente et convient surtout dans les *hémorrhagies fluxionnaires.* Elle agit principalement par le maticin et par le tannin.

L'éther, les alcalis tous les corps qui précipitent le tannin sont incompatibles avec le matico.

MATRICAIRE MATRICARIA PARTHENIUM, L.— *Espargoutte.*

Les fleurs de cette composée seneçoïdée contiennent un *principe amer,* fébrifuge et une *huile essentielle,* très odorante, piquante et forte.

Autrefois la matricaire était très estimée comme *anti-hystérique* surtout on ordonnait en CATAPLASMES SES FLEURS CONTUSES contre les *migraines cataméniales* et l'INFUSION en LAVEMENTS dans les *amenorrhées par atonie.* Chomel en faisait grand cas.

L'HUILE ESSENTIELLE ou pour mieux dire la *teinture éthérée* par macération. Ether, Q. S. pour baigner les fleurs ; faites macérer 24 heures et filtrez, en inspirations nasales et en frictions sur le front m'a souvent réusssi contre les *migraines des anémiques.*

MATRICAIRE CAMOMILLE (v. CAMOMILLE).

MAUVE MALVA SYLVESTRIS, L. — *Grande mauve,* MALVA ROTUNDIFOLIA, L. — *Petite mauve.*

Lieux incultes, fleurs l'été, feuilles en juin-juillet par temps très sec. Conserver à l'abri de la lumière et de l'humidité, agissant par le *mucilage* qu'elles contiennent.

INFUSION $\frac{10 à 20}{1000}$.

DÉCOCTION $\frac{30 à 50}{1000}$.

CATAPLASMES cuits lentement et à feu doux.

Mauve musquée hors d'usage.

18

MÉLALEUQUE CAJEPUT M. CAJAPUTI, Roxb. M. *Minor* Smith.

Iles Moluques

Des *feuilles* de cette myrtacée-liptospermée on extrait par distillation une *essence* $C^{20} H^{18} O^2$ liquide et verte.

L'essence de cajeput est *stimulante* et *sudorifique* à la dose de 20 à 50 gouttes en oléosaccharure.

MELÈZE LARIX EUROPŒA, L.

Conifère arborescent des montagnes d'Europe.

Des entailles de son écorce suinte un suc oléo-résineux connu sous les noms de TÉRÉBENTHINE *Suisse*, de *Venise*, *pure fine*, de *Briançon*, *officinale*.

Cette TÉRÉBENTHINE contient principalement 1o des *huiles volatiles*, 2o des acides *pinique*, *sylvique* et *succinique*, 3o une *résine*, 4o un *extractif amer*.

La désassimilation de la *térébenthine* se fait par les reins et les affections catarrhales ou blennorrhéïques des organes vésico-uréthraux sont sensiblement modifiées par l'usage de ce stimulant anesthésique.

TÉRÉBENTHINE CUITE 0,30 à 2 par jour en pilules.

La térébenthine a un pouvoir adhésif remarquable que l'on utilise dans les emplâtres $C^{18} H^{16}$.

L'*essence de térébenthine* obtenue par distillation est encore plus analgésique que le produit mère.

La solubilité de l'*essence* dans l'huile et l'alcool rendent fréquents l'emploi de cet agent dans les *liniments* contre les névralgies.

On extrait de la térébenthine une foule de produits secondaires dont les applications diverses figurent dans tous les formulaires.

La *térébenthine et son essence* ont une action locale excitante du contact sur la peau et la muqueuse de là les *éruptions vésicoïdes* qui surviennent après l'usage des liniments ou des épithèmes.

MELILOT MELILOTUS OFFICINALIS, L.— *Trèfle de cheval.*

Prés, haies, bois.

Sommités fleuries, séchées ou bouquets en été.

Le principe immédiat du mélilot est la *coumarine* $C^{18} H^6 O^4$ cristallisant en prismes, peu soluble dans l'eau froide, soluble dans l'eau chaude, l'alcool et l'éther c'est un agent anesthésique hypnotique faible.

Aussi les vertus du mélilot sont-elles problématiques bien que le peuple y ait souvent recours contre les *coliques venteuses.*

MÉLISSE OFF. MELISSA OFF., — *Citronnelle, Piment des roches, Ponchirade.*

Lieux incultes.

La plante en fleurs, sans la racine, séchée rapidement.

Cette labiée agit : 1° par son *huile essentielle*

chaude, nervine, excitante susceptible de rancir, vers la fin de la floraison ce qui donne alors à la plante l'odeur de punaise ; 2° par son *principe amer* tonique comme celui des labiées.

L'action de la mélisse est rapide, presque instantanée et fugace, elle est un agent précieux pour révivifier subitement les stimulents nerveux, mais elle est inapte à donner des forces réelles. C'est le médicament par excellence des *syncopes* et des *débilités nerveuses.*

INFUSION $\frac{8 \text{ à } 10}{1000}$.

ALCOOLAT 2 à 8 dans une potion.

EAU DES CARMES 1 à 4 sur du sucre ou dans très peu d'eau.

MENTHE OFF. M   PIPERITA, L. — *Menthe poivrée.*

Culture.

La plante est d'autant plus active qu'elle provient d'un pays plus froid, d'où la supériorité de la *menthe anglaise.*

Feuilles et sommités fleuries, séchées rapidement. Rejeter toute menthe sans odeur ni saveur.

Les feuilles de cette labiée contiennent une *huile volatile, essence de menthe* $C^{20} H^{20} O^2$ qui par abaissement de température laisse se condenser un stéréatoptène le *menthol.*

L'*essence de menthe* est stimulante, diaphorétique, emménagogue, antiémétique Toutes ces vertus se retrouvent dans l'INFUSION $\frac{8 \text{ à } 10}{1000}$.

L'action spéciale de l'INFUSION sur la *diminution du lait chez les nourrices,* est certaine. Il n'est pas de meilleur agent pour faciliter la *disparition de la secrétion du lait après le sevrage*

L'infusion est-elle un agent d'*excitation génésique* comme l'a écrit Diascoride ? Cette question est plus difficile à résoudre, mais à coup sûr l'élimination du stéréatoptène se fait par les urines dont il facilite l'*émission dans les cas d'atonie nerveuse.*

Le MENTHOL est un analgésique puissant lorsqu'il est pur. Au point de vue le *menthol* qui se dépose, au fond des flacons contenant de l'essence de menthe, par simple refroidissement, a une action certaine lorsqu'on l'emploie en *frictions sur les régions douloureuses* dans *les migraines avec éréthysme cutané.*

Le MENTHOL DU COMMERCE EN CÔNES ayant subi une oxydation qui le transforme en *menthine* et englobé dans de la parafine n'a plus la .puissance analgésique du menthol pur. Il ne peut être qu'un adjuvant peu sérieux du traitement.

MENTHA CRISPA et toutes les autres succédanées de peu de valeur.

MENYANTHE M. TRIFOLIATA, L. — *Trèfle d'eau.*

Lieux humides, marécageux.

Fleurs fraîches, feuilles sèches en été.

Cette gentianée agit : 1º par son *principe extractif amer,* d'où l'on extrait une substance cristallisable en aiguilles satinées la *ményanthine*, 2° par une *résine âcre*.

De là les *vertus toniques* de la ményanthe et ses effets *éméto-cathartiques* quand on en abuse.

Décoction $\frac{30 \text{ à } 60}{1000}$ que l'on peut utiliser dans les traitements des anémiques par la diète lactée.

MERCURIALE M. ANNUA, L. — *Foirole, Rimberge, Ortie bâtarde, Coquenlit* (Provençal : *Cagarello*).

Plante dioïque, jardins.

Tiges fleuries autant que possible, fraîches, cueillies avant la graine.

Cette euphorbiacée contient : 1° une *huile essentielle*, 2° un *résinoïde gommeux* auquel on doit attribuer ses principales propriétés laxatives, 3° un alcaloïde la *mercurialine* ptomaïne très vénéneuse qui se développe surtout dans la mercuriale échauffée par un commencement de putréfaction et dans l'espèce M. PERENNIS bisannuelle, toxique.

La mercuriale fraîche abandonne au miel son principe résinoïde de là les effets laxatifs du *lavement mercurial*.

Mellite mercurial	30 à 60
Eau	250

Le MELLITE MERCURIAL s'obtient par digestion du suc frais de mercuriale dans partie égale de miel.

Les CATAPLASMES *de mercuriale* sont considérés par les paysans comme doués d'un vrai pouvoir laxatif émollient.

La DÉCOCTION $\frac{30 \text{ à } 60}{1000}$ est un laxatif d'autant plus agréable qu'on peut en continuer longtemps l'usage dans les cas de *constipation rebelle*.

La même décoction est souvent employée comme véhicule des vermifuges. Cette pratique populaire a du bon et le *miel mercurial* est tombé mal à propos en désuétude depuis quelques années. C'est un adjuvant utile dans les circonstances où l'*on veut faciliter les selles* sans provoquer une réelle purgation.

MIMOSA MIMOSA COCHLEOCARPA, ACACIA COCH. Mart.

Brésil.

L'ÉCORCE chargée en *tannin* et en *résinoïde* est très vantée contre les *leucorrhées avec tendance aux hémorrhagies*.

ECORCE EN POUDRE 0,20 à renouveler toutes les 3 heures $\frac{30 \text{ à } 60}{1000}$ DÉCOCTION pour INJECTIONS. — Tous les mimosas à écorces âpres et sapides ont les mêmes propriétés.

MORELLE v. DOUCE-AMÈRE.

MOLÈNE VERBASCUM THAPSUS, L. — *Bouillon blanc, Grand chandelier*, H. St-Fiacre.

Fleurs et feuilles fraîches, champs, agissent par un *mucilage abondant*. Cette personnée contient en outre un principe narcotique analogue à la *dulcamarine*.

Elle est très vantée comme émolliente. Les FOMENTATIONS de décoction de bouillon blanc n'amènent pas le relâchement atonique qui suit l'usage des fomentations de mauve.

Quinlain fait grand éloge des fleurs de molène dans le début de la tuberculeuse ?

Les FLEURS séchées et conservées à l'abri de la lumière sont très béchiques. INFUSION $\frac{10 \text{ à } 15}{1000}$.

MONESIA CRYSOPHYLLUM BARANHEIM, R. — Écorce du Brésil.

L'écorce de cette sapotacée et de plusieurs espèces voisines contient : 1º du *tannin,* 2º une matière analogue à la saponine, la *monésine,* en écailles jaunes, soluble dans l'eau et dans l'alcool.

Ce mélange de monésine et de tannin est fort bien digéré, sans occasionner de pincement d'estomac et convient dans les *anémies compliquées de dyspepsies.*

C'est sous forme d'EXTRAIT qu'il convient le le mieux de le prescrire, de 2 à 4 grammes par jour fractés.

MONNINIA M. POLYSTACHIA, *Yulloy.*
Amérique du Sud.

L'écorce contient un mélange de résines et une gomme-résine la *monninine* expectorante et astringente.

INFUSION d'écorce $\frac{10 \text{ à } 20}{1000}$.

Monninine en poudre 0,10 à 0,60.

MOUSSE DE CORSE SPHŒROCOCUS HELMIN-
THOCORTON, Ag. — *Fucus, Gigartine, Coralline,
Varech, Mousse de mer.*

Ce produit extrait du sein des eaux de la Méditerranée est un composé de plusieurs fucus et de
parties alibiles polypiens, débris de coquillages,
etc., agissant : 1º par l'*iode,* 2º par les *sels,* 3º par
une *matière gélatineuse* soluble dans l'eau chaude.

C'est un *lombricofuge* très utile.

INFUSION $\frac{30 \text{ à } 50}{1000}$ par verrée.

POUDRE 1 à 2.

GELÉE 20 à 60.

SIROP 20 à 60, c'est la forme la plus facile à
faire prendre à l'enfant.

MOUTARDE NOIRE SINAPIS NIGRA, L. —
Brassica nigra, K. *M. grise.*

Lieux pierreux, décombres, culture, graines
récoltées dès que la plante jaunit. La graine
d'Alsace est la plus grosse, la graine de Picardie
la plus petite.

Les principes actifs de cette crucifère sont
1º le *myronate de potasse ;* 2º la *myrosine* viennent
ensuite la *sinapisine, l'albumine, l'huile douce, la
gomme,* etc.

Quand on a délayé la FARINE DE MOUTARDE
dans de *l'eau froide ou tiède* la myrosine agissant à
la manière d'un ferment dédouble le myronate
de potasse en glycose, sulfate acide de potasse
et *essence de moutarde* $C^2 Az S^2 C^6 H^5$. Cette essence

insoluble dans l'eau froide atteint directement la peau et la rubéfie. Elle a la même action excitante sur les muqueuses dont elle exalte le pouvoir de secrétion. Si l'*essence de moutarde* rencontrait de l'eau chaude, des alcalis ou des alcools elle se dissoudrait voilà pourquoi les SINAPISMES doivent toujours être faits à l'eau froide ou à peine dégourdie.

L'action de l'*essence de moutarde* est d'abord *excitante,* à plus forte dose *rubéfiante* elle devient vésicante et caustique si on la prolonge.

Les effets *révulsifs des sinapismes sont indiqués toutes les fois qu'il faut stimuler le système nerveux par les extrémités périphériques l'assimilation ne pouvant avoir lieu autrement.*

Les *effets dérivatifs* sont plus difficiles à obtenir par la moutarde que par les vésicants cantharidés.

Moutarde blanche S. ALBA, L.

Culture, terrains silico-argileux.

Graines, sitôt que la plante jaunit.

Les principes actifs de cette crucifère sont 1° l'*acide prussique ou brassinique* de Viebsky ; 2° la *sinapisine ;* 3° en très faibles quantités le *myronale de potasse* et la *myrosine.*

LA FARINE DE MOUTARDE BLANCHE doit ses vertus surtout à la *sinapisine* et aux *corps gras* dissous par le vinaigre ou le bouillon chaud.

L'*excitation* produite par la moutarde blanche va rarement jusqu'à la vésication et peu souvent jusqu'à la rubéfaction.

La graine de moutarde blanche, avalée entière, par cuillerées, est un excitant mécanique gastro-intestinal utile dans quelques cas de *constipation.*

MUDAR CALOTROPIS R. B.
Inde, Abyssinie.

L'écorce de cette asclépiadée provient surtout des genres C. PROCÉRA et C. GIGANTEA, R. Br.

Elle contient 1° une *résine âcre;* 2° un *principe amer* tous deux solubles dans l'alcool.

Ces substances donnent à *l'extrait alcoolique* des qualités *excitantes* et à haute dose *altérantes* puis *éméto-cathartiques.*

De là l'emploi de *l'écorce de mudar* à la dose de 0.20 à 0,60 par jour contre les affections herpétiques, chroniques, *éléphantiasis et lèpre.*

Le SUC LAITEUX obtenu par incision de l'écorce èst doublement plus actif.

MUGUET CONVALLERIA MAJALIS, L. — *Lillium convallium. Lis des vallées, muguet de mai.*

Lieux couverts et humides, culture. Fleurs en mai. Elles perdent beaucoup par dessiccation.

Baies à maturité.

Racines en toutes saisons.

Les fleurs de cette liliacée contiennent 1° une *huile essentielle* très volatile ; 2° de *l'acide maïalique* et d'après St-Martin un alcaloïde la *maïaline;* 3° deux glycosides la *convallarine* et la *convalla-marine* susceptibles sous l'influence des acides de se dédoubler en *sucre et convallarétine et convalla-*

maritime. Ces principes cristallisables paraissent avoir quelque analogie avec la *digitaline*, au point de vue physiologique cette analogie devient, frappante et l'EXTRAIT AQUEUX de muguet à la dose de 0, 50 à 1 gramme produit un apaisement manifeste des *palpitations non organiques du cœur*.

L'INFUSION de fleurs fraîches $\frac{8 \text{ à } 16}{1000}$ est un excitant rapide des centres nerveux. A hautes doses les préparations de muguet sont *éméto cathartiques*. Les propriétés vomitives et purgatives sont surtout développées dans les RACINES qui contiennent une *résine âcre*. C'est encore à cette résine que la POUDRE DE RACINE doit ses *vertus sternutatoires*.

Le muguet doit être classé parmi les *antispasmodiques susceptibles de fouetter les centres nerveux aux origines du pneumo gastrique*.

MURIER MORUS NIGRA, L.

Les fruits de cette urticée contiennent un *principe colorant*, de l'*acide morique* et une *gomme*.

Ces fruits sont légèrement astringents et caustiques sur les plaies. De là l'usage du SUC DE MURES pour modifier les *aphthes et les érosions*.

Le SIROP DE MURES agit par révulsion dans les angines simples.

La DÉCOCTION D'ÉCORCE $\frac{20 \text{ à } 30}{1000}$ contient encore une suffisante quantité d'*acide morique* (Klaproth) pour qu'on puisse en user en gargarismes ou en lotions dans les mêmes cas.

Mûrier blanc. Moins employé, le vulgaire n'étant plus frappé par le principe colorant.

C'est un succédané.

MUSCADIER MYRISTICA OFF., L. — *M. éclatant. M. aromatique.*

Moluques.

La graine de cette myristicacée entourée de son macis, desséchée au soleil, lavée à l'eau de mer, puis dénudée nous arrive sous le nom de *noix muscade.*

Elle contient 1° une matière grasse butyreuse la ·*myristine* qui par saponification se dédouble en acide myristique et glycérine ; 2° une *huile essentielle.*

Le BEURRE DE MUSCADE obtenu par expression à chaud est un mélange de myristine, d'huile grasse et d'huile essentielle.

L'*huile essentielle* seule a une valeur médicale, elle est *tonique névrosthénique.*

Le BEURRE est un tonique condimentaire.

La *noix muscade* est un adjuvant aromatique qui peut être utilisé dans les *atonies gastriques des convalescents.*

Huile essentielle II à X.

POUDRE 0,20 à 2.

TEINTURE 4 à 8.

NARCISSE DES PRÉS N. PSEUDO N., L. — *Fleur de coucou. Jeannette. Chaudon. Porillon.*

Fleurs au printemps.

Bulbes en toutes saisons.

Cette amaryllidée, tantôt en vogue, tantôt abandonnée contient 1° un principe colorant dans ses fleurs surtout la *narcissine ;* 2° un principe actif blanc, déliquescent, plus développé dans le bulbe : La *narcitine* de Caventou ; 3° un principe *essentiellement volatil* huileux.

La *narcitine* est éméto-cathartique.

Le principe *huileux volatil* est un *puissant névrosthénique.*

Malgré les travaux de Loiseleur, Delongchamps, de Dufresnoy, de Cazin ce médicament indigène n'est pas encore entré dans la matière médicale courante. On ne peut lui dénier cependant sa valeur émétho-cathartique, antidiarrhéïque et antispasmodique.

INFUSION $\frac{10 \text{ à } 15}{1000}$ fleurs comme spasmodiques.

EXTRAIT 0,10 à 0,50 comme vomitif.

NENUPHAR NYMPŒA ALBA, L. — *Lis des étangs, Lune d'eau, Baratte.*

Plante aquatique.

Fleurs fraîches

Racines en toutes saisons.

Les fleurs et surtout les racines de cette nymphœacée contiennent beaucoup de *mucilage.* Elles sont émollientes à la manière de la molène.

SIROP ad libitum, peu d'action.

NERPRUN RHAMNUS CATHARTICUS, L. — *Epine de cerf. Bourg épine.*

Culture.

Fruits, nuculaines noirs, dits baies, cueillis à maturité et employés frais.

Les fruits de nerprun contiennent 1° la *rhamnégine* C^{48} H^{32} O^{28} glycoside cristallisant en aiguilles fines ; 2° la *cathartine* amère et soluble dans l'eau qu'elle colore en jaune ; 3° une *résine âcre* insoluble dans l'eau, froide soluble dans l'eau chaude et drastique.

Les *effets purgatifs* du nerprun sont produits par la cathartine et la résine âcre. La cathartine seule se retrouve en majeure partie dans le *suc de fruits*. La résine paraît exister dans le noyau et l'épisperme voilà pourquoi le SIROP DE SUC à la dose de 20 à 60 est un simple purgatif doux tandis que la DÉCOCTION DE FRUITS $\frac{10 \text{ à } 30}{1000}$ agit comme un drastique, avec coliques venteuses et selles liquides à fusées.

LES FRUITS EN NATURE à la dose de 2 baies par jour, constituent un excellent laxatif utile pour vaincre les *constipations par défaut de secrétion intestinale*.

NOIX VOMIQUE. V. *Vomiquier*.

NOYER JUGLANS REGIA, L.
Culture.
Feuilles en été.

Brou, ou péricarpe vert du fruit, en juillet, noix à maturité.

Les *feuilles* contiennent 1° une *huile essentielle* ;

2° du *tannin en quantité* ; 3° la *juglandine,* de Tanret, alcaloïde ; 4° de l'*iode* (Meillés et Pougnet).

Elles ont été introduites définitivement dans la médecine pratique par les travaux de Baudelocque et Négrier.

DÉCOCTION 50/1000.

Extrait 0,20 à 0,80.

Ces préparations réussissent à stimuler l'économie dans tous les cas de *manifestations scrofuleuses atoniques* si l'on pousse les doses jusqu'à effet.

Le BROU, ou enveloppe verte du fruit, contient 1° du *tannin ;* 2° une *matière âcre, amère,* se colorant en noir sous l'influence de l'oxygène dont elle est très avide, et devenant alors insoluble dans l'eau.

L'EXTRAIT DE BROU agit par le tannin. Il est soluble dans le vin et lui communique des *propriétés toniques.*

ŒILLET-ROUGE DIANTHUS CARYOPHYLLUS, L. — *Œillet à bouquet, à ratafia.*

Culture.

Fleurs, pétales, en juillet.

Les pétales de cette dianthacée contiennent une *huile volatile* qui leur donne quelque valeur comme sudorifique.

SIROP ad libitum pour édulcorer les tisanes, peu employé.

OIGNON ALLIUM CEPA, L. — *Oignon blanc.*
(Provençal : *cebo dousso*).

Culture.

Le bulbe de cette liliacée contient 1º du *sucre;*
2º de l'*acide acétique;* 3º une *huile essentielle,* piquante ; 4º du *mucilage.* C'est un *excitant diffusible*
à l'état cru.

Le SUC DE BULBES a des qualités détersives
certaines. Il dissout facilement le cérumen et
peut rendre des services dans les *surdités provenant de bouchons cérumeniques.*

L'OIGNON CUIT ne contient plus guère d'huile
essentielle libre. Il agit par sa masse mucilagineuse et devient *émollient et maturatif.*

OLIVIER OLEA EUROPEA, L.
Région méditerranéenne.
Culture.
Fruits verts, août.
Fruits noirs, octobre.
Feuilles fraiches ou sèches.
Ecorce fraîche ou sèche en toutes saisons.

L'*écorce* et les *feuilles* de cette jasminée doivent
leurs valeurs fébrifuge, astringente et diurétique
1º à leur principe amer l'*olivine,* 2º à leur *tannin,*
3º à leur *gomme-résine à acide benzoïque.*

Les *fruits verts* perdent leur tannin par macération dans une solution alcaline ou salée.

Les *fruits noirs,* mûrs, abandonnent à l'huile
salée, par macération, l'excès de tannin et d'oli-

19

vine. Ainsi préparés ces fruits sont alimentaires et stimulants à la façon des condiments salés et amers.

L'*huile*, extraite du fruit par pression, contient un quart de *margarine* pour trois quarts d'*oléïne*, des *acides gras*, des *sels* et une *substance azotée aromatique*.

L'HUILE D'OLIVE est un précieux laxatif en LAVEMENT 20 à 30 en suspension dans 250 DÉCOCTION mucilagineuse graine de lin.

A l'INTÉRIEUR et à hautes doses en nature 60 à 100, elle devient *vomitive* et *purgative*, sans coliques, par indigestion.

De là son emploi comme contre-poison immédiat ; ses effets, en ce cas, sont avantageux si le poison n'est pas susceptible de se dissoudre dans l'huile, mais si le toxique est soluble dans l'huile, comme le phosphore, les cantharides, cette médication augmente les dangers.

L'huile peut rendre de réels services dans les *engouements de l'intestin* et dans l'*iléus* si l'obstacle mécanique à la circulation n'est pas absolu et si les mouvements péristaltiques et antipéristaltiques suffisent à la vaincre.

L'HUILE est *anthelmintique* et même *tænicide*.

A l'EXTÉRIEUR l'huile a l'avantage de soustraire la région sur laquelle on l'étend, au contact de l'air C'est ainsi que le *liniment oléo-calcaire* constitue le *médicament par excellence des brûlures*.

Les *onctions huileuses* sont *parasiticides*. De là

leur emploi avantageux contre la *gale* et les *poux de la tête.*

Elle a toutes les vertus des corps gras, mais elle *rancit* facilement et occasionne alors des éruptions *vésiculeuses fugaces.*

Les OLÉATES *alcaloïdiques* ou *minéraux* ont l'avantage des pommades sans les inconvénients de l'axonge. De plus la combinaison mouille la peau et la pénètre, ce que l'on ne peut obtenir des produits graisseux Il en résulte que *l'action des oléates est plus rapide, plus profonde et plus certaine* que l'action des pommades même à la vaseline. Il est nécessaire d'avoir ce fait présent à l'esprit lorsque l'on prescrit des oléates actifs car les *symptômes d'intoxication* pourraient surprendre le praticien. L'oléate alca'oïdique agit presque à l'égal d'une injection hypodermique; et le *mélange d'huile et d'un alcaloïde soluble dans l'huile* agit comme un oléate alcaloïdique.

OPIUM v. PAVOT.

ORANGER CITRUS AURANTIUM, L. — *Napha.*
Italie, Provence, Espagne.
Culture.
Feuilles conservées à l'abri de la lumière en lieu sec.
Fleurs desséchées à l'étuve.
Fruits.
Les feuilles de cette aurantiacée doivent leur

odeur à une essence, l'*huile de Néroli*, elles sont excitantes nervines.

INFUSION $\frac{5 \text{ à } 10}{1000}$.

Les FLEURS contiennent 1° une plus forte proportion d'*huile de Néroli*, 2° un *extractif amer*, 3° de la *gomme* et des *sels combinés à l'acide acétique*.

C'est à ces principes que l'*eau de fleurs d'orangers* ou *eau de naphe* doit ses propriétés *antispasmodiques*.

Les FRUITS contiennent dans leur *pulpe* un suc acidifié par l'*acide citrique*, le *malate* et le *citrate de chaux* et abondant en *sucre*. Ce suc que l'on obtient par expression de l'orange, est essentiellement tempérant et diurétique. L'orangeade est la boisson par excellence des *hyperthermiques*.

Les *graines*, l'*enveloppe* et les *cloisons blanches* du fruit, contiennent un principe amer, la *limonine*, une *gomme-résine* âpre, tous deux solubles et un cristallisable l'*hespéridine* de Lebreton.

Le mélange de *limonine* et de *gomme-résine* extrait par solution constitue l'*aurantium* que Gorlier a voulu lancer comme *fébrifuge* succédané du sulfate de quinine.

Le *flavedo* ou cloison blanche desséchée d'orange de l'ancien codex avait déjà cette réputation thérapeutique. C'est un adjuvant sérieux de la médication antipyréthique.

DÉCOCTION $\frac{10 \text{ à } 20}{1000}$ tonique, stomachique.

L'*écorce d'orange* contient le maximum d'*huile de néroli* et de la *limonine* plus une *essence* avide d'oxygène et fixant le globule sanguin à l'instar de l'oxyde de carbone. Elle est primitivement *excitante* et secondairement *asphyxiante*. De là les effets désastreux des *boissons alcooliques à base de suc d'écorce d'orange malheureusement répandues sous le nom d'amers hygiéniques.*

Orange amère AURANTIUM AMARUM, *Bigaradier.*

L'écorce contenant une plus grande proportion de *principe amer* sert à faire le *curaçao.*

Les *fleurs* ont plus de parfum, d'où la supériorioté de l'*eau de fleurs d'orangers de Paris* faite avec les fleurs du bigaradier.

ORCANETTE ANCHUSA TINCTORIA. L.

Cette borraginée cède son principe colorant, l'*anchusine* ou *orcanétine*, à l'alcool, à l'éther et aux huiles. C'est un *colorant végétal.*

ORCHIS MALE ORCHIS MASCULA, L. — *Test. de chien, de prêtre.*

Bois et montagnes en prairies.

Tubercules nouveaux pris à la fin de la végétation de la plante.

Ces tubercules lavés et bouillis jusqu'à pâte puis séchés au soleil donnent le *salep* que l'on réduit en poudre et qui contient 1° de l'*amidon,* 2° de la *gomme,* 3° du *phosphate et du chlorure de chaux,* 4° une *substance azotée.*

Le *salep* est un aliment de convalescence, de facile digestion, convenant surtout aux *dyspepsies acides ou flatulentes.* Il forme GELÉE dans 60 fois son poids d'eau. La CRÈME $\frac{15 \text{ à } 30}{1000}$. La DÉCOCTION $\frac{5}{1000}$ sont souvent employées. Le *salep* a l'avantage de réprimer la tendance à la fermentation des farines et des cacaos.

ORCHIS, MORIO, BIFOLIA, MACULA, etc., succédanés.

ORGE HORDEUM VULGARIS. L.

Culture.

Grains.

Les fruits de cette légumineuse contiennent : 1° *amidon* et *gluten* unis, 2° *gomme-douce, sels,* etc.

La *farine d'orge* contient moins de gluten que celle du blé, ce qui la rend plus indigeste.

L'*orge mondé* est la semence dépouillée de sa balle.

L'*orge perlé* est la semence décortiquée.

Les DÉCOCTIONS d'orge mondé ou perlé sont rafraîchissantes et légèrement laxatives.

Comme il existe une *résine âpre* dans la balle de l'orge, si on veut utiliser l'*orge en nature* pour tisane, il faut la faire blanchir dans une première eau qui dissout le principe résineux, rejeter cette eau et faire cuire l'orge dans de l'eau nouvelle.

DÉCOCTION $\frac{60 \text{ à } 80}{1000}$.

Les DÉCOCTIONS d'orge fermentent rapidement. elles altèrent très vite le lait et lui communiquent des vertus purgatives, drastiques chez les enfants de là le *danger de l'élevage des nourrissons avec le lait coupé d'orge.*

Le *malt* est l'orge germée et séchée. Sous l'influence de la germination se développe la *diastase* qui, agissant à la manière d'un ferment, transforme la fécule en sucre. Quand le malt a été épuisé par l'eau pour faire la *bière,* le résidu prend le nom de *drèche.*

La poudre de *malt* a eu son temps de vogue comme *analeptique* dans les dyspepsies catarrhales et la *tuberculose.*

ORIGAN ORIGANUM VULGARE, L. — *Marjolaine d'Angleterre, bâtarde.*

Bois et champs incultes.

Sommités fleuries.

Les fleurs de cette labiée contiennent : 1° une *gomme-résine,* 2° un *camphre* analogue au *menthol,* 3° une *huile volatile.*

Elles sont *stimulantes* et *stomachiques* comme leurs congénères les labiées.

Les propriétés *résolutives* et même *révulsives* des sommités fleuries d'origan méritent d'être prises en considération. Je parlerai pour mémoire de son usage interne en INFUSION $\frac{15 \text{ à } 20}{1000}$ mais les APPLICATIONS de feuilles d'origan séchées et très chaudes sur les régions atteintes de *douleurs rhumatismales à frigore* sont très avantageuses et les résultats ne se font pas attendre toutes les fois que la douleur n'est pas sollicitée par une cause organique goutteuse.

ORME ULMUS CAMPESTRIS, L.

L'écorce intérieure des rameaux de cette urti-cacée arborescente recueillie avant la floraison contient du *tannin,* une *résine gommeuse* et d'après Klaproth un glycoside cristallisable l'*ulmine.*

Les vertus *diurétiques* de la DÉCOCTION $\frac{30 \text{ à } 50}{1000}$ sont indéniables ; il n'en est pas de même des vertus *dépuratives* ou *antiherpétiques* trop vantées par Devergie.

ORTIE BLANCHE (v. *Lamier*).

Ortie brûlante URTICA URENS, L. — *Petite ortie.*

Les *feuilles fraîches* de cette urticacée, hérissées de poils, à base glandulaire, contenant un suc à *résine âcre,* sont révulsives. Par FUGTIGATION on peut déterminer avec l'ortie une *éruption akénoïde* susceptible de rendre des services *dans les affec-tions congestives centrales avec coma,* pour donner un coup de fouet à l'économie.

L'*urtication* a été encore employée pour modifier l'état atonique *des affections herpétiques chroniques,* et pour stimuler les *organes génésiques.*

A l'intérieur l'ortie brûlante est astringente DÉCOCTION $\frac{30 \text{ à } 60}{1000}$.

Suc 30 à 70 par jour contre les *hémorrhagies lentes.*

Ortie dioïque URTICA DIOICA, L. — *Grande ortie.* Succédanée.

OSEILLE rumex acetosa, L.

Les feuilles fraiches de cette polygonacée doivent surtout à l'*oxalate de potasse* leurs vertus laxatives et maturatives.

Les cataplasmes de feuilles fraîches sont très excitants et donnent une poussée *active aux engorgements scrofuleux.*

L'action dissolvante de l'oseille sur les *résines* a été remarquée et mise à profit par le Dr Missa dans les cas d'*empoisonnement par les résines âcres.*

La racine est diurétique par ses sels de potasse.

OSMONDE osmunda regalis, L. — *Fougère femelle, Royale.* Succédanée de la *Fougère mâle* (v. ce mot), propriétés astringentes exagérées par la crédulité.

PALMIER elaïs guineensis.

De la drupe du palmier avoira on extrait l'huile de palme composée d'oléate et de margarate de palmitène. *Excipient gras.*

PALOMIER gaultheria procumbens, L. — *Thé du Canada.*

Les *feuilles* de cette éricinée sont toniques et stomachiques.

Les fleurs contiennent une essence *huile volatile de Gaulthérie, essence de Wintergreen* très employée dans la pharmacopée américaine, à cause de son odeur de roses, pour aromatiser les potions.

Cette essence $C^{16} H^8 O^6$ est un mélange de salycilate de méthylène et d'oxyde de méthyle. Mallez la considère comme un diurétique puissant à la dose de X à XX gouttes.

PAPAYER PAPAYA VULGARIS, L. — *Carica.*

Du suc des fruits de cette papayacée arborescente de l'Inde, Wartz a extrait la *papaïne,* albuminoïde qui dissout rapidement la fibrine et émulsionne les graisses. De là son emploi contre certaines *dyspepsies avec atrophie du foie* et contre les *pseudo-membranes du croup.* Les résultats cliniques, jusqu'à présent, n'ont pas été brillants.

PAREIRA BRAVA CISAMPELOS PAREIRA.

La racine de cette ménispermée du Brésil contient la *cisampeline* ou *pelosine* de Wiggers, *diurétique.*

INFUSION $\frac{20 \text{ à } 30}{1000}$.

PARIÉTAIRE P. OFFICINALIS, L. — *Perce-muraille. Vitrole* (Provençal : *Espargoulo*).

Murailles.

Plantes et feuilles fraîches ou rapidement étuvées.

Agit par l'*azotate de potasse* qu'elle contient.

C'est un puissant *diurétique.*

DÉCOCTION $\frac{30 \text{ à } 60}{1000}$.

Suc 30 à 60 par jour.

Le *préjugé populaire* qui fait employer la parié-

taire contre les *coliques des enfants en bas-âge* provient de ce que ces coliques résultent souvent de
l'acescence des premières voies, cas où l'azotate
de potasse réussit.

PASSERAGE GRANDE LEPIDIUM LATIFOLIUM, L.
Crucifère diurétique, peu employée.

PATIENCE RUMEX ACUTUS, L. — *Dogue,
Lampée.*
Racine à l'automne.
Elle agit principalement par : 1º l'*acide chrysophanique* auquel elle doit probablement ses vertus
antiherpétiques, 2º la *rumicine* qui rappelle les
vertus laxatives de la *rhubarbarine*. D'autre part
son principe extractif chargé de *tannin* lui donne
des vertus toniques.

La DÉCOCTION $\frac{30-60}{1000}$ est avantageuse dans les
*engorgements atoniques scrofuleux compliqués de cons-
tipation*. Elle est au-dessous de sa réputation
comme dépuratif.

PAULLINIE P. SORBILIS, Mart.
Des graines de cette sapindacée de l'amazone
on extrait la partie grasse et amylacée qui traitée
à chaud par l'eau, mêlée à du cacao, du manioc,
convertie en pâte et séchée au soleil constitue le
guarana ou *marana*.
Le guarana contient un principe spécial, la
guaranine qui est du tannate de caféine.
La *poudre de paullinie* considérée comme astrin-

gente par son tannin, doit au tannate de caféine son action analgésique sur *certaines migraines*.

PAVOT BLANC PAPAVÉR SOMNIFERUM, L.
Pavot noir PAPAVER SOMN. NIGRUM, L.
Pavot pourpre PAPAVER ORIENTALE, L.

Les *têtes* de ces trois papavéracées sont incisées avant complète maturité et pressées pour l'extraction de l'*opium*.

Les *têtes de pavot*, cueillies à maturité sont utilisées en médecine domestique et agissent par l'opium qu'elles contiennent, mais la proportion de cet opium variant avec les provenances et le degré de maturité des fruits, il est prudent de réserver ces têtes de pavot pour l'usage externe.

Des *semences* on extrait une huile siccative connue sous le nom commercial d'huile d'œillette.

L'OPIUM n'a pas une composition chimique stable. Les proportions de ses divers alcaloïdes varient suivant l'habitat des pavots et l'époque des incisions ou des expressions.

Au point de vue pratique, il serait donc plus rationnel de prescrire les alcaloïdes que l'opium ou le pavot. Ce principe est corroboré par l'analyse chimique qui a permis d'extraire de l'opium une quantité d'alcaloïdes, et par l'étude physiologique qui a donné à chacun de ces alcaloïdes une valeur et des vertus médicinales différentes.

Les principaux de ces alcaloïdes sont : 1° la MORPHINE C^{34} H^{19} Az O^{6} $+$ 2 H°, cristallisant en prismes rhomboïdaux, soluble dans l'alcool, moins dans l'eau, insoluble dans l'éther. *Très soporifique antiexosmotique, très analgésique* enraye l'assimilation, l'appétit, premiers symptômes d'intoxication, nausées, vomissements (1).

2º La CODÉINE C^{39} H^{21} Az O^6 $+$ 2 H^o cristaux blancs, soluble dans l'éther et l'alcool, moins dans l'eau froide, *anti-convulsivante*, supérieure pour réprimer les *excitations du pneumo-gastrique* mais ni soporifique, ni analgésique et très dangereuse par ses effets d'asphyxie du cœur.

3º La NARCÉINE C^{46} H^{29} Az O^{18} cristaux soyeux, soluble dans l'eau bouillante, l'alcool chaud, peu soluble dans l'eau froide, insoluble dans l'éther, *soporifique, analgésique,* mais d'un maniement difficile, les doses thérapeutiques étant très variables suivant les sujets et les phénomènes prémonitoires de l'intoxication d'autant plus cachés que la narcéine ne produit ni nausées ni vomissements.

4º La NARCOTINE C^{44} H^{23} Az O^{14} cristaux blancs, soluble dans l'alcool et l'éther bouillants, insoluble dans l'eau froide. Effets hypothétiques.

5º La THÉBAÏNE ou *paramorphine* C^{38} H^{21} Az O^6 cristaux blancs, soluble dans l'alcool et l'éther.

---

(1) La vertu émétique de la morphine se trouve développée au maximum dans le composé qui résulte de l'action d'un excès d'acide chlorhydrique sur la morphine chauffée à 150º en tube fermé. L'*apomorphine* de Matthiessen, ainsi obtenue, fait vomir en injections hypodermiques à la dose de 1 à 2 centigrammes. Cette méthode est utile quand l'administration de l'émétique par la bouche est impossible.

insoluble dans l'eau, *analgésique, anticonvulsivant.*

6° La PAPAVÉRINE C^{40} H^{21} Az O^7 cristaux blancs, soluble dans l'alcool, insoluble dans l'eau. Effets hypothétiques.

7° L'OPIANINE C^{66} H^{36} Az^2 O^5 cristaux blancs, soluble dans l'alcool, insoluble dans l'eau, *stupéfiante* plutôt qu'analgésique.

En outre de ces alcaloïdes l'opium contient encore : 1° un principe amer la *mécomine* C^{20} H^{10} O^8, 2° un acide *mécomique* C^{14} H^4 O^{16} $+ 6$ H^0, 2° une *huile volatile,* 4° des *gommes-résines* et de nombreux alcaloïdes secondaires.

Il est certain que la valeur de l'opium dépend surtout de la morphine qu'il contient, et que l'on devrait mettre en circulation dans les pharmacies le seul opium titré à 10 pour 100 de morphine et 50 pour 100 d'extrait gommeux.

Il n'est pas d'agents plus fréquemment employés que les principes actifs du pavot. Mais autant la médication opiacée est utile lorsqu'elle est rationnellement indiquée autant elle est nuisible lorsqu'on la prescrit à contre-temps. Il est sans doute fort bien de faire taire le cri de l'organe qui souffre, mais il faut calculer si ce sommeil pathologique ne laissera pas le malade plus gravement atteint au réveil. C'est ce qui arrive toutes les fois que l'on prescrit des opiacées dans les congestions et les phlegmasies organiques actives.

Pour que l'*analgésie,* l'*anexosmie* et le *sommeil* soient avantageux, il faut avoir à lutter contre de *simples états d'érethisme nerveux.* C'est contre eux que le pavot et ses préparations sont spécialement indiqués.

DÉCOCTION une ou deux têtes, graines jetées, dans 1000 eau pour lotions, lavements, fomentations

L'usage de la décoction est *contrindiqué par toute exulcération ou plaie.*

L'EXTRAIT THÉBAÏQUE 0,01 à 0,05.

L'assuétude est rapide et des doses considérables sont plus tard nécessaires dans les affections chroniques pour obtenir *l'analgésie* ou le *sommeil.*

SIROP DIACODE 15 à 30.

SIROP DE CODÉINE 15 à 30.

SIROP DE CHLORHYDRATE DE MORPHINE 10 à 20.

CODÉINE 0,05 à 0,02.

CHLORHYDRATE DE MORPHINE par 1/2 milligramme en INJECTION HYPODERMIQUE 0,01 pour 10 Eau

HUILE D'ŒILLETTE ad. libitum. Ce corps gras ne contient aucun principe opiacé.

Les PRÉPARATIONS OPIACÉES sont incompatibles avec les tannins, les acides et surtout le tartre stibié et le sulfate de quinine.

Les *antidotes* sont : le café et la belladone et le sulfate de quinine.

PENSÉE SAUVAGE VIOLA TRICOLOR, L. — *Herbe de la Trinité.*

Champs et jardins.

Plante fleurie, fleurs séparées, séchées à l'étuve.

Les FLEURS de cette violacée contiennent :

1° une *gomme-résine douce* abondante,

2° de la *violine* analogue à l'*éméline* mais moins vomitive.

3° un *extractif amer*.

La RACINE contient plus de *violine* et moins de *gomme*.

Les FLEURS de pensée sauvage ont une action réflexe *diaphorétique* certaine, elles sont réactionnellement *stimulantes des secrétions* et conséquemment dépuratives. Mais leur principal avantage est de masquer le goût des iodes aussi leur SIROP est-il avantageux comme véhicule de l'iodure de potassium.

Les LOTIONS DE DÉCOCTION $\frac{10 \text{ à } 20}{1000}$ saponifient les corps gras, de là leurs bons effets contre les *gourmes des enfants en bas-âge* et dans toutes les *affections herpétiques humides*.

PERSICAIRES POLYGONUM, L.

Genre de polygonées parmi lesquelles il importe de signaler :

1° **La Persicaire Poivre d'eau,** P. — HYDROPIPER, *Renoule âcre*.

Lieux humides.

Plante et graines après maturité.

La plante contient : 1° un principe colorant, 2° une *résine âcre* plus développée dans les graines.

Lotions de la DÉCOCTION $\frac{30 \text{ à } 60}{1000}$ pour *déterger les ulcères atoniques.*

2º La Persicaire amphibie, P. AMPHIBIA, L.

Moins chargée en principe colorant est *purgeant à la façon des drastiques* mais sans coliques, d'où sa réputation de *dépuratif.*

DÉCOCTION CONCENTRÉE $\frac{100}{1500}$ à réduire à 1000 dans les *syphilis invétérées.*

PERVENCHE VINCA MINOR, L.

Lieux humides ombragés.

Feuilles avant floraison.

Les feuilles de cette apocynée contiennent : 1º un *extractif amer,* 2º du *tannin.* C'est à ce dernier principe qu'elles doivent leurs *vertus astringentes.*

DÉCOCTION $\frac{20 \text{ à } 30}{1000}$ contre les *leucorrhées avec suintement sanguinolent.* Les *fluxions laiteuses.*

PETIT-HOUX RUSCUS ACULEATUS, L. — *Buis piquant,* Myrte épineuse.

Bois, lieux stériles.

Rhizôme, après floraison, coupés et séchés.

Contient une *essence* et une *résine douce. Diurétique.*

DÉCOCTION $\frac{20 \text{ à } 30}{1000}$.

PEUPLIER BLANC POPULUS ALBA, L. — *Préau, Bois blanc* (Provençal : *Piboulo*).

Cette salicinée contient dans son écorce la *salicine* $C^{26} H^{18} O^{14}$ de Leroux cristallisant en

20

aiguilles blanches ressemblant au sulfate de quinine, très amère, soluble dans l'eau et l'alcool, la solution se colore en rouge sang par l'acide sulfurique.

C'est à la salicine, glycoside, que la DÉCOCTION d'écorce de peuplier doit sa réputation fébrifuge. Cependant la salicine est bien moins active que le sulfate de quinine dont elle n'est qu'un succédané.

Les autres genres de peupliers, POPULUS NIGER et surtout P. BALSAMIFERA contiennent moins de salicine dans leur écorce et plus de *résine douce* dans leurs feuilles *bourgeons*. C'est à cette *résine douce* que les bourgeons doivent leurs vertus laxatives et vulnéraires.

LOTIONS, FOMENTATION, DÉCOCTION $\frac{20 \text{ à } 60}{1000}$, ONGUENT POPULEUM d'usage populaire contre les *fluxions hémorrhoïdaires*.

PHELLANDRIE P. AQUATICUM, L. — *Œnanthe P. Fenouil aquat., Ciguë aquatique.*

Lieux humides.

Fruits un peu avant maturité conservés au sec en vases bouchés.

Ils contiennent la *phellandrine* de Hutet, liqueur oléagineuse toxique à la dose de quelques centigrammes. C'est un anesthésique sédatif, stupéfiant à faible dose, convulsivant à hautes doses.

L'INFUSION $\frac{1 \text{ à } 10}{1000}$ passe pour *apéritive*. La POUPRE 0,20 toutes les 3 heures *calme quelquefois la toux des tuberculeux.* Ce remède a été mis en vogue par les Allemands ; et tombe en désuétude.

PHYSOSTIGMA VÉNÉNEUX P. venenosa.

De la graine de cette grande liane, légumineuse papillonacée de l'Afrique tropicale, on extrait *l'ésérine* souvent employée à l'état de sulfate ou de chlorhydrate en solution au millième pour faire contracter la pupille, une à deux gouttes suffisent.

L'extrait de fève de calabar a été vanté dans certaines affections convulsives tétaniques.

Il est imprudent de se servir de cette préparation où la proportion d'ésérine n'a pas été déterminée. D'ailleurs les essais de Bouchut dans la chorée, l'épilepsie, la paralysie agitante n'ont donné que des résultats médiocres.

PHYTOLACCA P. decandra, L.

États-Unis.

Racine sèche.

Contient : 1º une *huile fixe* et 2º un principe neutre la *phytollaccine* insoluble dans l'eau

C'est à son *huile* que le phytolacca doit ses vertus éméto cathartiques.

Décoction 10/1000 par verre à Bordeaux.

Poudre 0,50 à 2 doses vomi-purgatives, 0,05 à 0,40 doses altérantes.

Phytolaccine 0,01 à 0,30.

Cette plante officinale aux États-Unis est peu employée en France. Ce n'est à vrai dire qu'un succédané de l'ipéca.

PICHI FABIANA IMBRICATA R. et P.
Chili.

Le bois et les ramuscules de cette solanacée contiennent : 1º la *fabianine* de Lyons, insoluble dans l'eau ; 2º des substances fluorescentes ressemblant à *l'esculine ;* 3º une résine amère peu soluble.

La DÉCOCTION DU BOIS $\frac{10 \text{ à } 20}{1000}$ est très employée au Chili pour *calmer les douleurs des cystites calculeuses ou catarrhales.* C'est un diurétique à expérimenter.

PILOCARPUS (v. JABORANDI).

PILOSELLE HIRRACIUM PILOSELLA, *Oreille de souris.*

Côteaux, gazons, lieux secs.
Feuilles et fleurs en été à peine épanouie.
Elle contient : 1º un *principe amer,* 2º une *résine douce.*

D'après Faivre d'Esnans elle a la spécialité remarquable de *faire cesser la fatigue musculaire.* Elle est *diurétique.*

DÉCOCTION $\frac{30 \text{ à } 60}{1000}$ chaude.

PIMENT ENRAGÉ CAPSICUM MINIMUM, L. — Sans emploi médicinal.

En France, en Angleterre et aux États-Unis on l'utilise en POUDRE pour faciliter les *éruptions*

languissantes. C'est un succédané de la moutarde
(V. CAPSICUM ANNUUM).

PIN PINUS MARITIMA, Lam. — *P. de Bordeaux,
des Landes.*

La SÈVE, poussée par la méthode Boucherie,
lactescente par la *résine* et la *térébenthine* qu'elle
tient en suspension est excitante et laxative. Elle
modifie les *catarrhes chroniques sans inflammation,*
1 à 6 verres par jour.

La TÉRÉBENTHINE oléo-résine et l'ESSENCE DE
TÉRÉBENTHINE ont les mêmes compositions et les
mêmes effets que celles de *Mélèze* (v. ce mot).

Le *galipot* produit de l'évaporation spontanée
de la sève sur les troncs est une *résine adhésive*
utilisée pour les *emplâtres.*

La COLOPHANE presque entièrement formée
d'acide abiétique $C^{88} H^{64} O^{10}$ est *hémostatique* et
astringente.

La POIX-RÉSINE résidu de la distillation de
l'essence brassé avec de l'eau, entre dans la composition des *emplâtres.*

La POIX-NOIRE produit pyrogéné des substances
térébenthinées est aussi adhésive et utilisée pour
les *emplâtres.*

La POIX-BLANCHE OU DE BOURGOGNE plus souvent employée est de la poix noire purifiée, fondue
au feu et passée à travers un lit de paille.

Le GOUDRON, l'HUILE DE CADE sont des produits
pyrogènes de la distillation des éclats de vieux
bois.

L'HUILE DE CADE FAUSSE par opposition à *l'huile de cade vraie* qui provient de *genevrier* (v. ce mot) a des vertus *parasiticides* très marquées. On l'emploie contre les *maladies de la peau d'origine parasitaire, gale, favus,* etc., en ONCTIONS si les manifestations des gales ne sont pas phlogosées.

Le GOUDRON à consistance de térébenthine contient des produits pyrogénés nombreux : *créosote, eupione,* pyrélaïne, des *huiles essentielles, résinone, résinéone, résinéine* et de *l'acide acétique.* Ce magma complexe, en partie soluble dans l'eau, plus complètement saccharrifiable, est un modificateur puissant des muqueuses par lesquelles s'éliminent les principaux carbures. Aussi il est important de ne pas le saponifier. La saponification amenant une constitution chimique définie et stable des principes du goudron les plus actifs à cause même de leur instabilité.

Dans les *affections catarrhales sans phlogose avec tendance à la muco-purulence* le goudron en nature, en solution ou saccharifié est indiqué à doses fractées.

Le GOUDRON EN POMMADE est indiqué dans toutes les *affections cutanées parasitaires atones.* S'arrêter aux premiers symptômes d'excitation.

La CRÉOSOTE (C^{28} H^{16} O^4 de Reichenbach, découverte dans les goudrons de bois, est encore un produit pyrogéné liquide, insoluble dans l'eau, soluble dans l'alcool, *caustique* et essentiellement *parasiticide*. De là son emploi dans la *phthisie baccillaire* sous forme de *vin créosoté* :

Créosote	2 à 8
Alcool	50
Vin de Malaga	1000

Doses progressivement augmentées jusqu'à phénomènes inflammatoires.

L'*effet caustique* de la créosote a été utilisé : 1º contre les *plaies atones*. En ce cas le lavage des plaies doit toujours être fait avec une solution alcoolisée au moins au dixième.

2º pour calmer les douleurs des *caries dentaires* ou *osseuses* exposées à l'air. L'insensibilité momentanée que l'on obtient n'est que le résultat de la dissolution par cautérisation de la dent ou de l'os carié. C'est donc un procédé fatal à l'économie et qui doit être rejeté.

Pin sauvage PINUS SYLVESTRIS, L. — Succédané.

Pin Larix (v. MELÈZE).

Pin Pignon PINUS PINGUIS, L.
Italie, France méridionale.
Bois.
Cônes coupés en juin. Alternativement humectés et séchés au soleil pendant quelques jours pour en faire sortir les *graines*. Conserver ces graines à l'abri de l'humidité et de la chaleur.

Les graines ou *amandes de pin* contiennent : 1º une *huile douce* facile à rancir, 2º de la *fécule,* 3º un *baume térébenthiné*.

FRAÎCHES elles sont nourrissantes et béchiques en ÉMULSION et en DÉCOCTION $\frac{30 \text{ à } 60}{1000}$ elles ont une action *laxative* marquée et un effet spécial de *diurèse* facile. Cette décoction n'est pas assez vulgarisée en France. Elle est communément employée en Italie dans les *catarrhes de vessie avec rétrécissement de l'urèthre sans symptômes inflammatoires.*

Les AMANDES TORRÉFIÉES doivent être rangées dans la classe des *aliments excitants* et *toniques.*

PISCIDIE P. ERYTHRINA, L. — *Bois de la Jamaïque, Mort à poissons.*

Jamaïque, Brésil.

L'écorce de cette légumineuse et son extrait fluide contiennent : 1° la *piscidine* $C^{29} H^{24} O^8$ de Hart, en prismes incolores, insoluble dans l'eau, peu dans l'alcool, très soluble dans le chloroforme, 2° deux *résines-âcres,* 3° une *huile volatile* le *piscidin.*

C'est un *modérateur des réflexes* et à plus hautes doses un *paralysant.*

La POUDRE d'écorce de la Jamaïque 4 à 8 gr. en 4 prises dans la journée ; la TEINTURE 2 à 3 sont des calmants amenant la sédation des douleurs et le sommeil. Elles sont en outre sialalogues et sudorifiques par ralentissement de la circulation.

PISSENLIT leontodon taraxacum, L. —
Dent de lion.

Prairies, champs.

Feuilles fraîches, racines.

Elles agissent : 1º par un *extractif amer* commun
aux synanthérées, 2º par des *sels de potasse et de
chaux,* 3" par la *Taraxacine.*

Elles sont légèrement *laxatives* et *diurétiques.*

Décoction racine $\frac{30 \text{ à } 60}{1000}$.

Suc feuilles 60 à 100.

PISTACHIER P. vera, L.
Culture

Les graines de cette térébinthacée anacardinée
contiennent une amande dans laquelle on retrouve
1º une *huile douce* qui rancit facilement, 2º une
matière colorante verte, 3º une fécule nutritive,
4º de l'*émulsine.*

C'est un succédané de l'amande douce.

PITURI duboisia hopwodii, F. M.

Les feuilles de cette solanacée de l'Australie
contiennent un principe ébriant *piturine* de Lo-
denburg, analogue par son odeur à la nicotine et
paralysant le système du grand sympathique tout
d'abord.

Le système de la vie de relation est surexcité
et ne tombe dans l'état paralytique que sous des
doses plus fortes ou accumulées.

L'étude clinique de ce médicament est à faire.

PODOPHYLLE P. peltatum, L. — *Calomel végétal.*

Amérique septentrionale.

Le *rhizôme* de cette berberidacée épais d'un demi-centimètre, brun rouge, gris brunâtre quand il est en poudre contient : 1° la *picropodophylline,* résine incolore en aiguilles soyeuses, insoluble dans l'eau, soluble dans l'alcool et l'éther, 2° l'acide *picropodophyllique* de Podwessotsky, 3° la *podophyllotoxine,* amorphe, soluble dans l'eau bouillante et l'alcool ; précipitée des solutions alcooliques par l'eau froide, 4° de la *berberine* et de la *saponine.*

La POUDRE de rhizome est cathartique à la dose de 0,50 à 2.

Le *podophyllin* poudre brune, très amère, soluble dans les liqueurs alcalines, insoluble en majeure partie dans l'eau, est une *résine commerciale* brune, contenant tous les principes actifs de la plante, laxative à la dose de 1 à 10 centigrammes. Excellente *dans les constipations par défaut de secrétions biliaires* pourvu qu'on n'élève pas les doses.

POLYGALA DE VIRGINIE P. senega, L.

Amérique septentrionale.

La RACINE agit surtout : 1° par l'*acide polygalique* $C^{22} H^{18} O^{11}$ ou *sénéguine* de Jehlen, 2° par l'*huile fixe* dont l'acide est l'*acide virginéique.*

Les effets de l'INFUSION 100/1000 de la POUDRE DE RACINE 0,50 à 2 sont excitants des muqueuses, *nauséeux,* et secondairement diaphorétiques, expectorants et diurétiques.

Les FUMIGATIONS ont les mêmes effets que la tisane.

Les préparations de polygala portées aux *doses nauséeuses* peuvent être considérées comme succédanées des préparations stibiées, avec cette différence que leurs effets sont plus prompts et plus fugaces. Aussi convient-il d'y avoir recours surtout dans les *poussées inflammatoires* qui surviennent dans les affections bronchitiques à la période de coction. C'est le meilleur *stimulant de l'expectoration* lorsque celle-ci a été arrêtée par la reprise des phénomènes de phlogose.

Polygala P. VULGARIS, L. — *Laitier, Herbe au lait.*

P. AMARA, *polygalon.*

Ces plantes indigènes sont de faibles succédanées du P. de Virginie. Elles contiennent beaucoup plus de *substance amère* et moins de *séneguine,* leurs effets sont plutôt *purgatifs* que *nauséeux.*

POLYPODE P. VULGARIS, L. — *Polypore du chêne.*

Vieux murs.

Rhizome récent.

Le rhizome de cette filiacée contient un *corps glutineux* résinoïde huileux rancissant facilement et purgatif en DÉCOCTION $\frac{30 \text{ à } 60}{1000}$ inusité sauf par les paysans pour les enfants.

POLYPODIUM FILIS MAS. (v. *Fougère mâle*).

POMME DE TERRE SOLANUM TUBEROSUM.
Culture.

Le tubercule de cette solanée contient : 1° une *fécule* très nutritive, 2° des *matières azotées,* 3° des sels, 4° une *résine* soluble, laxative, 5° une *huile essentielle, alcool amylique.*

Les effets calmants sont communs à la fécule de pomme de terre et aux autres fécules similaires.

La présence de la résine dans le tubercule explique l'état diarrhéïque qui succède à l'excès d'ingestion de cet aliment.

Les études de Wyman sur l'alcool amylique ou *fusel-oil* méritent de fixer l'attention des praticiens.

Le *fusel-oil* à la dose de 1,2 goutte à VI dans un véhicule alcoolique paraît exciter la nutrition et ramener l'embonpoint. Ces observations demandent à être confirmées car il serait avantageux de remplacer l'huile de foie de morue par le fusel-oil si c'était possible.

Les FEUILLES, les JEUNES BOURGEONS et les FLEURS sont calmantes par la solanine et succédanées des morelles douce-amère.

QUASSIER QUASSIA AMARA, L. — *Bois amer de Surinam.*

Surinam, Guyane.

Racines et bois des parties boisées.

Elle agit par la *quassine* ou *bittérine* $C^{20} H^{12} O^{6}$ cristallisant en prismes blancs solubles dans l'eau, l'alcool, l'éther et précipitant par le tannin.

La *quassine* est un tonique franc qui réveille les fonctions et facilite les sécrétions. Elle convient dans tous les cas *d'atonie torpide* de l'économie mais jamais dans les phlogoses aiguës ou chroniques.

La *quassine officinale* est la *quassine amorphe* que l'on peut donner depuis 1 jusqu'à 15 centigrammes.

La *quassine cristallisée* ne doit être formulée qu'au milligramme.

La *macération de quassine* contient des quantités très diverses de quassine et doit être réservée pour les usages externes. Lotions *antipédiculaires,* pour garantir des *mouches, papier tue-mouches,* etc. La quassine et son bois sont des poisons actifs pour les animaux inférieurs.

QUINQUINA CINCHONA, L. — *Ecorce des écorces.*

Quinquina gris, HU ANUCO *de Lima,* CINCHONA MICRANTHA.. R. et P.

Quinquina jaune royal C. CALISAYA.

Quinquina rouge C. NITIDA R. et P., *non verruqueux.* C. SUCCICUBRA, *verruqueux.*

Andes, Bolivie, culture dans quelques colonies. Ecorce. La récolte se fait le plus souvent par des procédés barbares et la conservation laisse à désirer, aussi ne peut-on se rendre compte de la valeur des *quinquinas* que par l'analyse des alcaloïdes qu'ils contiennent.

Des principes des quinquinas les uns sont

utiles, les autres nuisibles à l'action thérapeutiques.

Les vertus varient dans les différentes espèces et même dans les diverses parties de l'écorce d'un quinquina.

Pratiquement, les quantités relatives 1° de quinine ; 2° de cinchonine ; 3° de mélange astringent, règlent l'emploi que l'on doit faire des différents quinquinas. Généralement les QUINQUINAS GRIS sont pauvres en quinine et riches en cinchonine 1 à 3 p. 0/0.

Les QUINQUINAS JAUNES sont pauvres en cinchonine et riches en quinine (2 à 4 p 0/0).

Les QUINQUINAS ROUGES contiennent un excès de mélange astringent.

La quinine $C^{20} H^{12} Az O^2$ est le principe fébrifuge par excellence surtout sous forme de sulfate neutre bien défini $C^{20} H^{12} Az O^2$, 30^3, 8 H O très soluble et très assimilable. Dose : 0,30 à 1,50 suivant la gravité des fièvres.

La cinchonine $C^{20} H^{12} Az O$ est, à l'état de sulfate, puissamment fébrifuge.

Elle n'occasionne pas les bourdonnements d'oreilles et les troubles digestifs, les pincements d'estomac que produit la quinine ; mais son action est moins rapide et elle ne convient que dans les fièvres intermittentes lentes qui ne risquent pas de devenir pernicieuses.

Dose, 0,20 à 0,60.

Le mélange contringent contient du tannin, des acides quinique, quinovique, cinchonique, des principes colorants, etc. Il est essentiellement *tonique* et *antiseptique*

Il résulte de ces faits que les quinquinas gris et jaunes doivent être réservés pour combattre les *phénomènes palustres,* les quinquinas rouges pour lutter contre les *gangrènes,* les *plaies atones ou infectées de parasitisme.*

Dans les divers quinquinas on ne peut déterminer de SIÈGE absolu aux différents alcaloïdes. Il est acquis cependant que la quinine, produit plus oxydé, est plus abondante à mesure que l'on s'approche de l'écorce tandis que la proportion de cinchonine augmente vers le liber.

En outre des principes ci-dessus indiqués les quinquinas contiennent d'autres alcaloïdes qui méritent de fixer l'attention du praticien ; ce sont : 1° la *quinoïdine* ou *quinidine* C^{20} H^{12} Az O^2 2HO intimement mélangée aux résines et sur la valeur thérapeutique de laquelle les opinions les plus contraires ont cours ; 2° la *quinoléine* C^{69} H^7 Az liquide âcre, amer, à odeur d'essence. sans aucune valeur fébrifuge.

Les notions précédentes suffisent pour fixer le praticien sur les formules qu'il doit choisir.

Le *quinquina en nature* POUDRE D'ÉCORCE agit par ses principes astringents et antiputrides. De là son emploi, pour l'usage externe, sur les *plaies fétides, gangréneuses, ulcéreuses atoniques.* Les quinquinas rouges sont préférables puisqu'ils contiennent plus d'astringents.

Les DÉCOCTIONS pour les mêmes usages.

Les DÉCOCTIONS pour l'usage interne $\frac{11}{1111}$. Les EXTRAITS AQUEUX 0,20 à 4 sont d'excellents *toniques*, mais ils contiennent peu d'alcaloïdes et ne sont qu'accessoirement fébrifuges. Les ALCOOLÉS et les EXTRAITS ALCOOLIQUES TEINTURE, 2 à 15. VIN 15 à 100. EXTRAIT ALCOOLIQUE 0,30 à 4. EXTRAIT ALCOOLIQUE A LA CHAUX DU QUINIUM 0,20 à 3, contiennent le plus d'alcaloïdes et de résines Ils sont *toniques et fébrifuges* et conviennent dans la convalescence de toutes les affections *d'origine intermittente.*

Les ALCALOÏDES PURS, surtout fixés sous la forme de sels stables, sont *essentiellement fébrifuges* et *antinévralgiques,* mais non toniques. Il importe de donner ces alcaloïdes par doses fractées, au moment où l'économie peut le mieux les assimiler, et de n'administrer avec eux ni alcalis, ni excès de boissons mucilagineuses ou albumineuses, ni tannin, camomille, rhubarbe, colombo, Cachou, sels de fer, de zinc, d'argent, d'antimoine qui sont *incompatibles avec ces alcaloïdes.*

Le *dosage* subit, par rapport à ces agents, des variations considérables imposées par la gravité des circonstances et si l'on ne doit pas hésiter à donner en une fois 2 grammes de sulfate de quinine en présence d'une fièvre pernicieuse, des doses de quelques centigrammes suffisent pour enrayer certaines névralgies.

La pratique seule peut donner la mesure du *dosage utile,* qui varie suivant les pays comme suivant les affections et les âges. On n'a pas à

redouter l'*accumulation* avec ces sels organiques
et souvent on met sur le compte de la quinine
les *accidents secondaires de l'impaludisme*. Celui-là
seul a des succès qui proscrit largement les préparations de quinquina, quand elles sont indiquées et qui *s'abstient de les prescrire dans les
phlogoses non intermittentes.*

RAIFORT v. *Cochléaria de Bretagne.*

RATANHIA v *Kramerie.*

RAISIN D'OURS v. *Busserole.*

RÉGLISSE GLYCYRRHIZA GLABRA. *Bois doux.*
La RACINE de cette légumineuse papillonnacée
du midi de l'Europe est coupée vers la troisième
année, par un temps sec, et séchée au soleil.
L'intérieur de la racine doit être d'un beau jaune
soufre.

La racine improprement appelée *bois* contient
principalement 1° la *glycyrrhizine* de Desvaux
$C^{48} H^{35} O^{48}$ soluble dans l'eau et l'alcool, c'est
un glycoside susceptible au contact des acides de
se dédoubler en *glycose,* principe doux et *glycyr-
thine,* principe amer; 2° l'*huile* et une *résine* âcre ;
3° de l'*asparagine,* une *mannite* et une *fécule.*

Le principe amer est surtout développé dans
l'écorce de la racine. Aussi faut-il dépouiller la
racine de son écorce pour avoir de bonnes tisanes.
L'INFUSION $\frac{3 à 10}{1000}$ est plus douce que la DÉCOC-

TION qui dissout les corps résineux âcres.
L'EXTRAIT AQUEUX, ou *suc de réglisse* contient presque exclusivement les principes sucrés et les mannites

La *réglisse* est un édulcorant diurétique excellent pour toutes les tisanes non acides. Elle est fort légèrement laxative, et très peu béchique aussi, comme le dit Fonssagrives, c'est l'une des plantes les plus redoutables à cause de l'usage empirique et banal que l'on en fait du temps qu'il faudrait agir.

REINE DES PRÉS v. *Spirée ulmaire.*

RENONCULE RANUNCULUS ACRIS, L — *Bouton d'or. Grenouillette.*

Prairies.

Feuilles fraîches. Racines. Contiennent une *huile âcre* se divisant en *acide anémonique* et *anémonine,* en rancissant, et ayant des propriétés *révulsives* très énergiques.

La MACÉRATION DANS L'HUILE est *rubéfiante.*

La TEINTURE est eczématogène.

Les feuilles pilées en APPLICATIONS déterminent la *vésication* avec *pustules profondes.*

Les paysans emploient, quelquefois avec succès, ces applications douloureuses contre les *sciatiques chroniques.*

Renoncule bulbeuse R. BULBOSA, L. — *Bassinet, rave de Saint-Antoine.*

Renoncule Flammette R. FLAMULA, L. — *Petite douve.*

Renoncule ficaire R. FICARIA. *Petite chélidoine. Herbe aux hémorrhoïdes.*

Renoncule scélérate R. SCELERATA, L. — *Sardonique.*

Succédanés non utilisés.

RENOUÉE POLYGONUM AVICULARIS.

Chemins, lieux incultes.

Plante.

Cette polygonée contient une grande quantité de tannin. C'est un astringent puissant dans les *flux séreux* très recommandable contre les *diarrhées de décomposition des pays chauds.*

DÉCOCTION $\frac{30 \text{ à } 60}{1000}$.

RHAPONTIC REUUM RHAPONTICUM, L.—*R. de France, R. d'Europe, R. Anglaise.*

Culture.

Racine séchée et coupée en morceaux, succédané de la rhubarbe.

RHUBARBE RHEUM OFFICINALE, L.

La racine ou mieux le collet et la partie inférieure de la tige de la rhubarbe de Chine sont surtout estimés.

Cette polygonée contient : 1° l'*erythrorétine* poudre colorante jaune soluble dans l'alcool, moins dans l'eau, presque insipide et purgative ; 2° l'*a* cide *chrysophanique* C^{20} H^8 O^6 insoluble dans l'eau, soluble dans l'alcool, puissamment purgatif ; 3° la *phéotérine* amère et purgative, soluble dans l'eau ; 4° des *sels*, de l'*amidon*, des *glycosides*, du *tannin*, de la *pectine*, un *extractif amer*.

Toutes les PRÉPARATIONS AQUEUSES de rhubarbe à faibles doses agissent comme *toniques excitants ;* à hautes doses comme *purgatifs*.

POUDRE 0,10 à 0,50 tonique, 1 à 4 purgatif.

EXTRAIT 0,05 à 0,30 tonique, 0,75 à 2 purgatif.

SIROP 5 à 15 tonique, 40 à 80 purgatif.

En ces cas les différents principes solubles dans l'eau sont mis en évidence et l'action purgative semble provenir de la *phéoréline*.

Les PRÉPARATIONS ALCOOLIQUES tiennent au contraire en dissolution l'*acide chrysophanique* et l'*érytrorétine* qui augmentent la puissance purgative.

VIN, 5 à 30, purgatif violent.

TEINTURE 2 à 10.

L'action excitante de la rhubarbe sur les intestins est assez forte pour déterminer des contractions douloureuses avec coliques. L'*acide crysophanique* est absorbé par le système circulatoire et modifie toutes les secrétions, à tel point que le lait des nourrices devient purgatif.

La rhubarbe est l'un de nos meilleurs *stimulants*, il est fâcheux qu'elle ne jouisse pas en France de la réputation qu'elle a acquise en Angleterre et aux Colonies. C'est le véritable *apéritif dans les dyspepsies atoniques*.

RICIN RICINUS COMMUNIS, L. — *Palma christi.*

Inde, Afrique, Amérique arborescent, plus petit en Europe.

Des graines de cette euphorbiacée on extrait l'HUILE DE RICIN, *castor oil* des anglais.

L'huile de ricin contient : 1° de l'*acide marguaritique ;* 2° de l'*acide ricinique ;* 3° de l'*acide ricinoléique* ou *elaïodique ;* 4° de la *palmitine,* corps gras.

Plus l'huile rancit, par vieillesse ou mauvaises conditions de conservation, plus les acides y surabondent, l'acide palmitique surtout s'y développe et en augmente les vertus excitantes de la muqueuse intestinale.

L'huile de ricin *fraîche* n'est qu'un *purgatif doux* par indigestion et l'huile *rance* devient *drastique* par suite de sa modification moléculaire chimique.

L'*épisperme* du ricin contient une *résine âcre* essentiellement *drastique.* C'est cette résine, dissoute, qui rend drastique et même toxique *l'huile de ricin préparée à chaud.*

L'ÉMULSION DE GRAINES DE RICIN est essentiellement drastique par la même raison.

L'HUILE DE RICIN FRAÎCHE est seule recommandable en pratique comme purgatif doux et aux doses faibles de 15 à 30 grammes au maximum. Il faut favoriser la purgation par du bouillon d'herbes ou toute autre boisson non acide.

Les FEUILLES DE RICIN contiennent de la *gomme,* et une *résine douce* tendant à s'acidifier en

rancissant, voilà pourquoi les CATAPLASMES DE
FEUILLES d'abord émollients deviennent bientôt .
révulsifs et appelant un flux, par exemple sur
les mammelles, peuvent y *ramener la secrétion du
lait*. Ce remède populaire en Amérique peut être
de quelque utilité chez nous avec les feuilles
fraîches seulement bouillantes par une petite
quantité d'eau.

RIZ ORIZA SATIVA, L.
Culture en rizières ou à sec.

Les FRUITS de cette graminée dépouillés de
leur glume contiennent : 1° *amidon,* 74 0/0 ;
2° *gluten, matières grasses et sels.*

La FARINE DE RIZ doit à cette composition la
faculté d'aigrir moins que les autres farines mais
son pouvoir nutritif est moindre parce que le
riz est le féculent le plus pauvre en matières
azotées et grasses.

Les *facultés absorbantes* du riz sont dues à son
avidité d'hydratation. Pour être digéré il faut
qu'il soit converti en *dextrine et saccharifié.* C'est
un aliment qui convient aux *dyspepsies acides.* Le
RIZ CRU, mangé à même, est ainsi un saturant
des acides excellent pour *modérer les diarrhées*
entretenues par l'hypersecrétion des sucs gastriques acides si fréquents dans la *convalescence des
fièvres graves* et dans les *dyspepsies flatulentes des
pays chauds.* Le riz n'est donc que secondairement *astringent.* L'EAU DE RIZ décoction des prin-

cipes gommés et amylacés, avant crevaison des grains est pourvue de cette dernière qualité.

La CRÈME DE RIZ est un *analeptique* qui demande, pour être digéré, l'intégrité des fonctions salivaires et pancréatiques.

ROMARIN ROSMARINUS OFF, L. — *Encensier* (Provençal : *Roumaniou*).

Collines. Provence, Arabie.

Sommités fleuries cueillies fin printemps.

Cette labiée contient : 1º une *essence* C^{40} H^{36} espèce de camphre ; 2º une *résine amère ;* 3º du *tannin.*

Cette plante n'occupe pas en thérapeutique la place qu'elle devrait avoir. Par son essence et par sa résine amère le romarin est formellement *excitant du système vaso-moteur ;* par son tannin il est *tonique.* Toutes les fois qu'il s'agit de stimuler l'organisme frappé d'*atonie*, d'*atorie, sans phlogose,* l'*essence de romarin* est indiquée.

Les APPLICATIONS EXTERNES en *frictions* sur les membres paralysés et surtout contre les engorgements lymphatiques sans phlogose ganglionnaire, pour stimuler la vie sous-cutanée sont très recommandables.

Les BAINS DE DÉCOCTION $\frac{50 \text{ à } 100}{1000}$ rendent de réels services dans le traitement des *paralysies infantiles,* des *coxalgies atoniques,* des *tumeurs blanches* et des *plaies inertes.*

Seulement il faut bien considérer que l'action *excitante* d'abord devient secondairement *stupéfiante* et savoir modérer les doses de cet utile adjuvant du traitement des *affections atoniques*.

RONCE RUBUS FRUCTICOSUS, L. — *Mûrier sauvage* (Provençal : *Roumias*).

Feuilles avant floraison, séchées à l'air.

Les feuilles de cette rosacée contiennent : 1° de l'*albumine végétale*, 2° du *tannin*.

La DÉCOCTION $\frac{30 \text{ à } 60}{1000}$ est *astringente* son emploi est populaire, en gargarisme, dans les *angines* simples, *stomatites*, etc.

Elle est moins souvent employée, à tort, contre les *diarrhées chroniques* par atonie des vaisseaux, qu'elle amende rapidement.

En LOTIONS et INJECTIONS contre les flueurs blanches avec *fongosités du col*.

Les *mûres sauvages* contiennent : 1° un *principe colorant*; 2° du *malate de chaux* et sont *tempérantes* et *toniques*.

Ronce bleue *Petite ronce,* succédanée.

ROQUETTE BRASSICA ERUCA, L.

Champs, culture.

Les feuilles naissantes fraîches contiennent : 1° de la *sinapisine*; 2° de la *myrosine*; 3° un *extractif âcre* plus développé dans la **Roquette sauvage** SISYMBRIUM TENNIFOLIUM, L.

C'est un condiment alimentaire en salade.

Les GRAINES sont succédanées de la *Moutarde noire* (v. ce mot)

Le SUC DE ROQUETTE est un *excitant des voies*

gastriques très employé autrefois 15 à 30 actuellement tombé en désuétude.

ROSEAU (v. *Canne*).

ROSIER FRANÇAIS R. GALLICA, L. — *R. rouge, R. de Provins.*

Midi France. Culture : Provins. Metz.

Pétales en boutons, débarrassés de tous corps étrangers et séchés à l'abri du soleil dans un grenier bien aéré.

Les boutons de cette rosacée contiennent : 1° une *huile volatile ;* 2° une *matière colorante rouge* qui se développe à la dessiccation ; 3° des acides *gallique* et *tannique ;* 4° du *quercitrin.*

Elles sont *excitantes* et *astringentes.*

INFUSION $\frac{10 \text{ à } 20}{1000}$ essentiellement *nervine,* agit par l'huile volatile.

DÉCOCTION $\frac{30 \text{ à } 60}{1000}$ essentiellement *astringente,* agit par le *tannin* et est employée en INJECTIONS et en LOTIONS contre les *plaies et les flux atoniques.*

CATAPLASMES. Leurs effets *résolutifs* sont remarquables surtout dans les *entorses* et les *contusions qui amènent des thrombus veineux.*

MIEL ROSAT au-dessous de sa réputation populaire, astringent léger.

TOUS LES ROSIERS sont des succédanés de la Rose de France, mais aucun ne la vaut.

ROSSOLIS DROSERA ROTUNDIFOLIA, L.
Marais.

Les feuilles fraîches de cette droséracée contiennent : 1° une *matière colorante ;* 2° une résine
âcre.

Elles ont été vantées comme spécifique de la
tuberculose par Curie et les homéopathes qui ont
rendu des chats tuberculeux en les alimentant
avec le drosera !

TEINTURE DE DROSERA IV à XX gouttes à la
première période (?) de la *tuberculose.* Pousser jusqu'à 150 gouttes progressivement.

ROTANG SANG-DRAGON CALAMUS DRACO, W. — *Dæmonorops.*

Bornéo, Sumatra.

Les *fruits* de ce palmier sont extérieurement
entourés d'une *résine* qui arrive dans le commerce
sous le nom de SANG-DRAGON. Le sang-dragon
contient : 1° une *matière grasse,* 2° un peu d'*acide
benzoïque,* 3° une résine rouge la *draconine.*

Le sang-dragon a un effet astringent styptique.
Il tend à disparaître de la matière médicale.
Mêmes vertus absorbantes et antihémorrhagiques
que la colophane dont il est un succédané.

RUE FÉTIDE RUTA GRAVEOLENS, L. — *Rue officinale* (Provençal : *Rudo*).

Midi de la France, collines et lieux incultes.
Plante en fleurs.

Cette rutacée contient : 1° une *huile volatile*
$C^{22} H^{22} O^2$ hydrure de rutile, soluble dans l'eau,
amère ; 2° une *résine gommeuse* âcre, soluble en

partie dans l'eau chaude ; 3º un *extractif,* un *colorant,* de l'*inuline,* etc.

C'est par l'huile et la résine que la rue agit. On doit la considérer comme un *excitant* interne de la circulation et surtout de la *circulation de la veine porte.* Elle congestionne le système utérin comme l'aloès congestionne le système rectal et la cantharide celui de la vessie.

Localement, APPLIQUÉE SUR LA PEAU la rue agit à la manière des *révulsifs eczématogènes.*

Les emplois de cette plante sont fort limités. Cependant l'HUILE DE RUE est recommandable à la dose de IV à X gouttes *contre les aménorrhées torpides des anémiques,* encore ne faut-il pas en prolonger l'usage sous peine de coliques utérines.

La réputation abortive de la rue est surfaite ; les conséquences de l'abus du médicament sont plus préjudiciables à la mère qu'à l'enfant.

SABINE v. *Genevrier.*

SAFRAN CROCUS SATIVUS, L.
Espagne et Languedoc.
Culture.

Styles et stigmates séparés des autres parties de la plante, séchés sur tamis de crin chaud, conservés en lieux clos et obscurs.

Le SAFRAN (c'est-à-dire les étamines et les filets de cette iridée) contient : 1º une *huile volatile ;* 2º une *matière colorante, safranine, crocine, poly-*

croîte espèce de glucoside susceptible de se dédoubler sous l'influence des acides en *glycose et crocitine*.

L'*huile volatile* paraît donner au safran ses qualités excitantes et secondairement paralysantes.

C'est un *maturatif* par suite de la suractivité qu'il imprime à la circulation.

Aussi le *safran* convient-il dans tous les cas de *torpeur*, dans les *névralgies par défaut de circulation*, pour *accélérer la période de suppuration des phlegmasies aigues*.

POUDRE 0,10 à 2

INFUSION $\frac{1 \text{ à } 10}{1000}$.

TEINTURE 2 à 10.

On l'emploie rarement seul, mais il fait partie d'une quantité de préparations : Laudanum, Thériaque, Elixir de Garus, Sirop de dentition. C'est un condiment excitant dont il faut supprimer l'usage dans tous les cas de fluxions aigues parenchymateuses.

SAGAPENUM v. *Férule persique*.

SAGOUIER SAGUS RUMPHII, W. — *S. Genuina, S. farineux*.

C'est la fécule extraite de la moëlle du stipe de ce palmier qui forme le *sagou* alimentaire.

SALICAIRE LITHRUM COMMUNIS, L.

Prairies humides près les saules.

Feuilles.

Cette lithrariée est chargée de *tannin* et de *mucilage*.

Jubler la présente comme un succédané du ratanhia ; Campardon la vante contre les flux muqueux ; les Irlandais en font une panacée contre la dysenterie ; et nous négligeons cette plante indigène qui est éminemment *astringente et tonique* à la condition de l'employer à doses fortes et fraîchement préparée.

POUDRE fraîchement pulvérisée 3 à 8.

INFUSION $\frac{30 \text{ à } 60}{1000}$.

Elle est spécialement indiquée dans les *flux muqueux sanguinolents entés sur un état sub-inflammatoire*.

En INJECTIONS dans les *leucorrhées par granulations utérines*.

SALSEPAREILLE SMYLAX SALSAPARILLA, L. — *Smilace médicinale.*

Amérique, Brésil, Jamaïque, Honduras.

La RACINE contient : 1° des traces d'*huile volatile* ; 2° un *resinoïde âcre* ; 3° de la *salseparine* de Thubœuf $C^8 H^{15} O^3$ en aiguilles, soluble dans l'eau chaude et dans l'alcool. La *parigline*, la *smilacine*, l'*acide pariglinique* ne sont que des états spéciaux de la salseparine.

Les INFUSIONS $\frac{50 \text{ à } 60}{1000}$ et les TEINTURES de salsepareille renferment les principaux éléments actifs de la plante.

Les DÉCOCTIONS RÉDUITES ne contiennent plus d'huile volatile.

La salsepareille agit comme tous les corps à résinoïdes, c'est un *excitant des secrétions*. De plus l'élimination de la salseparine se faisant par les urines, qui deviennent savonneuses, modifie la vitalité des reins et du système uréthro-vésical.

La réputation *antisyphilitique* de la salsepareille est tombée.

Salsepareille de la Chine SMYLAX CHINA, *Squine*. Succédané plus aromatique à cause de sa résine balsamique

Salsepareille indigène SMYLAX ASPERA, L. Monts et bois, Midi.

Fleurs, juin

Racines à écorce chargée en principes résineux et salseparine.

Est certainement plus recommandable et produit des phénomènes eucrasiques bien plus puissants que la salsepareille étrangère.

L'INFUSION DES FLEURS est essentiellement *sudorifique et laxative*.

La pratique des décoctions concentrées et des sirops impuissants est pour beaucoup dans l'abandon des médications dépuratives par les salsepareilles.

SAPIN PINUS PICCA, L. *Abies pectinata*, D. C. *Sapin blanc*, *S. argenté*.

Forêts.

Les bourgeons, en février, séchés lentement.

Les bourgeons agissent : 1° par l'*essence de térébenthine* ; 2° par un *résinoïde doux* à *acide abiétique*.

L'INFUSION $\frac{20 \text{ à } 30}{1000}$ doit être préparée par blanchiment c'est-à-dire qu'il faut enlever par macé-
ration dans l'eau bouillante l'excès de résine et
reprendre à l'eau nouvelle les bourgeons.

Cette infusion béchique est salutaire dans les
catarrhes chroniques pour *stimuler l'expectoration*.

La térébenthine de sapin, dite T. d'Alsace ou
de Strasbourg, la colophane, la poix noire et la
poix de Bourgogne provenant du sapin ont les
mêmes qualités que celles du Mélèze et du pin.

SANGUINAIRE SANGUINARIA CANADENSIS.

La racine de cette papaveracée du Canada
contient un principe déterminé par Dana : la
sanguinarine analogue du principe de la *Petite
Chélidoine* (v ce mot) et ayant les mêmes effets.

Dose stimulante de la sanguinarine 0,01 à 0,03
à hautes doses éméto-cathartiques.

SANTAL CITRIN SANTALUM ALBUM, L

Du bois de cette onagrée, on extrait une
ESSENCE dont les vertus *antigonorrhéiques* sont
des plus efficaces surtout durant la période aiguë
du mal. Les effets de l'*essence de santal* sont
malheureusement limités par la susceptibilité
-extrême de certaines idiosyncrasées qui ne peuvent le tolérer sans diarrhées et vomissements.

Essence de santal en capsules 1 à 3 grammes par
jour; dans les cas heureux, l'élimination du santal
a lieu par les urines qui deviennent onctueuses
et odorantes.

SAORIA MOESA PICTA H.

Le *fruit* concassé, de cette myrtacée de l'Ethiopie, contient une *huile essentielle* et une *résine* soluble dans l'éther, et efficaces contre le tœnia. C'est un succédané du cousso. Inusité en France.

SAPONAIRE s. OFFICINALIS, L. *Savonnière. Herbe à foulon.*

Champs et fossés.

Feuilles avant floraison.

Racines en automne séchées à l'étuve. Cette silénée contient : 1° un glycoside *la saponine* $C^{26}H^{23}O^{16}$ que les acides dédoublent en glycose et sapogénine ; 2° une *résine* brune ; 3° un *principe extractif gommeux*.

On ne peut refuser à la saponaire quelques vertus sudorifiques et laxatives qu'elle doit à sa résine et à son extractif, quelques vertus lénitives et laxatives dues à la *saponine ;* mais c'est un médicament sans valeur antiherpétique bien saillante.

Tout au plus si l'on peut recommander la DÉCOCTION DE RACINES $\frac{50à100}{1000}$ pour lotionner les *affections herpétiques enflammées et prurigineuses* la saponine paraît alors calmer la phlogose.

On retrouve les mêmes qualités dans les décoctions de *bois de Panama* et de racines de gypsophila qui contiennent aussi de la saponine et sont les succédanées de notre plante indigène.

SARRACENIE s. purpuroca.

Marais d'Amérique.

La racine de cette sarracéniée, voisine des nymphocacées, contient un alcaloïde mal étudié la *sarracénine* de Stanislas Martin. On a attribué à la DÉCOCTION $\frac{15 \text{ à } 20}{1000}$ de racines et à la TEINTURE 1 à 5 des vertus prophylactiques et curatives de la *variole et de la rougeole*. Les expériences tentées en France n'ont jamais donné de résultats sérieux.

SARRIETTE satureia hortensis, L.

Les sommités de cette labiée contiennent une *huile essentielle excitante et vermifuge*. Elle est plus utilisée comme condiment que comme médicament.

SASSAFRAS laurus sassafras, L.

Amérique.

Ecorce et racine.

Le bois de sassafras que l'on trouve dans les pharmacies est un mélange de l'écorce et de la racine de cette laurinée. Le mélange contient : 1º une essence ou *huile de sassafras* hydrocarbure composé de *safrène* $C^{20} H^{16}$ de *sapol* $C^{20} H^{16} S^n$ et d'un phénol. Cette huile est très excitante ; 2º une *résine* à acide benzoïque ; 3º du *tannin*.

L'action *sudorifique* de la MACÉRATION $\frac{20 \text{ à } 30}{1000}$ est t indéniable. L'action *excitante et laxative* de l'HUILE VIII à X est certaine. Les effets du sassafras,

22

traité à froid, sont bien plus puissants que ceux de la salsepareille, son congénère thérapeutique. LES COPEAUX brûlés lentement laissent dégager une huile pyrogénée excitante à la façon des copeaux de gaïac (v. ce mot) et sont indiqués dans les mêmes circonstances.

SAUGE SALVIA OFFICINALIS, L. — *Herbe sacrée. Thé de France.* (Provençal : *Saouvi*).

Provence.

Sommités fleuries, séchées en bouquet.

Cette labiée agit par son *huile essentielle* et par le *tannin.*

INFUSION $\frac{5 \text{ à } 10}{1000}$ carminative et sudorifique ; dans les affections a axiques.

DÉCOCTION $\frac{20 \text{ à } 30}{1000}$ *excitante* et tonique dans les affections lentes et les *plaies œdématiées.*

SAULE SALIX ALBA, L.

Terres humides.

Ecorce de 3 ou 4 ans à l'abri de l'air et de l'humidité.

Cette salicinée longtemps placée parmi les amentacées contient : 1° du *tannin* ; 2° un *extractif amer* ; 3° surtout la *salicine* $C^{13} A^{18} O^7$ de Fontana, très amère, cristallisant en aiguilles, soluble dans l'eau et l'alcool.

La *salicine* est un glucoside qui a eu sa réputation comme *fébrifuge,* mais qui est incontestablement très inférieur au sulfate de quinine.

On a attribué aussi à la *salicine* le pouvoir de dissoudre les *membranes diphthéritiques* (0.02 à 0,05) mais malgré les efforts de Quinlain, Mallagan, etc., ce remède est tombé dans l'oubli.

L'oxydation de la salicine la transforme en *acide salicilique ou amybenzoïque* $C^7 H^7 O^6$ dont les vertus *antiputrides* sont indéniables dans les *fermentations végétales acescentes.*

L'acide salicylique se combine avec les bases alcalines pour former des *salicylates alcalins* qui jouent un grand rôle dans la thérapeutique surtout depuis les publications de Stricker et de G. Sée. Les salicylates alcalins sont des *dépresseurs de la circulation*. Ils conviennent dans les *douleurs provenant de fluxions* pourvu que ces fluxions ne soient pas la conséquence d'une phlogose active. Aussi réussissent-ils dans les *douleurs rhumatismales aiguës survenant chez des rhumatisants chroniques*. Les doses de ces sels doivent être de 0,25 à 0,50 et il faut en surveiller les effets sur la température et sur le pouls. Considérez de plus que l'effet des salicylates est palliatif et non curatif.

L'emploi des *salicylates* et de *l'écorce de saule* contre les *fermentations acescentes d'origine végétale* est plus rationnel et donne d'excellents résultats industriellement exploités. Mais, c'est à tort que l'on a voulu étendre ce pouvoir antiputride à toutes les autres fermentations et soumettre aux salicylates les *fièvres typhoïdes, les fièvres puerpérales,* etc.

·INFUSION· VINEUSE D'ÉCORCE DE SAULE $\frac{50 \text{ à } 60}{1000}$

POUDRE 1 à 2 dans les cas indiqués pour les salicylates et l'acide salicylique.

SCABIEUSE SC. ARVENSIS, L.

Terrains argileux.

Plante et surtout feuilles.

Cette dipsacée contient : 1º un *extractif* amer ; 2º un *résinoïde* ; 3º du *tannin*.

C'est un *astringent sédatif* employé en INFUSION $\frac{20 \text{ à } 30}{1000}$ pour diminuer surtout les *démangeaisons* qui résultent des *affections cutanées sèches*.

SCAMONNÉE v. *Liseron*.

SCHŒNOCAULE v. *Cévadille*.

SCILLE SC. MARITIMA, L. — *Urginée*.

Des bulles de cette liliacée on extrait les squammes moyennes que l'on enfile et que l'on fait sécher. Ces squammes demandent à être conservées en lieu sec et clos.

Elles contiennent : 1º la *scillitine* de Vogel, glycoside d'abord amer, puis douceâtre, soluble dans l'eau et l'alcool, très vénéneux, narcotique éméto-cathartique. La scillitine malgré les travaux de Marais, Tilloy, Jarmested, Mandet, n'est pas encore bien déterminée ; 2º des *principes colorants rouge* dans la scille d'Italie, blanc dans la scille de France et d'Afrique ; 3º des *sels* et du *tannin*.

La POUDRE DES QUAMMES DE SCILLE, séchée à l'étuve, est *diurétique* et *laxative* à la dose de 0,05 à 0,10. Elle devient *éméto-cathartique et narcotique* à plus hautes doses. Elle est indiquée comme modérateur rhytmique dans toutes les affections du cœur, qui suppriment la diurèse par défaut de pression rénale.

La TEINTURE en frictions à l'extérieur ranime les fonctions de la peau et sollicite la *résorption des sérosités épanchées.*

Le VINAIGRE SCILLITIQUE qui mêlé au miel donne l'OXYMEL SCILLITIQUE est journellement employé pour diminuer la *viscosité des crachats* dans les *catarrhes.*

Il est à désirer que des études nouvelles soient faites sur la scille, prônée depuis Pythagore et qui tend à être abandonnée par les médecins de nos jours. Il faudrait surtout fixer la valeur réelle de la scillaïne et de la skuléïne qui paraissent être des produits secondaires importants de la scillitine.

SCOPOLIA SC. LUCIDA, D.

Cette solanacée de l'Himalaya contient la *scopoléine* de Waring mydriatique des plus puissants 1 partie de feuilles pour 8 d'alcool 0,50 dans 24 eau et quelques gouttes d'acide citrique (Pierdhouy) XX par 24 heures. Ce médicament n'est pas encore entré dans la pratique.

SCORDIUM v. *Germandrée.*

SEIGLE ERGOTÉ v. *Ergot.*

SEMEN CONTRA v. *Armoise.*

SERPENTAIRE v. *Aristoloche.*

SIMAROUBA S. OFF, D. C. — *Quassia Simarouba,* L.

L'écorce de cette rutacée en arbre contient : 1º du *tannin ;* 2º un *résinoïde doux uni à de la quassine ;* 3º une *huile volatile.*

C'est un amer reconstituant, tonique, en POUDRE 1 à 5, en EXTRAIT 0,20 à 0,30, il est essentiellement utile dans les *diarrhées séreuses chroniques* qui tiennent l'économie allanguie durant les *convalescences des fièvres intermittentes des pays chauds.* Le simarouba n'est pas contrindiqué dans la diète lactée.

SIPHONIE S. GUAYANENSIS I. *Caoutchouc de la Guyane.*

Du tronc de cette euphorbiacée on extrait le *caoutchouc* $C^8 H^7$ soluble dans l'essence de térébenthine et employé ainsi soit en applications soit à l'intérieur comme *obstruant mécanique.*

SOUCI CALENDULA OFFICINAL, L.

Les fleurs de cette composée contiennent un *résinoïde* analogue à l'*arnicine* et une *huile volatile* excitante.

La valeur *cordiale, sudorifique* et *emménagogue* de l'INFUSION $\frac{30 \text{ à } 60}{1000}$ est populaire. C'est un médicament précieux toutes les fois que l'on veut provoquer une crise qui n'est enrayée que par une congestion et non par un état inflammatoire ou organique. Les homœopathes classent le souci entre l'arnica et l'ipéca.

Le souci de vigne CALENDULA ARVENSIS, L. est un succédané.

SPIRÉE SPIROEA ULMARIA, L.
Champs.
Sommités fleuries, juin, juillet.
Elle contient une *huile essentielle* $C^7 H^6 O^2$ qui la rend très diurétique.

L'INFUSION $\frac{20 \text{ à } 30}{1000}$ est employée avec succès dans les *hydropisies* et la *goutte urique et pour faciliter la miction.*

STAPHISAIGRE v. *Dauphinelle.*

SUREAU SAMBUCUS NIGRA, L.
Haies et bois.
Fleurs en juin, cueillies par temps sec et rapidement desséchées.
Deuxième écorce, après la chute des feuilles, *baies* à maturité.
Les fleurs de cette caprifoliacée contiennent une *huile volatile concrète, sudorifique et narcotique* très utile pour résoudre les *fluxions* et les phlogoses *avant abcédation.*

INFUSION $\frac{15 \text{ à } 20}{1000}$ en boisson et en gargarisme.

Cataplasmes de fleurs loco-dolenti renouvelés dès qu'ils ont perdu chaleur.

La deuxième écorce contient : 1° de l'*acide valérianique et tannique*; 2° une *gomme sucrée* et une *matière extractive* qui paraissent être les principes actifs de la deuxième écorce.

La décoction de deuxième écorce $\frac{40 \text{ à } 60}{1000}$ est recommandée comme *hydragogue*. Elle amène de fortes *excrétions séreuses* qui passent soient par les *urines* soit par les *selles*. Il ne faut s'étonner ni des vomissements ni des superpurgations qui surviennent en cours de traitement chez les hydropiques soumis à la décoction d'écorce de sureau. Les symptômes d'intolérance cèdent après quelques jours et l'amendement qu'éprouve le malade lui fait désirer la continuation d'une médication très avantageuse par ses conséquences lorsque l'*hydropisie ne dépend pas d'une cause organique*.

Les *baies* de sureau contiennent des *acides maligne et citrique*, et surtout un *principe colorant rouge* utilisé par tous les marchands de vin.

La *moëlle* du sureau imprégnée d'azotate de potasse sert à faire des *moxas*.

Les *feuilles* moins purgatives que la deuxième écorce ne sont employées que par les paysans.

TABAC NICOTIANA TABACUM, L. — *Herbe à la reine.*

Culture.

Feuilles desséchées et lessivées dans une solution de nitrate de potasse.

Les feuilles de cette solanacée contiennent : 1° La *nicotine* C^{20} H^{14} Az^2 alcaloïde vireux, oléagineux, soluble en quantités variables de 2 à 8 p. 0/0 suivant les conditions climatériques des pays où l'on récolte le tabac ; 2° la *nicotianine,* huile concrète, sorte de camphre, insoluble dans l'alcool' et l'éther ; 3° une *résine âcre ;* 4° une *huile grasse :* 5° de la *gomme, des acides malique et tannique,* etc.

Les effets de la nicotine sont actuellement déterminés par les travaux de Berzélius, Prans et Bernard La nicotine est un *convulsivant secondairement dépresseur.*

L'*excitation des muqueuses,* produite par le tabac, provient surtout de la résine et de l'huile grasse. Aussi le *tabac lavé,* qui ne contient presque plus de nicotine, est-il encore *sternutatoire et sialalogue.*

LES FEUILLES EN APPLICATIONS sont le remède populaire des paysans contre l'*acarus et les parasites* de la peau. Les applications sont moins efficaces dans la *goutte* et les *douleurs rhumatismales* cependant on peut y recourir en cas de *douleurs atones par défaut de circulation ou paralysie des vaso-moteurs.*

L'INFUSION $\frac{2\ \grave{a}\ 10}{1000}$ en *lavement* produit des effets remarquables dans les *engouements herniaires,* par suite des contractions intestinales qu'elle provoque.

La *fumée du tabac* contient 1° les *produits em-*

pyreumatiques de l'huile, de la résine et des corps organiques; 2° *des gaz* de décomposition; 3° de la *nicotine* et de la *nicotianine*.

Les lavements de fumée de tabac sont de puissants laxatifs appelés à rendre de réels services dans les *constipations par inertie rectale*.

TAMARIN TAMARINDUS INDICA, L.

On utilise la *pulpe des fruits* de cette légumineuse en arbre.

Les fruits ouverts, mis en baril, on y verse dessus un sirop bouillant qui pénètre jusqu'au fond. La pulpe ainsi préparée est envoyée d'Asie, d'Afrique et d'Amérique en Europe.

La pulpe contient : 1° un principe *gommo-résineux* mal déterminé; 2° des *acides malique, citrique, tartrique;* 3° du *glucose;* du *tartrate acide de potasse*.

C'est un aliment par ses composés pectiques et un purgatif par sa résine et ses sels acides.

PULPE 5 à 30. INFUSION $\frac{10 \text{ à } 40}{1000}$.

TAMARISQUE TAMARIX GALLICA, L.

Portulacée commune dans les jardins de Provence. Inusitée et qu'il ne faut pas confondre avec le tamarin.

TANAISIE TANACETUM VULGARE, L. — *Barbotine, Herbe aux vers*.

Prés, lieux incultes.

Fleurs en avril. — Graines en octobre.

Déssécher les sommités, fleuries à l'abri du soleil.

Les *fleurs* de cette composée senecionidée contiennent 1º une *huile volatile* jaune et toxique à la dose de 15 grammes; 2º un extractif amer la *tanacétine*; 3º des acides *gallique, tannique* et *tanacétique;* 4º une *résine*.

Les *effets vermifuges* de la tanaisie sont indéniables.

L'INFUSION $\frac{5 \text{ à } 10}{1000}$.

LA POUDRE 1 à 2 en boisson ou en LAVEMENT agit à merveille contre les *lombrics, les ascarides et les oxyures*.

Les CATAPLASMES de tanaisie ont un effet *lombricofuge* incontestable, mais mieux vaut employer les préparations à l'intérieur et par la voie rectale surtout

Il est certain que les fleurs de tanaisie sont préférables au semen contra.

Quant aux *qualités vulnéraires* de la tanaisie elles sont à peu près négligeables. La tanaisie est un faible succédané de l'arnica.

THAPSIE THAPSIA GARGANICA, L.— *T. Turbith, Boa-Nefa*

L'écorce de la racine, de cette ombellifère thapsiée, contient 1º une *résine* soluble dans l'alcool et le sulfure de carbone et 2º l'*acide thapsique*.

Le Reboulleau et Bertherand ont recommandé ce produit africain avec lequel Le Perdrait a fait l'EMPLATRE DE THAPSIA *révulsif eczémalogène* trop souvent employé à tort par les gens du monde contre les bronchites et autres affections de la poitrine. Non seulement ils perdent ainsi un temps précieux, mais la *résine du thapsia* porte son action jusque dans le tissus cellulo-adipeux et des *furoncles sont le résultat final et secondaire* d'applications intempestives

THÉ THEA SINENSIS L.

Chine.

Culture.

La feuille des arbres de 3 à 8 ans.

La récolte des feuilles de cette ternstrémiacée-caméliée se fait trois fois chaque année.

Les *thés verts* sont des feuilles roulées à la main, séchées et vannées.

Les *thés noirs* sont des feuilles projetées sur des plaques de fer chaudes.

Les *principes actifs,* intacts dans les thés verts, plus ou moins pyrogénés dans les thés noirs sont 1° une *huile essentielle,* 2° la *théine* analogue à la caféine, 3° du *tannin,* une *gomme-résine* et un *extractif.*

La cuisson diminue les qualités *excitantes* de ces principes qui deviennent d'autant moins *agrypnotiques* et d'autant plus *diurétiques* et *sudorifiques* qu'ils sont plus réduits par la chaleur. Voilà pourquoi les *thés noirs* n'occasionnent pas l'insomnie comme les *thés verts* (v. *Café).*

THYM THYMUS VULGARIS, L. — (Provençal : *Farigoulo*).

Collines du midi.

Plante fleurie.

Cette labiée origanée contient : 1° un *principe amer astringent* ; 2° une *huile essentielle* elle-même formée de *thymine* liquide. et de *thymol* C^{20} H^{16} O^2, phénol solide cristallisant en rhomboïdes blancs, peu soluble dans l'eau, soluble dans l'alcool.

L'INFUSION $\frac{5 \text{ à } 15}{1000}$ est un *tonique stimulant diffusible*.

Les FUMIGATIONS de vapeurs de thym sont *parasiticides et antiputrides*.

L'ACIDE THYMIQUE ou THYMOL est caustique, saponifiant et *antiseptique* à la façon de l'acide phénique, dont il n'a pas l'odeur désagréable.

L'HUILE THYMIQUÉE 1/50 remplace avantageusement l'huile phéniquée pour les opérations.

La SOLUTION au millième

Acide thymique	1
Alcool	4
Eau	995

suffit à remplir toutes les indications des solutions phéniquées pour LOTIONS, INJECTIONS et INHALATIONS.

TILLEUL TILLIA EUROPEA, L.

Culture.

Les fleurs en juillet séchées au soleil.

Cette tilliacée contient : 1º du *tannin,* 2º de la *gomme,* 3º du *glucose,* 4º une *huile volatile.*   ·

L'INFUSION $\frac{10 \text{ à } 20}{1000}$ est un *névrosthénique diffusible.*

TORMENTILLE T. ERECTA, L. — *Potentille.*
Pâturages, bois. Alpes, Pyrénées.

Les racines de cette rosacée dryadée contiennent : 1º 17 0/0 de *tannin,* 2º une *gomme-résine* douce soluble dans l'alcool, 3º une *huile volatile.*

L'INFUSION $\frac{20 \text{ à } 30}{1000}$ est un puissant *astringent* l'EXTRAIT AQUEUX est préférable au ratanhia. Ce médicament indigène mérite d'être tiré de l'oubli il rendrait de réels services dans les *diarrhées atoniques* et les *hémorrhagies passives.*

Les INJECTIONS *de décoction concentrée* $\frac{60 \text{ à } 80}{1000}$ réussissent à merveille dans les *affections granuleuses, fungoïdes et les ulcérations du col de l'utérus.*

TROËNE LIGUSTRIUM VULGARE, L.
Haies.

Les *feuilles* et les *fleurs* de cette jasminée contiennent : 1º du *tannin,* 2º une *mannite,* la *ligustrine ou syringine.*

Les *baies* contiennent un principe colorant analogue au tournesol. C'est un astringent léger sans emploi.

TRUFFE TUBER CIBARIUM, P.
Ce champignon souterrain contient : 1º de la *fungine,* 2º une *essence volatile* excitante *aphrodi-*

siaque secondairement. C'est un comestible condimentaire.

Truffe du Piémont TUBER GRISEUM, P. — Succédané.

TURBITH VÉGÉTAL IPOMŒA TURPETHUM, L.
La racine de cette convolvulacée contient 4 0/0 d'un résinoïde âcre, la *turpéthine,* doué de vertus *hydragogues, drastiques,* puissantes. Inusité.

TUSSILAGE T. COMMUNIS, L. — *Pas d'âne, Béchion, Herbe de Saint-Quirin, Porcheton.*
Lieux humides, argileux.
Fleurs au printemps, bien séchées
Racines.
Cette synanthérée eupatoriée contient : 1° un abondant *mucilage gommeux,* 2° une *huile essentielle,* 3° un *résinoïde amer.*
L'INFUSION $\frac{10 \text{ à } 20}{1000}$ est *béchique,* elle favorise et surexcite l'expectoration.

ULMAIRE v. *Spirée.*

VALÉRIANE V. OFFICINALIS, L. — *Herbe aux chats.*
Bois humides, France nord.
Racines de 3 ans avant la poussée des tiges. Conserver en lieu sec, renouveler chaque année.
Elles contiennent : 1° une *huile volatile* verte, limpide formée de *valérol* $C^{12} H^{10} O^2$ de *Bornéenne* $C^{20} H^{16}$ isomère de l'essence de térében-

thine et de *Bornéol,* identique au camphre ; 2° une *résine* âcre, noire, très excitante ; 3° un produit de décomposition du valérol à l'air l'*acide valérianique* $C^{10} H^9 O^3$, H^9.

La valeur de l'*essence de valériane* comme *rythmique névrosthénique* dans tous les cas de convulsions *qui surviennent par ataxie du bulbe rachidien,* a été établie par Barrallier et Pierlot. Cette ESSENCE, est à vrai dire un stearoptène de valérol :

30 $=$ Valérène 25 et a. valérianique 5, peut être prise à la dose de V à X gouttes.

Il faut en continuer l'usage pendant plusieurs jours et la donner si possible à des heures déterminées.

La *résine* est plus excitante, elle détermine souvent des troubles gastriques, surtout des vomissements. Elle se retrouve en quantité dans l'EXTRAIT 2 à 4 et dans la TEINTURE ÉTHÉRÉE 1 à 2. qui conviennent dans les *affections nerveuses soporifiques comateuses, survenues par atonie et chloro-anémie des centres nerveux.*

L'*acide valérianique* surtout le VALERIANATE DE ZINC pour les affections chroniques 0,01 à 0,10 et la TEINTURE DE VALÉRIANE AMMONIACALE XX à XXX pour les affections aiguës, conviennent à *tous les accidents convulsifs chorhéiques, épileptiques, épileptiformes accompagnés ou précédés de vertiges.*

Quelle que soit la préparation de valériane que l'on emploie, il faut considérer ce médicament comme un simple rhytmique nerveux dont l'action est presque immédiate et très fugace. La valé-

riane constitue donc un agent palliatif et non
curatif de la crise nerveuse; on doit bénéficier de
ses effets fugaces, l'employer d'une manière constante sans redouter ni l'accoutumance, ni l'accumulation, mais d'autre part rechercher la cause
de la maladie nerveuse et lui opposer une médication rationnelle.

Les préparations de valériane agissent d'autant
plus sûrement sur le système nerveux qu'on les
donne à doses fractées.

VANILLIER EPIDENDRON VANILLA, L.

Les meilleurs fruits de cette orchidée nous
viennent du Mexique.

Ce sont des gousses cueillies avant maturité,
enrobées dans de l'huile et enfermées dans des
caisses métalliques

Les gousses de vanille contiennent : 1° une
huile grasse, 2° une *résine* molle, 3° du *tannin,*
4° un principe aromatique la *vanilline* C^{16} H^8 O^6
cristallisable quelquefois à la surface des gousses
où elle forme le *givre de vanille.*

La *vanille* est un condiment aromatique dont
les vertus stimulantes ne méritent pas une
mention médicale.

TEINTURE X à XXX pour aromatiser.

VERGE D'OR SOLIDAGO VIRGA AUREA, L.

Bois, lisières.

Les sommités fleuries de cette synanthérée
corymbifère contiennent un résinoïde amer ana-

23

logue à l'*arnicine* et soluble dans l'alcool essentiellement *vulnéraire*.

TEINTURE au 1/5 en applications.

VÉRONIQUE V. OFFICINALIS, L.

Chemins ombragés, pâturages.

Sommités fleuries mondées pendant la floraison et séchées au soleil.

Cette scrofulariée, amère, aromatique agit par son *extractif* et son *tannin*.

C'est un léger stimulant des secrétions.

INFUSION $\frac{20\ \text{à}\ 30}{1000}$.

VIGNE VINIS VITIFERA, L.

Culture.

Les feuilles, la sève, les fruits verts et mûrs.

Les *feuilles* contiennent : 1° du *tannin,* 2° du bitartrate de potasse.

Elles sont *astringentes* et réussissent en INFUSION $\frac{20\ \text{à}\ 30}{1000}$ dans les *diarrhées chroniques* et les *hémorrhagies passives.*

La *sève* contient : 1° un *mucilage,* 2° de l'*acide acétique,* 3° de l'*acétate de chaux.*

Elle est légèrement caustique et d'un usage populaire contre les *éphélides* et les *herpès furfuracés.*

Les *fruits verts* contiennent de la *pectine,* de la *pectose* et de l'*acide pectique.*

Ils s'administrent sous forme de SIROP DE VERJUS $\frac{20\ \text{à}\ 30}{250}$ comme *diurétique acidule tempérant.*

Les *fruits mûrs* contiennent : 1º de l'eau, du *sucre* ; 2º de la *pectine*, de l'*acide pectique* ; 3º du *bitartrate de potasse*, du *tartrate de chaux* ; 4º des acides *tartrique, malique* et *citrique* ; 5º du *tannin* et un *albuminoïde azoté*. Ce mélange complexe est *sédatif, tempérant* comme les acidules et de plus *laxatif*. De là les bons effets des *cures de raisins* dans les *affections chroniques avec obstructions* toutes les fois qu'il faut diminuer la plasticité du sang ou des humeurs.

Le VIN obtenu par fermentation du jus au contact des épicarpes ou des rafles contiennent : 1º de l'*alcool*, 2º de l'*aldéhyde*, 3º de l'*éther œnanthique*, 4º des *matières colorantes chlorine* et *cyanine*, 5º de la *glycérine*.

Tous produits secondaires de combustion et le tannin, les sels et les substances inattaqués ou résidus de la fermentation, qui étaient primitivement dans le jus de raisin, dans les épicarpes ou dans les rafles.

La *valeur médicinale du vin* dépend : 1º de son *degré alcoolique*, 2º de sa *coloration*, 3º de son *tannin*.

Le degré alcoolique détermine le pouvoir d'*excitation* du vin.

La coloration influe sur sa valeur *diurétique* la chlorine poussant à la diurèse et la cyanine étant moins apte à favoriser la miction.

Le *tannin* et les *sels* déterminent les qualités toniques du vin.

Les *aldéhydes* qui se forment dans les mélanges

de vin ou dans les vins vinés sont quelquefois pernicieux. Ces *aldéhydes* portent au cerveau et peuvent occasionner de violentes migraines.

L'ALCOOL DE VIN est le plus puissant de tous les *antiadynamiques*. C'est le stimulant par excellence et un excellent *antiseptique* à doses fractées. A doses massives il est excitant d'abord et bientôt *ébriant soporifique*.

Le VINAIGRE DE VIN, provenant de la fermentation des matières azotées de vin au contact de l'air, voit la majeure partie de son alcool, transformée en *acide acétique*.

On le donne comme *tempérant* sous forme d'*oxycrat* ou d'*oxymel* et on le fait respirer, comme *excitant nervin*, en nature, dans les *syncopes*. Il agit alors par son *éther acétique* qui lui donne son bouquet caractéristique.

VIOLETTE VIOLA ODORATA, L

Bois, prairies, haies.

Culture.

La fleur cueillie par temps sec, séchée à l'étuve et renfermée de suite

Cette violariée contient : 1° une *huile essentielle*, 2° *deux acides*, 3° une *matière colorante* analogue au tournesol, 4° du *mucilage*.

Par son huile essentielle la violette est *diaphorétique* et par son mucilage elle est *émolliente*.

INFUSION $\frac{10 \text{ à } 20}{1000}$.

La racine contient une substance âcre, alcaline, la *violline* de M. Boullay appelée aussi *émétine indigène* sans emploi.

TROISIÈME PARTIE

.

MEMORANDUM CLINIQUE

I

CLASSIFICATION DES AGENTS THÉRAPEUTIQUES TIRÉS DES VÉGÉTAUX

Les études précédentes prouvent suffisamment que la médecine végétalienne est enfin sortie des nuages de l'empirisme et tend à prendre une forme rationnelle. Cependant il est encore bien difficile de voir la vérité toute entière.

J'ai émondé avec soin les préparations pharmaceutiques trop souvent banales, quelquefois ridicules et même, inspirées par l'appât du lucre, contraires à nos connaissances actuelles. Je me vois en présence d'une nouvelle difficulté : comment le praticien pourra-t-il chercher et trouver le médicament approprié au malade ? Les classifications en usage en thérapeutique suffisent-elles ? Non, elles consacrent de graves erreurs qui proviennent de ce que ces classifications ne tiennent pas compte des éléments engendrés par les décompositions qui résultent des manipulations pharmaceutiques.

Faisons observer, en effet, que seule est active la partie du végétal qui arrive au contact de l'économie ou qui est absorbée, assimilée, par l'organisme ; et que si cette partie du végétal se décompose, elle acquiert des propriétés différentes.

Il est donc aussi absurde de placer la *figue*, par exemple, parmi les *émollients* lorsqu'on met en valeur ses *embryons à crochets* qu'il est absurde de la classer parmi les *diviseurs mécaniques* quand on a mis à nu son *mucilage*.

La classification thérapeutique doit par conséquent s'établir non d'après le végétal, mais d'après la partie active, de ce végétal, à laquelle on a recours ; comme aussi les préparations pharmaceutiques doivent être limitées aux formules qui mettent en valeur chaque principe actif séparément. Alors seulement on obtiendra des effets thérapeutiques à peu près constants qui seront la résultante obligatoire des propriétés organo-leptiques et dynamiques des substances fixes, homogènes, mises en contact avec les molécules de l'organisme. En partant de cette base rationnelle on arrive à la classification suivante qui présente le groupement naturel des principes isomères des végétaux tant il est constant que sur la voie de la vérité les sciences deviennent tangentielles :

1° **Agents mécaniques** agissant par les *qualités physiques* des principes qu'ils contiennent ;

2° **Agents altérant la peau**. *Action chimique* par contact. Phénomènes révulsifs occasionnés par des *principes acides et des résines âcres*.

3° **Agent altérant la muqueuse**. *Action chimique* par contact. Phénomènes occasionnés par des *huiles volatiles, des résines âcres et des acides ;*

4° **Agents émulsionnant les humeurs fluées**. *Action chimique* fluidifiante *des gommes*.

5° **Agents antimicrobiens ou parasiticides**. *Action anesthésique ou léthale,* sur les ORGANISMES INFÉRIEURS, *des huiles essentielles, de résines, des camphres, des alcaloïdes et des matières azotées ;*

6° **Agents anthelmintiques.** *Action anesthésique ou léthale* sur les HELMINTHES *d'huiles volatiles, d'alcaloïdes, de résines, de principes amers cyanurés ou iodés ou azotés ;*

7° **Agents phytocides.** *Action léthale* sur les ORGANISMES VÉGÉTAUX INFÉRIEURS de *principes amers, d'alcaloïdes amers ;*

8° **Agents dynamiques sédatifs généraux.** Diminuant les USTIONS MOLÉCULAIRES : *mucilages glycosides ;*

9° **Agents dynamiques sédatifs hématiques.** Diminuant les USTIONS GLOBULAIRES. *Alcaloïdes, camphre ;*

10° **Agents dynamiques sédatifs de la circulation.** FLUIDIFIANT DU SANG : *acides ;*

11° **Agents dynamiques sédatifs du cœur** RHYTHMIQUES DES MOUVEMENTS : *alcaloïdes ;*

12° **Agents dynamiques sédatifs des nerfs.** *Alcaloïdes.*

13° **Agents dynamiques sédatifs de la muqueuse gastro-intestinale.** *Corps gras neutres, huiles douces.*

14° **Agents dynamiques excitants généraux.** *Augmentant les* USTIONS MOLÉCULAIRES *composés toujours complexes d'huiles essentielles, de résines, de principes amers, de glycosides, de tannin, de gommes* et portant leurs effets sur des organes qui varient avec la substance employée;

15° **Agents dynamiques excitants hématiques.** Augmentant les USTIONS GLOBULAIRES contenant toujours du *tannin* uni à des *gommes, des résines, des principes immédiats divers ;*

16° **Agents dynamiques excitants des nerfs**. Contenant toujours une *huile volatile* unie à des *camphres, des gommes, des résines ;*

17° **Agents dynamiques excitants de la muqueuse intestinale.** Contenant toujours des *résinoïdes* purs ou alliés à des *huiles, des acides et des glycosides ;*

18° **Agents dynamiques excitants révulsifs du système gastro-intestinal** (muqueuse et glandes connexes). Action *éméto-cathartique* CONGESTIONS VICÉRALES SECONDAIRES. *Résine* ou *huile âcres* unies à d'autres *principes acides ou glycosides ;*

19° **Agents dynamiques excitants du système rénal.** *Sels* et *matières azotées ;*

20° **Agents dynamiques excitants du système sudoral.** *Huile volatile* unie à un *alcaloïde et deux alcaloïdes spéciaux.*

Ce groupement synthétique des agents thérapeutiques végétaux permet de comprendre les ressources immenses que les plantes offrent au clinicien. Toute la science pratique consiste à savoir extraire, de l'agent thérapeutique, les principes utiles, et à les donner au malade dans les meilleures conditions d'assimilation.

Parmi ces principes actifs les *alcaloïdes* ont certainement le plus de valeur ; à tel point qu'ils remplacent presque à eux seuls tous les agents médicamenteux végétaux et l'on conçoit les succès de la dosimétrie qui a vulgarisé leur emploi par la formule facile « *donnez jusqu'à effet* ». Mais si remarquable que soit la puissance dynamique des *alcaloïdes* sur le système de la circulation et sur les centres nerveux, elle ne doit pas nous conduire à renoncer à d'autres agents précieux : pourquoi négligerions-nous les *résines âcres*, qui mettent en jeu le système gastro-intestinal, les *gommes*, les *mucilages, émollients*, les *acides organiques*, défervescents, les *tannins* astringents, et les substances plus complexes dans lesquelles des combinaisons mal définies et instables d'*huiles volatiles, de sels, d'extractifs amers, de résines douces, d'huiles fixes* ont des effets multiples sur l'économie.

Nous serons d'autant plus portés à employer ces agents que nous les ordonnerons sous une forme plus rationnelle, aux doses efficaces, et suivant les indications cliniques qui varient non seulement avec la maladie mais encore avec le malade.

Cette science thérapeutique pratique demande :

1º la connaissance du mode de préparation du médicament : le médicament doit être donné sous la forme qui développe le plus celles de ses qualités auxquelles on a recours. Toute la science pharmaceutique découle de ce principe ;

2º la connaissance des effets physiologiques du médicament. Il faut distinguer l'*action massive* (tangentielle, chimique par contact, immédiate), de l'*action moléculaire ou sur la cellule humorale* (virtuelle, chimique par assimilation, secondaire). C'est la base de la médecine clinique ;

3º la connaissance de l'*électivité* du médicament.

De plus il faut se rendre compte des modes d'*élimination* et des *voies d'émonction* de l'agent végétal. C'est la base de l'*indication thérapeutique*.

Nous nous sommes efforcés de mettre en saillie les phénomènes spéciaux à chaque agent thérapeutique végétal dans la table analytique suivante :

II

Tableau analytique des agents thérapeutiques tirés des végétaux

. B. — Les doses en chiffres romains se rapportent aux gouttes, en chiffres ordinaires aux grammes et à leurs fractions.
.es chiffres pour décoctions, infusions, macérations sont proportionnels à un litre d'eau.

PLANTE	PARTIE EMPLOYÉE	PARTIE ACTIVE	FORMULE ET DOSES	INDICATIONS CLINIQUES
		1° **Agents mécaniques**		
ARIC	Plante ma-cérée	Amadou	en applications	Hémorrhagies. — Douleurs par défaut de sueurs.
RÉALES	Farines	Amidon	Id.	Démangeaisons, inflammations de l'épiderme. Erosions suintant, absorption des humeurs.
Id.	Amidon bouilli	Dextrine	bandes enrobées	Appareils de fractures, luxations, contentifs.
AOUTCH.	Caoutchouc	Suc concret	Sol. $\begin{cases} \text{chlorof.} \\ \text{caoutch} \end{cases}$ aa	Ce lait de caoutchouc peut s'étendre sur les brûlures et les plaies, il s'y dessèche et les met hors du contact de l'air.
OUTARDE L.	Graine	Graine	10 à 15 en nature	Agent diviseur utilisé contre les constipations par défaut de sucs intestinaux.
BAUMIER DELLIUM	Bdellium	Ac. cinnamique Gomme-résine	emplâtre.	Adhésif. Douleurs à frigore.
AUMIER DE ALABA	B. de Calaba	Ac. cinnamique Gomme-résine Huile volatile	emplâtre.	Adhésif. — Excitant vulnéraire dans les plaies atones et séreuses pour les soustraire au contact de l'air.
AUMIER DU PÉROU	B. du Pérou	ac. cinnamique gomme-résine huile volatile	pour masses pilulaires.	Pour préparer les pilules. — Succédané des précédents pour emplâtres.
NCENS	Gomme-rés,	gomme-résine huile volatile	emplâtre.	Réputé antispasmodique et vermifuge.
ÉRULE ARBORESCENTE	galbanum	adragantine gomme résine huile volatile	emplâtre	Réputé antispasmodique et anticonvulsif souvent employé par les commères dans les convulsions des enfants.
ELÈZE	suc	ac. pinique ac. sylvique ac. succinique résine	emplâtre	Adhésif à révulsion lente eczématogène utilisé contre les névralgies diffuses superficielles pleurodynies, douleurs intercostales.
RIS	térébenthine crue	h. volatile h fixe résinoïde	Pois à cautères Poudre	Révulsif entretenant les plaies par excitation et gonflement. Odorant des poudres de toilette.
SOUANDRE	lanières d'algue	gutta-percha	gutta-percha 1 chloroforme 6	Traumaticine pour convertir les *plaies* en plaies sous-cutanées.
AMINAIRE	rizhome	physcite	en applications	Dans les *trajets fistuleux* dont elles distendent l'ouverture en se gonflant par hygrométricité.
LIVIER	huile	corps gras	en applications Liniment oléocalcaire.	*Parasiticide.* *Brûlures* pour les soustraire au contact de l'air.
PAPAYER	suc de fruits	papaïne	en applications	Dissous la fibrine : *angine couenneuse, croup*, *plaies couenneuses.*
LYCOPODE	microspores	fécule polémine	Poudre en applications.	Intercepte le contact de l'air, ne s'imbibe pas. *Erosions, érythèmes.*
PIN	colophane poix de Bourgogne	ac. abiétique térébenthinés pyrogénés	Poudre en appl. Emplâtre	*Hémorrhagies locales.* *Douleurs chroniques ou locales.*

PLANTE	PARTIE EMPLOYÉE	PARTIE ACTIVE	FORMULE ET DOSES	INDICATIONS CLINIQUES
			2° Agents altérant la peau par contact	
Daphné .	écorce seconde	daphnine résine âcre	poudre en appl. pommade épistatique	Vésicant très employé dans tous les cas où l'on a à redouter l'*inflammation vésico-intestinale cantharidienne.*
Dentelaire	feuilles fraîches	plombagine résine âcre	feuilles pilées en applications	*Eruptions chroniques atones.* Surveiller et limiter l'emploi dès que la poussée inflammatoire se montre.
Dorème	g. ammoniaque	bassorine résine âcre	onguent en applications	Révulsif, vésico-papuleux, dans les *engorgements lymphatiques chroniques.*
Ellébore blanc	racine	vératrine jervine huile volatile ac. gallique	poudre 1 à 2 en application sur emplâtre.	Révulsif vésico-papuleux dans les *névralgies intercostales* et les *pleurodynies* à frigore.
Eupho. des Canaries	g. résine	résine rouge euphorbon	poudre 1 à 2 en application	Révulsif dans les *névralgies rebelles.*
Ficaire	racine	ac. ficarique ficarine	décoction 50 à 60	Révulsif styptique des *vaisseaux hémorrhoïdaux fluxionnés,* redouter les fissures consécutives à l'abus.
Genevrier oxycèdre	h. de cade	huile âcre	huile de cade en application	Révulsif caustique, contre les *éruptions atones.* s'arrêter dès que la poussée se montre.
Genevrier savinier	bois	huile isomère de l'essence de térébenthine. Résine âcre.	poudre 1 à 2 en application	Révulsif caustique des plaies contre les *bourgeons exubérants,* se défier de la phlogose.
Goa	suc concret	chrysarobine	poudre 2 à 4 en pommade	Révulsif dans les *dermatoses sèches.*
Iciquier	résine élémi	élémine	incorporée dans le diachylum	Révulsif excitant.
Ortie	feuilles	suc âcre	fustigation	Révulsif à éruption akénoïde *dans les affections congestives avec coma.*
Oseille	feuilles	oxalate de potasse	en applications pilées	Révulsif et mâturatif dans les *engorgements strumeux et les abcès froids indolents.*
Mélèze	huile essentielle	essence de térébenthine	en applications mêlée à huiles	Révulsif vésicoïde dans les *névralgies profondes tendant à la chronicité.*
Moutarde noire	farine	myronate de potasse myrosine sinapisine	délayée à l'eau froide en applications	Révulsif pemphygoïde pour *stimuler l'économie par l'extrémité des filets nerveux périphériques l'assimilation n'ayant plus lieu, congestions actives.*
Murier	suc de fruits	acide morique gomme Pr. colorant	suc en applications	Révulsif caustique des muqueuses. *Aphthes érosions.*
Liquidambar	styrax	styrol styracine ac. cinnamique acide benzoïque	sirop ad. lib. onguent en applications	*Angines légères.* Pour édulcorer les tisanes astringentes. Révulsif antiseptique, antimicrobien. *Plaies atones, pultacées par causes parasitaires.*
Piment enragé	fruits	résine âcre ac. ?	poudre en applications	Révulsif succédané de la moutarde.
Renoncule âcre	feuilles fraîches	h. âcre ac. anémonique anémonine	feuilles pilées en applications	Révulsif eczématogène dans les *sciatiques rebelles.*
Thapsie	écorce de racine	résine ac. thapsique	emplâtre de thapsia	Révulsif eczématogène et même anthracogène.

PLANTE	PARTIE EMPLOYÉE	PARTIE ACTIVE	FORMULE ET DOSES	INDICATIONS CLINIQUES

3° Agents altérant la muqueuse par contact

PLANTE	PARTIE EMPLOYÉE	PARTIE ACTIVE	FORMULE ET DOSES	INDICATIONS CLINIQUES
MILÉE TARMIQUE	feuilles sèches	huile volatile résine âcre	poudre en prises	Excitant sternutatoire, sialalogue dans certaines *migraines de dyspeptiques.*
SARET	Racine sèc.	huile volatile résinoïde camphré	Id.	Excitant sternutatoire, eupeptique dans certaines *migraines de dyspeptiques.*
TOINE	feuilles sèc.	résine âcre	Id.	Excitant sternutatoire dans certaines *migraines.*
AMOMILLE YRÊTHRE	racine sèche	huile âcre résine	Id.	Excitant sternutatoire substitutif dans l'*ozène chronique.* Suspendre l'emploi dès phlogose.
CQUIRITY	graines décortiquées	h. essentielle gomme acide abrique	poudre en macération 20	Excitant inflammatoire dans les *conjonctivités atones.*
ARJOLAI-E	feuilles et fleurs sèc.	huile volatile ac. thymique	poudre en prises	Sternutatoire contre les *migraines par atonie cérébrale.*

4° Agents émulsionnant les humeurs fluées

PLANTE	PARTIE EMPLOYÉE	PARTIE ACTIVE	FORMULE ET DOSES	INDICATIONS CLINIQUES
CACIA AR.	g. arabique	arabine	solution ou en nature	Pour dissoudre la mucine striée et diminuer l'adhésivité des crachats dans les *catarrhes.*
MANDIER	Amande	émulsine gomme	décoction 20 à 30	id.
STRAGALE	g. adragant.	adragantine	solution	id. légèrement révulsif *catarrhes atones.*
ORÊME	g. ammoniaque	bassorine huile volatile	pilules 0,50 à 3 solution en injections	Emulsionnant révulsif dans les *catarrhes atones.* Emulsionnant révulsif dans les *vaginites chroniques.*
IN	graine	huile grasse mucilage arabine	macération 1/6 froide	Emulsionnant lénitif. *Catarrhes à exsudats glutineux.*
CILLE	bulbes	scillitine	scillitine par millig. vinaigre scillé 1 à 5	Exsudats glutineux.

5° Agents attoignant les parasites

PLANTE	PARTIE EMPLOYÉE	PARTIE ACTIVE	FORMULE ET DOSES	INDICATIONS CLINIQUES
BSINT GR.	feuilles et sommités	matière azotée absinthine fécule gomme	décoction 30 à 40 chaude	*Fièvres baccillaires, fièvres septiques par ferments baccillaires. Catarrhes a baccilles Intermittentes ou rémittentes et diarrhées acescentes baccillaires.*
UNÉE	racine	résine amère hélénine extrait amer fécule gomme	décoction 30 à 40 chaude en fomentations	Lavage des *plaies à fermentations baccillaires.*
AM. PYRÊ-BRE	racine	résines huiles âcres	poudre en applications	*Poux, parasites de la peau et des bois de lit.*
AMPHRIER	camphre	camphre	poudre en applications solutionalcool esprit de camphre X à XI.	*Fièvres baccillaires ou septiques par fermentations végétales,* même lorsque des *accidents adynamiques* en sont la conséquence

PLANTE	PARTIE EMPLOYÉE	PARTIE ACTIVE	FORMULE ET DOSES	INDICATIONS CLINIQUES
CÉVADILLE	fr. en poudre dite de capucins	acide cévadique vératrine	poudre en applications	*Poux et parasites de la peau. Bois de lit.*
DAUPHINEL-LE STAPHY-SAIGRE	graines	delphine az. delphinique staphysine résine âcre	Id.	*Poux et parasites de la peau. Bois de lit.*
EUCALYPT.	feuilles jeunes et fleurs fraîches	résine tannin huile essentielle	infusion 20 à 30 émanations	*Fièvres baccillaires ou septiques par fermentations végétales acescentes. Plaies putrides ou acescentes.* Affections baccillaires des poumons.
GENEVRIER OXYCÈDRE	h. de cade	h. pyrogénée pyrothonide	huile en applications émanations	*Contre les parasites. Effets caustiques sur les surfaces érodées.*
MÉLÈZE	huile essentielle	essence de térébenthine	en applications	Contre les *cavernes et plaies anfractueuses à baccilles.*
LEDON	huile	huile essentielle acide lédamique	en applications	Bois de lit. *Punaises.* *Teignes et affections parasitaires de la peau*
PIN	huile de cade fausse créosote	huile et produits pyrogénés créosote produits pyrogénés ac. acétique	en applications Id. vin (1 à 8) 15 à 60	*Dermatoses parasitaires. Carie dentaire.* *Caustique dans les dermatoses parasitaires.* *Phthisie baccillaire.*
QUASSIER	bois	quassine	en macération 20/1000	*Contre les parasites.*
TABAC	feuilles	nicotine nicotianine résine âcre huile grasse	feuilles en applications	*Gale et parasites.*
THYM	plante fleurie, brûlée	huile essentielle thymol thymine gaz pyrogène	vapeurs en fumigation thymol 1 sur 1000 en application	Parasiticide antiputride. Antiseptique pour pansement des plaies.

6° Agents atteignant les Helminthes

PLANTE	PARTIE EMPLOYÉE	PARTIE ACTIVE	FORMULE ET DOSES	INDICATIONS CLINIQUES
ABSINTHE JUDAÏQUE	feuilles et fleurs fruits	huile volatile santonine huile volatile santonine acide gallique	infusion 10 à 20 dragées 0,50 à 2	Contre les *ascarides.* Contre les *ascarides.*
ABSINTHE PONTIQUE	feuilles fraîches	huile volatile santonine résine	feuilles pilées en applications	Souvent utilisée en emplâtre par le peuple contre les *ascarides.*
ABI-TSALIM	feuilles et jeunes pousses	résine	hâchis pâteux dans l'eau 15 à 20	Contre le *tœnia.* Favoriser l'action du tœnicide par 20 huile de ricin deux heures avant et deux heures après l'administration du remède.
AIL	gousse fraîche	fécule sulfocyanate d'allyle	en soupe ou en lavement	Contre *tous les helminthes.* Continuer plusieurs jours le remède au déjeuner du matin.
AURÔNE	feuilles et fleurs	camphre	décoction 10. chaude	Contre les *ascarides et les lombrics* excellent odorant des vermifuges.
CITRONNIER	fruits desséchés ou cloisons blanc.	aurantine hespéridine ac. gallique	poudre 1 à 4 en applications	Contre les *lombrics et les ascarides.* Contre les *oxyures.*

CARD

PLANTE	PARTIE EMPLOYÉE	PARTIE ACTIVE	FORMULE ET DOSES	INDICATIONS CLINIQUES
TROUILLE	graine	résine	pellicule verte 15 dans du miel	Contre le tœnia ⎰ favoriser le tœnicide par l'administration de 20
USSO	fleurs	cousséine résine am.	cousséine 0,03 fleurs pulvérisées 15 à 20.	huile de ricin 2 h. avant Contre le tœnia et 2 h après le remède.
AUPHINEL ONSOUDE	sommités fleuries	delphine ac. delphinique	macération 30 à 60.	Contre tous les animaux à sang blanc.
FOUGÈRE MALE	rhizôme frais	huile volatile résine filicine ac. filicique mat grasse sucr.	huile éthérée 2 à 4 et dragées en lotions	Anesthésique des helminthes. Contre les oxyures.
RENADIER	écorce de racine	pelletiérine isopelletiérine	écorce de racine 60 concent. 1/2 sulfate de pelletiérine 0,15 à 0,50.	Tænicide.
	écorce de fruits	tannin huile volatile mucilage pr. amer	Décoction 20 à 30	Vermifuge, astringent.
ABI-TCHO-GO	bulbes	huile essentielle extractif	60 dans un véhicule	Tœnicide succédané du cousso.
AMALA	poils en étoile des fruits	résine rouge princ. sulfacé rottlérine	teintale 20	Tœnicide.
OUSSE CORSE	alciles et fucus varechs	iode sels mat glutin.	poudre 1 à 2 gelée 20 à 60 infusion 20 à 30	Lombricofuge.
	mycéliums divers	iode sels mat. glutin.	infusion 20 a 60 sirop 20 à 60 poudre 1 à 8	Contre les lombrics.
ANAISIE	fleurs	huile volatile tanacétine ac. tanacétique résine	infusion 5 à 10 poudre 1 à 2 boisson en lavement ou cataplasmes	Lombric, ascaride, oxyme.

7° Agents phytoxides (Fébrifuges)

PLANTE	PARTIE EMPLOYÉE	PARTIE ACTIVE	FORMULE ET DOSES	INDICATIONS CLINIQUES
BSINTHE GRANDE	feuilles et sommités	absinthine	essence d'absinthe X à XX	Fièvres intermittentes chroniques. Fièvres zimotiques.
RTICHAUT	feuilles	cynarine ac. cynarique	décoction 30 à 50	Fièvres intermittentes avec arrêt de secrétion du foie.
EBÉERU	écorce	bébécrine	sulfate de bébécrine	Succédané du sulfate de quinine.
TTÉRA	Id.	bittérin résine amère	1 à 4 vin 30 à 90	Fièvres intermittentes atones chroniques avec inappétence.
APÉ	grain. crues	chlorogynate de potasse et de caféine résine amère légumine	décoction 30 à 50	Fièvres intermittentes lentes et comateuses.
AIL CEDRA	écorce	caïl cédrin résine amère	décoction 15 à 30	Fièvres intermittentes.
ASCARILL.	Id.	huile essentielle cascarilline principe amer	teinture 1 à 4 extrait 1 à 2	Fièvres intermittentes atones compliquées d'anémie.

PLANTE	PARTIE EMPLOYÉE	PARTIE ACTIVE	FORMULE ET DOSES	INDICATIONS CLINIQUES
CÉDRON SI-MAROUBA	graine	cédrine	poudre 0,50 à 4	*Fièvres intermittentes compliquées de diarrhée.*
CENTAURÉE GRANDE	fleurs et racines	cnicin tannin	décoction 30 à 60 chaude	*Fièvres intermittentes chroniques avec plaies sanieuses. Lotions sur les plaies.*
CENTAURÉE PETITE	sommités fleuries	erytro-centaur. résine amère	infusion 20 à 30 chaude	*Fièvres intermittentes ou rémittentes septiques.*
CHARDON BÉNIT	som. fleur. et feuilles	huile volatile cnicin mat. sulf.	infusion 30 à 60 chaude	*Fièvres intermittentes anomales surtout avec défaut de sueurs.*
CITRONNIER	fruits desséchés	aurantine hespéridine ac. gallique	poudre 1 à 4	*Fièvres intermittentes avec lenteur de circulation.*
COLOMBO	racine	berbéerine colombine ac. colombique	poudre 0,50 à 1 vin 30 à 90	*Cachexie paludéenne avec diarrhée mattiée convalescences de fièvres intermittentes ou septiques.*
COQUERET	tig. et feuil.	physaline	teint. 2 à 10 vin 30 à 90	Succédané du quinquina.
EUCALYPT.	feuilles écorce	eucalyptène tannin	décoction 30 à 60	*Fièvres intermittentes et rémittentes atones.*
FRÊNE	écorce	fraxine tannin	décoction concentrée 200	*Fièvres intermittentes atones avec torpeur des secrétions.*
GENTIANE	racine fraîc.	h. volat. gentisin gentianin gentiopicrine tannin	macérat. 30 à 60	*Fièvres intermittentes avec atonie des muqueuses et inappétence.*

GERMANDR. PETIT CHÊ-NE	feuilles et fleurs	huile volatile tannin extrait amer	infusion 20 à 30	*Fièvres intermittentes et rémittentes, catarrhales Affections septiques catarrhales. Catarrhe des foins.*
HÊTRE	écorce	extrait amer salicylé tannin	décoction 60	*Fièvres intermittentes chroniques avec diarrhées.*
HYMENO-DYCTION	Id.	hymenodictyo-nine		Succédané de la quinoïdine.
OLIVIER	éc. et feuil.	olivine gomme-résine tannin ac. benzoïque	décoct. 30 à 50	*Fièvres intermittentes avec anurie. Action très diurétique.*
ORANGER	fruits desséchés	hespéridine limonine	poudre 1 à 4 décoct. 20 à 30	*Fièvre intermittente?*
MARRON-NIER D'INDE	marions et écorce	esculine tannin	teint. alc. 1/5 2 à 8	*Gastralgies des fièvres inter. atoniques.*
PEUPLIER	écorce	salicine	30 à 40 décoction	Fièvre intermittente, succédané infidèle du sulfate de quinine.
QUINQUI-NAS JAUNES	écorces	quinine (+) cinchonine (−)	sulfate de quinine 0,30 à 1,50 décoction 20 extrait alcaloïde 0,50 à 4 sulfate de cinchonine 0,20 à 0,80	*Fièvre intermittente, névralgies intermittentes, fièvre pernicieuse, spécifique.* *Surtout tonique, fébrifuge accessoirement.* *Convalescence des fièvres intermittentes. Atonie consécutive, adynamie fébrile.* *Fièvres intermittentes lentes surtout chez les dyspeptiques et au cas où elles ne peuvent pas devenir pernicieuses.*
SAULE	écorce	tannin extractif salicine	infusion vineuse 25 à 50	Succédané du quinquina. Fermentations acescentes.

8° Agents sédatifs généraux (Emollients)

PLANTE	PARTIE EMPLOYÉE	PARTIE ACTIVE	FORMULE ET DOSES	INDICATIONS CLINIQUES
ACANTHE	feuil. fraîc.	mucilage	cataplasmes feuilles fraîches	Adoucissant. Pansement des vésicatoires.
ADANSONIA DIGITATA	écorce fraîc.	Id.	décoction 30 en fomentation	Adoucissant tonique.
BARDANE	racine	fécule muc. ciroléage	décoction 60 en fomentations	Pour calmer le *prurit des eczémas* et autres *affections de la peau superficielles.*
BOUILLON BLANC	fleurs et feuilles	mucilage verbascine	Id.	id.
CAROTTE	feuilles et pulpe de racine fraîch.	mucilage pectine carottine	suc en applications renouvelées	Sédatif de l'inflammation et de la douleur dans les *plaies ulcérées et gangréneuses.*
CERFEUIL	feuil. fraîch.	h. essent. douce mucilage résinoïde	feuilles pilées en applications	Sédatif des *prurits acescents.* Contre les *engorgements laiteux.*
COIGNASSIER	pépins	huile douce mucilage cydonine	mucilage en applications	Sédatif des *gerçures et des érosions* enflammées.
FENU-GREC	farine de semences	mucilage ac. malique	cataplasmes	Sédatif des *prurits des plaies sanieuses.*
FIGUIER	fruit	mucilage ac. malique embryon en crochets	décoction 60 en fomentations filtrées	Adoucissant. Adoucissant et mâturatif mécanique par suite de la révulsion que produisent les embryons en crochets.
GUIMAUVE	feuilles et fleurs et surtout rac.	mucilage	infusion racines fraîches 30 à 60 chaude	Sédatif dans les *catarrhes* à frigore.
JOUBARBE	feuil. fraîch.	mucilage sels résinoïde doux	feuilles en applications	Sédatif des *hémorrhoïdes enflammées* et des *plaies avec phlogose.*
JUJUBIER	fruits	mucilage sucre ac. malique ac. ziziphique	décoct. 20 à 40	Sédatif béchique dans les *catarrhes.*
LIN	farine de graine	huile grasse arabine mucilage bassorine	décoct. 20 à 30 / cataplasmes	Emollient laxatif par indigestion. / Emollient.
SUREAU	fleurs	huile volatile concrète	infusion 20 à 30 cataplasme	Emollient lavant abcédation pour l'empêcher surtout contre fluxions.
TUSSILAGE	Id.	huile essentielle mucilage résinoïde	infusion 10 à 20	Béchique.
MAUVE	feuilles	mucilage	décoct. 30 à 60	Emollient.
MOLÈNE BOUILLON BLANC	fleurs et feuilles	mucilage principe narcotique	Id. / infusion 10 à 20	Contre les *éruptions prurigineuses enflammées.* / Béchique contre *les toux* par excitation nerveuse *sans inflammation ou avec inflammation.*
NÉNUPHAR	fleurs	mucilage	sirop ad. lib.	Pour édulcorer les tisanes émollientes.
OIGNON BLANC	bulbe cuit	mucilage sucre ac. acétique	cataplasmes	Emollient mâturatif *abcès formés.*

PLANTE	PARTIE EMPLOYÉE	PARTIE ACTIVE	FORMULE ET DOSES	INDICATIONS CLINIQUES

9° Agents sédatifs hématiques (Défervescents)

PLANTE	PARTIE EMPLOYÉE	PARTIE ACTIVE	FORMULE ET DOSES	INDICATIONS CLINIQUES
ACONIT	feuil. et rac.	aconitine	aconitine par milligramme	Dans toutes les *fièvres aiguës avec sécheresse de la peau et courbature*. Au début fracter et répéter les doses.
ACT. EN ÉPI ACTÉE RA-MEUSE	racine	principe narco-tico-âcre	teint. alc. 1/5 X à XX dans une potion	Dans les *fièvres hectiques* avec purulence fracter et répéter les doses.
CAMPHRIER	camphre	camphre	en poudre 0,20 à 0,50 par paquets de 0,01	Dans les *fièvres érétiques avec surélévation de température sans phlegmasies aiguës* fracter et répéter les doses.
CÉVADILLE	fruits	vératrine	vératrine par 1/4 de milligramme	Dans les *fièvres rhumatismales avec surélé vation* de température, fracter et ré éter les doses.

10° Agents sédatifs de la circulation (Déliquescents)

PLANTE	PARTIE EMPLOYÉE	PARTIE ACTIVE	FORMULE ET DOSES	INDICATIONS CLINIQUES
BERBÉRIDE	fruits	ac. citrique ac. malique ac. oxalique	infusion 30 — suc 20 à 30	Rafraîchissant dans les *fièvres*.
CITRONNIER	suc frais de fruits — fruits en morceaux	ac. citrique ac. malique ac. citrique ac. malique aurantine hespéridine ac. gallique	limonade fraîche — limonade bouillie amère	Rafraîchissant dans les *fièvres hyperthermiques* pour calmer la soif et favoriser la miction. Rafraîchissant excitant dans les *fièvres adynamiques*. Ne pas en abuser l'aurantine ayant secondairement un effet asphyxiant sur le globule sanguin.
GROSEIL-LIER	suc de fruits	ac. citrique ac. malique	limonade	Rafraîchissant dans les fièvres hyperthermiques. Succédané du citron.
VIGNE	fruit mûr	sucre pectine ac. pectique ac. tartrique ac. malique ac. citrique sels acides tannin albuminoïde	cure de raisins ad libitum	Désobstruant dans les affections intestinales chroniques toutes les fois qu'il faut diminuer la plasticité du sang ou des humeurs.
	fruit vert	pectine pectose ac. pectique ac. divers	sirop de verjus	Diurétique, acidule, temperant.

11° Agents sédatifs du cœur

PLANTE	PARTIE EMPLOYÉE	PARTIE ACTIVE	FORMULE ET DOSES	INDICATIONS CLINIQUES
ADONIDE	plante	adonidine	tannate d'adonidine 0,001 à 0,005.	Sédatif du cœur dans les *lésions valvulaires* non compensées. — Deux à 3 doses par jour longtemps continuées.
ASPIDOS-PERME	graine	aspidospermine	teint. 1/5 2 à 15	Sédatif du cœur dans les *oppressions asthmatiques* doses massives pendant l'accès.
DIGITALE	feuilles radicales	digitaline	digitaline par milligramme	Sédatif du cœur et tonique des nerfs dans les *affections ataxisystoliques* toujours à doses fractées.
GEISSOS-PERME	écorce	geissospermine pereirine	geissospermine par 1/2 milligr. pereirine par 1/2 milligramme	Sédatifs des mouvements du cœur, dans les *palpitations hypertrophiques* médicaments contre le symptôme, il faut les mesurer et ne compter que sur leur effet momentané.
GENÊT A BALAI	fleurs	spartéine	spartéine 0,01 à 0,10	Modérateur rhythmique dans les maladies du cœur avec *tension veineuse exagérée*.

PLANTE	PARTIE EMPLOYÉE	PARTIE ACTIVE	FORMULE ET DOSES	INDICATIONS CLINIQUES

12° Agents sédatifs des nerfs (Analgésiques)

PLANTE	PARTIE EMPLOYÉE	PARTIE ACTIVE	FORMULE ET DOSES	INDICATIONS CLINIQUES
ACONIT	feuilles fraîches	aconitine	aconitine par milligramme / feuil. en catapl	Contre les *douleurs brusques par refroidissement.* / Si les *douleurs à frigore* sont localisées.
BELLADONE	feuilles	phyteumacolle pseudotoxine belladonine atropine mucilage	feuilles en cataplasmes blanchies dans très peu d'eau bouillante	Contre les *douleurs parties des filets nerveux superficiels,* surexcités par cause mécanique, non enflammés, fluxions, dents cariées, etc.
	racines	phyteumacolle pseudotoxine surtout atrop. pseudotoxine	poud. 0,05 à 0,20 en pilules	Contre les *douleurs des névralgies profondes des éléments de la vie organique* fluxionnés mais non enflammés.
	suc de feuilles sèches	belladonine surtout atropine	teint. alcool. VI à XII	Contre l'*asthénie des vaso-moteurs pour réprimer les hypersecrétions; diarrhées, polyurie, bronchorrhée, flux séreux.* Fracter toujours les doses.
		pseudotoxine belladonine atropine (—)	teinture éthérée X a 20 sirop 20 à 30	Contre les *douleurs dans les fluxions fébriles avec exaltation bulbaire convulsivante* sans phlogose ni tendance pyoïde.
	atropine	atropine	chlorhydrate d'atropine par milligramme	Spécifique *mydriatique* agent principal en injections hypodermiques au 10ᵐᵉ pour calmer les *douleurs névralgiques* indépendantes de phlogoses pyoïdes.
CAMPHRIER	camphre	camphre	alcool camphré liniment émulsion 0,01 à 0,50.	Contre l'*éréthisme cutané douloureux* sédatif des filets nerveux superficiels. Spécifique de l'*éréthisme vésico-uréthral* surtout cantharidien ou blennorrhagique.
CHÉNOPODE VULVAIRE	feuilles fr.	propylamine	feuilles fraîches en applications	Contre les *douleurs rhumatismales violentes avec éréthisme cutané.*
CIGUE	semences	cicutine	bromhydrate de cicutine par 1/2 milligramme	Contre l'*éréthisme du bulbe et les réflexes rachidiens. Douleurs lancinantes. Convulsions. Insomnie avec élancements musculaires.* Fracter les doses.
COCA	feuilles	cocaïne	cocaïne en sol. alcool par milligramme. pulvérisation ou balnéation	Contre l'*éréthisme des filets nerveux des muqueuses.* La cocaïne agit par contact inutile de l'employer sur des muqueuses que l'on ne peut directement atteindre. C'est un anesthésique par tangence.
COLCHIQUE	fleurs fruits et bulbes	colchicine	colchicine par 1/2 milligramme	Contre l'*éréthisme aigu du rhumatisme,* sans que le principe rhumatismal en soit amendé. C'est un paralysant anesthésique des extrémités nerveuses. Fracter les doses et agir d'autre part contre le mal.
COQUE DU LEVANT	fruit	cocaline ou picrotoxine	picrotoxine par 1/1 de milligr.	Contre l'*éréthisme chronique des centres bulbaires et spinaux : chorée, épilepsie.* Fracter les doses et continuer longtemps l'usage.
COTYLET	feuilles fr.	propylamine résiné douce huile essentielle douce	feuilles fraîches en applications suc 20-30	Contre les *douleurs avec éréthisme cutané.* Contre l'*éréthisme chronique des centres bulbaires et spinaux : chorée-épilepsie.* Continuer longtemps.
DATURA STRAMONIUM.	feuilles semences	stramonine daturine	daturine par 1/2 milligr.	Contre l'*éréthisme des nerfs des muscles :* douleurs aiguës, fulgurantes du rhumatisme. Fracter les doses et continuer jusqu'à sensation de fatigue musculaire.
DELPHINELLE STAPHYSAIGRE	feuilles	delphine staphysine résine âcre	feuil. blanchies chaudes en cataplasmes.	Contre les *douleurs lancinantes pulsatives du rhumatisme.* Réprime l'éréthisme nerveux suscité par excès de sanguification, action révulsive à surveiller.

PLANTE	PARTIE EMPLOYÉE	PARTIE ACTIVE	FORMULE ET DOSES	INDICATIONS CLINIQUES
DOUCE-AMÈ-RE	tiges	solanine dulcamarine	décoction 30 à 60 fomentation	Contre l'éréthisme chronique des filets nerveux musculaires : douleurs rhumatismales des membres sans fièvre·
GAULTHÉ-RIE	feuilles essence de wintergre-en	salycilate de méthyle gaulthérilène	essence 2 a 8.	Contre l'éréthisme nerveux des muscles Douleurs fulgurantes fébriles. Fracter les doses et surveiller le cœur. C'est un paralysant des nerfs moteurs cardiaques
JASMIN DE LA CAROLI-NE	rhizome	huile volatile gelsemine ac. gelséminiq.	gelsémine par 1/2 milligr.	Contre les douleurs tenaces. Se défier des effets asphyxiques sur le cœur et les poumons. S'arrêter a l'apparition de la diplopie.
JUSQUIAME	feuilles et semences	hyosciamine	hyosciamine par milligr.	Dans toutes les affections avec contraction des sphincters par spasme sans phlogose.
			feuilles en application	Dans toutes les douleurs provenant de fluxions par éréthisme.
LAURIER CERISE	feuilles	hydrure de benzoïle ac. cyanhydriq.	eau en application	Douleurs prurigineuses.
PHELLAN-DRIE	fruits	phellandrine	poudre 0,20 t. les 3 heures	Toux des tuberculeux·
PHYSOSTIG-MA VÉNÉ-NEUX	graine	eserine	chlorydrate d'é-sérine sol. au millième I à 11	Antimydriatique.
PILOSELLE	feuilles et fleurs	principe amer résine douce	décoction 30 à 60 chaude	Contre la fatigue musculaire après la marche.
EXTRIGHT-RE	racine	huile volatile ext. amer	teint. eth. en aspirations et frictions	Migraines catameniales.
MUGUET	fleurs fraîc.	h. volatile ac. maïlique maïaline	infusion 15 à 20	Tonique nervin du pneumo-gastrique dans les palpitations nerveuses du cœur et les phénomenes convulsifs consécutifs à la peur.
NARCISSE	fleurs	narcissine h. volatile	infusion 15 à 20	Succédané du muguet.
MENTHE	camphre	menthol	en applications	Anesthésique des filets nerveux tangentiels. Migraines avec éréthisme cutané.
MÉLÈZE	h. essent.	essence de térébenthine	essence de térébenthine II à X en capsules	Névralgies profondes avec tendance à la chronicité.
MÉLILOT	fleurs et feuilles	coumarine	infusion 20 à 30	Coliques venteuses,
PAULLINIE	graines	tannate de caféine	poudre 0,50 à 2	Migraines par atonie cérébrale.
PAVOT	têtes	morphine	chlorhydrate de morphine par 1/2 milligr.	Analgésique, antiexosmotique, soporifique.
		codéine	sirop 20 à 30	Anticonvulsivant contre l'excitation du pneumo-gastrique surtout.
		thébaïne narcéine narcotine papavérine opianine		Mauvais succédané de la codéine. Inusités.

PLANTE	PARTIE EMPLOYÉE	PARTIE ACTIVE	FORMULE ET DOSES	INDICATIONS CLINIQUES
‚VOT	têtes	méconine huile volatile ac. méconique gomme alcaloïdes divers	décoction 2 têtes pour fomentation extrait thébaïque 0,01 à 0,05 opium 0,05 à 0,10	Les usages du pavot, de l'extrait thébaïque de l'opium sont difficiles à formuler en quelques mots. D'une manière générale ces puissants médicaments rendent de réels services dans toutes les *douleurs qui n'ont pas pour déterminante directe une affection organique amenant la pression mécanique du nerf.*
SCIDIE DE A JAMAI- UE	écorce de la Jamaïque	pisciadine résine âcre huile volatile	poudre 4 à 8 teinture 2 à 4	Contre les *insomnies et les douleurs* proviennent de *l'excitation des réflexes.*

13º Agents sédatifs du système gastro-intestinal (Laxatifs)

PLANTE	PARTIE EMPLOYÉE	PARTIE ACTIVE	FORMULE ET DOSES	INDICATIONS CLINIQUES
CHE PER- IL	feuilles	pretine apiol	infusion 5 à 10	Laxatif doux, diurétique : *Contre la secrétion lactée, l'anasarque,* les œdèmes.
MANDIER	huile	corps gras	émulsion	Laxatif doux *hyperhémies gastriques. Embarras saburral,*
‚RBÉRIDE	racine	berbérine oxyacanthine	décoction 20 à 30	Id.
‚LDO	feuilles	huile douce boldoglucine	décoction 15 à 20	Laxatif doux, légèrement cholagogue : *hyperhémies bilieuses.*
AROUBIER	pulpe de siliques	mucilage sucre	décoction 20 à 60	Laxatif doux. *Embarras saburral inflammatoire.*
‚N	huile	corps gras	émulsion en nature 10 à 20	Laxatif doux intestinal contre la CONSTIPATION *des hémorrhoïdaires et les douleurs qui en résultent.* Continuer l'usage.
‚NPIGNON	graines ou amandes	huile douce fécule muc. B. térébenthiné	émulsion 30 à 60	Laxatif diurétique dans les *catarrhes vésicaux avec rétrécissement de l'urèthre.*
‚ODOPHYL- ‚E	podophyllin	résine douce	0,01 à 0,10	Laxatif *constipations par défaut de sucs.*

14º Agents excitants organiques (Excitants)

PLANTE	PARTIE EMPLOYÉE	PARTIE ACTIVE	FORMULE ET DOSES	INDICATIONS CLINIQUES
CHE PER- SIL	semences	apiol	dragées 0,25	Excitant spécial de l'utérus : *Dysménorrhées par atonie, congestions utérines atoniques, flux muco-sanguinolents atoniques des cachectiques et des anémiques avec ou sans douleurs.* Doser matin et soir et continuer l'emploi pendant l'époque menstruelle.
CHILLÉE MILLE- FEUILLE	feuilles	h. volatile âcre tannin	infusion 15 à 30 froide	Excitant tonique des vaisseaux capillaires. *Suintements sanguinolents. Flux cataméniaux prolongés chez les femmes atteintes de fongosités utérines.*
CORE ARO- MATIQUE	rhizome	huile volatile rés. visqueuse	décoction 30 à 40	Tonique de l'utérus et des vaisseaux dans les *avortements et les accouchements pour amender* les *lochies non sanguinolentes trop abondantes.*
‚GARIC BL.	mycelium	fungine agaricine résine âcre	poudre 0,05 à 0,30	Tonique des glandes sudoripares et des glandes muqueuses : *Diarrhées colliquatives et sueurs profuses des cachectiques.*
‚IL	gousse	sulfure d'allyre	en application pilé	Tonique révulsif dans la *suppression de la sueur des pieds..*
‚NÉMONE ULSATILLE	feuilles fraiches	anémonine	teint aq. de sucs 1 4	Tonique excitant nervin dans les *syncopes* et les *faiblesses nerveuses.*

PLANTE	PARTIE EMPLOYÉE	PARTIE ACTIVE	FORMULE ET DOSES	INDICATIONS CLINIQUES
ANETH GRA-VEOLENS	seminoïdes	huile volatile	infusion 20 à 30 chaude	Tonique excitant des glandes muqueuses dans les *dyspepsies flatulentes atones.*
ANGÉLIQUE	tiges et racines	huile volatile angélicine	confit	Analeptique excitant condimentaire dans les *dyspepsies atoniques.*
ANIS	seminoïdes	huile volatile résine	infusion 20 à 30 chaude	Tonique excitant des glandes muqueuses. *Carminatif dans les coliques venteuses atones.*
ARISTOLO-CHE SER-PENTAIRE	racine	résine serpentarine	décoction 30 chaude et fumigation	Tonique excitant des glandes muqueuses et des bronches : *Catarrhes atones avec difficulté d'expectoration.*
ARMOISE	feuilles et racines	huile volatile extractif amer	vin 30 à 90 décoction 30	Tonique excitant de l'utérus dans les *dysménorrhées à frigore.*
ARNICA	fleurs	huile volatile résine	décoction 20 à 30 chaude	Tonique nervin dans les *adynamies septiques* ou *pyoïdes.* Fracter les doses.
BAUMIER B. DELLIUM	b. dellium	gomme résine ac. cinnamique	vapeurs en fumigation	Excitant révulsif des glandes sudoripares dans les *douleurs par refroidissement.*
BAUMIER DE TOLU	tolu	ac. cinnamique cinnaméine	teinture 4 à 8	Tonique excitant des muqueuses, transformant les urates en hippurates : *catarrhes chroniques.*
		benzoïne gomme résine	sirop ad libitum	Pour édulcorer les boissons anticatarrhales.
BAUMIER PORTE-MYR-RHE	myrrhe	gomme résine	emplâtre	Excitant cutané adhésif dans les *douleurs atoniques à frigore. Pleurodynie n. intercostales.*
BAUMIER PORTE-MYRRHE	myrrhe	myrrhol	teint. alc. 1 à 4	Excitant révulsif muqueux dans les *dyspepsies atoniques avec inappétence par défaut de sucs.*
BENJOIN	suc concret	résine ac. benzoïque	teinture formant lait avec eau	En topique excitant siccatif des *gerçures* qu'il convertit en plaies sous-cutanées.
			vapeurs pyrogénées, inhalations et fumigations	En inhalations excitant des muqueuses dans les *bronchites chroniques.* En fumigations excitant de la peau dans les *douleurs à frigore par repression des sueurs.*
BUIS	écorce	résine amère buxine	infusion 30 à 50 chaude	Excitant des fonctions rénales et sudorales dans les *affections herpétiques chroniques avec larges altérations du derme.*
CAFÉ	grains torréfiés	gomme résine h. pyrogénée caféine tannin	infusion concentrée 60 à 100 chaude	Excitant des fonctions rénales, circulatoires du bulbe dans les *affections comateuses par inertie ou dépression* et dans les *étranglements et les obstructions par inertie intestinale.*
CAMOMILLE PUANTE	capitules	huile volatile camphrol résinoïde	infusion 20 à 40 chaude	Excitant sudoral et de la muqueuse gastro intestinale : *dyspepsies flatulentes atoniques avec obstructions stercorales.*
CAMOMILLE ROMAINE	capitules	huile volatile camphrol résinoïde ac. anthémique	infusion 20 à 40 chaude	Mêmes effets. Action plus spéciale sur l'*utérus.* Ces deux médicaments ne doivent jamais être donnés en cas de phlogoses aiguës.
CANNELLE	écorce	h. volatile tannin ac. cinnamique	teint. alc. 1/5 2 à 10	Excitant des fonctions sudorales gastro-intestinales et du bulbe. *Affections adynamiques, dyspepsies par inertie gastro-intestinale.*

PLANTE	PARTIE EMPLOYÉE	PARTIE ACTIVE	FORMULE ET DOSES	INDICATIONS CLINIQUES
PSICUM NNUUM	fruits	mat. grasse alcaloïde vol. capsaïcine	teint. éth. 1/5 1 à 4 ext. aqueux 0,20 à 0, 40	Excitant spécial des vaisseaux hémorrhoïdaux et du rectum. Contre la *constipation des hémorrhoïdaires et les hémorrhoïdes turgescentes douloureuses* deux fois par jour et continuer longtemps.
ARDAMINE ER PRÉS	feuilles	sinapisine albuminoïde	suc 15 à 30	Succédané du cresson.
ARDAMO-E DE MA-ABAR	fruits	huile volatile h. fixe	poudre 0,50 à 4	Excitant de la muqueuse gastro-intestinale dans les *dyspepsies atoniques* par défaut de sucs. *Apéritif eupeptique.*
ARVI	semences	huile volatile carveine	infusion 10 à 20 chaude	Succédané de l'anis.
ASCARA AMARGA	écorce	huile volatile résine picramine	ext. fluide 2 à 4	Excitant substitutif du système vésico-uréthral dans les *blennorrhées* chroniques.
ASCARIL-E	écorce	h. essentielle cascarilline principe amer	teint. alc. 1/5 1 à 2 extrait 1 à 2	Excitant du système nerveux organique dans les *dyspesies atoniques des anémiques.* Excitant eupeptique. *Dyspepsies atoniques des femmes pendant la lactation.* Excitant de la *secrétion du lait.*
ATALPA	racine	h. essentielle résine	décoction 30 chaude	Excitant spécial des muscles de Résius : pour diminuer l'*oppression asthmatique* pendant l'accès.
HARDON BÉNIT	feuilles et sommités fleuries.	cnicin mat. gr. sulf. huile essentielle g. extrait amer	décoction 20 à 30 chaude vin 20 à 90	Excitant tonique de tous les appareils émonctoires substitutif dans les *fièvres anomales torpides* de toutes formes. Veiller sur la poussée.
HÉLIDOINE RANDE	suc de feuilles fraîches	chélidoxanthine	teint. alc. 1/2 de suc 1 à 5	Excitant cholalogue dans les *hydropisies* par dégénérescence lamineuse du foie.
TRONNIER	zeste suc de fruits avec la pulpe.	huile volatile aurantine hespéridine ac. gallique	essence de zeste V à XX limonade bouillie amère.	Excitant du globule sanguin par altération globulaire à la façon de l'oxyde de carbone c'est-à-dire définitivement asphyxique. *Fièvres adynamiques.* Ne pas abuser de cet agent substitutif.
LAVALIER	essence	huile essentielle	huile ess. X à C.	*Douleurs ostrocopes syphilitiques ?*
OCA	feuil sèches	huile volatile tannin cocaïne	poudre 4 à 10 teint. alc. 1 à 4 vin 30 à 90	Tonique douteux. Anesthésique des filets nerveux tangentiels. *Antiboulimique, anti apéritif,* dans la *boulimie* avec sensation douloureuse au creux épigastrique.
OCHLÉARIA	feuilles fraîches	h. sulfurée cochléarine	infusion 10 à 20 alcoolat	Excitant révulsif des muqueuses dans les *atonies chroniques* sans phlegmasies. En gargarisme et topique contre les *engorgements gingivaux chroniques ou scorbutiques.*
OPAYER	b. de copahu	huile volatile ac. copahivique résine	émulsion sucrée ou pilules 1 à 5	Excitant révulsif vésico-uréthral spécifique de la *blennorrhagie aiguë.* S'arrêter à diarrhée.
ORIANDRE	semences	huile volatile camphrol	infusion 10 à 20	Succédané de l'anis.
OTO	écorce	cotoïne	teint. 1 à 4	Excitant bulbaire *dyspepsies et atonie avec inappétence des aliénés.*
RESSONS	feuilles fraîches	sulfocyanure d'allyle extrait amer sels, iode	suc 30 à 60	Excitant tonique intestinal, action cholalogue. *Dans les affections hypertrophiques par congestion, du foie.* Continuer longtemps.

PLANTE	PARTIE EMPLOYÉE	PARTIE ACTIVE	FORMULE ET DOSES	INDICATIONS CLINIQUES
CUBÈBE	poivre	huile volatile résine âcre	poivre en poudre ou en opiat 5 à 15	Excitant vésico-uréthral dans les *blennorrhées chroniques*. Veiller sur l'excitation prostatique consécutive à l'abus du remède qui détermine une nouvelle blennorrhée.
CUMIN	séminoïdes	h. cymène h. cuminol	infusion 10 à 20	Succédané de l'anis.
CYPRÈS	galle	h. résine ac gallique tannin	teint. alc. 1/5 en application	Excitant anesthésique des filets nerveux. *Plaies douloureuses atones caries laissant à nu des filets nerveux.*
DATURA	feuilles sèches	daturine résine	brûlées à l'air pyrogéné	Excitant analgésique des muscles *accès d'asthme.*
DOUCE-AMÈRE	tiges	picrozlycion résine ac. benzoïque dulcamarine solanine	décoction 20 à 30 et en fomentation	Excitant général des secrétions et anesthésique spinal. *Douleurs violentes des membres inférieurs surtout.* S'arrêter à l'apparition de phénomènes nauséeux.
ENCENS	g. résine	h. volatile gommo résine	poudre 0,30 à 0,50 émulsion jaune d'œuf	Excitant de la muqueuse gastro intestinale. *Dyspepsies atoniques.*
ERGOT DE SEIGLE	mycellium	h. jaune albumine émulsine amidon ergotine	ergotine 0,50 à 2	Excitant musculaire dans toutes les *hémorrhagies en nappe* sous l'influence du défaut de tonus musculaire.
EUCALYPT.	feuilles sèches	résine huile essentielle	alcoolat 1/5 4 à 7	Excitant révulsif des bronches. *Bronchorrées muco-purulentes.*
FENOUIL	semences	Id.	infusion 20 à 30	Succédané de l'anis.
FÉRULE PERSIQUE	sagapenum	bassorine gomme résine sulf. huile volatile	pilules 0,10 à 1	Excitant révulsif névrosthénique modificateur des secrétions gastro-intestinales : *Dyspepsies atones flatulentes des hystériques.*
FRAGON PIQUANT	rhizôme	résine h. ess. (myrtol) tannin	décoction 30 à 60 chaude	Excitant des secrétions muqueuses : *Atonies des cachectiques.*
FRÊNE COMMUN	feuilles	huile fixe fraxine mannite tannin	infusion 30 à 50 chaude	Excitant des secrétions sudorales, rénales et intestinales : *Rhumatismes et affections à urates sans phlogose.*
FUCUS CRISPUS	mycelium	huile volatile sels, iodures chlorures bromures	infusion 50 à 100	Excitant lymphatique : *Obésité par surabondance de sucs lymphatiques, adénites non phlogosées. Engorgements strumeux.* Adjuvant du traitement diathésique, a continuer longtemps par doses fractées.
FUMETERRE	feuilles	fumarine acide fumarique extrait amer résinoïde	suc 15 à 60	Excitant intestinal, sudoral et rénal : *Maladies atoniques congestives du foie splénomégalie.* Adjuvant du traitement.
GENEVRIER	huile de baies	h. isomère de l'essence de térébenthine	huile X à XX	Excitant révulsif vésico-uréthral : dans les *catarrhes atones vésico-uréthraux* surtout après abus des boissons mucilagineuses.
GÉRANIUM MOSCHATUM	feuilles fraiches	huile volatile géranin	en applications	Excitant révulsif sudorifique en applications sur la plante des pieds dans la *suppression de cette transpiration locale.*

PLANTE	PARTIE EMPLOYÉE	PARTIE ACTIVE	FORMULE ET DOSES	INDICATIONS CLINIQUES
ERMAN-RÉE D'EAU	feuilles et fleurs	h. volatile résine amère	infusion 30 à 50	Excitant antiseptique. *Plaies gangréneuses, fièvres cachectiques gangréneuses.*
NGEMBRE	rhizôme	h. volatile résine molle	poudre 2 à 4 teint. 2 à 4	Excitant condimentaire pour stimuler les organes digestifs dans l'*inappétence.*
ROFLIER	fleurs ou boutons ou clous	h. volatile cariophylline	clous 1 à 4 teint. 1 à 2	Excitant condimentaire pour stimuler les intestins. *Inappétence des dyspepsies atones.*
RJUM	baume ou suc	h. essentielle	h. en capsules X à XXX	Succédané du copahu, moins efficace, mais mieux supporté par les estomacs débiles.
OUBLON	lupulin des cônes en fleurs	h. volatile lupuline résine cérosine amino.	lupulin 0,50 à 1 teint. de bupulin 2 à 5	Excitant diaphorétique, intestinal, diurétique dans les *manifestations lymphatiques avec surcharge d'hydrocarbure.*
YDRATIS	souche	hydrastine berberine h. volatile	teint. 1/10 X à L	Excitant général dans les *atonies par suite de fl vres.*
YDROCO-'YLE ASIA-'IQUE	feuilles	h. volatile velturine résines	extr. 0,05 à 0,20	Excitant général dans les *dermatoses diathésiques.*
YSSOPE	sommités fleuries	h. volatile h. sulfurée camphre hyssopine	décoction 30 à 60	Excitant bronchitique dans les *catarrhes chroniques* sans phlogose.
	baies	huile essent. résine âcre	poud. 0,05. à 0,20 décoction 70 a 40 en injections	*Catarrhes atoniques des hémorrhoïdaires ou de la ménopause. Flux muqueux utérins atoniques.*
AVA	racine	huile essent. résine kavaïne	ext. fl. 20 dans glycérine	Succédané du cubèbe.
AURIER OBLE	baies	h. ess. Laurine	infusion 10 à 20	Eupeptique *dyspepsies atoniques.*
AVANDE	sommités fleuries	tannin h. vol. h. fixe résinoïde ext ait a er	Id.	Marasmes avec décompositions pyoïdes tendance à la septicémie avec fièvre.
PTANDRE	rhizôme	leptandrin extrait amer	leptandrin 0,10 à 0,30	Excitant tonique C. les *diarrhées des dyspepsies atones.*
NTISQUE	mastic	résine tannin principe amer	extrait 0,10 à 0,30	Excitant tonique C. les *diarrhée des Pays chauds.*
CHEN D'IS-ANDE	plante	cétrarin lichénine	infusion 10 à 30	Excitant tonique C. les *dyspepsies fébriles lentes, les cachexies avec mouvements pyrétiques vespérins : tuberculose,* etc.
EHRE	feuilles et baies	huile essent. résine	macération 10 a 30	Excitant général *syphilis chronique atone.*
OBÉLIE	fleurs	lobéline huile essent.	teint. 1 à 2	Excitant des muscles de Résius secondairement dépressif. Contre l'*accès d'asthme.* Cesser l'emploi après l'accès.
ARRUBE LANC	feuilles et fleurs	marrubine huile essent.	inf. conc. 60 à 100	Excitant des flux en préparation : *pour faciliter l'apparition des menstrues, l'écoulement des hémorrhoïdes, l'expulsion des crachats, les sueurs, la miction préparées.*
ATÉ	feuilles	caféine glycoside résine	infusion 20 à 60	Succédané du café.

PLANTE	PARTIE EMPLOYÉE	PARTIE ACTIVE	FORMULE ET DOSES	INDICATIONS CLINIQUES
RICIN	feuilles	résine ac. chrysopha- nique	feuilles blan- chies en appli- cation.	Excitant de la *secrétion du lait* en appli- cation sur les mammelles.
ROMARIN	sommités fleuries	essence camph. résine amère tannin	décoction 50 à 100 en bain essence en fric- tion	Excitant lymphatique dans les *paralysies atoniques, infantiles. Tumeurs blanches.* Excitant vaso-moteur dans les *engorge- ments lymphatiques atones sous-cutanés.*
ROQUETTE	feuilles naissantes	myrosine sinapisine extrait âcre	suc des feuilles fraîches 15 à 30	Excitant révulsif dans les *atonies gastri- ques, gastrorrhées chroniques.*
MÉLÈZE	térébenthi- ne cuite	ac. pinique ac. sylvique ac. succinique résino	pilules 0,30 à 2	*Catarrhes atones vésicaux-uréthraux.*
MÉLISSE	fleurs et feuilles	h. volatile extr. amer	infusion 10 à 20 alcoolat 1 à 4	Stimulant nervin dans les *faiblesses syn- copales.*
MENTHE	fleurs et feuilles	h. essentielle menthol	infusion 10 à 20 alcoolat 1 à 4	Stimulant nervin *diminuant la secrétion du lait*, favorisant la miction dans la *dysu- rie atonique.*
MENYAN- THE	fleurs et feuilles	extr. amer menyanthine	décoction 30 à 60	Stimulant du bulbe, émélo-cathartique par abus. *Anemies cérébrales. Fatigue par excès de travaux ou par excès vénériens.*
MUDAR	écorce	résine âcre principe amer	extrait alc. 0,10 à 0 50	Excitant général : *herpétisme chronique*
MUSCADIER	noix	h. essentielle ac. myristique	poudre 0,20 à 2 huile ess. II à X	Stimulant des secrétions intestinales dans les *dyspepsies avec inappétence.*
OIGNON BLANC	bulbe	h. essentielle acide acétique sucre mucilage	suc en applica- tions	Dissolvant du cérumen : *surdités par bouchon cérumineux.* S'arrêter s'il survient des vertiges premiers symptômes de myrin- gite.
ORIGAN	sommités fleuries	huile volatile menthol gomme-résine	infusion 20 à 30 chaude cataplasmes	Succédané de la menthe. Contre les *douleurs du rhumatisme ner- veux avec éréthisme cutané.*
PATIENCE	racine	ac. chrysopha- nique rumicin rhubarbarine tannin	décoction 30 à 60 chaude	*Engorgements atoniques scrofuleux, herpé- tisme chronique atone, compliqués de consti- pations.* Continuer longtemps l'usage.
PENSÉE SAUVAGE	fleurs	gomme-résine violine ext. amer	décoction 20 à 30 chaude	Dissolvant des suintements herpétiques. *Pour diminuer l'épaisseur des croûtes eczé- mateuses et impétigineuses. Gommes des en- fants.* Intus et extra.
PIN	sève	résine térébenthine	1 à 6 verres	*Catarrhes chroniques sans inflammations.*
	goudron	créosote huile essent. eupione pyrélaïne	eau de goudron saccharolée 1 à 70 en pommade	*Catarrhes sans phlogose à tendance muco- purulente.* *Dermatoses parasitaires.*
PODOPHYL- LE	rhizôme	picropodophyl- line ac. picropodo- phyllique berbérine saponine	poudre 0,05 à 2	Excitant des secrétions intestinales à faibles doses devenant drastique a hautes doses. *Constipations atoniques.*

PLANTE	PARTIE EMPLOYÉE	PARTIE ACTIVE	FORMULE ET DOSES	INDICATIONS CLINIQUES
LYGALA E VIRGI-IE	racine	ac. polygalique h. fixe ac. virginéique	infusion 100 poudre 0,50 à 2	Excitant des muqueuses jusqu'à doses nauséeuses dans les *poussées inflammatoi res de reprise des affections pulmonaires.* Pour *exciter l'expectoration bronchitique.*
ASSIER	bois et racines	quasssine	quassine amorphe 0,01 à 0,05 quassine cristallisée 0,001 à 0,005	Tonique dans l'*atonie torpide .*
JE FÉTIDE	huile	hydrure de rutile	huile IV à X	*Amenorrhée torpide des anémiques.* Excitant du système musculaire utérin
FRAN	étamines et filets	h. volatile safranine	poudre 0,10 à 2 en application teinture 2 à 10 en friction	Excitant révulsif de la circulation. *Phegmasies abcédés atones. Névralgies par défaut de circulation. Dentition atone.*
LSEPA-AREILLE	racine	h. volatile . résine de salse- r arine	infusion 30 à 60 chaude	Excitant des secrétions. *Atonie vésicale.*
PIN	bourgeons	essence de téré. résinoïde ac. abiétique	infusion après blanchie 10 a 30	Stimulant de l'expectoration.
PONAIRE	feuilles racines sur- tout	saponine résine ext. gommeux.	décoction de ra- cines 60 à 100 en application	Pour lotionner les plaies herpétiques pru- rigineuses.

PLANTE	PARTIE EMPLOYÉE	PARTIE ACTIVE	FORMULE ET DOSES	INDICATIONS CLINIQUES
ASSAFRAS	écorce et ra- cine	essence résine ac. benzoïque tannin	macération 20 à 20	Sudorifique préférable à la salsepareille dans les affections herpétiques chroniques.
OUCI	fleurs	arnicine résine huile volatile	infusion 20 à 30	Sudorifique cordial emménagogue pour favoriser les crises excrémentitielles.
ABAC	feuilles	nicotine nicotianine résine âcre huile grasse gomme ac. malique	infusion 2 à 10 en lavement	Excitant des contractions intestinales *engouement herniaire.*
	feuilles brû- lées	produits pyro- génés gaz	fumée de tabac ou injections	*Constipations par inertie rectale.*
HÉ	feuilles	huile essent. théine tannin gomme-résine extractif	infusion 5 à 10	*Excitant diffusible.*
HYM	plante fleu- rie	principe amer astringent huile essent.	infusion 10 à 20	Tonique, excitant, diffusible.
ERGE D'OR	sommités fleuries	résine analogue à l'arnicine	teinture en ap- plications	Vulnéraire succédané de l'arnica.

15° Agents excitants hémétiques (astringents)

PLANTE	PARTIE EMPLOYÉE	PARTIE ACTIVE	FORMULE ET DOSES	INDICATIONS CLINIQUES
ACACIA CA-TECHU	cachoù	tannin ac. cachutanniq. cacheline	pilules 0,03 à 1 teint. X à C infusion 20 à 40 en lotions froides	*Flux et hémorrhagies alones* par défaut de plasticité. Fracter les doses. *Gerçures, plaies, érosions atones.*
AIGREMOI-NES	feuilles sèches	tannin	infusion 20 à 30 froide.	*Fluxions congestives aiguës catarrhales ou troumatique.* Lotions et gargarismes.
ALCHIMIL-LE	feuilles sèches	tannin	infusion 20 à 30	Succédané de l'aigremoine.
ARBOUSIER BUSSEROLE	feuilles sèches	tannin ursone uricaline résine	décoction 30 à 40 froide	*Hémorrhagies des catarrhes muco-puru-lents, Fluxions congestives catarrhales. Hy-persecrétions catarrhales,*
ARTHANTE ALLONGÉE	feuilles sèches	tannin résine ac. arthantique maticine	décoction 80 à 100 froide	*Hémorrhagies actives congestives splanch-niques. Congestions actives uterines.*
AUNE	écorce	tannin	décoction 100	*Congestion lactée du sein* en fomentation.
BENOITE	racine	gomme tannin résine amère	décoction 15 à 30	*Congestions passives : Ecoulements mens-truels lents Dyspepsie atone par défaut de plasticité des sucs. Diarrhées et leucorrhées des cachectiquee.*
BISTORTE	racine	tannin ac. gallique rés. amère	décoction 30 à 60	Effets de la benoîte mais plus énergique
CAMPÊCHE	bois	tannin mat. colorante.	ext. aq. 0,10 à 0,50	*Diarrhées passives.*
CAPILLAIRE	feuilles	tannin mat. amère	sirop ad libitum	Pour édulcorer les tisanes astringentes. béchique léger.
CHÊNE	écorce des jeunes pousses	tannin	décoct. 20 à 30	*Flux muqueux* lotions. *Angines legères* gargarisme.
CONSOUDE GRANDE	racine fraîche	tannin malate ac. d'altheïne	décoct. 30 à 60 froide sirop ad libitum	*Hémorrhagies splanchniques actives.* Pour édulcorer les boissons astringentes.
GRENADIER	écorce de fruits mali-cornium	tannin mucilage ext amer huile volatile	décoct. 20 à 30 froide	*Antidiarrhéïque et antidysenterique* contre les *flux cataméniaux lents accompagnés de leucorrhée.*
LAMIER BLANC	fleurs	Id. tannin	infusion 80 à 100	*Hémorrhagies en nappe. hémophthysies, menstruation abondante.* Véhicule des astrin-gents énergiques.
MIMOSA	écorce	Id. résinoïde	poudre 0,20 à 1 décoct 30 à 60 en injections	*Bronchorrées avec tendance hémorrhagique. Leucorrhées avec tendance hémorrhagique*
MONESIA	Id.	tannin monésine	extrait 2 à 4	Anémies compliquées de *dyspepsies fluen-tes : diarrhée, leucorrhée, bronchorrée.*
NOYER	feuilles	tannin juglandine	décoct. 30 à 60	*Manifestations scrofuleuses atoniques.* Con-tinuer longtemps l'usage intus et extra.
	brou	tannin résinoïde	extrait 1 à 4 dans du vin	Tonique spécifique des scrofuleux.
ORTIE BRU-LANTE	feuilles	tannin	suc 30 à 60	*Hémorrhagies passives.*

PLANTE	PARTIE EMPLOYÉE	PARTIE ACTIVE	FORMULE ET DOSES	INDICATIONS CLINIQUES
MONNINIA	écorce	monninine résine	poudre 0,10 à 0,60	*Bronchorrhées chroniques atones.*
MATICO	feuilles	h. essentielle tannin résine maticin	infusion conc. 40 à 60	*Hémorrhagies fluxionnaires, hémophthysies*
PEUPLIER NOIR	bourgeons	résine douce gomme tannin	décoct. 30 à 40 chaude en application	*Hémorrhoïdes enflammées. Plaies enflammées*
QUINQUINA ROUGE	écorce	quinine cinchonine tannin (+) ac. quinique ac. quinovique ac. cinchonique	poudre en application	Astringent antiputride. *Plaies fétides ulcéreuses atoniques ganjréneuses.*
			décoction 30 en application	Tonique astringent pour lotions.
RENOUÉE	plante	tannin	décoction 30 à 60	*Diarrhées séreuses des pays chauds*
RONCE	feuilles	tannin albumine voz	décoct. 30 à 60	*Angines légères. Diarrhée paratonie des vaisseaux.*
			en injection	*Fongosités du col. Stomatites granuleuses*
ROSIER ROUGE	pétales	tannin quercitrin	décoction 30 à 60/1000 cataplasmes	*Plaies et flux atoniques* en injection. *Trombus veineux. Entons.*
SALICAIRE	feuilles	tannin	poudre 2 à 8	*Astringent des flux muqueux entés sur un état subinflammatoire. Diarrhées des dyspeptiques.*
		mucilage	infusion 30 à 60 en injection	*Leucorrhées par granulation.*
SIMAROUBA	écorce	tannin h. volatile résine douce quassine	poudre 1 à 5 extrait 0,10 à 0,30	Astringent excitant. *Diarrhées séreuses convulsives. Fièvres intermittentes.*
TORMEN-TILLE	racine	tannin gomme résine h. volatile	infusion 20 à 30 extr 0,20 à 0,50 décoction concentrée 60 à 80	Diarrhées atoniques, hémorrhagies passives. Affections granuleuses et fongoïdes.
VIGNE	feuilles	tannin bitartrate de potasse	infusion 20 à 50	*Diarrhées* chroniques, *hémorrhagies* passives.

16° Agents excitants des nerfs (antispasmodiques)

PLANTE	PARTIE EMPLOYÉE	PARTIE ACTIVE	FORMULE ET DOSES	INDICATIONS CLINIQUES
BALLOTE NOIRE	plante	h. volatile résine amère	infusion 20 à 30	Nervin odorant. *Hystérie. Crampes*
BALLOTE COTONNEUSE	plante	h. volatile picroballotine	infusion 20 à 30	Eréthisme nerveux des *goutteux surtout au préalable herpétiques.*
BASILIC	feuilles	h. volatile mucilage	infusion 20 à 30	Nervin odorant. *Hystérie.*
BUCHU	feuilles	h. volatile camphrol	teint. alc. 1 à 4	Contre l'éréthisme et les spasmes vésico-uréthraux.
CAILLE-LAIT	sommités fleuries	h. volatile résine	suc 1 à 15	Hypnotique dans les *insomnies des épileptiques après les convulsions.*
CATAIRE	sommités fleuries	h. volatile	infusion 30 à 50	Eréthisme utérin. *Dysmenorrhées des hystériques.*

PLANTE	PARTIE EMPLOYÉE	PARTIE ACTIVE	FORMULE ET DOSES	INDICATIONS CLINIQUES
CHANVRE INDIEN	haschisch	haschischine	extr. 0,05 à 0,15	Hypnotique après les *surexcitations cérébrales*.
FERULE ASA FŒTIDA	g. asa fœtida	bassorine acide férulique gomme huile volatile	émulsion dans jaune d'œuf 2 a 15 en lavement pilules 0,20 à 1	Spasmes convulsifs par congestions : *Toux quinteuses, laryngite striduleuse, convulsions*
IMPÉRATOI-RE	racine	huile volatile impératorine	poudre 1 à 2 décoct. 20 à 40	Contre l'*hystérie* et les *spasmes procenant d'une atonie gastro-intestinale.*
JASMIN	fleurs	huile volatile corps gras	infusion 10 à 20	Inusitée.
ORANGER	fleurs et feuilles	huile de néroli extrait amer gomme sels	eau de fleurs d'oranger 2 à 10 infusion 10 à 20	Spasmes.
ROSIER ROUGE	pétales	huile volatile quercitrin	infusion 10 à 20	Tonique nervin.
TILLEUL	fleurs	huile volatile gomme glucose tannin	infusion 15 à 20	Névrosthénique diffusible.
VALÉRIANE	racine	huile volatile résine âcre ac. valerianique.	essence de va-lériane V à X	Tonique du système nerveux.

17° Agents excitants du système gastro-intestinal (purgatifs)

PLANTE	PARTIE EMPLOYÉE	PARTIE ACTIVE	FORMULE ET DOSES	INDICATIONS CLINIQUES
ALOÈS	suc non bouilli	résine aloïne aloétine	pilules 0,50 à 1	Toutes les affections où le rectum est frappé d'atonie et le foie de congestion ou de dyscrasie dérivatif à faibles doses sur les vaisseaux hémorrhoïdaux. *Congestions cérébrales et viscérales.*
ANDAUSU	graine	huile	émulsion	Pas encore suffisamment étudiée.
BRYONE	racine	bryonine	bryonine 0,001 à 0,0035	Purgatif séreux dans les *hydropisies par congestion pelvienne et avec inertie des sphinctes.*
CANÉFICIER	pulpe de casse	gomme pectine extrait amer sucre	casse mondée 10 à 60 extrait 5 à 30	Purgatif par indigestion dans les *embarras et les dyspepsies à crapula.*
CASSE	follicules de séné	cathartine	infusion 15 à 30 chaude	Purgatif excitant les congestions pelvien-nes contrindiqué dans les phlogoses de ces organes. En lavement dérivatif. *Congestions cérébrales et thoraciques aiguës.*
CERFEUIL	feuilles fraî-ches	résine h. essentielle mucilage	suc de fleurs 15 à 60	Purgatif cholalogue. Dans les *affections hyperémiques du foie avec gonflement de l'organe mais sans tendance a l'abcédation.*
CHANVRE	sommités fleuries	résine h. essentielle	infusion 20 à 40	Laxatif avec effet secondaire sur le sys-tème rénal dans les *douleurs aiguës de la blennorrhagie.*
COLOQUIN-TE	pulpe du fruit	colocynthine	colocynthine par milligr.	Purgatif excitant les congestions pelvien-nes dérivatif dans les *congestions cérébrales et thoraciques* utile dans les *affections intes-tinales par rétention de matières ou engor-gements lymphatiques atones.*

PLANTE	PARTIE EMPLOYÉE	PARTIE ACTIVE	FORMULE ET DOSES	INDICATIONS CLINIQUES
...NCOMBRE AUVAGE	suc du fruit	ellatérine	ellatérine par milligramme	Purgatif excitant les congestions hémorrhoïdaires. *L'tile pour les ramener* et dans les cas *d'atonie du rectum.*
...SCARA ...AGRADA	écorce	résine huile	poudr. 0,50 à 0,70 ext. fluide 2 à 4	Laxatif dans les *inerties rectales des affections cérébro-spinales chroniques.*
...ICORÉE	racines	extrait amer inaline	décoct. 30 à 60	Laxatif dans les *embarras par atonie fébrile,* convalescences des *fièvres rémittentes ou intermittentes.*
...OTON TI-LIUM	graines	huile ac. crotonique	huile 1/2 goutte à 11	Purgatif dérivatif dans les *inerties intestinales provenant de congestions phlegmasiques dans des organes éloignés de l'abdomen.*
...UPHORBE PURGE	graines	huile d'épurge	huile en émulsion 0,20 à 2	Purgatif ou drastique suivant les doses. Peu employé à cause des coliques qu'il occasionne.
...VONYME USAIN	écorce baies	évonymine	poudr. 0,10 à 0,15 baies 3 à 4	Laxatif cholalogue.
...RÊNE A ...ANNE	manne	mannite sucre mucilage ac. indét.	manne en larmes décoct. 20 à 30	Purgatif par indigestion. On en abuse dans la médication du premier âge.
...ARCINIA	gomme-gutte	résine ac. cambodgiq.	pilules 0,05 à 0,40	Laxatif ou drastique suivant les doses. Détermine des congestions pelviennes. Dérivatif dans les *congestions cérébrales et thoraciques.*
...LOBULAI-E TURBITH	feuilles et fleurs	globularine	décoction 120 froide ext. 0,20 à 0,50	15 laxatif, 50 drastique. Purgatif hydragogue.
...RATIOLE	feuilles	h. grasse résine brune gratiolacrine ac. antirrhinique	infusion 10 et en application décoction 30 à 60	Laxatif dans les *maladies de la peau avec surabondance de suppuration sans état inflammatoire.* Purgatif un verre, drastique à plus hautes doses. N'agit pas sur les premières voies.
...IÈBLE	écorce seconde et racine	résinoïde huile	décoct. 15 à 60	Un verre laxatif, hautes doses drastiques. Hydragogue dans les *hydropisies par lésions valvulaires.*
...ALAP	résine	jalapine convolvuline	poudre 0,20 à 0,80	N'agit pas sur les premières voies; Convient dans tous les cas *d'inertie intestinale par atonie ou par stase biliaire.*
ALADANA	fruit	résine âcre	teinture 2 à 5	Succédané du jalap, inusité en France.
...ERCURIA-...E	tiges fleuri.	h. essentielle résinoïde mercurialine	décoct. 30 à 60 suc et miel aa 30 à 60	Laxatif à faibles doses dans les *constipations rebelles* par défaut de sucs intestinaux. Puissant réfrigérant, drastique à hautes doses. *Révulsif des congestions actives d'origine instantanée.*
...LIVIER	huile	corps gras olivine	émulsion 20 à 30 lavement	Purgatif par indigestion. Agent mécanique dans les *en,ouements intestinaux.*
...ERPRUN	baies	cathartine résine âcre	décoct. 10 à 30 baies 2 sirop de suc 20	Purgatif des secondes voies, à faibles doses excellent laxatif. *Constipations par atonie des dyspeptiques.*
	fruits	résinoïde cathartine	sirop de suc 20 à 60 décoct. 10 à 20 baies en maturité 2 à 3	*Constipations* par défaut de secrétions intestinales. Le nerprun laxatif à faibles doses devient drastique à doses massives.
...CAMMONÉE	résine	résine	résine 0,20 à 0,80	Dans toutes les *hydropisies ou flux séreux abondants.*

PLANTE	PARTIE EMPLOYÉE	PARTIE ACTIVE	FORMULE ET DOSES	INDICATIONS CLINIQUES
PERSICAIRE AMPHIBIE	plante	résine âcre	décoction 100 réduite	Purgatif sans coliques, *syphilis invétéré* comme dépuratif.
PHYTOLACA DECANDRA	racine sèche	huile fixe phytollaccine	phytollaccine 0,01 à 0,30	Succédané de l'ipéca.
RHUBARBE	collet de la racine	erythrorétine	poudr. 0,40 à 0,50	Tonique apéritif dans les *dyspepsies atoniques*.
		ac. crysophan. phéorétine	1 à 4 vin 5 à 30 teint. 2 à 10	Purgatif avec la phéorétine. Purgatif par l'acide crysophanique dans les stases biliaires et les dermatoses.
RICIN	huile	ac. margarique ac. ricinique ac. élaïodique palmitine	huile en nature ou émulsion 15 à 30	Purgatif par indigestion.
SUREAU	2e écorce	ac. valérianique ac. tannique gomme sucrée extractif	décoct. 40 à 60	Hydragogue dans les hydropisies non organiques.
TAMARIN	pulpe du fruit	gomme-résine ac. malique ac. citrique tartrate ac. de potasse glucose	pulpe 5 à 30 infusion 10 à 60	Laxatif.

18º Agents révulsifs du système gastro-intestinal (éméto-cathartiques)

ASARET	racine	h. volatile résinoïde camphrot h. grasse	décoct. 20 à 25 chaude	Succédané de l'ipéca, n'est pas employé à cause des fréquentes coliques qu'il provoque.
BÉTOINE	racine	résine âcre	décoct. 15 à 30	Succédané inusité de l'Ipéca et de l'asaret.
BOISGENTIL	écorce	h. volatile âcre daphnine résine âcre	décoct. chaude	Veiller sur les phlogoses secondaires qu'il détermine; c'est un puissant révulsif dans les *exanthèmes chroniques*.
NARCISSE	bulbe	h. volatile narcitine	extrait 0,05 à 0,20	Plus nauséeux à petites doses. En fractant les doses contre les *diarrhées des atonies nerveuses*.
BOURDAINE	racine	h. âcre résinoïde	décoct. 15 à 30 réduire de moitié	Par cuillerées pour favoriser les flux séreux intestinaux dans les *hydropisies*. Veiller à la phlogose consécutive des intestins.
CAINÇA	racine	h. vireuse résine amère ac. caïncique	poudre 1 à 2	Pour favoriser les flux séreux intestinaux dans les *hydropisies par congestion de la veine-porte et atonie rectale*.
CHÉLIDOINE GRANDE	feuilles fraîches	chélidoxanthine	décoct. 30 à 60	Pour favoriser les flux séreux intestinaux dans les *hydropisies par dégénérescence lamineuse du foie*.
CYTISE	jeunes pousses fraîches	cytisine	cytisine 0,30 à 0,40	Succédané de l'ipéca, non utilisé.
ELLÉBORE NOIR	racine	helléborine gallate acide de Jervine	poudre 0.10 à 0,40	Révulsif drastique amenant la congestion vasculaire pelvienne : *Dysmenorrhées de la ménopause avec ballonnement des ventre* Veiller sur les phlogoses consécutives aux abus de ce révulsif puissant.

PLANTE	PARTIE EMPLOYÉE	PARTIE ACTIVE	FORMULE ET DOSES	INDICATIONS CLINIQUES
ENEVRIER COMMUN	résine	huile essent. gomme mat. ext. cire résine	résine 0,15 à 0,30	Succédané de l'ellébore noir.
ÉCACUA-HA	racine	émétine Id. ac. ipécacuani-'que gomme cire huile conc.	poudr.0,20 à 0,80 émét. 0,02 à 0,08 infusion 5 à 10	Vomitif à favoriser par l'ingestion d'eau tiède. Nauséeux, excitant général perturbateur dans les *dyscrasies catarrhales* ou *convulsi-ces* par surexcitations nerveuses mécaniques provenant de flux congestifs ou hémorrha-giques.
RIS	rhizôme	résinoïde huile fixe huile volatile	poudr.0,05 à 0,40	Succédané de l'ipéca inusité.
RIS VERSI-COLOR	Id.	irisine	irisine 0,05 à 0.10	Vomitif, principe général des iris, inusité.

19° Agents excitants du système rénal (Diurétiques)

PLANTE	PARTIE EMPLOYÉE	PARTIE ACTIVE	FORMULE ET DOSES	INDICATIONS CLINIQUES
BSINTHE GRANDE	feuilles et sommités	sels mat. azotée	infusion 20	*Fièvres septiques, baccillaires et helminthi-ques.*
CTINOMEIS ELLIAN-OÏDES	racine	huile essent. résine térében-thinée	teint. éth.8/10 1 à 6	*Catarrhes vésicaux par calculs.*
LKEKENGE	feuilles	physalline .	décoct. 20 à 30	*Anurie cardiaque.*
RENARIA UBRA	plante	sels mat. azotée	décoct. 150 à 200	*Anurie et catarrhes par gravelle.*
RRÊTE-BŒUF	racine fraî-che	sels mat. azotée	décoct. 50 à 60	*Anurie et catarrhes par gravelle.*
RROCHE	graines	sels sodiques mat. azotée	décoct. 50 à 60	*Anurie et catarrhes avec constipation.*
SPERGE AUVAGE	turions et surtout ra-cines	sels asparagine ext. amer	décoct. 50 à 60	*Anurie sans phlogose des reins* toute in-flammation rénale contrindique l'emploi.
OUILLON BLANC	fleurs	h. volatile verbascine	infusion 20 à 30	Dysurie et miction brûlante des *exan-thèmes non fébriles.*
OURRACHE	fleurs	sels mat. azotée h. volatile	infusion 20 à 30	*Affections fébriles avec urates en excès dans des urines rares. Affections catarrhales ai gües.*
ANNE DE PROVENCE	rhizôme	sels mat. azotée	décoct. 50 à 60	*Diurétique antilaiteux* aux yeux du vul-gaire *poliurique* cliniquement.
HICORÉE	feuilles fraî-ches	sels mat. am. azotée	décoct. 30 à 50	Diurétique dans les *affections atoniques les anémies, les convalescences de fièvres in-termittentes.*
HIENDENT	rhizôme	sels. sucre interv. mucilage amidon	décoct. 30 à 50	Poliurique.
APHNÉ	écorce se-conde	sels daphnine rév. âcre	décoct. 5	Diurétique dérivatif et de compensation dans l'*herpétisme atone chronique* s'oppo-sant à la transpiration.
ENÊT A BALAI	fleurs	scoparine spartéine	décoct. 20 à 30 scoparine et ses sels 0,05 à 0,30	Diurétique dérivatif et de compensation dans l'*anasarque, l'œdème, l'hydropisie* et tous les *flux séreux passifs* provenant de lésions auriculo-ventriculaires.

PLANTE	PARTIE EMPLOYÉE	PARTIE ACTIVE	FORMULE ET DOSES	INDICATIONS CLINIQUES
GÉRANIUM BEC DE GRUE	feuilles fraîches	sels géranin	décoct. 30 à 50	Diurétique excitant.
HERNIAIRE	fleurs et feuilles	sels mucilage	infusion 80 à 100	*Anasarques, œdèmes, hydropisies des anémiques.*
HÉPATIQUE	plante	sels mucilage gélat.	décoct. 60 a 80	Diurétique émollient.
ORME	écorce seconde	résine ulmine	décoct. 30 à 50	Diurétique tonique excitant dans les *herpétismes étendus* et *chroniques.*
PAREIRA BRAVA	racine	cisampeline sels	infusion 20 à 30	Succédané de l'orme.
PARIÉTAIRE	feuilles fraîches	azotate de pot. mucilage	décoct. 30 à 60	Diurétique émollient antiacescent
MAÏS	stigmates	mannite sels glycoside an.	décoct. 20 à 30	*Dans toutes les affections chroniques où la diurèse est peu abondante.*
PICHI	bois	fabianine résine amère esculine ?	décoct. 15 à 30	*Douleurs des cystites calculeuses ou catarrhales avec dysurie.*
PISSENLIT	feuilles et racines	extrait amer sels taraxacine	décoct. 30 à 60, suc 30 à 60	Diurétique laxatif. *Dermatoses chroniques.*
RÉGLISSE	racine sans l'écorce	glycirrhiziné résine huile asparagine	infusion 10 à 20, extrait aqueux ?	Édulcorant diurétique laxatif sans vertus médicinales.
SCILLE	bulbes	scillitine princ. colorant sels	poudre 0,05 à 0,30, teinture en friction	Dysurie par défaut de pression rénale. Sérosités épanchées.

20° Agents excitants des glandes sudoripares (Sudorifiques)

PLANTE	PARTIE EMPLOYÉE	PARTIE ACTIVE	FORMULE ET DOSES	INDICATIONS CLINIQUES
ARISTOLOCHE CLÉMATITE	feuilles	h. volatile	infusion 10 à 20 chaude	Sudorifique infidèle
ARISTOLOCHE SERPENTAIRE	racine	h. volatile résine	infusion 20 à 30 chaude	Sudorifique antispasmodique dans les *fièvres catarrhales.*
ARMOISE	fleurs	h. volatile	infusion 20 à 30 chaude	Sudorifique antispasmodique dans les *affections hystériques.*
ARNICA	fleurs	h. volatile	infusion 20 à 30 chaude	Sudorifique antiputride dans les *fièvres* et les *adynamies septiques.*
BOULEAU	écorce	huile bétuline	décoct. 15 à 20 chaude	Sudorifique dans les *herpétismes chroniques avec épaississement et durcissement du derme.*
CAROBA	écorce et racine	h. volatile extrait acre	décoct. 15 à 30 chaude	Sudorifique dérivatif *antisyphilitique.*
COQUELICOT	fleurs	h. volatile rhœdinine gomme ac. rhœd.	infusion 10 à 15 chaude	Sudorifique hypnotique dans les *affections catarrhales* ou *rhumatismales* sans phlogoses.
GAYAC	bois	hydrocarbure de salycile extrait amer	décoct. 30 à 50 chaude	Sudorifique stimulant dans les *cachexies* atones et le *lymphatisme.*
	copeaux brûlés	résine h. pyrogénée	fumigations de vapeurs chau.	Sudorifique révulsif dans les *douleurs rhumatismales chroniques atones.*

PLANTE	PARTIE EMPLOYÉE	PARTIE ACTIVE	FORMULE ET DOSES	INDICATIONS CLINIQUES
ABORANDI	feuilles	pilocarpine jaborine	macération 20 nitrate de pilocarpine 0,005 à 0,01	Sudorifique par excellence, déterminant un véritable flux aqueux par les glandes sudoripares et un suintement muqueux peu adhérent par les bronches.
AICHE	racine fraîche	huile volatile	infusion 30 à 40	Sudorifique léger dans les *dermatoses chroniques.*
ÉLALEUQ. AJEPUT	feuilles	essence	oléo-saccharure XX à L.	Succédané du jaborandi.
ENRE ERRESTRE	Id.	huile essent. mucilage	infusion 20 à 30	Béchique secondairement sédatif. *Catarrhes avec affadissement des muqueuses.*
REAU	fleurs	huile concrète volatile	Id.	Sudorifique narcotique contre les fluxions.

III

MEMORANDUM CLINIQUE

Cliniquement tout se résume en cet aphorisme qui est presque un axiome : « *Les végétaux n'agissent que par les éléments qu'ils contiennent.* »

D'une manière générale ce que j'appellerai la loi des équivalences est vraie. Cette loi peut être ainsi formulée : « *tout végétal doit être remplacé dans les applications thérapeutiques par ses éléments actifs.* »

Cette loi qui permet de faire prendre le médicament sous le moindre volume, et par conséquent, de le rendre plus assimilable, ne souffre d'exception que si dans la nature, l'élément actif est modifié, amendé, corroboré par des éléments secondaires dont le mélange ou la combinaison donnent une valeur médicinale particulière au végétal. Alors il n'y a, à proprement parler plus d'équivalence élémentaire ; le médicament est complexe, n'agit que lorsqu'il est complexe et la préparation spéciale ne saurait en être réduite sans perte de valeur. Dans tous les cas *les seuls corps dissous ou en suspension dans une préparation végétale peuvent avoir une action*, et le véritable moyen de se rendre compte de l'action du remède consiste non pas à faire l'analyse du végétal lui-même, mais de la préparation pharmaceutique après cuisson et telle qu'on la donne au malade.

La médication végétalienne se présente avec des caractères généraux bien tranchés relativement à la médication minérale. Dans cette dernière l'action est habituellement lente, persistante, et l'accumulation des doses est la règle. Dans la médication végétalienne, l'action est rapide, fugace, l'accumulation des doses est plus rarement à redouter que les effets immédiats, foudroyants.

Il résulte de cette dualité d'action que le thérapeute est appelé à faire usage tantôt des minéraux, tantôt des végétaux et même des deux ensemble dans le cours des maladies ; mais, il doit avoir toujours présente à l'esprit cette grande loi : *la médication minérale convient essentiellement aux affections de la substance, aux affections organiques lentes et chroniques. La médication végétalienne est la pierre de touche des mouvements humoraux, circulatoires, des phénomènes nerveux, directs ou réflexes à l'instant aigu de leur production.*

Il en résulte que la médication minérale trouve son indication dans l'état matériel, organique du corps, tandis que la médication végétalienne ne la trouve que dans l'état virtuel, potentiel de l'économie.

La médication minérale est et demeurera toujours la base de toute puissante thérapeutique ; c'est par les produits inorganiques que l'on attaquera sûrement le fond constitutif, lésionnaire des maladies. A la médecine végétalienne est réservé, le plus souvent, le rôle d'adjuvant. Mais l'action est ici plus immédiate, plus rapide comme elle est plus fugace.

Aussi les indications des préparations végétales sont-elles plus délicates, plus difficiles à saisir et à remplir; l'occasion favorable échappe ici souvent à l'application, et le jugement, l'appréciation saine du moment opportun pour administrer le remède exigent un tact que la pratique seule peut faire acquérir.

Cependant il est des indications bien nettes, définies, consacrées par l'expérience, nous allons les signaler maladie par maladie.

ABCÈS. *Période fluxionnaire* cataplasmes de fleurs de SUREAU.

Pus en voie d'éclosion pour limiter le champ d'abcédation cataplasmes de fleurs D'ARNICA.

Pus formé pour faciliter la maturation cataplasmes de BULBES DE LYS, d'OIGNON BLANC.

En formation atone poudre de SAFRAN 0,10 à 2 en application sur le point d'abcédation manifeste.

Pus formé sans inflammation, atonie des abcès strumeux cataplasmes d'OSEILLE, de BRYONE, de MOUTARDE et GRAINE DE LIN, de RIZ RECOUVERT DE SAFRAN, EMPLATRE DE POIX, ONGUENT DE LA MÈRE THÈELE.

Elancements EXTRAIT DE BELLADONE cataplasme de BELLADONE—cataplasmes émollients de MAUVE, de FARINE DE LIN.

Abcès vidé cataplasmes ÉMOLLIENTS.

Abcès vidé en voie de fermeture cataplasmes de FÉCULE, de RIZ.

Abcès froid fistuleux lannières de LAMINAIRE dans le trajet fistuleux.

ACCOUCHEMENTS. *Prématuré pour enrayer l'avortement* OPIUM.

Première période pour exciter les contractions DICTAME et toutes les infusions chaudes des LABIÉES contenant des huiles volatiles, les donner par petites quantités pour éviter les vomissements.

Ralentissement du travail par état spasmodique extrait de BELLADONE.

Ou HYOSCIAMINE sur le col utérin.

Par atonie. ALCOOL — ALCOOL DE MÉLISSE — ALCOOL DE MENTHE à doses fractées souvent répétées.

Par faiblesse des contractions utérines à la 2me période de l'accouchement seulement. Poudre de SEIGLE ERGOTÉ 2 en 6 prises une tous les 1/4 d'heure.

L'ERGOT est *contrindiqué* 1° en cas d'étroitesse du bassin ; 2° en cas de fièvre ; 3° lorsque les battements du cœur du fœtus sont faibles ; 4° en cas de dystérie mécanique.

Par compression rectale. Lavement détersif, ÉMOLLIENT MAUVE, GRAINE DE LIN.

Par compression vésicale survenant surtout chez les femmes à grossesse albuminurique et avec troubles du cœur, arythmie, etc. TEINTURE DE DIGITALE.

Douleurs exagérées · frictions avec l'ALCOOL CAMPHRÉ. ·

Vomissements exagérés : Eau de LAURIER CERISE V gouttes tous les quarts d'heure dans une cuillerée d'infusion de LABIÉE.

Accouchement provoqué ÉPONGE PRÉPARÉE LAMINAIRE.

Lochies trop abondantes. Rhizôme d'ACORE AROMATIQUE $\frac{30 \text{ à } 40}{1000}$ Décoction

ACESCENCE *des parties génitales* très commune chez les enfants en bas âge, et chez les adultes gras herpétiques ou goutteux. Poudrer avec des *poudres* impalpables végétales non susceptibles de fermentation acétique : P. DE LYCOPODE, P. DE SERMENT, P. DE CHÊNE.

Acescence des parois cutanées dans toutes les affections de la peau survenant par diathèse urique, dans les favus et les dermatoses cryptogamiques : mêmes poudres-sus-dites. Lotions avec des infusions chargées de TANNIN, de RÉSINES mais jamais de MUCILAGES ni de GOMMES.

Acescence des voies digestives. Eviter les sucres, les féculents, les alcooliques, toutes les substances susceptibles d'acétification. Infusion de PARIÉTAIRE, de FRAISIER, de SAPONAIRE, de QUEUES DE CERISE. Pas de boissons acidules.

27

ACNÉ de la face.

Eau	100
Alcool camphré	30
Soufre lavé	15
Glycérine	10

Étendre avec un pinceau, le soir, laver à grande eau au réveil. *Lallier*

Acné induré

Goudron	20
Teinture de benjoin	2
Eau	300

Pour lotions fréquentes jusqu'à inflammation.

Créosote	1
Glycérine	30

Onction tous les soirs, suspendre lorsque l'inflammation est vive et poudrer avec *riz cru* porphyrisé.

(Maurin)

Acné pilaris infusion. PENSÉE SAUVAGE.

Additionnée $\frac{30}{1000}$ bicarbonate de soude. Calotte de caoutchouc la nuit. Lotions alcalines dans infusion pensée sauvage, le matin. *(Besnier*

Dans tous les acnés il faut insister sur le régime herbacé, exclure le poisson, les viandes noires et l'alcool sous toutes les formes. Ne jamais employer de corps gras, et faciliter la congestion du rectum par des *aloétiques* longtemps continués à faibles doses. *(Maurin)*

Acné sébacea onctions de *glycérine*, pour faire tomber les croûtes.

Onctions d'*huile de cade* pour cautériser et changer la vitalité des tissus jusqu'à inflammation. *(Fonssagrives)*

ADÉNITE l'affection des ganglions lymphatiques étant la conséquence d'un état anormal des
tissus où circulent les vaisseaux, ou de la lymphe
qu'ils charrient, c'est à la cause morbide que la
médication doit s'adresser. Aussi les agents végétaux ne sont-ils employés que dans des cas
limités.

A. *strumeuse* EXTRAIT et PRÉPARATIONS DE
NOYER.   *(Négrier)*

A, *douloureuse*. EXTRAIT DE BELLADONE.

A. INDOLENTE applications de FUCUS et d'AL-
GUES fraîches ; EXTRAIT DE CIGUE. Emplâtre
RÉSINEUX.

A. *abcédée* : V. *abcès*

A. *phagédénique*, *ulcérée*, HUILE DE CADE,
ACIDE PHÉNIQUE.

ADHÉRENCE DE L'IRIS. BELLADONE, ATRO-
PINE, FÈVE DE CALABAR, ÉSÉRINE.

Pour obtenir la mydriase.

Sulfate d'atropine	1
Eau distillée	200
I ou II dans l'œil.	(form. II. M.)

*Pour maintenir la pupille dilatée dans les in-
flammations des globes avec douleur susorbitaire ou
frontale.*

Extrait de belladone	5
Onguent napolitain	25
En onctions autour de l'œil.	*(Maurin)*

Pour maintenir la pupille dilatée.

Sulfate d'atropine 1
Glycéré d'amidon 150

En onctions autour de l'œil. *(Muller)*

Pour obtenir l'antimydriase.

Esérine 0,020
Glycérine 20
Eau 100

1 à 11 gouttes dans l'œil. *(form. H. M.)*

Papier de Calabar ou gélatine de Calabar, un centi-mètre carré correspond à 0,002 d'ésérine.

(form. H. M.)

AFFECTIONS ADYNAMIQUES diminution de l'énergie vitale Lenteurs des fonctions. Atonie de l'économie. Malignité.

Teinture alcoolique d'écorce de CANNELLE 2 à 10 dans une potion à prendre toutes les heures.

Adynamie des convalescents : QUINQUINA, AMERS TONIQUES. HOUBLON, GENTIANE, COLOMBO, LICHEN EN INFUSION.

Injections hypodermiques d'ÉTHER.

ALCOOLAT DE MÉLISSE.

A. des convalescents :

Avec oppression des forces CAMPHRE frictions. ELIXIR CAMPHRÉ D'HARTHMAN.

FLEURS D'ARNICA $\frac{10 \text{ à } 14}{1000}$ en infusion. *(Stall)*

Teinture alcoolisée. NOIX VOMIQUE X à XX.

Extrait alcoolisé quinquina 2
Sirop éc. or. amères 30
Bordeaux 150

1 c. à b. toutes les demi-heure *(Fonssagrives)*

ARSENIATE DE STRYCHNINE par granules au 1/4 de milligramme jusqu'à effet d'heure en heure. (A surveiller)

(*Burgraëve*)

L'ARNICA est préférable à la NOIX VOMIQUE lorsque l'adynamie est d'origine purulente ou putride. La NOIX VOMIQUE est préférable à l'ARNICA lorsque l'adynamie est d'origine éréthique ou nerveuse.   (*Maurin*)

Avec resolution des forces. ETHER, RÉVULSIFS CUTANÉS, MOUTARDE et tous les eczématogènes à rapide action.

Vin rouge	100
Alcool de cannelle.	8
Extrait aq. de quinquina	4
Eau-de-vie	20
Sirop éc. or. am.	30

1 c. à b. toutes les 2 heures.   (*Jaccoud*)

Des fièvres intermittentes : Extrait alcoolique d'écorce de QUINQUINA JAUNE 0,50 à 2 dans une potion à prendre par cuillerée à bouche.

Septique : fleurs d'ARNICA $\frac{20 \text{ à } 30}{1000}$. Infusion chaude par 1/4 de verre jusqu'à nausées.

Avec inappétence : teinture alcoolisée d'écorce de COTO 1 à 4 avant les repas.

AFFADISSEMENT CATARRHAL *des muqueuses.* Feuilles de LIERRE TERRESTRE $\frac{20 \text{ à } 40}{1000}$. Infusion.

AFFECTIONS ASTHÉNIQES défaut radical des forces de l'économie.

A. d'emblée : CHOCOLATS, RIZ, PAIN DESSÉCHÉ.

Chocolat	100	
P, vanille sucrée	4	(Cod. F.)
Chocolat	100	
P. salep.	3	(Cod. F.)

RACAHOUT

Salep. pulvérisé	15
Cacao pulvérisé	60
glands doux t.	60
Fécule p. de terre	45
Fécule riz	60
Sucre	250
P. vanille	5 (*Dorvault*)

ARROW-ROOT

Carragaheen	13
Eau	500

Réduisez par ébullition à moitié, passez, ajoutez :

Sucre	125
Gomme	30
P. d'iris	4

Séchez, ajoutez arrow-root   100

Par cuillerée dans lait ou bouillon bouillants.

                              (*Frank*)

Tous les CONDIMENTS.

Affection par anémie. QUINQUINA.

Quinquina gris	9	
Alcool à 60°	20	
Vin rouge	100	
Vin blanc	60	(*H. P.*)

Affections des convalescents avec dyspepsies.
QUINQUINA.

Rhubarbe pulvérisée	0,50
Gingembre	0,50
Fleurs de camomille pul.	1

En un paquet une heure après le principal repas et mieux en trois paquets une heure après chaque repas.

(*Hop. Londres*)

Les RÉSINOÏDES DOUX excitant les secrétions ou les excrétions suivant les cas. (*Maurin*)

Affections avec inappétence. QUASSINE.

Poudre d'écorce de racine de Simarouba
Poudre d'écorce de racine de colombo
Poudre de rhubarbe
} àà 0,50

En 3 prises, une avant chaque repas. (*Maurin*)

ALCOOLIQUES AMERS, SUCS ACIDULÉS.

Affections, suite des fièvres intermittentes. CHAR-DONS en infusion, GENTIANE, GRANDE CENTAURÉE, GERMANDRÉES, CÉTRARIN, CNICIN, QUASSINE, SUCS DE TOUS LES AMERS.

Affections, suite de fièvres septiques. CAMOMILLE, ÉCORCE D'ORANGES AMÈRES, CONDIMENTS AROMA-TIQUES, LABIÉES, SUCS DE CRESSON et des cruci-fères.

Affections, suite d'hémorrhagies ou d'altération du sang. RATANHIA, COLOMBO, AMERS A TANNIN.

D'une manière générale dans toute asthénie rechercher la cause organique ou humorale de la perturbation des forces et la combattre par les médicaments excitants de l'organe ou de l'hu-meur.

Affection bilieuse. IPÉCA, LIMONADES, RHU-BARBE, ALOÈS avec modération. Être sobre en saison chaude. S'abstenir de l'opium et du tan-nin.

Contre la teinte ictérique DIURÉTIQUES ALCALI-
NISÉS.

Se défier des congestions secondaires.

Affection catarrhale. Au début l'expectation
et les soins hygiéniques. Ne pas abuser des
SUDORIFIQUES.

Peau chaude et sèche, ACONITINE, MAUVE. ÉMOL-
LIENTS tièdes.

Douleur frontale, gravative, enchiffrènement.

OPIUM ou PAVOT en fumigations; atténuer
l'excitation produite par les vapeurs chaudes en
mêlant au magma quelque fleurs de mauve.

Diarrhée IPÉCA à dose nauséeuse.

Embarras gastrique. IPÉCA, dose émétique.

Oppression des forces. QUINQUINA, infusion.

Congestions violentes erratiques. SINAPISMES.

Congestions douloureuses. ESSENCE DE TÉRÉBEN-
THINE en frictions.

Rémittence marquée. SULFATE DE QUININE.

Tendance à la chronicité. ECZÉMATOGÈNES et
VÉSICANTS.

Complications. Déterminer la dominante morbide et la valeur des crises.

Affection muqueuse *au début*, expectation,
boissons ACIDULES et TONIQUES VINEUX.

Saburres. HUILE DE RICIN. Jamais des purgatifs
drastiques.

Saburres et nausées. IPÉCA MUCILAGINEUX et
HUILEUX en lavement.

Endolorissement, chaleur, météorisme du ventre.
Cataplasmes ÉMOLLIENTS continus.

Lavements ÉMOLLIENTS ou HUILEUX. Frictions
HUILEUSES CAMPHRÉES, CAMOMILLE.

Les cataplasmes n'agissent qu'à la condition
d'être très larges, très humides et tièdes.

Météorisme et constipation. MERCURIALE, MIEL
MERCURIEL en lavements.

Rémittence. QUINQUINA, SULFATE DE QUININE en
lavements, jamais par la bouche à cause de l'état
sub-inflammatoire des muqueuses.

Je recommande la formule suivante :

>   Sulfate de quinine   0,50 à 1
>   Eau gommeuse   80

En suspension et non en solution acide, à donner en lavement cinq minutes après que le malade
aura rendu un premier lavement détersif. Veiller
à ce que le malade garde 1/2 d'heure au moins la
2me clystère. Ces lavements au sulfate de quinine
doivent être donnés le plus loin possible de l'accès
et répétés tous les jours jusqu'à cessation de la
rémittence.

Diarrhée. COINGS. RIZ, astringents légers. Ne
pas la couper brusquement (Quissac).

Dans aucune affection l'expectation et l'attention ne sont plus nécessaires (Beglivi).

Complications. Le cours de ces affections n'est
qu'une série d'accidents contre lesquels il faut
lutter. Le corps a la plus grande tendance à
l'inertie et aux fluxions. Le tact médical peut
seul indiquer les remèdes opportuns qui réussi-
ront tous s'ils ne sont pas incendiaires (Maurin).

Affection nerveuse, *Spasmes aigus.* TILLEUL, MARJOLAINE toutes les plantes à huile volatile.

Spasme de durée. ASA-FŒTIDA, GALBANUM, SA-GAPENUM, ENCENS toutes les résines odorantes et les plantes résineuses à odeurs fragrantes.

Eréthisme en plus des antispasmodiques, boissons MUCILAGINEUSES.

Douleurs. Il est très important d'en déterminer les causes, de fixer le point organique malade d'où part l'irradiation et la manière d'être spéciale de l'économie. Les analgésiques étant nombreux et l'indication du remède approprié très difficile.

Cependant on peut classer d'une manière sommaire les analgésiques :

A. général dans toutes les douleurs sans phlogoses : OPIUM et ses dérivés.

A. des muscles de la vie organique : BELLADONE.

A. des douleurs par spasme et congestion : JUSQUIAME.

A. des douleurs par spasme musculaire : DATURA.

A des douleurs par refroidissement : ACONITINE.

A. des douleurs par dégénérescence organique : CICUTINE.

A des douleurs paroxysmatiques : QUININE.

A. des douleurs chroniques cérébro-spinales : VALÉRIANE.

A. des douleurs par atonie cérébro-spinale : AMERS, CAFÉINE.

A. des douleurs par hypersthénie cérébro-spinale : STRYCHNINE, LAURIER CERISE.

A. des douleurs par asthénie des filets nerveux : CAMPHRE.

' *A. des douleurs par hypersthénie des filets nerveux :* ESSENCE DE TÉRÉBENTHINE.

Dans le cours de cet ouvrage nous indiquerons les analgésiques plus spéciaux qu'il convient d'opposer aux affections douloureuses des diverses parties de l'organisme. Nous donnons d'ailleurs ces indications comme fort générales et la pratique démontre que bien souvent l'analgésique rationnellement prescrit reste 'sans effet tandis que son congénère réussit. Jamais mieux que dans les affections nerveuses, l'aphorisme « a juvantibus et lœdentibus » ne se trouve être vérité.

Complications : Il est très important de débarrasser l'affection nerveuse de toute complication : Embarras gastriques, acescence, congestion, inflammation septicité etc. Cette première indication doit être remplie avant de faire usage d'aucun agent thérapeutique spécial.

Affection putride ou septique. *Au début :* ÉVITER LES PURGATIFS SÉREUX et tous les agents débilitants qui pourraient favoriser l'absorption des nouveaux produits septiques déposés au contact des vaisseaux.

Frissons :

Serpentaire de Virginie	10
Eau	100

Infusion, passez. Ajoutez :

Alcool	10
Camphre	0,50

Préalablement dissous et

Sirop de Tolu	40
Teinture de quinquina	4

1 cuillerée à bouche toutes les heures   (*Maurin*)

Boissons sudorifiques. VIOLETTE, BOURRACHE, mieux PETIT CHÊNE.   •

Remittence marquée ou intermittence. SULFATE DE QUININE (V. *affection muqueuse*). DÉCOCTION DE. QUINQUINA, D'ÉCORCE DE SAULE, D'EUCALYPTUS Faciliter toujours la miction et la sudation.

Complications : Se défier toujours de l'altération du sang et veiller sur toutes les fermentations. Autant les purgatifs séreux sont nuisibles autant les purgatifs huileux et salins sont nécessaires.

Affections vermineuses. *Au début* s'assurer de l'existence des vers et de leur nature. Les accidents généraux produits par les helminthes sont ordinairement des phénomènes d'excitation réflexe ; pour les amender il faut détruire la cause première. Or deux genres de médicaments, bien distincts permettent d'y arriver : 1° les *vermifuges* ; 2° les *vermicides*. Les vermifuges agissent par eux-mêmes. L'ABSINTHE MARITIME, et les autres ABSINTHES, l'AÏL, le CALAMENT, l'AURONE, la CHÉNOPODE, la FOUGÈRE, les applications de COLOQUINTE rentrent dans cette classe.

Les vermifuges : le CAMPHRE, les ESSENCES, l'écorce fraîche de GRENADIER, le JASMINUM FLORIBUNDUM, le KOUSSO etc. ont une action toxique sur les vers ; il faut en ces cas : 1° mettre à nu, pour ainsi dire, le corps du parasite par un purgatif qui le dépouille de son enveloppe stercorale ; 2° Administrer le vermicide ; 3° Favoriser par un nouveau purgatif l'expulsion du cadavre.

Au point de vue pratique il importe donc de se rendre exactement compte du mode d'action, du médicament que l'on emploie, sur les vers.

AGE CRITIQUE. La période de la vie de la femme qui coïncide avec la cessation des menstrues est souvent accompagnée de phénomènes congestifs qui se traduisent surtout par une *dyscrasie rénale* à laquelle on remédiera par le BENJOIN, les DIURÉTIQUES surtout RACINE DE FRAISIER, QUEUES DE CERISES, BENZOATES ALCALINS.

En cas de congestions : ALOÈS, GOMME GUTTE à doses fractées.

Eviter l'abus des OPIACÉS, des HUILES ESSENTIELLES et des PARFUMS pendant cette période.

ALBUMINURIE *par compression des veines rénales et gêne de la circulation abdominale, grossesse, tumeurs, altération des vaisseaux.* Rhytmer la circulation par DIGITALE, DIURÉTIQUES.

Par refroidissement : SOUCI, ACONITINE.

Par altération du sang, par défaut d'oxydation normale : TANNIN, AMERS TONIQUES, QUINQUINA.

Par altération septicémique du sang, fièvres, exanthèmes, diphthérie : NOIX VOMIQUE, STRYCHNINE.

Décoction d'EUCALYPTUS, de GENÊT, SPARTÉINE 0,01 à 0,10 par jour.

Par altération organique des *reins :* éviter l'abus des diurétiques NÉVROSTHÉNIQUES, MUSC, NOIX VOMIQUE.

Complications : en cas d'*hématurie* ni diurétiques ni purgatifs salins. ERGOTINE, ACIDE GALLIQUE 0,10 à 1. *S'abstenir* des vésicatoires et des révulsifs dans tous les cas où il y a *menace d'anasarque.*

Ne pas abuser des OPIACÉS la *poudre de Dower* est la seule préparation qui soit supportée par les albuminuriques.

Surtout ne privez jamais un albuminurique de *boissons mucilagineuses.*

L'*albuminurie aiguë avec fièvre* comporte l'usage des diurétiques, SPARTÉINE, GENÊT, RAIFORT.

L'*albuminurie chronique* admet l'emploi des drastiques : GOMME GUTTE, SCAMONNÉE, JALAP, ELLÉBORE, des *essences* et des BAUMES.

Complications : Tout accident aigu, fièvre, hémorrhagie, douleur, doit faire revenir aux boissons diurétiques tempérantes les plus légères. La digitale et l'aconit doivent être les seuls agents sérieux de la médication.

ALCOOLISME. La saturation de l'économie par l'abus des alcooliques imprime son cachet à la physiologie et à la pathologie des buveurs, à l'état aigu. Le TABAC diminue en partie les mauvais effets de l'alcoolisme.

A l'état chronique l'alcoolisme exige l'emploi de la NOIX VOMIQUE ou de la STRYCHNINE sous la forme d'*arséniate de strychnine* au 1/4 de milligr.

Délire, hallucinations : HYOSCIAMINE par milligramme jusqu'à effets congestifs Les doses toxiques varient beaucoup avec les sujets, c'est une médication à surveiller de près.

Tremblement : EXTRAIT de noix vomique 0,40
                MORPHINE   0,40
                PIPÉRINE   0,40
En 40 pilules, 1 à 5 par jour *(Gray)*.

ALGIDITÉ. Ce symptôme négligeable dans certaines circonstances doit appeler dans d'autres toute l'attention du praticien.

A. par hémorrhagie. Révulsifs. MOUTARDE, ASTRINGENTS.

A. par perte de sérosité. Révulsifs. TEINTURES ASTRINGENTES, ÉSÉRINE, VÉRATRINE, TEINTURES BALSAMIQUES en frictions.

A. nerveuse. ANTISPASMODIQUES VOLATILS, TEINTURES DIFFUSIBLES, ALCOOL DE MÉLISSE DE MENTHE, LABIÉES AROMATIQUES chaudes. Frictions ALCOOLIQUES.

ALIÉNATION. Les premiers secours urgents à donner comportent de *calmer les accès.*

Extrait alc. de CANABIS INDICA	0,25
Café léger (infusion)	60
Sucre	Q. S.

Par cuillerée à b. toutes les heures.   (*Berthier*

De *diminuer les hallucinations :*

EXTRAIT ALCOOLIQUE DE SEMENCES DE DATURA 0,05 ou mieux DATURINE par milligramme toutes les 2 heures, jusqu'à dysphagie.

Le *traitement* de l'aliénation comporte des études spéciales. Le rôle du praticien consiste surtout à décider la famille à faire INTERNER l'ALIÉNÉ DÈS LE DÉBUT. On guérirait beaucoup plus d'aliénés si on les envoyait dans les asiles à la période aiguë du mal.

AMAUROSE Etudier, cause pathogénique, glycosurie, syphilis, paralysie, hémorrhagie, alcoolisme, congestion.

A. par affaiblissement nerveux, pâleur de la tâche rétinienne.

ACONITINE	1
Alcool rectifié	120

Eserine	1
Alcool rectifié	16

Vératrine	1
Alcool rectifié	16

Frictions successives pendant 1/4 d'heure chaque, trois fois par jour.   (*Eurnbull*)

La gymnastique forcée imprimée aux vaisseaux oculaires par ces agents produit quelquefois des résultats inespérés.

A. torpide.

Strychnine   1
Huile d'olive   30

Frictions autour de l'œil quatre fois par jour.

(Cunier)

A. par hémorrhagie.

Ergotine   3
Vaseline   30

Frictions autour de l'œil toutes les 3 heures.

Lavages à l'eau fraîche avant chaque friction autour de l'œil.

A. des fumeurs et des alcoolisés :

Sulfate de strychnine   0,02
Eau   3

en injonctions hypodermiques autour de la tempe.

(Haltentorff)

A. par congestion profonde :

Suc d'oignon blanc en frictions autour des tempes et

Suc de pulsatille noire   1
Tartre stibié   0,05
Vin de malaga   15

X à XX trois fois par jour.   *(Rust)*

Toutes ces recettes ne donnent de résultats que dans des cas exceptionnels et quand on les emploie au début des affections, avant paralysie complète.

AMÉNORRHÉE. V. *dysmenorrhée.*

28

AMYGDALITE. V. *angine tonsillaire*.

ANASARQUE. *Avec fièvre* : ACONITINE, DIGI-
TALINE, DIURÉTIQUES MUCILAGINEUX sucrés avec
OXYMEL SCILLITIQUE.

Par parésie vasculaire :

TANNIN	0,50 à	4
Sirops d'œillets		30
Eau fleurs d'or.		20
Eau		100

par cuillerée à bouche toutes les heures   (*Mosler*)

Par *anémie* fleurs et feuilles de HERNIAIRE. Infusion 80 à 100/1000.

Passif fleurs de GENÊT A BALAI. Décoction
20 à 30/1000 ou SELS DU SCOPARINE 0,05 à 0,30.

Pour faciliter la diurèse feuilles fraiches
d'ACHE PERSIL. Infusion 5 à 10/1000.

PAR REFROIDISSEMENT fleurs de SUREAU
20 à 30/1000. Infusion chaude par doses fractées.

ANALEPTIQUES. Les végétaux entrent pour
une large part dans la diététique bien ordonnée.
Ils fournissent non seulement à l'homme une
certaine quantité de produits assimilables, mais
encore ils jouent dans la nutrition un rôle condimentaire, excitant momentané important des
sécrétions qui, suivant les circonstances, facilite
ou rend plus pénible la digestion et constitue un
avantage ou une complication pour la maladie.
Nous donnons ci-dessous la liste des prototypes
analeptiques, avec leurs vertus principales.

AROWROOT RACINE	fécule	crême	Tonique doux
ASPERGE TURION	mannite albuminoïde	salade	Diurétique
AVOINE FARINE	gluten amidon albumine glycoside dextrine	crême	Tonique émollient
BETTERAVE RACINE	fécule sucre	cuite	Tonique doux
BLÉ FARINE	gluten dextrine amidon	pain frais pain sec	Tonique Tonique absorbant par hygrométricité
CACAO GRAINES	fécule théobromine	chocolat	Tonique gras dyspeptique
CAPUCINE FEUILLES ET FLEURS	sinapisine albuminoïde	salade	Excitant des secrétions
CAROTTE RACINE	fécule pectine mucilage carottine	cuite	Tonique laxatif cholalogue et diurétique
CARRAGAHÉEN ALGUE	gélatine résine amère goëmine	gelée	Tonique de reconstitution des cachectiques
CHÊNES GLANDS DOUX	h. grasse fécule résine amère quercite	café	Tonique fébrifuge Exc. des secrétions, convalesc. des f. int. et des scrofu.
CHICORÉE RACINE	extrait amer inuline	café	Tonique apéritif et laxatif
CITRONNIER FRUIT	ac. citrique ac malique aurantine gomme	fruit	Rafraîchissant
CITROUILLE COURGE	émulsine gomme pectine fécule ac citrallique sucre	cuite	Tonique laxatif
COIGNASSIER FRUIT	ac. malique tannin pectine h. essentielle	fruit	Tonique astringent

CONCOMBRE COURGE	émulsine gomme pectine fécule ac. citrallique sucre	cuite	Tonique laxatif
CRESSON FEUILLES	sulfocyanure d'allyle extr. amer iode	salade	Tonique excitant révulsif muqueux des secrétions
DATTIER FRUITS	glycose inuline mat. grasses albuminoïde	fruit	Tonique laxatif dyspeptique
FRAIS'ER FRUITS	ac. malique ac. citrique malate de chaux sucre	fruits	Refroidissant diurérétique
GALÉGA GRAINES	légumine h. aromatiq. sucre interverti	crême	Tonique excitant des secrétions même lactées
RIZ GRAINES	fécule amidon gluten mat. grasses sels	cuit	Tonique absorbant des acides.

ANÉMIE. *cérébrale par excès de travaux :* fleurs et feuilles de MÉNYANTHE 30 à 60/1000. Décoction chaude.

Avec stupeur. Liqueur ammoniacale *anisée* X à XXX.

Eau	100
Sirops fleurs d'oranger	30

par cueillerée à d. toutes les heures (*Kindertoffel*)

Après hémorrhagies.

Extrait quinquina royal 5 à	10
Sirop fleurs d'orangers	30
Eau	100

par cueillerée à bouche toutes les heures.

ANGINE CATARRHALE LÉGÈRE. *Au début*
feuilles de RONCE 30 à 60/1000. Décoction édulcorée
avec miel ou sirop de mûres, pour gargarisme.

Feuilles sèches d'AIGREMOINE 20 à 30/1000.
Infusion, pour gargarismes tièdes.

Avec exulcérations
Suc de MURES en applications et pour gargarisme.

Période inflammatoire, MUCILAGINEUX en boisson.

Période de défervescence. ASTRINGENTS légers
en boisson. Ces boissons doivent être prises à
doses fractées et souvent.

Angine gangréneuse. Suc de CITRON ou ·

Créosote	1
Alcool de lavande	12
Alcool de myrrhe	12
Alcool de capsicum	6
Sirop simple	20
Eau	150

en gargarisme ou au pinceau.   *(Green)*

Angine menorrhagique. Gargarismes AS-
TRINGENTS. Pilules d'aloës 0,10 à 0,20 tous les
jours.   *(Jaccoud)*

Angine couenneuse.

PAPAÏNE	2
Salicylate de soude	0,05
Eau	10

pour toucher les fausses membranes   *(Bouchart)*

Acide phénique　5
Acide benzoïque　2
Acide salicylique　1
Alcool　20
Eau　100

maintenir en ébullition près du malade. Renouveler les acides toutes les 2 heures en complétant le mélange par de l'eau. Ces fumigations doivent être constantes.

(Renou)

Angine rubéolique *avec prostration et petitesse du pouls :*

Racine de SERPENTAIRE　4 à 12
Eau　180

Décoction concentrée. Filtrez et ajoutez :

Eau de cannelle ⎫
Sirop ⎭ *aa* 15 .

par cuillerée à bouche toutes les heures.　*(Wendt)*

Boissons mucilagineuses chaudes. Fumigations de SERPENTAIRE.

Avec éréthisme :

Camphre 0,02 à 0,10
Sucre　0,60

à prendre toutes les deux heures.　*(Wendt)*

Angine scarlatineuse (ut suprà).

Angine tonsillaire. Infusion MUCILAGINEUSES par gorgées fréquentes. RÉVULSIFS CUTANÉS surtout DÉRIVATIFS aux extrémités.

Angine tuberculeuse. Gargarismes ÉMOLLIENTS, toucher les points enflammés avec :

Miel rosat　30
Morphine　0,05

(Bucquoy)

Ulcérations les toucher avec

Créosote   1
Alcool
Glycérine   } *àà* 20

(*Cadier*

Angine de poitrine. HYOSCIAMINE par milligramme. *Arseniate* de STRYCHNINE par 1/4 de milligramme tous les 1/4 d'heure pendant l'accès.

(*Burgraève*)

Chlorhydrate de morphine en injections hypodermiques. ACONITINE et DIGITALINE.

(*Teissier*)

Frictions précordiales et sternales avec l'alcool CAMPHRÉ.

(*Raspail*)

ANKYLOSES. *Avec inflammation :* cataplasmes MUCILAGINEUX.

Atones : Bains de *marc de raisin*, de plantes *aromatiques*, frictions d'*essence de labiées,* applications de cataplasmes mâturatifs au SAFRAN.

ANOREXIE. *Au début :* PETITE CENTAURÉE 20 à 30/1000. Infusion.

Par atonie : teinture alcoolisée de GINGEMBRE 2 à 4 avant chaque repas.

Poudre de rhizôme de GINGEMBRE 1 à 2 avant le repas en cachet ou dans du vin. Teinture de GIROFLE 1 à 2 dans du vin.

Par atonie musculaire de l'estomac :

Teinture de noix vomique	5
Teinture de cascarille	
Teinture de rhubarbe	
Teinture de cannelle	àà 10
Teinture de colombo	
Teinture de gentiane	

X avant chaque repas.   *(J. Simon)*

Par atonie et flatulence ou diarrhée :

Vin de quinquina additionné au dixième des teintures excitantes appropriées à l'état spécial du malade. 1 cuillerée à bouche avant les repas.

(Maurin)

Avec vomissements :

Teinture de colombo	10
Vin de quinquina	100

3 cuillerées à bouche par jour à l'instant des repas.

(Fonssagrives)

Par atonie et embarras bilieux :

Poudre de racine de RHUBARBE	1
Oléosaccharure de CANNELLE	1
Poudre de sucre	4

En 6 paquets 3 par jour.   *(Dunreicher)*

ANTILAITEUX. Rhizôme de CHIENDENT 30 à 50/1000. Décoction. Rhizôme de CANNE DE PROVENCE 50 à 60/1000 Décoction.

ANTIMYDRIATIQUE. ESERINE extraite de la graine de PHYSOSTIGMA VÉNÉNEUX. CHLORHY-DRATE D'ÉSERINE solution au millième I à II dans l'œil pour faire contracter la pupille.

ANURIE. *Sans distension de la vessie :*

Teinture de DIGITALE	) àà	1
Alc. d'ACONIT	)	
Sirop	.	20
Eau		100

par cuillerée à bouche toutes les heures. Cataplasmes mucilagineux, frictions huileuses. Bain chaud.

(Wilan)

Cardiaque : feuilles d'alkekenge 20 à 30/1000 par verres ; édulcorant, SIROP POINTES D'ASPERGES.

Catarrhale avec constipation : Graines d'ARROCHE 50 à 60/1000. Décoction.

Des convalescents de fièvre intermittente : feuilles fraîches CHICORÉE de 30 à 60/1000. Décoction.

Des fièvres adynamiques : sucs acides de FRUITS.

Des phlegmasies : HÉPATIQUE 30 à 60/1000. Décoction.

Par atonie absolue : GÉRANIUM, BEC DE GRUE 30 à 50/1090. Décoction.

Par gravelle : ARENARIA RUBRA 15 à 20/1000. Décoction froide. Racine fraîche, d'ARRÊTE-BŒUF 50 à 60/1000. Décoction froide.

Par • flux cataménial : Racine de FRAISIER 30 à 60/1000. Décoction. Queues de CERISES 30 à 100/1000. Macération et décoction.

Des herpétiques chroniques : Ecorce seconde d'ORME 30 à 50/1000. Décoction. Racine de PAREIRA BRAVA 20 à 30/1000. Infusion. Ecorce seconde de DAPHNÉ 5/1000 par 1/4 de verre, veiller sur les inflammations intestinales secondaires.

Inertie rénale Turions et mieux : RACINES
D'ASPERGES 50 à 60/1000. Décoction. Tous les diurétiques sont contrindiqués dans les phlogoses
aiguës des reins.

APHONIE. *Après les coryzas :* fleurs et feuilles
de BOURRACHE édulcorée avec du miel ou du
sirop de Tolu. Infusion 20 à 30/1000 chaude par
gorgées répétées.

Par affection catarrhale :

Ether	2 à 5
BAUME DE TOLU	10
Eau	100

fumigations ou mieux pulvérisations   (*Moreau*)

Par catarrhe atonique :

THÉ HYSWEN	5
LIERRE TERRESTRE	5
BOUILLON BLANC	3
IRIS DE FLORENCE	2
Eau bouillante	200

infusion ajoutez :

Sirop de Tolu	5 àà	20
Teinture de CANNELLE		1
Rhum		10 ,

par cuillerée à bouche tous les 1/4 d'heure.

(*Mongenot*)

Par fatigue nerveuse :

Teinture de VALÉRIANE	2
Teinture de castoreum	5
Ether	1
Eau	100

par cuillerée à bouche toutes les heures.   (*Sydenham*)

APHTHES. Suc de MURES en application comme caustique des muqueuses.

Enflammés : MUCILAGINEUX } boissons
Atones : ASTRINGENTS LÉGERS } sans sucre
Fétides : ACIDULES.

Suc de CITRON 10 à	20
Sucre	15
Eau	100

collutoire.   (*Swédiaur*)

APOPLEXIE. *Par hémorrhagie :*

RÉVULSIFS CUTANÉS, MOUTARDE etc. aux extrémités. DÉRIVATIFS intestinaux.

HUILE D'OLIVE 20 à	30
GRAINE DE LIN décoction	250

Emulsionnez pour lavement.

ALOÈS, GOMME-GUTTE, tous les purgatifs à congestion pelvienne.

SÉNÉ 15 à 30/1000. Infusion 2 verres en 5 minutes.

Par congestion avec atonie nerveuse ou spasme :

MÉLISSE, MENTHE, LAVANDE, labiées à menthol. ARNICA, IPÉCA, QUININE suivant les indications pyoïdes, saburrales ou intermittentes actuelles.

NERPRUM. MERCURIALE, SCAMMONNÉE purgatifs dérivatifs.

TABAC	4
Eau	250 infusion

En lavement.

APPAUVRISSEMENT DE L'ÉCONOMIE (Voir plus haut).

ARTHRITE. *Goutte, rhumatisme, blennorrhagie.* v. *Douleurs.*

ASCARIDES. Feuilles et fleurs d'ABSINTHE JUDAÏQUE 10 à 20/1000. Infusion par verre tous les matins à jeun.

SANTONINE 0,50 à 2 en dragées doses fractées.

ABSINTHE PONTIQUE feuilles fraîches pilées en cataplasmes (remède vulgaire).

ENCENS en emplâtre sur le ventre (remède vulgaire).

ALOÈS		
TABAC } àà	0,15	
ASA-FÆTIDA		
Eau	500	

infusion ajoutez :

Huile CAMPHRÉE	10	pour deux

lavements. *(Raspail)*

MOUSSE DE CORSE 4 à 2).

Eau	120
Sirop	30

par cuillerée à bouche. *(H. P.)*

TANNIN	1
BOIS DE CACAO	4

suppositoire anal. *(Trousseau)*

ASTHÉNIE DES VASO-MOTEURS. *Flux séreux consécutifs :* Teinture éthérée de suc de feuilles de BELLADONE X à XX doses fractées et souvent répétées.

ASTHÉNOPIE Baume de Fioraventi/
          Alcoolat de Lavande (àà 30
          Camphre   1
          Ether sulfurique   . 4

Frictions sur l'orbite fermé 3 fois par jour *(Gallois)*.
Cette médication exige des douches pour complément et le repos absolu des yeux.

ASTHME *Accès* : Fumigations de feuilles de DATURA STRAMONIUM brûlées en espace clos.

Teinture de LOBÉLIE 1 à 2 dans une potion, à doses fractées et pendant l'accès seulement.

Oppression convulsive par spasme nerveux : ARSÉNIATE DE STRYCHNINE par 1/4 de milligramme et DIGITALINE OU HYOSCIAMINE toutes les 1/2 h. alternativement jusqu'à fin de l'accès.

Oppression par défaut d'action des muscles de Résius : Racine de CATALPA 30/1000. Décoction chaude par gorgées pendant l'accès.

Oppression par palpitations : teinture de graines d'ASPIDOSPERME 2 tous les 1/4 d'h. suspendre après l'accès, ne pas excéder 15.

Oppression convulsive :   Liq. d'Hoffman   2 à 4
                     Sirop de BELLADONE   30
                     Eau de fleurs d'ORANGER   100
                     Eau de LAURIER-CERISE 1 à 4
                     Eau de TILLEUL   100

P. c. à c. t. les 1/4 d'h. jusqu'à cessation de la dyspnée.
(L. d'Ardenne).

Catarrhal humide : BAUME DE TOLU, IPÉCA.

Catarrhal avec défaut d'expectoration : POLY-GALA DE VIRGINIE, ORIGAN.

Catarrhal atone : GOMME AMMONIAQUE, COCH-LÉARIA, LAVANDE.

Catarrhal avec constipation et anurie : SCILLE, BRYONE, DÉRIVATIFS PURGATIFS ET DIURÉTIQUES.

Convulsif : ASA FŒTIDA à hautes doses, CYANÉS et NARCOTICO-ACRES.

Traitement empirique : Injection hypodermique de *nitrate de pilocarpine* 0,02 tous les jours pour obtenir une dérivation cutanée constante.   (*Mahinsic*).

'ATONIE *générale des cachectiques :* ANALEP-TIQUES, GERMANDRÉE, QUINQUINA, QUASSIA, COLOMBO.

Avec diarrhée : BISTORTE, TORMENTILLE, RATA-NHIA, ASTRINGENTS, Rhizôme de FRAGON PIQUANT 30 à 60/1000. Décoction chaude par 1/2 verre.

Chronique des muqueuses : Feuilles fraîches de cochléaria 10 à 20/1000 infusion chaude.

Torpide de l'estomac : QUASSINE AMORPHE du bois de QUASSIER 0,01 à 0,15. QUASSINE CRISTALLISÉE 0,001 à 0,005. ANIS ÉTOILÉ 20 à 30/1000 infusion. Poudre de CASCARILLE 0,25 à 1 avant le repas.

Suite de fièvres : teinture de souche d'hydrastis X à L avant les repas.

De l'intestin : COLOQUINTE COLOCYNTHINE, MENTHE, MUSCADE, RHUBARBE.

De l'utérus : ARBOUSIER BUSSEROLE, ERGOT DE SEIGLE.

Vésicale : racine de salsepareille 30 à 60/1000 longtemps continuée.

De la voix : (Voir *Aphonie*).

AVORTEMENT *pour le prévenir :* OPIUM, PAVOT, LAUDANUM.

Pour diminuer les douleurs d'expulsion : EXTRAIT de BELLADONE en onctions sur le col.

Pour réprimer les lochies abondantes : rhizôme d'ACORE AROMATIQUE 30 à 60/1000. Décoction froide par verres.

BACILLES *des poumons :*
Inhalations d'air chargé d'émanations de fleurs et de jeunes pousses d'*eucalyptus globulus*. Inhalations d'air chargé de pollen balsamique du *Pin*

BLENNORRHAGIE dès le début :

B. de COPAHU	10
Gomme ad.	10

faites un magma divisez en pilules et enrobés de
BAUME DE TOLU, q. s. chaque pilule tenue séparée sur poudre de réglisse jusqu'à dessiccation, 10 à 40 par jour, en deux fois, loin des repas.

Maurin.

Écoulement persistant :

B. de COPAHU	10
Sucre	20

laissez lentement dissoudre ajoutez

Gomme arabique	10

émulsionnez dans eau, 100 à prendre par c. à b. trois fois par jour.

Roussin.

Phénomènes de phlogose intenses :

$$\left.\begin{array}{l}\text{Camphre}\\\text{Thridace}\end{array}\right\}\ \bar{a}\bar{a}\ 5$$

En 20 pilules 3 à 6 par jour.   *Ricord.*

Suspendre le copahu pour y revenir après.

Douleurs aiguës : Sommités et feuilles de
CHANVRE 20 à 40/1000 en décoction par verre.

Eréthisme vésico-uréthral :

CAMPHRE	0,50
Jaune d'œuf n° 1/4	
Délayez, ajoutez	
Emulsion sucrée	100
Sirop de morphine	20

p. c. à b. t. les h. jusqu'à sommeil.

CAMPHRE	0,50
Jaune d'œuf n° 1	
Décoction de graine de lin	250

En lavement avant le sommeil.

Hémorrhagies uréthrales :

$$\left.\begin{array}{l}\text{Feuilles de MATICO}\\\text{Feuilles d'arbousier BUSSEROLE}\end{array}\right\}\ \bar{a}\bar{a}\ \ 10$$

Eau 1000

Décoction édulcorez au sirop de *ratanhia* par 1/4 de
verre froide.

Intolérance du copahu :

Vin de semences de COLCHIQUE	2
Teinture d'opium	0,60

XX à XXX trois fois par jour.   *Froinus.*

Essence de SANTAL en capsules de 0,40, dix à quinze
par jour loin des repas.   *Panas.*

Chez les dyspeptiques : huile de B. de GURJUM,
X à XXX en capsules.

Tendant à la chronicité : POIVRE DE CUBÈBE en poudre 10 à 15 en 3 prises par jour dans de l'eau sucrée.

Essence de CUBÈBE en perles 1 à 6 en 3 fois dans la journée loin des repas.

Chronique : Extrait fluide d'écorce de CASCARA AMARGA 2 à 4.

TOUTES CES PRÉPARATIONS DOIVENT ÊTRE DONNÉES RÉGULIÈREMENT JUSQU'A DIARRHÉE ÉTABLIE ET CESSATION DE L'ÉCOULEMENT. IL FAUT LES SUSPENDRE DÈS QUE L'ÉCOULEMENT DEVIENT GLAIREUX PAR PROSTATITE.

BLENORRHÉE   Hydrate de chloral   1 50
           Eau de roses   120
deux injections par jour.   *Pasqua.*

Boissons chargées de TANNIN : CACHOU, RATANHIA, ARBOUSIER BUSSEROLE, MALICORNIUM.

Dysurie : racine de FRAISIER, baies de GENIÈVRE, eau de GOUDRON, injections au TANNIN.

Ne jamais employer les mucilagineux, ni les gazeux, ni les alcooliques, dans le traitement des blennorrhagies aigues ou chroniques.

BOULIMIE *pour atténuer le sentiment de la faim :* teint. alc. de feuilles de COCA 4 à 10. Vin de COCA 10 à 6 avant chaque repas. Poudre de feuilles de COCA 2 avant chaque repas.

BRONCHITE CAPILLAIRE. *Au début,* MUCILAGINEUX, chauds, ACONITINE.

Abondance de glaires : IPÉCA en émétique, ACIDE BENZOÏQUE, 0,50 à 0,80, sucre 3.

(Fleischmann).

Excès de toux : JULEPS GOMMEUX, plantes mucilagineuses à gomme douce, HYSOPE, LIERRE TERRESTRE, TUSSILAGE, extrait de jusquiame 0.05 à 0,10, sucre en 10 prises 1 toutes les 3 heures,

(Steiner).

ou mieux HYOSCIAMINE par milligramme toutes les 3 heures.

Tendance à la pneumonie lobulaire : Onctions avec HUILE DE CROTON 0,60, axonge 15.

(Rilliet).

Tendance à l'ataxie : *tisane d'auvée,* potions aux VINS.

Tendance à l'asphyxie et au rafraîchissement :

VIN de Malaga	20
Eau	40

1 c. à b. t. les h. et alternativement. Potion ammoniacale à l'eau camphrée et au sirop de POLYGALA par c. à b. t. les h.   *(Barthez).*

Difficulté de respiration : SINAPISMES révulsifs.

Toux excessive : Teinture camphrée V à XX.

Eau de TILLEUL	100
Sirop	30

Faiblesses : Décoction de POLYGALA à doses nauséeuses, SCILLITINE par milligramme.

Diarrhée : CACHOU, GELÉE DE LICHEN, VIN et alcool.   *(West).*

Difficulté d'expectoration : Fumigations de POLYGALA, FRUITS PECTORAUX, BOUILLON BLANC.

Toutes ces tisanes chaudes et par doses fractées.

Convalescences lentes : Liniment camphré composé 32.

Teint. de cantharide	10
Teint. d'OPIUM	8

onctions sur la poitrine et sur le dos.

Vésicans.

Bronchite chronique : Fumigations de GOU-DRON.

QUINQUINA ROYAL	10
SERPENTAIRE DE VIRGINIE	20
Eau	1000

en décoction édulcorée avec sirop de TOLU.

Difficulté d'expectoration : Perles d'essence de TÉRÉBENTHINE, ARNICA, FLEURS en infusion.

Défaut de mixtion : SCILLITINE par milligramme, infusion de BAIES DE GENIÈVRE (v. *Catarrhe*).

Bronchite pseudo-membraneuse : *Suffocation imminente.*

POUDRE D'IPÉCA	0 10
SIROP D'IPÉCA	30

ou décoction d'IPÉCA par doses pressées jusqu'à vomissements révulsifs cutanés.

Broncho pneumonie. *Au début :* Vomitifs répétés.   (*Fauvel*).

Fièvre excessive, toux difficile : ACONITINE, Infusion COQUELICOTS.

Excès de glaires : Infusion POLYGALA.

Compliquant les fièvres éruptives : Fumigations, stimulants et révulsifs cutanés.

BRULURES *avec phlyctène*. Les percer et les convertir en plaies sous-cutanées avec GELÉE DE FRUITS astringents, RAPURES DE FRUITS astringents.

> Eau de chaux   90
> HUILE D'AMANDES DOUCES   10

Battez à consistance pâteuse et étendez sur parties brûlées.   (*Coste*).

Enlever la peau des phlyctènes passer une couche d'ESSENCE DE TÉRÉBENTHINE recouvrir de baudruches de coton, laisser en place 8 jours.   (*Jobard*).

> Caoutchouc   }
> Chloroforme   } *àà*, faites un lait que vous

étendez sur la plaie.

CACHEXIES ANALEPTIQUES à choisir suivant les cas.

Atonie, peau sèche : BOIS DE GAYAC 30 à 50/1000 décoction chaude.

Cancéreuses non ulcérées : Cataplasmes de feuilles de BELLADONE dans tous les cas de poussées inflammatoires des tumeurs jusqu'à cessation absolue des phénomènes d'acuité.

Cancéreuses torpides : CIGUE, feuilles en cataplasmes, CICUTINE à l'intérieur.

Scrofuleuses : Feuilles de NOYER, décoction à l'intérieur et à l'extérieur extrait de FEUILLES DE NOYER 2 à 4 grammes par jour. Insister sur les ANALEPTIQUES et principalement CAFÉ DE GLANDS DOUX DU CHÊNE.

Cachexies hémorrhagiques : ANALEPTIQUES, AS-TRINGENTS, CACHOU, KINO, GOMMES ASTRIN-GENTES.

Cachexies paludéennes atoniques : QUINQUINA, ABSINTHE, ACHE, GERMANDRÉE AQUATIQUE.

Avec inappétence : NOIX MUSCADE comme con-diment.

Chroniques : AUNÉE, toutes les plantes à ELLÉ-NINE, CHARDONS toutes les plantes à CYNARINE ou leurs alcaloïdes par doses fractées.

Cachexies en général. CURA FAMIS, SOULT CURE DE DULAURENS : deux repas par jour, viandes rôties et FRUITS SECS pendant un mois.

SOULT CURE D'OSBECK : deux repas viande maigre et.pois 0,30. EXTRAIT DE CIGUE matin et soir. Décoction réduite de *squine* et de *salsepareille* en boissons dans la journée pendant deux mois .

SOULT CURE DE RÉCAMIER : *diète végétale, fruits secs* et lait pendant deux mois.

Ces diètes rendent des services lorsque le cachectique a été surmené par une thérapeutique abusive.

Storck donnait à hautes doses progressives l'EXTRAIT DE SUC DE FEUILLES DE CIGUE épaissi avec de la *poudre de feuilles de ciguë*. Il portait ses doses de 0.10 à 5 grammes par jour ; purgeait souvent, et appliquait les feuilles fraîches de CIGUE en topiques sur les tumeurs.

CALCULS BILIAIRES. EMOLLIENTS. sucs d'herbes chargés de SINAPISINE, CRESSONS et

CRUCIFÈRES analogues par cuillerée à bouche le matin à jeûn et 1/2 heure avant les repas, essence de TÉRÉBENTHINE en perles ; une à deux perles loin des repas.

Essence de TÉRÉBENTHINR	10
Ether	15

XX gouttes avant chaque repas sous forme de perles.

(Durand).

Calculs uréthraux. HYOSCIAMINE par milligramme

Ergot de seigle	0 15
Eau	0 50

à prendre en trois fois à deux heures de distance jusqu'à expulsion du calcul.   *(Bondin)*.

Calculs vésicaux. DIURÉTIQUES, SALINS, SABLINE, MAÏS, PARIÉTAIRES.

Compliqué de catarrhe : BAIES DE GENIÈVRE, essence de TÉRÉBENTHINE.

Dysurie atonique : COQUERET, CRESSONS, DIGITALE, FRAISES, toute la médication végétalienne relative aux calculs n'est absolument qu'adjuvante.

CANCERS. Contre les poussées inflammatoires des tumeurs feuilles de BELLADONE en cataplasmes longtemps continués.

Abcés en formation : FLEURS D'ARNICA en cataplasmes.

Etat fébrile : ACONITINE par milligramme.

Inflammation violente des plaies cancéreuses : PULPE DE CAROTTE en cataplasmes souvent renouvelés,

Douleurs prurigineuses : FEUILLES DE CIGUE en cataplasmes, CICUTINE par milligramme.

Douleurs violentes suivant le trajet des nerfs : EAU DE LAURIER-CERISE en application prendre garde à l'absorption par les plaies ouvertes.

Douleurs continues : OPIUM à doses progressives jusqu'au narcotisme.

CANTHARIDES (*éréthismes vésicaux uréthraux*) émulsion de camphre 0,10 à 0.50.

CARIE DENTAIRE. Fluxion. FLEURS DE SUREAU en application et en collutoire sans sucre.

Fluxion à frigore : Feuilles de BELLADONE en cataplasmes.

Avec périostite : Astringent léger en collutoire.

Avec fongosités gencivales : Alcoolat de COCH-LÉARIA 4 à 8/200 en collutoire.

Carie atone : Obturation par dépôt de GOMME-RÉSINE DOUCE, pansement au BAUME DU COMMAN-DEUR et tous les alcoolés contenant des benzoïdes en solution. La CRÉOSOTE DU PIN en application caustique diminue la douleur momentanément mais augmente la diffluence des os. Mauvais agent à rejeter.

La RACINE DE PYRÈTHRE et les autres sialalogues agissent à la façon des révulsifs et ne doivent être employés qu'avec réserve.

Carie osseuse. Accidents à traiter d'après les mêmes principes que la carie dentaire.

CAREAU (V. *Tubercules mésentériques*).

CATARRHE (*Trachéo-Bronchite,   Trachéite, Rhume*). *A frigore* : FLEURS DE BOURRACHE; infusion.

Avec suppression des sueurs : Fleurs de SUREAU. Fleurs de VIOLETTES, infusions.

Avec quintes de toux : AVOINE, BOUILLON BLANC, COQUELICOTS.

Avec douleur au gosier : Fleurs de GUIMAUVE, DATTES, FIGUES.

Avec difficulté d'expectoration : Racine de POLYGALA, TUSSILLAGE, AMANDES DOUCES.

Avec fièvre : IPÉCA à doses nauséeuses.

Expectoration gluante et abondante :

GOUDRON DE BOIS	1
SCIURE DE BOIS DE PIN	2

Versez dessus de temps en temps, eau bouillante. Fumigations et inhalations.

Expectoration abondante :

TANNIN	1
EAU	1000
Pulvérisations.	(*Fieber*).

Avec affadissement des muqueuses : Feuilles de LIERRE TERRESTRE 20 à 30/1000. Infusion.

Catarrhes chroniques. *Expectoration abondante des anémiques* : Extrait aqueux d'ÉCORCE DE MONÉSIA 0.05 toutes les heures.

Atones : GOMME AMMONIAQUE DE DORÈME en pilules de 0,005 à 0,10 toutes les heures.

Avec difficulté d'expectoration : Racine d'aristoloche serpentaire 30 à 40/1000, décoction chaude par 1/4 de verre.

Atones hémorrhoïdaires de la ménopause : Poudre de BAIES D'IF, 0,05 à 0,10 tous les matins. Recherchez les phénomènes d'excitation du bulb et de thermogenèse et suspendez à sidération nerveuse et diminution de la chaleur.

Crachats adhésifs : GOMME ARABIQUE DE L'ACACIA VÉRA en nature ou en solution.

A. bacille : Feuilles sèches de GRANDE ABSINTHE 30 à 40/1000 décoction chaude par 1/4 de verre.

Sans inflammation : SÈVE DE PIN MARITIME, 1 à 6 verres par jour progressivement jusqu'à diarrhée établie.

Avec difficulté d'expectoration : .BOURGEONS DE SAPIN 20 à 30/1000. Faites blanchir puis infusez par 1/4 de verre, l'infusion chaude pour faciliter l'expulsion des crachats.

Sans fièvre : SOMMITÉS FLEURIES D'HYSSOPE, 30 à 40/1000 décoction chaude.

Teinture alcoolique du BAUMIER DE TOLU 1 à 8 en potion par c. à b.

Expectoration glutineuse : GRAINE DE LIN, une pour six parties d'eau, en macération à prendre chaude ou froide jusqu'à diarrhée.

Muco-purulents avec tendance aux hémorrhagies et hypersécrétions muco-purulentes : FEUILLES

SÈCHES D'ARBOUSIER BUSSEROLE 30 à 40/1000. Décoction froide.

Période de coction, arrêt d'expectoration : RACINE DE POLYGALA DE VIRGINIE 100/1000. Infusion chaude par gorgées jusqu'à nausées.

Période d'inflammation : FLEURS OU RACINES FRAÎCHES DE GUIMAUVE 30 à 60/1000. Infusion chaude ; tous les émollients mucilagineux.

Phlogose à toux difficile : Jujube 30 à 40/1000. Décoction. DATTES, FIGUES, tous les fruits doux à sucs pectiques sucrés.

Sans phlogoses : Fleurs de coquelicots 10 à 15/1000 par infusion chaude comme compensation sudorifique.

Tendances muco-purulentes : Eau DE GOUDRON DE PIN, ad. libitum.

SACCHAROLÉ DE GOUDRON DE PIN, 1 à 10 par doses fractées. Veiller sur l'affadissement des muqueuses et leur inflammation secondaire que produit l'abus des préparations goudronnées.

Tendances hémorrhagiques : ECORCE DE MIMOSA en poudre 0,10 toutes les 3 heures.

Surexcitation nerveuse : Eau de LAURIER-CERISE 1 à 8 par doses fractées.

Surexcitation nerveuse chez les malades atteints d'affections convulsives : ASA-FŒTIDA 0,01 en pilules toutes les heures cet agent produit ses effets dans les 24 heures ou reste sans action.

Surexcitation nerveuse chez les anémiques : PETIT CHÊNE, LAVANDE, MENTHE. en infusions chaudes.

Sidération des forces : QUASSIA, PHÉLLANDRÉE. TÉRÉBENTHINE.

Trouble des vaso-moteurs : SCILLE, DIGITALE, GOMME-GUTTE, ÉASCARILLE. Astringents divers.

Complications asthmatiques : LOBÉLIE, ASARET, BAUME BENZOÏQUE.

Atoniques : TEINTURE ALCOOLIQUE AU SUC CONCRET DE BENJOIN chaude en inhalations jusqu'à accès de toux et expuition, ne pas prolonger plus de deux minutes les inspirations.

Asthénie des vaso-moteurs : Teinture alcoolique de SUCS DE FEUILLES DE BELLADONE X à XX fracter et répéter les doses.

Muco-purulents bacillaires : Alcoolat de FEUILLES SÈCHES D'EUCALYPTUS, GLOBULUS 1 à 7 en potion par cuillerée à bouche ou inhalation d'émanations de FLEURS D'EUCALYPTUS.

Catarrhe vésical. *Par rétrécissement de l'urêthre sans inflammation* : AMANDES DE PIN-PIGNON 30 à 60/1000 émulsion par verre.

Des herpétiques : ÉCORCE SECONDE D'ORME 30 à 60/1000 décoctions par verre pour faciliter la miction.

Chronique : STIGMATES DE MAÏS 20 à 30/1000 décoction par verre.

Chronique des blennorrhagiques après abus des mucilagineux : Huile de BAIES DE GENÉVRIERS X à XXX tous les matins à jeûn en capsules. Veiller sur les congestions pelviennes secondaires et les hémorrhagies qui peuvent survenir.

Atoniques : TÉRÉBENTHINE CUITE DE MELÈZE 0,30 à 2 en pilules, fracter les doses et les continuer jusqu'à excitation.

Par calculs : TEINTURE ÉTHÉRÉE DE RACINE D'ACTINOMÉRIS HELLIANTOÏDES 1 à 6 en potions par doses fractées pour favoriser momentanément la miction. Aucune plante n'a le pouvoir de dissoudre les calculs, les diurétiques ne doivent être employés dans la médication qu'à titre de très faibles adjuvants.

Par gravelle : GRAINES D'ARROCHE 30 à 60/1000. Décoctions faites par verre.

Avec phlogoses : INFUSIONS DE BOUILLON BLANC.

Avec excès de mucosités : BAUME DE COPAHU ET DE TOLU, GOUDRON.

Avec urines ammoniacales : BOURGEONS DE SAPIN, EUCALYPTUS.

Avec douleurs vésicales : CAMPHRE, CHANVRE.

CAVERNES *pulmonaires et plaies anfractueuses à baccilles* émanations d'HUILE DE CADE DU GENÉVRIER OXYCÈDRE.

CÉRUMEN *(surdité par accumulation de).* Suc de bulbe d'OIGNON BLANC en applications dans le conduit.

CHLOROSE. La médication végétalienne est ici purement adjuvante.

Atonie : Les AMERS, les ASTRINGENTS.

Asthénie : ARNICA, AUNÉE.

Névralgies : EXCITANTS AROMATIQUES, MENTHE, ROMARIN.

Troubles ovariques : IMPÉRATOIRE, GENÉVRIER. Prendre les PURGATIFS, et les DIURÉTIQUES dans les excitants de la congestion pelvienne.

Phénomènes cardiaques : Insister sur l'association de la DIGITALINE aux EXTRAITS AMERS.

Phénomènes adynamiques : Associer la STRYCHNINE à l'HYOSCIAMINE et à la SCILLITINE.

CHORÉE. Médication adjuvante.

Atonie : QUINQUINA, NOIX VOMIQUE, ESSENCE DE TÉRÉBENTHINE, PICROTOXINE par 1/4 de milligramme matin et soir.

Convulsions avec troubles des centres bulbaires : VALÉRIANE, HASCHICH, DATURA.

Eréthisme douloureux : CAMPHRE, COLCHIQUE, VÉRATRINE.

Origine causale épileptique : VALÉRIANE larga manu. Suc de COTYLET feuilles fraîches 1 à 2 c. à b. tous les matins pendant la saison.

(Récamier).

Trouble des vaso-moteurs :

SULFATE D'ÉSÉRINE   0.01 à 0,05
en injection hypodermique quotidienne.   *(Bouchut).*

HYOSCIAMINE à doses progressives de 0,01 à 0,10 fractées, jusqu'à sécheresse de la langue et symptômes fluxionnaires.   *(Oulmont).*

SULFATE D'ATROPINE   0 10
Eau   10
V par jour, augmenter jusqu'à dilatation de la pupille.
(Duchet).

Insomnie :

TEINT. DE SEM. DE DATURA STRAM.   XX
Sirop d'Ether   20
Eau   80

p. c. à c. tous les 1/4 d'h. jusqu'à sècheresse de la gorge.
(*Maurin*).

Pousser les NARCOTIQUES jusqu'à effet toxique léger.
(*Rilliet et Barthez*).

Marasme : Frictions avec liniments.

ALC. DE GENIÈVRE   90
ESS. DE GIROFLE   } àà   5
HUILE DE MUSCADE

(*Rosen*).

En général ouvrir toute médication par les ÉMÉTO-
CATHARTIQUES.   (*Gillette*).

CICATRICES DE LA VARIOLE. *Pour les
éviter* tenir la face constamment ointe d'HUILE
D'AMANDES DOUCES dès que les pustules paraissent
jusqu'à dessiccation.   (*Maurin*).

CIRRHOSE HÉPATIQUE. *Dysurie et troubles
intestinaux avec météorisme* : BAUME DE COPAHU
0,20 à 0,40 par jour en pilules.   (*Dauby*).

Torpeur intestinale :

P. de RHUBARBE   2
ALOÈS   2
EXT. DE COLOQUINTE   0 30
En 60 pilules 2 par jour
ou Pulpe de tamarin   20
Eau   200
Décoction ajoutez
Citrate de magnésie   } àà 20
Sirop de manne

p. c. à b. t. les 2 h., bain tiède t. les jours.
(*Bamberger*).

CŒUR. *Lésions valvulaires non compensées :* TANNATE D'ADONIDINE par milligramme trois fois par jour.

Affections asystoliques : DIGITALINE par milligramme jusqu'à reprise du rythme.

Atonie : Associez la DIGITALINE à la QUASSINE et à la STRYCHNINE.

Palpitations hypertrophiques : GRISSOSPERMINE par milligramme.

Avec tension veineuse exagérée : SPARTÉINE par milligramme ou GENÊT A BALAI 20 à 30/1000 infusion par 1/4 de verre.

Tous ces médicaments, agents principaux de la mobilité du cœur, doivent être continués longtemps et poussés par doses fractées augmentées jusqu'à effets.

COLIQUES HÉPATIQUES *contre la douleur :* Injection hypodermique de MORPHINE ou d'ATROPINE. Essence de TÉRÉBENTHINE additionnée d'HUILE en frictions. (V *Calculs biliaires*).

Coliques néphrétiques : PARIÉTAIRE, DIURÉTIQUES DOUX, SABLINE, CHIENDENT, CHENOPODIUM VULVARE, OPIACÉS.

Coliques nerveuses : Insister sur l'HYOSCIAMINE, la CICUTINE et la BRUCINE si elles ne cèdent aux infusions ANTISPASMODIQUES chaudes.

Coliques de Plomb : BELLADONE largà mánu. CROTON TIGLIUM et s'il ne réussit purgatifs huileux doux à très petites doses avec administration con comittante d'HYOSCIAMINE.

EXTRAIT DE BELLADONE par doses fractées de 0,01 jusqu'à narcotisme t. les 1/4 d'heures.

(Beaujean).

Coliques venteuses : A FRIGORE séminoïdes d'ANIS 20 à 30/1000 infusion chaude. L'ANETH, le FENOUIL, la CORIANDRE remplaçant l'anis.

Par fruits ingérés recouverts de rosée : BOURRACHE. Infusion édulcorée avec le miel, par tasses chaudes.

Par suppression des sueurs : Fleurs et feuilles de MÉLLILOT 20 à 30/1000. Infusion chaude.

Par troubles digestifs : Infusion de fleurs de CAMOMILLE.

Par troubles ovariques : Infusion de LAURIER D'IMPÉRATOIRE. Lavement de décoction de RUBA GRAVEULENS ou de VALÉRIANE.

COMA *des affections congestives.* Fustigation avec des rameaux feuillés d'ORTIE BRULANTE.

Par inertie ou dépression : Infusion chaude de CAFÉ BRULÉ par doses fractées.

CONJONCTIVITÉ ATONE. Graines décortiquées de JECQUIRITY 20/1000 macération pour lotions ; médecine substitutive qui n'est pas sans danger.

COMMOTION CERÉBRALE *traumatique :* ARNICA, DÉRIVATIFS.

Atonique : ALC. DE MÉLISSE, RÉVULSIFS, EXCITANTS, CUTANÉS.

CONGESTIONS CÉRÉBRALES *actives*. Insister sur les RÉVULSIFS. Favoriser la liberté du ventre par

FOLLICULES DE SÉNÉ	30 à 60
Eau	250

en lavement :

Pulpe de tamarin	40 à 80
Eau	1000

Décoction par verre.

Passives : Insister sur les DÉRIVATIFS à congestion pelvienne : ALOÈS, GOMME-GUTTE, SÉNÉ à doses laxatives longtemps continuées jusqu'à fluxions hémorrhoïdaires.

Congestions chroniques du cerveau et du foie. *Inertie intestinale* : Suc non bouilli d'ALOÈS 0,10 à 0,20 avant les repas jusqu'à diarrhée et dérivation hémorrhoïdale.

Congestions par suppression d'hémorrhoïdes. *Ellatérine* 0,001 à 0,003 tous les jours jusqu'à diarrhée et reprise du flux.

Congestions thoraciques et laryngées. *Par troubles cataméniaux* : Follicules de SÉNÉ DE LA CASSE 15 à 30/1000. Infusion deux verres à jeûn à cinq minutes d'intervalle jusqu'à diarrhée établie.

Congestions splanchniques. *Torpides loin*

de l'intestin : GOMME-GUTTE DE GARCINIA 0,05 à 0,40 en pilules jusqu'à diarrhée établie.

Actives loin de l'intestin avec inertie de ce dernier : HUILE DE CROTON TIGLIUM 1/2 goutte à II.

Congestion instantanée par insolation.

SOMMITÉS FLEURIES DE MERCURIALE 30 à 60/1000. Décoction par verre. Se défier des superpurgations. Cataplasmes de MERCURIALE FRAICHE pilée aux extrèmités. Remède populaire.

CONSTIPATION *atonique des dyspeptiques avec stase biliaire* : Poudre de RÉSINE DE JALAP 0,50 au repas de midi tous les jours jusqu'à diarrhée établie.

Par défaut de secrétions intestinales : BAIES DE NERPRUN deux à trois tous les matins à jeûn. SIROP DE NERPRUN 20 tous les matins à jeûn. GRAINES DE MOUTARDE BLANCHE 5 à 10 au repas. Elles agissent comme diviseurs mécaniques.

Poudre de RHIZÒME DE PODOPHYLLE 0,05 ou PODOPHYLLIN 0,01 avant chaque repas. Ne pas forcer les doses et continuer longtemps.

Rebelle : SOMMITÉS FLEURIES DE MERCURIALE 20 à 60/1000. Décoction par 1/4 de verre froide le matin à jeûn. Continuer longtemps à la même dose et se présenter tous les jours à la même heure à la selle 20 minutes après l'ingestion.

Dans les affections cérébro-spinales chroniques : ÉCORCE DE CASCARA SAGRADA. Poudre 0,50 0,70 ou extrait fluide 2 à 4 avant chaque repas.

Par congestion des vaisseaux pelviens et atonie pelviennes : RACINE DE CAÏNCA en poudre 0,50 à 1 avant les repas.

Des hémorrhoïdaires : HUILE DE LIN fraîchement extraite 1 c. à c. à 1 c. à b. tous les matins à jeûn. Continuer longtemps.

Des hémorrhoïdaires avec hémorrhagies turgescentes : EXTRAIT AQUEUX DE CAPSICUM ANNUUM 0,10 à 0,40 tous les matins à jeûn. Continuer longtemps.

Des herpétiques et des scrofuleux : RACINE DE PATIENCE 30 à 60/1000 un verre décoction chaude avant les repas.

Des convalescents de fièvres, anémiques avec urines chargées d'urates : FEUILLES FRAICHES DE CHICORÉE 30 à 50/1000. Décoction froide par verre avant les repas.

Par contracture spasmodique des sphincters et avec dysurie : HYOSCIAMINE et ARSÉNIATE de STRYCHNINE alternativement par 1/4 de milligramme jusqu'à effets. *(Burgraève).*

CONTUSIONS *avec thrombus.* Pétales de ROSES ROUGES en cataplasmes froids.

Avec épanchement diffus de sang : ALC. D'ARNICA, feuilles de CERFEUIL en applications.

Avec éréthisme cutané douloureux : EAU DE VIE CAMPHRÉE feuilles fraîches de MENTHE en applications, ASTRINGENTS RÉSOLUTIFS en cataplasmes.

CONVALESCENCES *des fièvres graves accompagnées de dyspepsie acide* : RIZ cru mangé à même. EAU DE RIZ.

Des fièvres intermittentes avec atonie : ÉCORCE DE QUINQUINA JAUNE 20 à 30/1000: Décoction froide 1/4 d'heure avant les repas.

EXTRAIT ALCOOLIQUE D'ÉCORCE DE QUINQUINA JAUNE 0,50 à 4 dans une potion au vin avant les repas.

Des fièvres rémittentes avec atonie et exaspération vespérine : RACINE DE CHICORÉE 30 à 60/1000 par verre tous les matins à jeûn.

Des fièvres adynamiques avec apepsie : CENTAURÉE PETITE, GERMANDRÉE, ANALEPTIQUES doux : LICHEN, SALEP, CONDIMENTS AROMATIQUES, ROMARIN. GINGEMBRE, GIROFLE, MUSCADE.

Marasmatiques : CHARDON BÉNIT en infusion tous les végétaux à CÉTRARIN et à CYNARINE

Des affections cérébro-spinales avec inertie rectale : BRUCINE de la FAUSSE ANGUSTURE 0,01 à 0,03 par jour en trois doses pilulaires, une avant chaque repas, continuer, ne s'arrêter que s'il survient des convulsions.   (*Bricheteau*).

En général, insister sur les METS VÉGÉTAUX non féculents les plus faciles à digérer et sur les VINS les mieux supportés par les malades. Ne pas abuser des ASTRINGENTS ni des PURGATIFS.

CONVULSIONS *par éréthisme bulbaire* BROMHYDRATE DE CICUTINE par 1/2 milligramme. Fracter et répéter les doses matin et soir.

Spasmodiques : GOMME ASA-FŒTIDA DE LA FÉRULE PERSIQUE 2 à 15 dans un jaune d'œuf et 250 eau pour lavement, l'asa fœtida n'agit qu'à doses massives.

Tétaniques : Poudre de RHUS RADICANS 0,25 à l'heure du repas, augmenter chaque jour jusqu'à 4. *(Trousseau)*.

En général le moins de remèdes possible. User doucement même des ANTISPASMODIQUES t largement des frictions à l'ESSENCE DE TÉRÉBENTHINE associée à l'éther et à l'HUILE.

COUPS DE SOLEIL *(V. Congestions)*.

COQUELUCHE *Prophylaxie*.

ALC. D'ACONIT	1
EAU DE LAURIER-CERISE	4
SIROP D'IPÉCA	30
EAU GOMMEUSE	200

1 c. à c. à 1 c. à b. t. les 2 h. pendant dix jours.

(Davreux).

Abortif au début :

Ac. PHÉNIQUE	2
Alcool	5
Eau	93

En pulvérisations dans le gosier 3 fois par jour.

(Moritz).

Toux catarrhale :

Teint. de belladone	1
.Alc. d'aconit	1
Sirop d'ipéca	30
Eau	78

1 c. à c. à 1 c. à b. t. les 2 h. *(Maurin)*.

Bamberger, West, Rilliet et Barthez, Trousseau, tous les praticiens considérent la Belladone comme le meilleur agent contre la coqueluche, si on sait en continuer l'emploi. L'IPÉCA demande à être manié avec beaucoup de prudence et pendant la période catarrhale seulement, à doses nauséeuses et non à doses vomitives comme le fait le vulgaire.

Accès quinteux avec reprise violente : SOMMITÉS DE SERPOLET 10 à 20/1000. Infusion par gorgées fréquentes, peu sucrée, ne pas abuser des douceurs.   *(Joret)*.

Accès quinteux plus nerveux que provenant des mucosités filantes :

ASA-FŒTIDA	1 à 4
Jaune d'œuf n° 1	
Eau	100

Lavement à conserver 1/2 heure après lavement détersif.
                              (Maurin).

En général, ne pas abuser des tisanes sucrées ni ÉMOLLIENTES, insister sur les boissons ASTRINGENTES ANTIPARASITAIRES.

Les SIROPS doivent être rejetés, même ceux de . Briant, de Flon et de Lamoureux, à base de COQUELICOT qui n'occasionnent qu'un hypnotisme momentané trompeur.

CORYZA *catarrhal. Au début :* Fumigations, décoction bouillante de TÊTES DE PAVOT et de FLEURS DE SUREAU.

Coryza baccillaire *des foins, d'Eté : abortif au début :* ALCOOL CAMPHRÉ en inspirations nasales.

CRAMPES HYSTÉRIQUES ballote noire 20 à 30/1000 infusion nervine chaude.

COURBATURE. Aconitine par milligramme jusqu'à sédation et sueurs. Infusions chaudes DIAPHORÉTIQUES.

COXALGIE. *Période inflammatoire* : Fleurs d'arnica en cataplasmes jusqu'à vésication cutanée.

Atonie : Insister sur les bains de plantes aromatiques et les frictions de vin aromatique.

CYSTITE *inflammatoire* : Cataplasmes de pulpe de citrouille, de pulpe de carotte, graine de lin 20 à 60/1000. Décoction en boissons.

Catarrhale et calculeuse avec dysurie : bois de pichi 15 à 30/1000. Décoction par 1/4 de verre.

Catarrhale par refroidissement : Infusion de bourgeons de peuplier, de pariétaire.

Catarrhale après d'anciennes blennhorrhagies : bourgeons de sapin infusion, térébenthine cuite en pilules de 0,10 t. les 3 h. Frictions essence de térébenthine et huile àà.

En général, ne pas abuser des diurétiques (*V. Catarrhe vésical*).

DANSE DE SAINT-GUY (*V. Chorée*).

DARTRES (*V. Herpétisme*).

DÉBILITE *(V. Atonie)*.

DELIRIUM TREMENS. *Période délirante :*

> Opium   0 50
> Sucre   5

En 6 prises une toutes les heures jusqu'à sommeil.

(Ducker).

Période convulsive : SULFATE DE STRYCHNINE en injections hypodermiques.   *(Luton)*.

Après l'accès : SULFATE DE STRYCHNINE par 1/4 de milligramme t. les 3 heures. ATROPINE, un milligramme toutes les 3 heures. QUASSINE CRIST., un milligramme toutes les 3 heures.

Ne supprimer l'alcool que petit à petit. Permettre l'usage du TABAC avec modération, l'usage du VIN COUPÉ et proscrire la BIÈRE que l'on remplacera par décoction 20 à 30/1000 houblon additionné de quelques gouttes de TEINT. DE NOIX VOMIQUE.   *(Maurin)*.

Pendant l'accès :

> Ergotine   5
> Glycérine   } àà   7
> Eau

Injection hypodermique de 2 à renouveler tous les jours.

(Arnoldow).

DENTITION DIFFICILE. *Prurit :*

> Miel   10
> Safran   0 50

rictions sur les gencives.   *(Barallier)*

Fièvre :

ALC. D'ACONIT	1
Sirop d'éther	30
Eau	70
1 c. à c. t. les h.	*(Maurin)*

En général, en dehors du prurit gengival et de quelques phénomènes fébriles peu intenses la dentition n'occasionne aucun accident. En cas de maladie chez l'enfant qui fait les dents recherchez avec soin l'organe important qui se congestionne sourdement. Les décès chez les enfants à l'époque de la dentition proviennent le plus souvent de ce que l'on a négligé de traiter au début des affections graves sous le *prétexte-préjugé* de la dentition. *(Maurin).*

DÉMANGEAISONS *avec suintement et érosions :* AMIDON en poudre, en applications, renouveler dès que l'odeur aigre apparaît.

Avec croûtes : FLEURS DE PENSÉE SAUVAGE 30 à 60/1000. Décoction en lotions *avec squammes. Racine de saponaire* 30 à 60/1000. Décoction en lotions.

Avec érélhisme cutané : CAMPHRE en poudre en applications, EAU DE VIE CAMPHRÉE en lotions.

En général, lorsque les démangeaisons ne sont pas dues à l'altération sensible de la peau, elles sont la conséquence d'une faible quantité de pus infiltré dans le tissu cellulo-adipeux. Les décoctions d'ARNICA D'AUNÉE sont alors indiquées.

DÉPOTS FIBRINEUX *accessibles* : solution au 1/10 de PAPAÏNE extraite du CARICA PAPAYA portée avec un pinceau sur les fausses membranes. Donnée à l'intérieur la papaïne est inconstante dans ses effets.

DÉPRESSIONS NERVEUSES : ESSENCES, ÉTHERS, ALCOOLAT DE MÉLISSE et autres chargés d'huiles volatiles, frictions, potions et injections hypodermiques.

DIABÈTE. Suppression des FÉCULENTS et des SUCRES même acidulés, CAFÉ, THÉ sans sucre.

DIARRHÉES. *Acides.* RIZ cru mangé à même. EAU DE RIZ comme absorbants des acides.

Aigues, avec tenesine des pays chauds :

IPÉCA pulvérisé	} *àà*	0 15
Calomel		
EXT G. D'OPIUM		0 025
Sirop de NERPRUN q. s.		

2 à 6 pilules semblables par jour.   *Segond.*

Bilieuses des pays chauds :

Extrait de MASTIC DE LENTISQUE 0,10 à 0,30 doses fractées renouvelées.

Bilieuses catarrhales : Racine d'IPÉCA 5 à 10/1000 par c. à b. jusqu'à état nauséeux.

Bilieuses chodériformes jaunes :

EXT. NOIX VOMIQUE	} *àà*	0 01
EXT. THÉBAÏQUE		

1 à 5 pilules semblables par jour.   *Hargstrom.*

Acides des enfants au lait : PARIÉTAIRE alcalinisée au bicarbonate de soude.

Avec inappétence et digestions lentes : Ec. de SIMAROUBA pulv. 1 à 5 avant chaque repas.

Ec de SIMAROUBA 15 à 20/1000 infusion.

VIN DE SIMAROUBA 1 c. à b. avant les repas.

(Erhel).

Chronique : R. de RATANHIA pulv. 2 à 4 avant les repas.

RATANHIA concassé 20 à 30/1000 décoction. Racine de BISTORTE mêmes doses.

Chronique avec amaigrissement : RENOUÉE 20 à 30/1000. Décoction édulcorée sirop de gomme à prendre par gorgées fréquentes.

(Levrat-Perroton).

Chronique bacillaire, chargée de gaz : EC. DE FRUITS DE GRENADIER 20 à 30/1000. Décoction édulcorée au sirop de coings par 1/4 de verre.

Chronique, passive rebelle : Extrait aqueux de BOIS DE CAMPÊCHE 0,05 en pilules toutes les heures.

Colliquative des tuberculeux :

> CACHOU pulvérisé
> OPIUM pulvérisé   }   àà   0,025
>   1 à 4 pilules par jour.

Colliquative des tuberculeux avec sueurs profuses : Mycelium d'AGARIC pulvérisé 0,05 toutes les deux heures.

Des anémiques : Extrait aqueux d'ÉCORCE DE MONÉSIA 0,10 à 0,20 toutes les trois heures.

Par asthénie des vaso-moteurs : TEINT. ALC. DE SUC DE FEUILLES DE BELLADONE I à V toutes les heures.

Par dyspepsie : Feuilles de SALICAIRE pulvérisé 1 à 2 avant chaque repas.

RHIZOME DE LEPTANDRE pulvérisé ou LEPTANDRIN COMMERCIAL 0,05 à 0,10 toutes les deux heures.

Par atonie nerveuse : Extrait de BULBES DE NARCISSE 0,01 toutes les 1/2 heure jusqu'à état nauséeux. TEINT. NOIX VOMIQUE.

Par atonie vasculaire : Feuilles de RONCES 30 à 60/1000. Décoction.

Par défaut de plasticité des sucs : Racine de BISTORTE 30 à 60/1000. Décoction.

Par fermentation : AUNÉE, SAUGE, ROMARIN, MENTHE.

Par refroidissement : FLEURS DE MÉLISSE, TILLEUL, ORANGER, PAVOT.

Par inertie des sucs intestinaux, lienterie des convalescents : Vin de COLOMBO 30 avant chaque repas.

Par inertie biliaire : AMER.

Par inertie pancréatique : SIALALOGUES.

Par surabondance des flux séreux : CACHOU, RATANHIA, TORMENTILLE, BENOÎTE.

Par surcharge avec inflammation : GRAINE DE LIN, GUIMAUVE, ORGE

Par surcharge avec atonie : CAMOMILLE, BUSSEROLE, GRANDE CENTAURÉE, PETITE CENTAURÉE, GENTIANE, MILLEFEUILLE.

Par surcharge avec fermentation : CITRON, ORANGE sucs en limonades gazeuses, PURGATIFS déplétifs.

DIPHTÉRIE	Baume de copahu	80
	Ess. de menthe	1
	Gomme	20
	Mêlez, ajoutez :	
	Sirop de sucre	400
	Battez, ajoutez :	
	Eau	50

par c. à c. ou à b. t. les 1/4 d'h. Guérisons dans des cas désespérés.   *(Talbert).*

DOULEURS *par refroidissement catarrhal :* ACONITINE par milligrammes.

Localisées : Feuilles d'ACONIT en cataplasmes.

BDELLIUM du BAUMIER BDELLIUM. Vapeurs en fumigations.

Tendant à la chronicité : Emplâtre de MYRRHE du BAUMIER PORTE MYRRHE. Frictions avec TEINTURE ALCOOLIQUE DE MYRRHE.

Par défaut de sueurs : AMADOU DE L'AGARIC en compresses.

Suc concret de BENJOIN, vapeurs en fumigations.

Tendant à la chronicité : Copeaux de BOIS DE GAÏAC, brûlez, vapeurs sèches en fumigations.

Par surexcitation mécanique des filets nerveux à la période fluxionnaire : Feuilles sèches de BELLADONE en cataplasmes.

Fluxion des organes profonds : ATROPINE. Poudre de racine de BELLADONE 0,01 tous les 1/4 d'heure s'arrêter à symptômes toxiques.

Céphaliques tenaces : GELSEMINE par 1/2 milligramme toutes les 3 heures. Cesser si diplopie survient *(V. Migraine)*.

Avec éréthisme cutané : Feuilles fraiches de COTYLET en applications.

Par excitation des réflexes : TEINTURE DE PISCIDIE 2 à 4 dans une potion à doses fractées.

Lancinantes pulsatives du Rhumatisme par excès d'afflux sanguin : Feuilles blanchies de DAUPHINELLE STAPHYSAIGRE en cataplasmes chauds.

Localisées rhumatismales : EMPLATRE DE POIX DE BOURGOGNE DU PIN.

Musculaires aigues fulgurantes : DATURINE par 1/2 milligramme toutes les heures jusqu'à sensation de fatigue musculaire ou de constriction à la gorge.

Névralgiques indépendantes de phlogoses : CHLORHYDRATE D'ATROPINE solution au 1/10 en injection hypodermique.

Par éréthisme vésico-uréthral cantharidien ou blennhorrhagique : Emulsion de CAMPHRE 0,10 à 0,50 fracter et répéter les doses.

Par éréthisme du bulbe, lancinantes cérébrales : BROMHYDRATE DE CICUTINE par 1/2 milligramme fracter et répéter les doses.

Des muqueuses accessibles : Applications, loco dolenti, d'une solution au 1/10 de COCAÏNE.

Par éréthisme cutané rhumatismal : Feuilles

fraîches de CHENOPODE VULVAIRE en applications.

Par éréthisme des nerfs longs des membres : Tiges de DOUCE-AMÈRE 20 à 30/1000. Décoction en fomentation et en boissons par gorgées jusqu'à état nauséeux.

Par éréthisme cutané : Liniment, ALCOOL CAMPHRÉ.

Fulgurantes des fièvres : ESSENCE DE WINTERGREEN 2 à 8 en potion par doses fractées surveiller la dépression des mouvements du cœur.

Par fluxions avec contracture des sphincters : HYOSCIAMINE par milligramme.

Par éréthisme goutteux : COLCHICINE par 1/2 milligramme jusqu'à défervescence. Surveiller les complications cardiaques qui ne sont pas amendées par ce traitement.

Prurigineuse sans altérations épidermiques : EAU DE LAURIER-CERISE en applications.

Sans pression mécanique des nerfs : TÊTES DE PAVOT 30 à 40/1000. Décoction en fomentations.

EXTRAIT THÉBAÏQUE en pommade 1 à 5 sur 30, à l'intérieur par doses fractées de 0,01 jusqu'à narcotisme.

Chroniques éréthiques : ESSENCE DE TÉRÉBENTHINE, HUILE et chloroforme ää en frictions.

Points névralgiques : *Ichtyo colle* solution au 1/30 EXT. OPIUM OU MORPHINE étendez sur taffetas noir et placez en mouche.

Anesthésiques locaux : solution d'ALCALOÏDES VIREUX.

Spasmes douloureux : CYANIQUES.

Spasmes douloureux gastriques :

Eau de laurier-cerise	4 à 10
Sirop de morphine	
Sirop d'éther	àà 15
Eau de fleurs d'orangers	8
Eau de tilleul	100

p. c. à c. à c. à b.   *(Soubeyran).*

Spasmes douloureux hystériques :

Camphre	0 50
Jaune d'œuf	1
Eau	250

en lavement.

Spasmes douloureux intestinaux :

Ether sulf.	3
ESSENCE DE TÉRÉBENTHINE	2
Sirop	30
Eau	100

p. c. à b. t. les h. Suspendre 1/2 h. avant et 3 h. après les repas.   *(Durande).*

Spasmes douloureux gengivaux :

Glycérine	30
Chloroforme	0 50
Teint. de SAFRAN	0 50

Onctions sur les gencives.   *(Debout).*

Spasmes douloureux chroniques : VALÉRIANE sous toutes formes et ses sels.

Spasmes douloureux musculaires de la vie orga-nique : BELLADONE, ATROPINE.

Spasmes douloureux des centres nerveux : JUS-QUIAME, HYOSCIAMINE.

Spasmes douloureux fébriles : ACONIT, ACONITINE.

Spasmes douloureux paroxystiques : QUININE et ses sels.

Spasmes douloureux céphaliques : CAFÉ, CAFÉÏNE, THÉ, THÉÏNE.

Spasmes douloureux cachectiques : CIGUE, CICUTINE.

Spasmes douloureux des nerfs : OPIUM, MORPHINE et ses sels.

Spasmes convulsifs : OPIUM, CODÉÏNE et ses sels, ANTISPASMODIQUES pour boissons dans tous les cas.

En général il est très important de déterminer la cause organique de la douleur ; nulle médication sérieuse ne peut être instituée sans cette notion préalable.

DYSENTERIE *Au début :* ÉMOLLIENTS, GUIMAUVE en boissons, GRAINE DE LIN en lavement, AMIDON additionné de quelques gouttes de laudanum.

Catarrhale : IPÉCA à doses nauséeuses.

Bilieuse : MANNE, TAMARIN à doses laxatives.

Avec tenesme : RIZ presque cru, EAU DE RIZ acidulée au suc de citron, AIRELLE MYRTILLE.

Tendant à chronicité : RATANHIA, COLOMBO, SIMAROUBA, écorce de fruit de GRENADIER, TORMENTILLE.

Comme analeptiques : CARRAGEHEM, SALEP pas de féculents.

Atone : CACHOU, de l'ACACIA CATECHU, en pilules de 0,05 toutes les 3 heures (on l'associe souvent à l'OPIUM), TEINT. ALC. DE CACHOU X à C dans une potion laxative ou défervescente par c. à b. t. les h.

Chronique : ÉCORCE DE FRUITS DE GRENADIER 20 à 30/1000. Décoction.

Ventre douloureux : OPIUM mêlé à IPÉCA.

Météorisme : Lavements mucilagineux, additionnez 4 à 10 ALCOOL CAMPHRÉ ou 0,50 à 1 CAMPHRE,

En général la nature causale de la dysenterie doit exercer une influence souveraine sur le choix des agents curatifs.

DYSCRASIES *bilieuses et catarrhales :* RACINE D'IPÉCA 5 à 10/1000. Infusion, jusqu'à nausées.

Congestives : Feuilles et fleurs de MARRUBE BLANC 60 à 100/1000 infusion chaude à doses répétées jusqu'à détente du molimen critique.

Du foie avec inertie intestinale : Suc non bouilli D'ALOÈS 0,10 tous les matins jusqu'à congestion hémorrhoïdaire (*V. Dysmenorrhée*).

En général nulle médication importante ne peut être instituée sans que l'on ait débarrassé au préalable l'économie des déchets dyscrasiques qui nuisent à l'assimilation. C'est une erreur de croire que les purgatifs et les vomitifs ont seuls un pouvoir d'émonction ; tous les excitants organiques ont cette puissance relativement aux organes par lesquels ils s'éliminent. De là, l'utilité des tisanes diurétiques, sudorifiques etc., trop négligées par l'école actuelle.

DYSMENORRHÉES *atoniques des anémiques :* ÉPIAIRE en infusion chaude tous les matins,

MILLEFEUILLE en infusion chaude tous les matins.

Des anémiques avec leucorrhée : BUSSEROLE, fleurs d'ORTIE BLANCHE en infusions.

Atoniques par inertie avec congestion : APIOL extrait des semences du PERSIL 0,05 toutes les 3 heures en dragées. Continuer l'emploi durant la période menstruelle.

Par refroidissement : Feuilles et fleurs d'AR-MOISE en infusion chaude tous les matins. Feuilles et racines d'ARMOISE 30 à 60/1000. Décoction en fumigations ENCENS, vapeurs en fumigations.

Par spasme : CATAIRE en infusion tous les matins pendant la période cataméniale.

De la ménopause avec ballonnement : Poudre de racine d'ELLÉBORE NOIR 0,10 à 0,50 avant le repas du matin jusqu'à diarrhée établie. Veiller aux surexcitations utéro ovariques. DIURÉTIQUES en boissons.

Douloureuse par congestion et inertie :

ERGOT DE SEIGLE	0,05
Ext. de BELLADONE	0,01
CAMPHRE	0,01

Pilule tous les matins pendant la période cataméniale. POLYGALA DE VIRGINIE 10 à 20/1000 en boisson.

Douloureuse par congestion et tendance à l'inflammation :

Ext. de BELLADONE	0,01
CAMPHRE	0,01

Pilule tous les matins. Frictions hypogastriques EXT. DE BELLADONE 5. Vaseline 30. EAU DE RIZ avec 0,10 à 0,15 SAFRAN en boisson salée au goût du malade.

Par défaut de congestion : ALOÈS 0,10 tous les matins. Lavements de CAMOMILLE PUANTE, de SÉNÉ, CAMOMILLE ROMAINE en boisson.

Torpide des anémiques : HUILE DE RUE FÉTIDE IV à X tous les matins durant la période cataméniale, s'arrêter s'il survient des douleurs rénales ou ovariques.

En général le traitement des dysmenorrhées est difficile et fort délicat. L'intervention des cliniciens doit se borner aux cas bien nettement déterminés ; l'expectation et l'abstention sont moins préjudiciables qu'une téméraire intervention. N'oubliez pas en outre, que les gens du peuple abusent de médicaments dans les dysmenorrhées. Tenez-vous en garde et rappelez aux parents les dangers des pratiques vulgaires dans ces affections.

DYSPEPSIES *atones* : Feuilles de GRANDE ABSINTHE, ACORE AROMATIQUE, ANIS, infusions en boissons.

Atone avec inertie du foie : POUDRE DE RHUBARBE 0,10 à 0,20 au commencement du repas, PETITE CENTAURÉE, GENTIANE infusions en boisson.

Atone par défaut de sucs pectiques : Poudre de de fruits de CARDAMOME DE MALABAR, 0,50 à 1, 1/2 heure avant repas ; PETITE CENTAURÉE, LAVANDE, ROMARIN, infusions en boisson.

Atonie nerveuse : Elixir de CASCARILLE X à XX, HOUBLON, QUASSIA, infusion et macération en boisson.

Atonie par anémie : Teint. alc. d'ÉCORCE DE CASCARILLE 1 à 2 dans du vin 1/2 heure avant les repas

Atonie par saburres : CERFEUIL, COCHLÉARIA, CRESSONS feuilles fraiches suc 15 à 30 tous les matins à jeûn, AUNÉE, CHARDONS, infusions en boisson.

Inappétence : Baies de LAURIER infusion. Vin d'ABSINTHE 15 à 30. Teint. de cannelle 1 à 2, 1/2 heure avant les repas.

Avec inappétence et défaut de sucs salivaires et intestinaux : Teint. alc. de MYRRHE DU B. PORTE-MYRRHE 1 à 4 en potion au vin à prendre par c. à b 1/2 heure avant les repas.

Poudre de NOIX MUSCADE 0,20 à 2 ou huile essentielle de MUSCADE V à X, 1/2 heure avant le repas.

Poudre de GOMME-RÉSINE D'ENCENS 0,10 à 0,15, avant les repas

CHICORÉE, CAMOMILLE infusions en boisson.

Inappétence par défaut d'innervation, aliénés, hystériques, etc. : Teint. d'ÉCORCE DE COTO.

Atonie avec flux séreux par défaut de plasticité des sucs : Rac. de BISTORTE 30 a 60/1000 en boissons. COLOMBO 0,20 à 0,50, poudre avant les repas.

Ext. aq. d'ÉCORCE DE MONÉSIA 0,10 à 0,20 avant les repas.

Flatulentes par inertie intestinale : Capitules de CAMOMILLE PUANTE 20 à 40/1000 infusion chaude en boisson et en lavement.

Flatulentes par inertie intestinale et congestion pelvienne : Capitules de CAMOMILLE ROMAINE 20 à 40/1000 infusion en boisson et en lavement.

Flatulentes atones : Seminoïdes d'ANETH, de FENOUIL, d'ANIS, de CORIANDRE 20 à 30/1000 infusion chaude après les repas.

Flatulentes des hystériques et par atonie nerveuse : SAGAPENUM de FÉRULE PERSIQUE 0,05 en pilule avant chaque repas ; ANTISPASMODIQUES après les repas.

Flatulentes par inertie intestinale et obstruction : Colocynthine 0,001 à 0,005 progressivement ; veiller sur les congestions pelviennes secondaires AUNÉE, GENTIANE infusions en boissons.

Flatulentes par inertie intestinale et rétention des matières : PULPE DE CASSE DU CANÉFICIER 10 à 40 dans une décoction mucilagineuse tiède tous les matins jusqu'à diarrhée. GRAINE DE LIN décoction en boisson. ASARET en infusion.

Acides : RIZ CRU mangé à même, EAU DE RIZ, PARIÉTAIRE.

Acides avec diarrhée : Feuilles de RONCES, FIGUES DE BARBARIE, IPÉCA, BENOITE en infusions. Vin de SIMAROUBA de COLOMBO par c. à b. avant les repas.

Acides et flatulentes par fermentation : Charbon de peuplier 4 à 10 avant les repas. ROMARIN, MENTHE en infusions (*V. Coliques venteuses*).

Eréthisme douloureux gastralgique :

CHLORHYDRATE DE MORPHINE	0 02
Sirop d'éther	30
Eau	100

    p. c. à c. avant ou après les repas.

Inertie nerveuse : NOIX VOMIQUE et sels de STRYCHNINE avant chaque repas.

En général la diététique des boissons doit être conduite de manière à ne jamais entraver la digestion : agents et boissons eupeptiques avant les repas ; boissons chaudes digestives immédiatement après ; diète dans l'intervalle pendant les premiers temps de la digestion surtout.

DYSURIE *par atonie ou inertie :* RACINE DE SALSEPARELLE 30 à 60/1000. Infusion chaude longtemps continuée.

Par excès d'urates : Feuilles et fleurs de BOURRACHE 20 à 30/1000. Infusion chaude par verres.

Dans les exanthèmes fébriles : FLEURS DE BOUILLON BLANC 20 à 30/1000. Infusion chaude par verres.

Dans les fièvres : Limonades aux SUCS acides d'ORANGE et CITRON, de GROSEILLIER, d'AIRELLE.

Dans les fièvres intermittentes chroniques : Feuilles d'ARTICHAUT 30 à 50/1000 ; CHARDON BÉNIT 20 à 30/1000 décoctions.

Dans les affections congestives : PARIÉTAIRE, QUEUES DE CERISES, infusions.

Dans les affections cardiaques : SPIRÉE ULMAIRE, GENÊT A BALAI infusion, SCOPARINE par milligrammes fractés.

Dans les affections laiteuses : CHIENDENT, ROSEAU DE PROVENCE.

Dans les maladies chroniques : STIGMATES DE MAÏS 20 à 30/1000, BOIS DE RÉGLISSE décoctions.

·*Dans l'herpétisme chronique* : ÉCORCE SECONDE D'ORME 30 à 50/1000.

Dans les cystites catarrhales douloureuses : Bois de PICHI 15 à 30/1000. Décoction par 1/4 de verre.

Dans les cystites purulentes : OIGNON BLANC 1, RIZ 6 en cataplasmes s ur l'hypogastre. Feuilles d'EUCALYPTUS 8 à 10/1000 infusion en boisson.

Dans les spasmes du col :

Ext. BELLADONE	5
Vaseline	30

En embrocations hypogastriques.

Cataplasmes ÉMOLLIENTS.

HYOSCIAMINE par milligramme.

EMOLLIENTS en boissons.

Dans le ténesme vésical : CAMPHRE par doses très fractées, SOMMITÉS ABSINTHE en infusion ou boisson.

En général la médication végétalienne amende certains symptômes dysuriques tenant à l'état général de l'économie ou à des réflexes nerveux : mais les moyens chirurgicaux seuls peuvent triompher des dysuries par obstacles mécaniques.

ECCHYMOSE ALC. D'ARNICA Feuilles fraîches de PERSIL, de PERVENCHE, de TORMENTILLE en applications.

Pétales de ROSE ROUGE en cataplasme avec du vin.

L'ALCOOLATURE D'ARNICA doit être mélangée avec d'autant plus d'eau que le tissu où siège l'ecchymose est plus tendre.

Ecchymose de la conjonctive :

Alc. d'ARNICA	5
Alcool	50
Eau	200
Lotions fréquentes.	*(Arll)*.

ECLAMPSIE *des femmes enceintes*. Veiller sur l'albuminurie. DIURÉTIQUES ALCALINS.

Compliquée de maladie de Bright : Insister sur la DIGITALINE.

Par excitation bulbaire : BRUCINE, HYOSCIAMINE à doses fractées jusqu'à effets toxiques.

Contre la réaction : ACONITINE, VÉRATRINE.

Contre la torpeur et le coma : STRYCHNINE, CAFÉÏNE.

Des enfants (V. Convulsions).

En général l'éclampsie due à un état asthénique ou hypersthénique est facilement enrayée par les alcaloïdes, mais l'éclampsie due à une modification organique des centres cérébro-spinaux résiste.

ECTHYMA contre les croûtes. Onctions HUILE DOUCE, cataplasmes ÉMOLLIENTS.

Contre les ulcérations :

CHARBON DE PEUPLIER en poudre	
FARINE DE GRAINE DE LIN	àà
Eau chaude	q. s.

En cataplasme renouvelé t. les h.   *(Cazenave).*

Ulcérations atones blafardes :

VIN AROMATIQUE	20
Eau	60

Lotions et sitôt après

AMIDON en applications.   *(Rayer).*

Fleurs de PENSÉE SAUVAGE
Fleurs de MÉLLILOT   20 à 30/1000
     Infusions en boisson.

En général l'enlèvement des croûtes sans déchirement, est la première des conditions pour amender l'ecthyma, le traitement général complémentaire doit s'adresser à la cause constitutionnelle du mal.

ECZÉMA *impétigineux :* ÉCORCE SECONDE D'ORME 20 à 30/1000. Décoction en lotions et en boisson.

         (Devergie).

Scrofuleux : Feuilles de NOYER. Décoction. En lotions.

Ext. de FEUILLES DE NOYER à l'intérieur, doses progressives.

Vésiculeux étendu : CAOUTCHOUC appliqué maintenu en place 24 heures. Epongez les surfaces avec une *infusion mucilagineuse,* appliquez immédiatement un nouveau tissu de caoutchouc, lavez le caoutchouc maculé à l'EAU DE SON.

(Colson, Hardy).

Œdémateux :

Emplâtre diachylum
Huile d'olive } *àà*

Appliquez sur du linge, renouvelez deux fois par jour, comprimez légèrement par un bandage.

(Neumann).

Aigus : RACINE DE BARDANE en fomentations.

Chroniques: GOUDRON sous toutes formes. Feuilles d'HYDROCOTYLE ASIATIQUE 80 à 100/1000. Décoction pour bains.

Rhumatismal ou scrofuleux : Extrait alcoolique d'HYDROCOTYLE ASIATIQUE 0,05 à 0,20, doses fractées.

NERPRUN, PATIENCE, SAPONAIRE intus et extra. Sucs de FUMETERRE, DE CRESSONS. Veiller sur les poussées inflammatoires et les combattre par l'AMIDON en application et en bain.

Solare par insolation : Mucilage de PÉPINS DE COINGS en applications. Lotions avec décoction SOMMITÉS DE MERCURIALE 30 à 60/1000.

De l'oreille chez les enfants et excoriations marginales des fesses, du sein, des aisselles : Mucilage de PÉPINS DE COINGS en application. Lotions EAU DE SON OU ASTRINGENTS DOUX.

En général plus l'eczéma est superficiel et vésiculaire moins il faut l'excorier, les lavages doivent être faits par douches aspersives sans frottement. Plus l'eczéma se complique de vési-copustules ou de pustules, plus il faut recourir aux corps gras, aux huiles douces. Enfin dans tous les cas il convient d'éviter que les agents du pansement rancissent ou s'acidifient Le traitement végétalien est ici absolument adjuvant (*V. Dysurie, Douleur*).

ELEPHANTIASIS EXT. ALCOOLIQUE D'HYDRO-COTYLE ASIATIQUE 0,05 trois fois par jour long-temps continué ; SUDORIFIQUES de compensation.

EMBARRAS GASTRIQUE. *Au début :* Limo-nade au suc de FRUITS ACIDULES édulcorée SIROP D'ÉCORCE D'ORANGES AMÈRES.

Catarrhal : IPÉCA à doses vomitives, ÉMÉTINE 0,02 à 0,08.

Saburral : HUILEUX comme purgatifs.

Saburral inflammatoire : PULPES DE SILIQUES DE CAROUBIER 30 à 60/1000 par verres comme pur-gatif.

Atonique avec fièvre : RACINE DE CHICORÉE 30 à 60/1000. Décoction par verres.

Par surcharge : MANNE EN LARMES DU FRÊNE 20 à 40/1000 par verres comme purgatif ; PETIT CHÊNE en boisson.

Par stase biliaire : POUDRE DE RHUBARBE 0,75 à 1 avant le repas du midi ; AMERS en boissons.

Atonique des herpétiques : VIN DE RHUBARBE 5 à 15 avant le repas jusqu'à diarrhée établie.

Des congestions cérébrales : ALOÈS 0,10 à 0,20 tous les matins (*V. Dyspepsie*).

En général il importe de bien distinguer la nature de l'embarras, l'examen attentif des saburres et plus encore des symptômes concomittants est indispensable pour fixer les indications. Les tisanes ont une valeur réelle soit pour laver les surfaces gastro-intestinales, soit pour exciter les organes digestifs et l'émonction. C'est en vain que l'on a cherché à remplacer ces agents efficaces par les lavages mécaniques de l'estomac qui ne résolvent qu'un point du problème thérapeutique.

EMPHYSÈME PULMONAIRE. *Dyspnée* (V. *Asthme*).

Obstruction des bronches par mucosité : IPÉCA.

État inflammatoire des bronches : PURGATIFS DÉRIVANTS, SÉNÉ, ALOÈS, GOMME-GUTTE, CROTON TIGLIUM, RÉVULSIFS CUTANÉS, HUILE DE CROTON TIGLIUM, EUPHORBE, etc

Hydropisies : DIGITALINE, DIURÉTIQUES, SCOPARINE, ADYNAMIE, GENTIANE, TEINT. DE NOIX VOMIQUE, STRYCHNINE.

Paralysies : HUILES ESSENTIELLES, ANTISPASMODIQUES.

En général la nature de l'emphysème doit guider dans le choix des accessoires végétaliens du traitement, mais ils n'en sont que les auxiliaires.

EMPOISONNEMENT dans tous les cas excepté par les *émétiques et les éméto-cathartiques :* IPÉCA à doses vomitives.

Par les émétiques, les éméto-cathartiques, les opiacés et les solanées : CAFÉ FORT, TANNIN.

Par les champignons, les moules, les aliments gâtés ingérés depuis quelques heures : PURGATIFS HUILEUX, ALCOOLS VOLATILS.

ENGELURES *engorgées :* ALCOOL, ASTRINGENTS, NOYER, CÈLERI plante entière. Décoction 300/1000 manuluve ou pédiluve chaud le soir, sécher et poudrer à la FARINE DE FROMENT reméde populaire.   *(Campardon).*

Ulcérées : TEINT. DE BENJOIN précipitée par l'eau, CAOUTCHOUC en applications.

Prurigineuses :

Alcool		
Camphre	*àà*	8
Ammoniaque		
Essence de camomille	*àà*	1
Essence de genièvre		
Lotions.	*(Richardin).*	

Prurigineuses enflammées :

Teint. de BENJOIN		
Ess. de TÉRÉBENTHINE	*àà*	4
Eau de LAURIER-CERISE		
Alc. CAMPHRÉ		
Eau de ROSES	100	
Lotions.	*(Maurin).*	

En général les agents végétaux ne sont que les accessoires du traitement des engelures. Il convient de traiter ces demi congélations par des moyens plus énergiques qui attaquent le fond affectif sur lequel elles sont ordinairement greffées.

ENGORGEMENTS CHRONIQUES. Cataplasmes de POMMES CUITES saupoudrées de SAFRAN.

(Delioux).

Feuilles fraîches d'OSEILLE pilées en cataplasmes.

Scorbutiques des gencives: ALCOOLAT DE FEUILLES FRAÎCHES DE COCHLÉARIA 10 à 20/250 collutoire.

Atonique : RACINES DE PATIENCE 30 à 40/1000. Décoction chaude en boisson.

Glandulaire chronique : ONGUENT DE. DORÈME en applications jusqu'à poussée inflammatoire ; FEUILLES DE NOYER, décoction pour boisson.

Lymphatique atone sous-cutané : ESSENCE DE ROMARIN en frictions, SOMMITÉS DE ROMARIN 50 à 100/1000 lotions et baies, LABIÉES, MENTHE, MÉLISSE en infusions pour boisson.

Lymphatique intestinal atone : COLOCYNTHINE 0,01 à 0,05 tous les matins jusqu'à diarrhée.

Du foie : SUCS DES AMERS et des CRESSONS.

De la rate : SUCS DES PLANTES A CYNARINE.

Des mamelles et des testicules : CIGUE, BELLADONE, JUSQUIAME, PERSIL. DIURÉTIQUES.

Du tissu cellulo-adipeux: Mycélium de FUCUS CRISPUS 50 à 100/1000 infusion continuée longtemps.

Des tissus capillaires : ASTRINGENTS, PÉTALES DE ROSES ROUGES.

En général ces accessoires du traitement combattent des complications du mal mais non le fond affectif qu'il faut atteindre par une médication minérale appropriée.

ENGOUEMENT INTESTINAL. HUILE D'OLIVE en émulsion, potion et lavement.

Herniaire . CAFÉ FORT par doses fractées chaudes. Lavement 2 à 4/250, TABAC, FOLLICULES DE SÉNÉ 20/250 en lavement.

En général la médication végétalienne est ici de premier ordre, elle est presque toujours triomphante quand on y joint un taxis méthodique, sans excès de pressions et suffisamment prolongé.

ENTORSE *Thrombus veineux* : FEUILLES D'AIGREMOINE, PÉTALES DE ROSES ROUGES en cataplasmes ; TANAISIE en applications ; ALCOOL et eau fraîche ; AMIDON en emplâtre ; bandage DEXTRINÉ.

En général on ne doit rechercher que des modifications locales dans l'emploi des végétaux. La bonne disposition chirurgicale des parties lésées est ici plus importante.

ENTÉRITE. Boissons MUCILAGINEUSES. Cataplasmes MUCILAGINEUX (*V. Coliques, Dyspepsies, Diarrhées*).

En général la médication végétalienne ne doit être utilisée que contre les complications, le fond affectif exige souvent d'autres agents.

EPHÉLIDES *de la grossesse* : TEINT, D'ANÉMONE PULSATILLE X tous les matins et en lotions.

PATE D'AMANDES AMÈRES pilées en applications.

Des affections bilieuses : SUC D'ORTIE BRULANTE 10 à 15 tous les matins. Décoction 30 à 60/1000.

FEUILLES ORTIE BRULANTE en lotions

En général on obtient par ces agents une modification épidermique momentanée, reste toujours à atteindre le fond affectif.

EPILEPSIE *par congestion bulbaire :* BELLADONE, ATROPINE, HYOSCIAMINE. Dérivation sur l'intestin par BRYONINE, COLOCYNTHINE, SÉNÉ.

Par anémie : QUINQUINA.

Par hystérie : CAMPHRE.

Avec hallucinations : DATURA, HASCHISCH.

Avec torpeur cérébrale : Essence de TÉRÉBENTHINE.

Tendance à la chronicité : VALÉRIANE et ses sels longtemps continués. Suc de COTYLEDON OMBILICUS 1 à 4 c. par jour.   (*Fonssagrives*).

PICROTOXINE par 1/4 de milligramme matin et soir.

Insomnie après l'accès : Sucs de sommités florales de CAILLE-LAIT 1 à 15 continuer jusqu'à diarrhée.

En général la VALÉRIANE et surtout le VALÉRIA-
NATE DE ZINC sont les bases du traitement des
épilepsies. Les autres végétaux sont des adjuvants
quelquefois utiles et le plus souvent au-dessous
de leur réputation populaire.

ÉRÉTHISME *aigu du bulbe* : BROMHYDRATE DE
CICUTINE par 1/2 milligramme répété jusqu'à
effet.

Chronique du bulbe : PICROTOXINE extraite des
fruits de la COQUE DU LEVANT par 1/4 de milligramme matin et soir longtemps continuée.

*Des filets nerveux, des muqueuses accessibles au
toucher :* Solution de COCAÏNE au 1/10 en applications.

Des nerfs et des muscles : DATURINE par 1/2 milligramme répétée jusqu'à fatigue musculaire ou
constriction à la gorge.

Vésico uréthral : TEINT. ALCOOLIQUE DE FEUILLES
DE BUCHU 1 à 4 doses fractées.

CAMPHRE 0,50 à 1 émulsion doses fractées.

Goutteux cutané : BALLOTTE COTONNEUSE 20 à
30/1000 infusion chaude en boissons et en fomentations.

Vaso-moteur : ACONITINE, BELLADONE, ATROPINE,
ÉSÉRINE, HYOSCIAMINE.

Vaso-moteur du cerveau . GELSÉMINE, CAFÉINE,
THÉINE.

Vaso-moteur du cœur : DIGITALINE, SCOPARINE,
GEISSOSPERMINE.

Vaso-moteur des poumons : DATURINE. ACONITINE, LOBÉLIE ENFLÉE.

Vaso-moteur glandulaire : HYOSCIAMINE, CICUTINE.

Sexuel : ERGOTINE. CAMPHRE BROMÉ.

En général l'emploi de l'analgésique doit être dicté par la connaissance de ses qualités électives organiques.

ÉRYSIPÈLE-ÉRYTHÈME. *Méthode abortive :*

FARINE SÈCHE DE FROMENT en applications souvent renouvelées.

Œdème consécutif : ESPRIT CAMPHRÉ sur ouate en applications.   *(Bamberger).*

En général fleurs de SUREAU infusion en boisson. Ce traitement ne réussit que si on débarrasse l'érysipèle de toute complication générale catarrhale, bilieuse ou autres par des purgatifs et autres moyens appropriés aux circonstances et si l'on étend la farine plus loin que les limites de l'érysipèle.

ÉROSIONS *atones* : CACHOU extrait de l'ACACIA CATECHU 20 à 40/1000. Infusion en lotions et en applications.

De l'épiderme et des muqueuse : MUCILAGE DE PÉPINS DE COINGS en applications. Lotions astringentes de PÉTALES DE ROSES ROUGES infusées à chaque pansement.

De l'épiderme aux articulations : MICROSPORES DE LYCOPODE en applications, FEUILLES DE NOYER décoction en lotions à chaque pansement.

EXANTHÈMES *au début* : FLEURS DE BOUR-
RACHE, DE MAUVE ET DE VIOLETTE en infusions
comme boisson.

Fièvre : Alc. d'aconit
         Teint de belladone   } *àà* 1
         Sirop de fleurs d'orangers   30
         Eau de mélisse   120
p. c. à c. ou c. à b. t. les h.

Poussée difficile : Insister sur les DIAPHORÉTIQUES
BRYONINE,

Suppuration : HYSSOPE, AUNÉE.

Rappel d'anciens exanthèmes disparus : CHARDON
BÉNIT, AUNÉE toutes les plantes à CYNARINE et à
HELLÉNINE.

Dysurie et miction brûlante : Fleurs de BOUILLON
BLANC 2) à 30/1000. Infusion en boisson.

Poussées inflammatoires secondaires : RACINE DE
POLYGALA DE VIRGINIE 100/1000. Fumigations et
à doses nauséeuses.

En général combattre l'élément fièvre, favoriser
les mouvements fluxionnaires vers la peau, éviter
les congestions splanchniques par métastase, se
débarrasser de toute complication organique.

FAIBLESSES NERVEUSES : TEINT. AQUEUSE
DE SUC DE FEUILLES D'ANÉMONE PULSATILLE 1 à 4
dans une potion nervine par c. à b.

FATIGUE MUSCULAIRE : FEUILLES ET FLEURS
DE PILOSELLE 30 à 60/1000. Décoction chaude.

FAUX CROUP (*V. Laryngite striduleuse*).

FIÈVRES · *hyperthermie* : DÉFERVESCENTS et ACIDULES.

Adynamiques : SUC DE CITRON AVEC PULPE en décoction par 1/4 de verre.

Anomales torpides : FEUILLES ET SOMMITÉS FLORALES DE CHARDON BÉNIT 20 à 30/1000. Décoctions en boisson. VIN DE CHARDON BÉNIT p. c. à b. 3 fois par jour.

Bilieuses : IPÉCA à doses nauséeuses, TAMARIN à doses laxatives, RACINE DE CHICORÉE, AMERS.

Catarrhales : RACINE D'ARISTOLOCHE SERPENTAIRE 20 à 30/1000. Infusion chaude surtout s'il y a spasme, ACONITINE.

Catarrhales avec miction chargée d'urates : FLEURS DE BOURRACHE 20 à 30/1000. Infusion chaude, doses fractées et répétées. ACONITINE, DIGITALINE.

Fluxions et exaltations bulbaires et convulsivantes : TEINTURE ÉTHÉRÉE ET SUCS DE FEUILLES DE BELLADONE X à XX dans une potion par c. à b. ANTISPASMODIQUES.

En général l'expectation est la médication par excellence tant que la nature de la fièvre n'est pas déterminée. La jugulation par les alcaloïdes défervescents n'est permise que si la cause morbide organique est connue. Il est des maladies nombreuses, exanthèmes, puerpéralité, etc., où la fièvre est utile à l'économie, l'arrêter, en ces cas, par l'antipyrrhine et autres défervescents serait facile, mais la vie du malade en serait compromise D'une manière générale les cliniciens doivent se défier de tout fébrifuge antithermique sans augment des émonctions.

Fièvre intermittente : SULFATE DE QUININE 0,50 à 1 le plus loin possible de l'accès. LIMONADES.

Intermittente pernicieuse : SULFATE DE QUININE 1 à 1.50. Ne pas craindre de donner des doses fortes même pendant l'accès. Fl. de MÉLISSE 30 à 40/1000. Décoction alcoolisée.

Stade de froid : BRUCINE, STRYCHNINE.

Stade de chaleur : ACONITINE, DIGITALINE.

Stade de sueurs :

ERGOTINE	0,20 à 1
EAU DE LAURIER-CERISE	2 à 4
DÉC. CAMOMILLE R.	100

p. c. à c. à c. à b. t. les h.   *(Giorani).*

Intermittente anomale avec défaut de sueurs : CHARDON BÉNIT 30 à 60/1000 décoction chaude.

Avec diarrhée colliquative : ÉCORCE DE HÊTRE 30 à 50/1000 décoction chaude.

Avec lenteur du pouls : CITRON DESSÉCHÉ en poudre 1 à 4 avant les repas. FEUILLES ET ÉCORCE D'EUCALYPTUS 30 à 60/1000 décoction chaude.

Avec lenteur des secrétions : ÉCORCE DE FRÊNE COMMUN décoction concentrée 200/1000 réduite du 1/4 chaude.

Avec anurie : ÉCORCE D'OLIVIER 30 à 50/1000. Décoction.

Avec inappétence : RACINE FRAÎCHE DE GENTIANE, décoction froide par 1/2 verre 1/2 heure avant les repas.

Avec douleurs fulgurantes céphaliques : ESSENCE DE WINTERGREEN EXTRAIT DES FEUILLES DE GAULTHÉRIE 2 à 8 dans une potion p. c. à c. ou à b. t. les h. Surveiller le cœur et s'arrêter dès que la dépression des mouvements est sensible. DIURÉTIQUES.

Lente, comateuse : Décoction concentrée de CAFÉ.

Lente chez les dyspeptiques qui ne peuvent supporter la quinine : SULFATE DE CINCHONINE 0,20 à 0,80. On ne peut l'employer que s'il n'y a nulle crainte d'accès pernicieux prochain. SULFATE DE BÉBÉERINE 1 à 4 même observation.

Avec inappétence : VIN D'ÉCORCE DE BITTERA 3 c. à b. par jour.

Avec inappétence et dyspepsie : TEINT. ALC. D'ÉCORCE DE CASCARILLE 1 à 4 avant les repas,

Diarrhée et inappétence : POUDRE DE GRAINE DE SIMAROUBA 0,05 t. les 3 h. Augmenter jusqu'à 4 par jour.

Chronique avec dysurie : ESSENCE D'ABSINTHE X à L gouttes dans une potion, FEUILLES D'ARMOISE en infusion, LABIÉES en infusion.

Avec plaies sanieuses : FEUILLES ET RACINES DE GRANDE CENTAURÉE 30 à 60/1000. Décoction intus et extra.

Atone des anémiques : ÉCORCE DE CAÏL CEDRA 15 à 30/1000 décoction chaude.

Cachectique, convalescence difficile, diarrhée : RA-
CINE DE COLOMBO en poudre 0,50 à 1 t. les 3 h.
VIN DE COLOMBO 3 c. à b. par jour.

Atonie gastrique fébrile : RACINE DE CHICORÉE
30 à 60/1000 décoction 1 heure avant les repas.

Catarrhale muco-purulente ou putride : GERMANDRÉE
PETIT-CHÊNE 30 à 60/1000 infusion chaude par
1/4 de verre.

Baccillaire diarrhéique : RACINE D'AUNÉE 30 à
60/1000 décoction chaude par 1/4 de verre

En général le SULFATE DE QUININE est la base
fondamentale de tout traitement sérieux de la
fièvre intermittente. Les SUCCÉDANÉS du sulfate
de quinine sont plus ou moins infidèles et ne doivent être administrés qu'exceptionnellement sur
indication formelle d'intolérance du sel quinique.
La MÉDECINE VÉGÉTALIENNE constitue un adjuvant
important de la médication quinique. On doit
recourir aux FÉBRIFUGES dans tous les cas où
une complication quelconque surgit dans la
fièvre intermittente. Combattre les phénomènes
qui s'y surajoutent, par des AGENTS SPÉCIAUX,
est une indication clinique formelle qu'il faut
remplir si l'on veut éviter la chronicité, de
l'impaludisme. Les *fièvres anomales* larvées,
intermittentes, proviennent de complications
catarrhales, bilieuses, ataxiques, congestives,
organiques qui n'ont pas été combattues à temps
et par les moyens spéciaux ci-dessus mentionnés.
Nous ne saurions trop recommander de veiller
avec soin sur la diététique des boissons chez tous

les malades atteints d'intoxication maremmatique.
C'est une erreur grave et commune, même chez
les médecins de croire que, les divers FÉBRIFUGES
ont des propriétés similaires. Ils ont, presque
tous, des propriétés particulières dont il faut
tenir compte.

Fièvre muqueuse. *Sécheresse de la peau* : ACO-
NITINE.

Excès de chaleur : VÉRATRINE, DÉFERVESCENTS,
LIMONADES.

Défaut d'excrétions : Fleurs de CAMOMILLE,
GERMANDRÉE, PETIT CHÊNE, CENTAURÉE, infusions.
PURGATIFS DOUX, HUILE DE RICIN. S'abstenir de
tous les purgatifs à congestion pelvienne.

Prostration après les évacuations : LABIÉES,
SAUGE, MÉLISSE. Infusion mêlée aux MUCILA-
GINEUX, MAUVE.

Exaspération vespérine et état typhoïde :

SULFATE DE QUININE   0 50 à 0 80
EAU GOMMEUSE   80

En suspension et non en solution acide pour lavement
à donner à garder après un lavement détersif le plus loin
possible de l'accès. Renouveler tous les jours jusqu'à
cessation des accès.   *(Bertulus)*.

Ataxie : FLEURS D'ARNICA 10 à 20/1000 infusion
jusqu'à doses nauséeuses.

Extrait de quinquina   4
Sirop d'écorces d'oranges amères   30
Eau de mélisse   100

p, c. à c. à c. à b. t. les h.   *(Maurin)*.

Sopor, coma : infusion de SOMMITÉS DE LAVANDE 20 à 30/1000 CAFÉ.

En général veiller sur toutes les complications et les combattre par les agents appropriés.

Fièvres typhoïdes des villes. Fièvres septiques. *Parasitaires :* FEUILLES ET SOMMITÉS DE GRANDE ABSINTHE 20 à 30/1000 par 1/4 de verre diurétique puissant.

Pyoïdes : SOMMITÉS FLEURIES DE LAVANDE 20 à 30/1000 infusion chaude.

Purulentes : FLEURS D'ARNICA 20 à 30/1000 infusion.

Rémittentes : PETITE CENTAURÉE 20 à 30/1000.

Adynamiques : FLEURS D'ARNICA 20 à 30/1000 doses nauséeuses.

Ferments baccillaires : GRANDE ABSINTHE par 1/4 de verre.

Fermentations végétales secondairement baccillaires :

ESPPRIT DE CAMPHRE	X à L
Alcool	40
Eau de mélisse	100

p. c. à c. à c. à b. t. les h. (*Stoll*).

FEUILLES D'EUCALYPTUS 20 à 30/1000.

Rémittente : SULFATE DE QUININE en lavement, GRANDE ABSINTHE.

Hyperthermie : LIMONADES aux sucs de fruits acides. Injection hypodermique de :

Benzoate de soude	)	
CAFÉINE	}	àà 1
Eau	)	3

Chaque seringue contient de caféine.

(*Dujardin Beaumetz*).

Hémorrhagies : HUILE ESSENTIELLE D'ERYGERON CANADENSIS V à X dans une potion ou infusion 30/1000 par 1/4 de verre froide. LIMONADES FROIDES.

Cachexie gangréneuse : FEUILLES ET FLEURS DE GERMANDRÉE D'EAU 30 à 50/1000 infusion.

Hyperthermie, éréthisme : CAMPHRE par centigramme t. les h., LIMONADES.

Insomnie : BROMHYDRATE DE MORPHINE 0,001 à 0,002 le soir.

Coma : ARSÉNIATE DE DE STRYCHNINE, SELS DE QUININE.

Sueurs colliquatives : ATROPINE.

Hectiques : TEINTURE ALCOOLIQUE DE RACINE D'ACTÉE X à 2 dans une potion alcoolisée p. c. à b. t. les h.

Rhumatismales : VÉRATRINE par 1/4 de milligr. à doses répétées.

Cachexie de convalescence : LICHEN D'ISLANDE 10 à 20/1000 infusion, n'ébouillantez pas. QUASSINE aux repas.

En général les fièvres septiques improprement confondues avec la fièvre typhoïde peuvent être jugulées par l'emploi régulier des agents végétaux si l'on se rend compte exactement des causes et de la maladie et si on la combat par les moyens rationnels.

Fièvre typhoïde *Forme gastrique :* LIMONADES, HUILE DE RICIN, TAMARIN, IPÉCA.

Forme inflammatoire : LIMONADES, DÉFERVESCENTS.

Forme ataxique : CAMPHRE, ANTISPASMODIQUES.

Forme adynamique : QUINQUINAS, VINS, ALCOOLS, ARNICA.

Forme thoracique : ARISTOLOCHE SERPENTAIRE; EXCITANTS DIFFUSIBLES.

En général expectation prudente. N'agir que contre les complications. Ménager les forces et ne pas abuser des remèdes. DÉFERVESCENTS, LAXATIFS, ANALEPTIQUES DOUX.

Fièvres de résorption. *Cholurique* comme les fièvres bilieuses. AMERS en boisson.

Urémique : ACONITINE, SCILLITINE, ARSÉNIATE DE STRYCHNINE, HYOSCIAMINE alternativement ; boissons : DIURÉTIQUES DOUX.

Albuminurique : DIGITALINE, ESSENCE DE TÉRÉBENTHINE, SPIRÉE, GENÊT A BALAI en boisson.

Fibrineuse : CRÉOSOTE, ACONITINE, LIMONADES en boisson.

Purulente : ARNICA en boisson, ATROPINE, SELS DE STRYCHNINE.

Caséeuse : EUCALYPTUS en boisson, SELS DE STRYCHNINE, HYOSCIAMINE.

Puerpérale : DIGITALINE, ACONITINE.

Ess. DE TÉRÉBENTHINE	6
HUILE DE RICIN	9
Sucre	20
Eau	80

p. c. à c. à c. à b. t. les h. Embrocations sur le ventre avec

Ess. DE TÉRÉBENTHINE	10
HUILE D'AMANDES DOUCES	20

t. les 2 h. Cataplasmes de farine de lin. *(Graves.)*

En général débarrasser l'économie des produits d'infection en facilitant l'émonction par les voies les plus ouvertes. Ne pas craindre en ces cas une polypharmacie rationnelle.

FISSURE A L'ANUS :

Cérat	
Ext. belladone	} àà 10
En onctions Cire	10
Cérat	15
Ext. belladone	1
Suppositoire.	*(Labordotte)*

Ratanhia 10/250. Décoction pour lavement tous les jours.   *(Trousseau)*.

Fissures au sein et aux lèvres : MUCILAGE DE PÉPINS DE COINGS en applications.

FISTULES *pour élargir leurs trajets* : LANNIÈRES DE LAMINAIRE.

FLUX ET HÉMORRHAGIES ATONES *par défaut de plasticité du sang* : CACHOU 0,05 t. les 3 h TEINTURE DE CACHOU 1 à 5 en potion.

FLUXIONS *Au début* : TEMPÉRANTS, DÉFERVESCENTS.

Œdémateuses : Cataplasmes de FEUILLES DE BELLADONE, de FLEURS DE SUREAU.

Congestives traumatiques aigues : FEUILLES SÈCHES D'AIGREMOINE 30 à 60/1000 fomentations.

Congestives catarrhales avec tendance hémorrhagique ou muco-purulente : ARBOUSIER BUSSEROLE 30 à 40/1000. Décoction par verre.

Tendance à la chronicité: RÉVULSIFS, DÉRIVATIFS.

En général diriger la médication pour que l'émonction se fasse par les organes sympathiques des organes fluxionnés.

FOLIE ALCOOLIQUE. *Insomnie* : OPIUM à faibles doses.

Catarrhe stomacal : QUASSINE.

FONGOSITES DU COL : FEUILLES DE RONCE 50 à 100/1000 décoction en injection.

Prolongeant la menstruation: FEUILLES D'ACHILLÉE MILLEFEUILLE 15 à 30/1000 infusion froide.

FURONCLES. *Traitement abortif* :

EXTRAIT AQUEUX DE FLEURS D'ARNICA	10
Miel	20

Appliquer sur le furoncle n'importe à quelle période changez 3 fois par jour. *(Planat)*,

Douleurs excessives : BOUILLON BLANC, MORELLE, SUREAU en cataplasmes ou fomentations, ÉMOLLIENTS.

GALE *récente* : ESS. DE TÉRÉBENTHINE ET HUILE D'AMANDES DOUCES *àà* frictions. Lotions au savon noir.

Ancienne : Débarrasser des croûtes avec fomentations de RACINE DE BARDANE, de RACINE DE SAPONAIRE, d'AUNÉE.

Prurit excessif: LOTIONS AU CAMPHRE, AU THYM, RACINE DE BARDANE,

Défaut d'excrétions : SUC DE FUMETERRE, RACINE DE PATIENCE *(V. Dermatoses).*

Ulcérée : Fomentations avec décoction de RACINE DE DENTELAIRE *(V. Eczéma impétigineux).*

Récente localisée :

B. du PÉROU	.30
Ac. benzoïque	1 50
Essence de fleurs de girofle	2 50
Alcool	8
Cérat	250

Trois onctions par jour, changer de linge et laver à la décoction tiède de racine de Bardane chaque fois.

(Armangus).

Onctions B. du PÉROU pur.   *(Widerhoffer).*

En général le traitement fondamental consiste à crever les vésicules et à attaquer directement l'acarus par les PARASITICIDES, HUILE DE CADE, B. DU PÉROU, ESSENCE DE TÉRÉBENTHINE, etc. Dans les gales invétérées les BOISSONS doivent avoir pour but de remédier par leurs qualités émonctoires à la suppression ou à l'altération des fonctions cutanées.

GANGLION *(V. Engorgement Adénite).*

GANGRÈNE *de la bouche* : SUC DE CITRON, LIMONADES, GERMANDRÉE D'EAU en infusion.

Créosote	1 à 3
Eau	100
En collutoire.	*(Loschener).*

Du pharynx : Injection de décoction concentrée de QUINQUINA ROUGE.   *(Rilliet et Barthez).*

Alcool camphré	10
Créosote	2
Ess. de térébenthine	8
Décoction concentrée de thym	100

Fumigations de vapeurs.　　　　　*(Maurin)*.

Germandrée d'eau en infusion.

De la peau : suc de citrons exprimé sur la plaie. Pansement avec

Acide phénique	1
Alcool	5
Vaseline	20

(Maurin),

Infusion de labiées.

En général soustraire les parties gangrénées à toute compression. Débarrasser les plaies, de toutes les parties sordides, par cautérisation s'opposer par les agents végétaux germandrée d'eau et quinquina à l'intoxication de l'économie.

GASTRALGIE *par surcharge* : purgatifs, laxatifs.

Par inflammation : mucilagineux.

Par éréthisme nerveux : narcotiques unis aux éthers.

Chlorhydrate de morphine	0 05
Sirop d'éther	30
Eau	120

p. c. à c. à c, à b, avant les repas.　　　*(Sandras)*.

Par croissance : limonades gazeuses, vin de quinquina au sirop d'écorces d'oranges amères.

Par onanisme : HUILE ÉTHÉRÉE DE CAMPHRE en frictions sur l'épigastre. ANALEPTIQUES.

Par convulsions musculaires : STRYCHNINE, BRU-CINE, TABAC A FUMER.

Par atonie : ANIS et ses succédanés, MENTHE, SAFRAN, VINS.

Par développement de gaz : CHARBON DE PEUPLIER.

Des fièvres intermittentes chroniques : TEINT. ALC. DE MARRONS D'INDE 1 à 8/120 p. c. à b. avant les repas et en frictions sur le creux épigastrique.

Hystérique : BALLOTTE NOIRE 20 à 30/1000. Infusion chaude par 1/4 de verre.

Des goutteux à manifestation herpétique : BALLOTTE COTONNEUSE 20 à 30/1000. Infusion chaude après les repas.

En général rechercher la cause et ne pas abuser des NARCOTIQUES.

GASTRORRHÉE *avec inappétence :* SUC DE FEUILLES NAISSANTES DE ROQUETTE 1 à 2 c. à b. avant les repas, suspendre aux premiers signes d'inflammation.

Des buveurs : TEINT. DE NOIX VOMIQUE avant les repas.

Des cachectiques : GOUTTES AMÈRES V à X avant les repas.

En général ne se préoccuper que des gastrorrhées qui affadissent et amaigrissent le malade. Ne pas chercher, par un traitement incendiaire, à combattre les gastrorrhées quotidiennes chroniques qui atteignent des gens bien portants et sont un exutoire utile à certaines constitutions.

33

GATISME *selles involontaires* : STRYCHNINE 1/4 de milligramme toutes les heures. (*Girard*).

GENGIVITE *chronique* : ALCOOLAT DE COCHLÉARIA 10 à 20/250. Collutoire.

Inflammation : Décoction de FIGUES passée à l'étamine, en collutoire.

Gonflements : FLEURS DE SUREAU. Décoction en collutoire.

Douloureuse : FEUILLES DE COCA OU COCAÏNE 2/100 solution en collutoire.

Passive : TORMENTILLE, RONCE, SAUGE, RATANHIA en collutoire.

Des nourrices : POUDRE PORPHYRISÉE DE LIÈGE maintenu 48 heures en place par un bout de sein en baudruche collé au collodion.

(*Brochard*).

GERÇURES *enflammées:* AMIDON en applications. TEINT. ALC. DE BENJOIN mêlé à l'eau, pour lotions.

Atones : CACHOU 20 à 40/1000 en lotions, TANAISIE 20 à 30/1000 en lotions.

Ulcérées : MUCILAGE DE PÉPINS DE COINGS en applications.

TEINT. DE RATANHIA	} àà 5
B. du COMMANDEUR	
Glycérine	15

En applications. (*Maurin*).

GOITRE. Couche en VARECH ou en MOUSSE DE CORSE.

Enkysté : ERGOTINE   5
        Eau
        Glycérine   }   àà 7

Tous les 4 jours, une injection hypodermique de 2 grammes jusqu'à suppuration.   (*Bauwens*).

GONORRHÉE *(V. Blennorrhagie).*

GOURMES *(V. Impétigo).*

GOUTTE. S'abstenir d'ALCOOLS et de CORPS GRAS.

Miction rare : DIURÉTIQUES DOUX ET SUDORIFIQUES, ACORE AROMATIQUE, CAMOMILLE, COCHLÉARIA DE BRETAGNE, COQUERET, infusions. DIGITALINE, SCILLITINE.

Miction chargée d'acide urique et d'urates : BENJOIN, ESSENCE DE TÉRÉBENTHINE, BENZOATES.

Sueurs rares : SUDORIFIQUES NAUSÉEUX, PRÉPARATIONS D'OPIUM ET D'IPÉCA

    POUDRE DE DOWER :

       Azotate de Potasse   }
       Sulfate de Potasse   }   àà 4
       Ipéca pulvérisé
       Ext. OPIUM pulvérisé   }
       R. RÉGLISSE pulv.   }   àà 1

Selles rares : PODOPHYLLIN, POLYPODE, COLOQUINTE, COLOCYNTHINE.

Atonie générale : GENTIANE, QUASSINE.

Troubles cardiaques : DIGITALE, DIGITALINE.

Troubles vaso-moteurs : BELLADONE, HYOSCIAMINE.

Éréthisme : CAMPHRE, HASCHISCH, DOUCE-AMÈRE, CICUTINE.

Douleurs aiguës : BELLADONE, CIGUE, TABAC, COLCHIQUE.

Douleurs localisées : TABAC ou GAÏAC sur une tôle rougie, fumigations par les vapeurs.

(Réveille-Parise).

En général les innombrables remèdes employés contre la goutte doivent être considérés comme pouvant amender les symptômes et non guérir la diathèse urique, fond principal de la maladie. Il s'agit de stimuler les fonctions dans les cas d'atonie, de les réprimer dans les cas d'hyperémie inflammatoire et de favoriser par un traitement rationnel l'expulsion régulière de l'acide urique et des urates. Les agents végétaliens sont appelés en conséquence à jouer un grand rôle dans cette médication des symptômes fugaces. La base du traitement reste toujours au benjoin et aux benzoates alcalins qui seuls transforment les urates insolubles en hippurates solubles et du coup enlèvent la cause première des accidents organiques secondaires surtout si l'on favorise l'émonction par toutes les voies à l'aide de boissons nombreuses appropriées à l'ydiosyncrasie du malade.

GRAVELLE. *Sédiments uriques :* BENZOATES ALCALINS et DIURÉTIQUES ALCALINS, PARIÉTAIRE, POLYGONÉES.

Catarrhes : ESS. DE TÉRÉBENTHINE, B. de TOLU, B de COPAHU, BENJOIN.

Infiltrations séreuses : DIGITALINE, GENÊT A BALAI, OIGNON CRU.

Coliques néphrétiques : Cataplasmes de FEUILLES DE DIGITALE ou de BELLADONE, DIURÉTIQUES, CAFÉ.

Priapisme, chaleur aux reins, dysmenorrhée : TEINT. DE BELLADONE en frictions.

Camphre	0 25 à	2
Jaune d'œuf.		
Eau		250

Pour lavement le soir.   (*Grannet*).

En général mêmes observations que pour la goutte *(V. Calculs).*

GRIPPE *épidémique :* IPÉCA, BAUMES DE TOLU, DE BENJOIN, ESS. DE TÉRÉBENTHINE. ANTISPASMODIQUES, BELLADONE, ACONITINE, GRANDE ABSINTHE.

En général adapter la médication au genre épidémique. Ne pas oublier de combattre le germe microbien origine des manifestations catarrhales *(V. Catarrhe).*

HALEINE *fétide :* CACHOU, CAFÉ, CORIANDRE, CASCARILLE, IRIS DE FLORENCE, MENTHE, CHARBON en nature ou en pastilles à mâcher.

En général rechercher les causes organiques de la fétidité et les combattre. La médication végétalienne n'est ici qu'adjuvante et ses effets sont fugaces.

HALLUCINATIONS *réflexes des couches corticales*: HASCHISCH, OPIUM, MORPHINE.

Réflexes des couches bulbaires : DATURA, DATURINE.

Réflexes spinaux : CAMPHRE, BELLADONE, ATROPINE.

En général les diverses médications par les PURGATIFS, les DÉRIVATIFS, les RÉVULSIFS dépendent des conditions idiosyncrasiques que le praticien doit déterminer avant de recourir aux agents thérapeutiques variés suivant les cas.

HELMINTHES *(V. Ascarides, Lombrics, Oxyures, TŒNIAS)*.

HÉMATEMÈSE, HÉMATURIE, HÉMATOCÈLE, HÉMOPHTYSIE *(V. Hémorrhagies)*.

HÉMIPLÉGIE *(V. Apoplexie)*.

HÉMORRHAGIES *par piqûres ou locales :* COLOPHANE DU PIN en poudre, BENJOIN en applications, LAIT en applications, AMADOU en plaques en applications.

Par ruptures : TANNIN, CACHOU, TORMENTILLE, RACINE DE BISTORTE en infusions froides. RÉVULSIFS.

En nappe : FLEURS DE LAMIER ORTIE BLANCHE 80 à 100/1000 infusion froide. La même infusion pour les potions avec 1 à 2 ERGOTINE édulcorée au sirop de ratanhia.

FEUILLES DE MATICO 100 à 200/1000 infusion froide.

Congestive active : FEUILLES SÈCHES D'ARTHANTE ALLONGÉE 20 à 100/1000 infusion froide, GRANDE CONSOUDE, DIGITALINE.

Fluxion autour d'organes enflammés : FEUILLES DE MATICO, RACINE FRAÎCHE DE GRANDE CONSOUDE 30 à 60/1000 décoction froide.

Congestions pelviennes : IPÉCA à doses nauséeuses, ERGOTINE en potion.

Passive par défaut de tonus vasculaire : MYCELIUM D'ERGOT DE SEIGLE fraîchement pulvérisé 0,25 toutes les heures. ERGOTINE 0.50 à 2 dans une potion p. c. à b.

Par défaut de tonus vasculaire : ARBOUSIER BUSSE-ROLE 60 à 100/1000 infusion froide. BENOITE.

Par congestion céphalique : ALOÈS à doses frac-tées, SÉNÉ en lavement.

Par congestion thoracique : COLOCYNTHINE, SÉNÉ en lavement, PHELLANDRIE.

Par congestion pelvienne : IPÉCA à doses nau-séeuses.

Passive fréquente : SUC DE FEUILLES D'ORTIE BLANCHE 1 à 2 c. à b. tous les matins, continuer longtemps. Suc de FEUILLES DE VIGNE 1 à 2 c. à b. tous les matins.

Par suffusion intestinale : RATANHIA, MONÉSIA, CACHOU, CAMPÊCHE.

Par suffusion utérine : IPÉCA, GALBANUM. Injections TANNIN.

Par suffusion pulmonaire : BUSSEROLE, DIGITALE, PHELLANDRIE, LIMONADES.

En général la médication doit être rythmique pour le cœur, astringente pour les vaisseaux et décongestive pour les organes. Cette triple indication exige comme adjuvant la médication végétalienne qui sera d'autant plus efficace que l'on utilisera les propriétés électives des agents thérapeutiques.

HÉMORRHOIDES *douloureuses après défécation :* HUILE DE LIN, fraîchement extraite, 1 c. à c. à 1 c. à b. tous les matins à jeun ; continuer longtemps. Onctions des hémorrhoïdes avec l'HUILE DE LIN fraîchement extraite ; l'huile rance a des propriétés contraires.

Fluxionnées : RACINE DE FICAIRE 50 à 60/1000. Décoction en lotions ; surveiller ces applications révulsives qui amèneraient des fissures si les hémorrhoïdes étaient érodées.

Enflammées : FEUILLES FRAÎCHES DE JOUBARBE pilées en applications. FEUILLES DE CERFEUIL en cataplasmes:

Enflammées et érodées : BOURGEONS DE PEUPLIER NOIR 30 à 60/1000. Décoction chaude en lotions. ONGUENT POPULEUM en applications.

Turgescentes douloureuses : EXTRAIT AQUEUX DE CAPSICUM ANNUUM 0,20 à 0,40 tous les matins à jeun. Continuer longtemps.

Douleurs et spasmes du sphincter : HYOSCIAMINE à l'intérieur et en pommade à la vaseline.

Flux hémorrhagique trop abondant : POUDRE IMPALPABLE DE LIÈGE en applications, retenue par une plaque d'AMADOU.

Supprimées, pour les rétablir : FLEURS DE SUREAU, FEUILLES DE FIGUIER en cataplasmes. ALOÉS, ELLATÉRINE à doses faibles, SÉNÉ et tous les purgatifs à congestion pelvienne.

En général la congestion hémorrhoïdaire peut être supprimée sans danger chez les femmes après la grossesse et chez les personnes qui n'ont aucune altération organique. Dans les cas contraires, chez les phthisiques, les catarrheux, toutes les fois qu'un organe est susceptible de congestion, il faut respecter le flux hémorrhoïdaire, dérivatif normal, et le rappeler s'il cesse. Les agents végétaliens serviront toujours à le tenir dans des conditions modérées.

HÉPATIQUES *(V, Coliques)*.

HERNIE *en général* on ne recourt pas assez aux ASTRINGENTS en topiques contre les hernies. La NOIX DE GALLE, les PÉTALES DE ROSES ROUGES, mériteraient d'être plus souvent employés et faciliteraient la cure par les bandages.

Engouée : Embrocations d'HUILE pour faciliter le taxis. CAFÉ concentré par petites doses renouvelées. TABAC 2 à 4 en lavement.

HERPÉTISME *parasitaire :* GOUDRON DE PIN en applications ; veiller sur la poussée inflammatoire.

Parasitaire atone : HUILE DE CADE, CRÉOSOTE DU PIN ; veiller sur la poussée inflammatoire. HUILES en applications ; lotions avec décoctions. PARASITICIDES.

En général après la disparition des ferments végétaux ou des parasites animaux la peau est sujette à des inflammations secondaires par des ptomaïnes ou par un caput mortuum qui déterminent des abcès locaux, des vésicules ou des pustules simulant des affections cutanées nouvelles diverses. Ces affections exigent un traitement complémentaire d'expulsion par les MUCILAGINEUX et ce traitement sera d'autant plus rapidement salutaire qu'on évitera toute acescence locale. La médication générale dans les affections parasitaires sera essentiellement TONIQUE. De là les indications, des AMERS ASTRINGENTS, du HOUBLON et s'il y a douleur ou prurit des NARCOTIQUES DOUX, BOUILLON BLANC, DOUCE-AMÈRE.

Herpétisme diathésique. *Expression cutanée des diverses modifications organiques ou humorales de l'économie :*

H. Lymphatiques : FUCUS VESICULOSUS, LICHEN D'ISLANDE.

H. scrofuleux : FEUILLES DE NOYER décoction en applications EXTRAIT à l'intérieur à doses progressives de 1 à 4 fractées.

H. rhumatismaux et goutteux : SUDORIFIQUES, LAXATIFS, PURGATIFS, DIURÉTIQUES, BENJOIN en applications.

H. tuberculeux : HYDROCOTYLE ASIATIQUE, PHEL-LANDRIE.

H. hépatiques : SUCS DE PLANTES AMÈRES à l'intérieur. DIURÉTIQUES.

En outre de ces principes généraux il faut lutter contre les désordres humoraux ou cutanés produits par l'herpétisme quelle qu'en soit la cause première :

Epaississement du derme, défaut consécutif de sueurs : ÉCORCE DE BOULEAU 15 à 20/1000 décoction chaude. RACINE FRAÎCHE DE LAICHE 30 à 40/1000 infusion chaude. ECORCE DE BUIS 30 à 50/1000 infusion chaude, sudorifiques de compensation.

Durcissement sec du derme :

SUC CONCRET DE GOA PULVÉRISÉ	1 à 2
Vaseline	20

Onctions jusqu'à phlogose.

EXTRAIT DE FEUILLES D'HYDROCOTYLE 0,05 à 0,20 tous les matins comme excitant général des secrétions.

Anurie ou dysurie : ÉCORCE SECONDE D'ORME 30 à 50/1000 décoction par verre.

Dysurie et constipation : FEUILLES ET RACINE DE PISSENLIT 30 à 60/1000 par verres ou suc de FEUILLES FRAÎCHES DE PISSENLIT 1 à 2 c. à b. par jour jusqu'à diarrhée établie.

Engorgements lymphatiques consécutifs atones : RACINE DE PATIENCE 30 à 60/1000 décoction chaude.

Inappétence et embarras saburral : VIN DE RACINE DE RHUBARBE 5 à 15 au commencement du repas ou POUDRE DE RHUBARBE 0,15 à 0,25 jusqu'à diarrhée établie.

Prurit douloureux : RACINE DE SAPONAIRE 60 à 100/1000 décoction à l'intérieur et en lotions.

Suppuration abondante sans inflammation : FEUILLES DE GRATIOLE 10 à 15/1000 infusion par verre le matin jusqu'à diarrhée établie. Décoction 30 à 60/1000 en fomentations sur les surfaces suppurantes.

Croûtes abondantes : Embrocations d'HUILES DOUCES ; FLEURS DE PENSÉE SAUVAGE 20 à 30/1000 décoction en lotions et à l'intérieur.

Atonie chronique : HUILE DE CADE DU GENEVRIER OXYCÈDRE en applications jusqu'à poussée inflammatoire. FEUILLES FRAÎCHES DE DENTELAIRE pilées, appliquées jusqu'à inflammation. EXTRAIT ALCOOLIQUE D'ÉCORCE DE MUDAR 0,10 à 0,50 tous les matins. ÉCORCE SECONDE DE DAPHNÉ 5/1000 décoction froide par 1/4 de verre jusqu'à excitation vésiculoïde.

En général la médication de l'herpétisme demande l'étude de la cause première du mal, des désordres organiques et humoraux actuels, de la physiologie anormale de l'herpétique. L'application des remèdes doit être faite avec assez de tact et de délicatesse pour que l'économie reprenne lentement son équilibre. Toute tentative brusque de suppression des manifestations cutanées, surtout chroniques ou diathésiques, sans compensation peut amener de dangereuses métastases. Les praticiens du siècle dernier conduits par l'empirisme redoutaient ces funestes perturbations de l'économie ; aujourd'hui, mieux avisés par les études physiologiques et toxicologiques nous pouvons mesurer les effets des médicaments et mesurer leur emploi.

HOQUET. ALCOOLAT DE MENTHE, PASTILLES DE MENTHE ANGLAISE, infusion d'ANETH.

Rebelle : ASA-FŒTIDA 2 à 8 en lavement.

(Chrestien).

HYDROPISIE *par lésions auriculo-ventriculaires* : FLEURS DE GENÊT A BALAI 20 à 30/1000 infusion, SCOPARINE 0,05 à 0,30 par jour, ÉCORCE SECONDE DE RACINE D'HIÈBLE 15 à 60/1000 décoction diurétique ou laxative suivant les doses, SCILLITINE. Rhythmiques du cœur.

Par congestion de la veine-porte : POUDRE DE RACINE DE CAÏNCA 1 à 2 avant les repas pour favoriser les flux séreux d'excrétions intestinales ; BRYONINE 0,001 à 0,003 tous les matins jusqu'à diarrhée établie. Eviter les purgatifs congestionnants pelviens : ALOÈS, SÉNÉ.

Par dégénérescence lamineuse du foie : TEINTURE ALCOOLIQUE DE SUC DE CHÉLIDOINE 1 à 5 jusqu'à diarrhée cholalogue établie ; FEUILLES FRAÎCHES

DE GRANDE CHÉLIDOINE 30 à 60/1000 décoction par 1/4 de verre ; ELLATÉRINE, GOMME-GUTTE.

Par hyperhémie et hypertrophie du foie : SUC DE FEUILLES FRAÎCHES DE CRESSON 1 à 2 c. à b. tous les matins, continuer longtemps.

Par splénomégalie suite de fièvres intermittentes : COCHLÉARIA, GENTIANE, QUASSIA en infusions, COLOCYNTHINE, NERPRUN, MERCURIALE, ELLATÉRINE comme purgatifs.

Par suppression des sueurs : ASPERGES, FLEURS DE SUREAU, SCILLITINE, DIURÉTIQUES, SCAMONNÉE, JALAP, HUILE DE CROTON comme purgatifs ; COLCHICINE.

Sans lésions organiques appréciables : RACINE DE BOURDAINE 15 à 20/1000 décoction, réduisez de moitié : p. c. à b. jusqu'a diarrhée établie ; veiller sur le phlogose secondaire des intestins.

Des anémiques : FEUILLES DE HERNIAIRE 80 à 100/1000 décoction ; CURE DE RAISIN.

En général soustraire la cause qui entrave la circulation ou qui favorise l'issue du sérum. Diminuer les effets de compression par des excitants fonctionnels susceptibles de créer un équilibre nouveau de l'économie par émonction.

HYPERHYDROSE *généralisée :* Bains d'AMIDON, AMIDON en applications.

Démangeaisons : Frictions ALCOOLISÉES ASTRINGENTES ; jamais de CORPS GRAS.

Odorante nauséabonde des pieds :

    Emplâtre de diachylum
    HUILE DE LIN   } *àà*

Faites fondre et étendez sur la surface ; renouvelez 2 fois par jour. Bains alcoolisés.   *(Hébra)*.

Lorsque la peau est ramollie :

  Lotions ALC. CAMPHRÉ   10
        DÉCOCTION D'ANETH   100
    Matin, midi et soir.   *(Maurin)*.

Odorante nauséabonde et exulcérante des aisselles et des seins : Mêmes lotions, poudrer avec :

    Poudre de FEUILLES DE MYRTHE
    Poudre de LYCOPODE   } *àà* 20
    Acide salycilique   1
                          (Maurin).

Sans ulcérations : FARINE D'AMANDES AMÈRES en applications.

Suppression des sueurs de l'hyperhydrose, douleurs consécutives : FEUILLES DE GÉRANIUM MOSCHATUM pilées en applications sur la plante des pieds ; SUC DE GOUSSE D'AIL en applications jusqu'à cuisson et lotions immédiates après avec décoction GRAINE DE LIN. Veiller sur les phlyctènes qui pourraient résulter de l'abus du suc d'ail.

En général l'hyperhydrose exige des précautions de propreté excessive mais tout agent médicamenteux qui tendrait à la supprimer, surtout lorsqu'elle est constitutionnelle, procurerait des souffrances et même des maladies graves. C'est un état d'équilibre instable de l'économie qui demande les plus grands ménagements.

HYSTÉRIE *après l'accès* : FEUILLES DE BASILIC infusion chaude, ANTISPASMODIQUES VOLATILS 20 à 30/1000.

Accès pendant ou peu après la menstruation : FLEURS D'ARMOISE 20 à 30/1000 infusion chaude.

Vomissements boule hystérique :

Eau de LAURIER-CERISE	5
Teinture de NOIX VOMIQUE	1
Teinture de QUASSIA	2

V à X avant chaque repas.

FLEURS D'ORANGER
FLEURS DE MÉLISSE } *àà* 20/1000 infusion.
CHENOPODIUM VULVARE

par 1/4 de verre chaude.

Tympanite . GRAINE D'ANIS 20/1000 infusion. FLEURS DE CAMOMILLE PUANTE en lavement et en fomentations sur l'abdomen.

Constipation : ALOÈS ET ASA-FŒTIDA *àà* 0,05 à 0,40 tous les jours en pilules le matin.

Atonie anémie cérébrale : BALLOTE NOIRE 20 à 30/1000 infusion chaude.

Spasmes gastro-intestinaux borborygmes : RACINE D'IMPÉRATOIRE poudre 0,50 à 1 avant les repas.

Surexcitation, éréthisme cérébral : CAMPHRE, HASCHISCH, OPIUM, BELLADONE, ATROPINE.

Éréthisme gastrique, douleurs : HYOSCIAMINE, CICUTINE.

Réflexes spinaux : DATURINE.

Hyperesthésie, migraines : MENTHOL, LABIÉES en infusion.

En général calmer les spasmes chroniques par l'ASA-FŒTIDA, la VALÉRIANE, tenir compte des *aura* lorsqu'il en existe et attaquer alors le mal par les ANTISPASMODIQUES ÉLECTIFS. Ne jamais oublier que la médication végétalienne est ici essentiellement adjuvante et que l'hygiène est le principal remède dans ces affections variant avec l'idiosyncrasie.

ICTÈRE. Symptôme *biliphéique :* ALOÈS, COLO-CYNTHINE, ELLATÉRINE, BRYONINE, DIURÉTIQUES ÉMOLLIENTS, SUCS D'HERBES, IPÉCA.

B. hémaphéique : DIURÉTIQUES, DIGITALINE, CHIENDENT, SPIRÉE ULMAIRE, GENÊT A BALAI infusions nombreuses ; STIMULANTS.

Des globules sanguins : STRYCHNINE, QUASSINE, AMERS, PURGATIFS EXCITANTS, RHUBARBE, SÉNÉ, ALOÈS *(V. Embarras, Catarrhe).*

ICTHYOSE *(V. Herpétisme)*

ILÉUS *par spasme :* BELLADONE, HYOSCIAMINE. Lavements FOLLICULES DE SÉNÉ, CAFÉ fort en boissons.

Par occlusion ou invagination,'siége peu appréciable : TABAC 2 à 4 en lavement ; CAFÉ fort boisson.

(Abercombrie).

En général l'examen du rectum s'impose, et la médecine doit céder le pas à la chirurgie qui seule peut utilement intervenir en cas d'occlusion ou d'invagination. Les HUILES DOUCES seules

34

doivent être utilisées en cas douteux ; les PURGA-TIFS DRASTIQUES sont plus nuisibles qu'avantageux surtout si on les emploie par la bouche.

IMPALUDISME *(V. Fièvre intermittente)*.

IMPÉTIGO. Onctions HUILE D'AMANDES DOUCES. Cataplasmes FÉCULE DE RIZ souvent renouvelés, lotions chaque fois après avec décoction FLEURS DE PENSÉE SAUVAGE *(V. Herpétisme)*.

INCONTINENCE NOCTURNE D'URINE *chez les corhéiques* : BELLADONE intus et extra.

Chez les anémiques : NOIX VOMIQUE, STRYCHNINE par 1/4 de milligramme ; VIN pur aux repas.

Par excitation cérébro-spinale : HYOSCIAMINE, DATURINE par milligramme.

Par faiblesse vésicale ou catarrhe : CUBÈBE.

En général étudier la cause et la combattre par les agents toniques nervins électifs. La médication végétalienne passe en certains cas au rôle d'adjuvant.

INDIGESTION *par aliments de mauvaise qualité :* IPÉCA à dose vomitive.

Après plusieurs heures : PURGATIF. Lavement de FOLLICULES DE SÉNÉ.

Crampes d'estomac : THÉ infusion chaude.

Coliques borborygmes : ANIS infusion chaude.

Par inertie : CAFÉ, QUASSINE.

Par fermentations : Boissons alcoolisées.

Avec douleurs et spasmes : ANTISPASMODIQUES ÉTHÉRÉS.

En général favoriser l'émonction de toutes les substances indigestes par les voies les plus normales vu l'heure première du repas. Remettre l'économie en équilibre par les agents sédatifs ou tonique suivant les cas.

INERTIE INTESTINALE *par atonie* : Poudre de RÉSINE DE JALAP 0.20 à 0,80 suivant effet laxatif ou drastique à obtenir.

Par phlegmasies éloignées de l'intestin : HUILE DE GRAINE DE CROTON TIGLIUM. I à II boissons mucilagineuses pour faciliter la purgation.

Par stase biliaire : RÉSINE DE JALAP.

Par affections cérébro-spinales aiguës : ELLATÉRINE 0,001 à 0,003.

Par affections cérébro-spinales chroniques : ÉCORCE DE CASCARA SAGRADA poudre 0,50 à 0,70 Extrait fluide 2 à 4 aux repas jusqu'à diarrhée établie.

Localisée au sphincter : BRYONINE 0,001 à 0,005 boissons mucilagineuses chaudes après.

Inertie musculaire : ERGOT DE SEIGLE fraichement pulvérisé 0,10 à 0,20 toutes les heures. ERGOTINE DE BONJEAN 0,50 à 2 en potions p. c. à b.

Inertie de l'utérus : SEIGLE ERGOTÉ ou ERGOTINE, rhythmer les mouvements du cœur par la DIGITALINE *(V. Accouchements, Métrorrhagie).*

INFARCTUS HÉMORRHAGIQUE des *poumons*, des *reins*, de *l'utérus*, des *muqueuses (V. Hémorrhagies).*

INFILTRATION *séreuse du poumon* : ELLATÉRINE, SCILLITINE.

Du tissu cellulaire : ÉCORCE SECONDE DE SUREAU 15 à 30/1000 infusion en boissons par 1/4 de verre jusqu'à diarrhée. DIURÉTIQUES, ALOÈS, SÉNÉ.

Des convalescents : GENTIANE, CENTAURÉE, AMERS TONIQUES, COLOMBO, SIMAROUBA, QUASSINE.

INFLUENZA *(V. Grippe, Catarrhe)*.

INSOLATION *céphalée* : RÉVULSIFS aux extrémités. Lavement de FEUILLES DE MERCURIALE 20 à 30/250 décoction.

INSOMNIE *sans phlogose et par douleur* : CHLORHYDRATE DE MORPHINE par 1/2 milligramme.

Par éréthisme bulbaire : BROMHYDRATE DE CICUTINE par 1/2 milligramme.

Par excitation des réflexes : Poudre d'ÉCORCE DE PISCIDIE DE LA JAMAÏQUE 2 avant l'heure du sommeil.

Par surexcitation cérébrale : EXTRAIT DE HASCHISCH DE CHANVRE INDIEN 0,05 à 0,15.

Par atonie : STRYCHNINE et DIGITALINE.

Par fièvre : ACONITINE et DIGITALINE.

Par fièvre hectique : PHELLANDRIE.

Après les convulsions : SUC DE SOMMITÉS FLORALES DE CAILLE-LAIT 1 à 15 tous les soirs jusqu'à diarrhée.

Nerveuse : ANTISPASMODIQUES.

INTERTRIGO. Lotions, décoction d'écorce de CHÊNE ou de BROU DE NOIX. Poudre de LYCOPODE (*V. Herpétisme, Hyperhydrose*).

IRITIS *contre les adhérences* : Collyres à l'ATROPINE et à l'ÉSÉRINE.

Contre l'inflammation : Révulsion sur la muqueuse de la bouche par des collutoires astringents :

TEINT. RATANHIA	} àà	1
Teint. de myrrhe		
Eau		400
		(*Gœger*).

ISCHURIE (*V. Dysurie*).

JAUNISSE (*V. Ictère*).

KÉRATITE *scrofuleuse* :

Tannin	1 à 5
Gomme	10
Eau	20
Collyre 3 fois par jour.	(*Hairion*).

Accidents inflammatoires :

Ratanhia	15
Eau	50
Décoction en collutoire.	(*Quadri*).

LACTATION *insuffisante pour l'exciter :* FEUILLES DE RICIN en application tiède sur les seins jusqu'à révulsion.

Excessive pour la diminuer : FLEURS ET FEUILLES DE MENTHE 10 à 20/1000, infusion chaude ; ALCOOLAT DE MENTHE 1 à 4

Pour l'arrêter : FEUILLES FRAICHES D'ACHE-PERSIL 10 à 15/1000 infusion ; APIOL.

Congestion active du sein : ÉCORCE D'AUNE 10/1000 décoction en fomentations.

Urines rares à l'instant de la suppression : RHIZÔME DE CANNE DE PROVENCE 50 à 60/1000 décoction par verres.

Dyspepsie pendant la lactation : EXTRAIT D'ÉCORCE DE CASCARILLE 0,50 à 1 avant les repas ; TEINT. DE CASCARILLE 1 à 4 dans du vin.

En général il faut éviter pendant la lactation l'usage des LABIÉES à menthol ou camphres similaires, des ROSACÉES, des EUPHORBIACÉES, des SYNANTHÉRÉES à cynarine, des plantes à ACIDE OXALIQUE ou autres acidules et surtout de la RHUBARBE et de toutes les plantes à ACIDE CHRYSOPHANIQUE qui communiquent au lait des propriétés *exanthématiques, tétaniques, purgatives ou drastiques.* (*Maurin*).

LARYNGITE *aiguë primitive* : ÉMOLLIENTS en boissons ; ACONITINE, RÉVULSIFS aux pieds.

Phlegmoneuse : IPÉCA à doses nauséeuses, RÉVULSIFS, DÉRIVATIFS, FEUILLES DE BELLADONE OU DE JUSQUIAME décoction en fumigations.

Spasme, toux quinteuse : HYOSCIAMINE par milligramme ; EXTRAIT DE CHANVRE INDIEN par centigramme toutes les heures.

Aiguë secondaire syphilitique : Infusions de DOUCE-AMÈRE chaude en boissons et en gargarisme.

Varioleuse : FLEURS DE SUREAU en boisson et en gargarisme.

Typhoïde : ÉMOLLIENTS en fumigations.

Morveuse : FLEURS D'ARNICA infusion en boisson et fumigations.

Par métastase de congestion utérine : FLEURS DE MÉNYANTHE 15 à 20/1000 en boisson et fumigations.

Striduleuse : GOMME ASA-FŒTIDA DE LA FÉRULE FÉTIDE 0,05 toutes les heures en pilules 2 à 15 en suspension dans un jaune d'œuf et 80 eau pour lavement. Renouveler le lavement dès qu'il est rendu. Agir par doses massives.

Laryngites chroniques (V. Catarrhe).

LEUCÉMIE. QUINQUINAS, TONIQUES AMERS à base de cynarine.

De l'allaitement : TEINTURE DE CASCARILLE et de COLOMBO à hautes doses.

De la pyohémie : FLEURS D'ARNICA en boisson ; TEINTURE D'ARNICA.

LEUCORRHÉE *accompagnant les flux cataméniaux :* ÉCORCE DE FRUITS DE GRENADIER 20 à 30/1000 décoction, boisson et injections.

Par granulation : FEUILLES DE SALICAIRE 50 à 60/1000 infusion en injection.

Muqueuse : ÉCORCE DE JEUNES POUSSES DE CHÊNE 20 à 30/1000 décoction en injection ; TANNIN.

Muqueuse accompagnant la ménopause : BAIES D'IF 20 à 40/1000 décoction en injection.

A tendance hémorrhagique : ÉCORCE DE MIMOSA 30 à 60/1000 décoction en injections.

Des anémiques : EXTRAIT D'ÉCORCE DE MONÉSIA 0,05 toutes les heures compléter le traitement par des injections aux principes TANNINS.

Des scrofuleux ou lymphatiques : FEUILLES DE NOYER intus et extra.

Des blennorhéiques : BUSSEROLE, CACHOU, BISTORTE en injections.

Des catarrheux : BAUME DE TOLU à l'intérieur, EUCALYPTUS, GENIÈVRE, MYRRHE, GOMME AMMONIAQUE en injection.

Des cachectiques : RACINE DE BISTORTE 30 à 60/1000 décoction en injections.

Muco-sanguinolente des cachectiques par congestion atone de l'utérus : APIOL 0,05 toutes les 3 heures pendant toute la période menstruelle.

En général après s'être assuré que la leucorrhée n'est pas sous la dépendance d'une lésion ulcérative ou granuleuse du col et du vagin, il faut la traiter par les agents que l'on requerrait contre l'affection générale, et, localement, maintenir un état de propreté absolue à la muqueuse par des injections détersives et substitutives longtemps continuées et souvent renouvelées.

LICHEN *(V. Herpétisme).*

LIPOTHYMIE *nerveuse :* TEINT. AQUEUSE DE SUC DE FEUILLES FRAÎCHES D'ANÉMONE PULSATILLE 1 à 4 dans une potion nervine p. c. à b.

LITHIASE *(V. Calculs).*

LOCHIES *sanguinolentes trop abondantes :* RHI-
ZÔME D'ACORE AROMATIQUE 30 à 40/1000 décoction
chaude, boisson et fomentations.

LOMBRICS. CITRON DESSÉCHÉ en poudre 1 à 4
avant les repas ; MOUSSE DE CORSE 20 à 60/1000
infusion à jeun ; SANTONINE 0,05 à 0,30 en
dragées.

LUPUS *(V. Herpétisme).*

LYMPHANGITE *superficielle :* AMIDON en application.
Des abcès profonds : ÉMOLLIENTS.
En général se tenir en éveil contre les lymphan-
gites tenaces et progressives. Ne jamais se servir
d'ASTRINGENTS dans la période aiguë de la
lymphangite.

LYPÉMANIE. Injections hypodermiques de
CHLORHYDRATE de MORPHINE ou d'ATROPINE jusqu'à
effets toxiques.

MALADIE D'ADDISSON. *Asthénie :* QUIN-
QUINA, AMERS, TONIQUES.
Douleurs, vomissements : Injections hypodermiques de MORPHINE ; LIMONADES glacées.
En général s'abstenir de PURGATIFS et réconforter
l'économie par des toniques vrais sans surexcitation.

Maladie de Menière. *Vertiges et nausées :* TONIQUES, SULFATES DE QUININE 0.60 à 1 tous les jours longtemps continué.

(*Charcot*).

Maladie bleue. Repos absolu, entourer l'enfant d'ouate, chaleur douce, vapeurs MUCILAGINEUSES dans l'atmosphère.

Maladie de Bright. Insister sur les EUPEPTIQUES, les DIURÉTIQUES et si l'ascite se montre les PURGATIFS DRASTIQUES.

MENSTRUATION *lente par congestion passive :* RACINE DE BENOITE 15 à 30/1000 décoction chaude.

Surabondante : FLEURS D'ORTIE BLANCHE 80 à 100/1000 infusion froide.

Prolongée : FEUILLES D'ACHILLÉE MILLEFEUILLE 15 à 30/1000 infusion froide.

MÉTRORRHAGIE *par congestion active :* FLEURS D'ORTIE BLANCHE 50 à 60/1000, SUC D'ORTIE. IPÉCA à doses nauséeuses.

Par atonie musculaire : ERGOT DE SEIGLE, ERGOTINE, CANNELLE.

Par spasmes : HYOSCIAMINE.

Par suintement : FEUILLES DE MATICO 80 à 100/1000 décoction froide. TANNINS, VINS.

Par corps étrangers : RUE-SABINE, moyens dangereux.

Post-puerpérale avec rétention de caillots ou de portion du placenta :

Ext. ratanhia	4
Ergotine	1
Ext. thébaïque	0 10
Digitaline	0 01
Eau	150
Eau de fleurs d'oranger	30
Teint de cannelle	15
Sirop de gr. consoude	30

2 à 4 c. à b. par jour.   *(Courty).*

Avec prédominance d'excitation nerveuse :

Teinture de haschisch	2
Sirop ·	30
Eau	120

4 c. à b. par jour.   *(Michel).*

MIGRAINE *cataméniale* : TEINTURE ÉTHÉRÉE de FLEURS DE MATRICAIRE en aspirations et en frictions.

Avec éréthisme cutané : MENTHOL en application. Ne rien attendre des CRAYONS DE MENTHONE A LA PARAFFINE.

Par atonie cérébrale : GRAINES DE PAULLINIE en poudre 0,50 à 2 dans les 24 heures à doses fractées.

Par atonie cérébrale suite d'excès : FEUILLES ET FLEURS DE MARJOLAINE sèches en poudre, en prises.

Par épuisement nerveux: CAFÉÏNE par centigramme, CAFÉ fort à doses fractées jusqu'à nausées.

Avec fulgurations : BROMHYDRATE DE CICUTINE par milligramme.

Avec points sus-orbitaires et faciaux : ACONITINE par milligramme.

Avec intermittence ou rémittence : SULFATE DE QUININE 0,05 toutes les demi-heures.

Avec vertiges : VALÉRIANATE DE QUININE 0,01 toutes les demi-heures.

Par congestion : FEUILLES SÈCHES DE BÉTOINE en poudre, en prises.

Par congestion des méninges par insolation : Cataplasmes de SOMMITÉS FLEURIES DE MERCURIALE aux extrémités.

Post-cibum, des dyspeptiques : RACINE SÈCHE D'ASARET en poudre, en prises. FEUILLES SÈCHES D'ACHILLÉE PTARMIQUE en poudre.

Par métastase de congestion du foie et des organes pelviens : SÉNÉ en lavement, ALOÈS.

Par métastase de congestions thoraciques : PURGATIFS HUILEUX.

• *Par troubles cardiaques* : DIGITALINE.

Par rhumatisme : COLCHICINE, VÉRATRINE.

En général le traitement de la migraine est très délicat et donne pour quelques cas heureux de nombreuses déceptions. A la difficulté du diagnostic de la cause de l'algésie vient se joindre la difficulté plus grande encore de trouver un remède approprié à l'idiosyncrasie. La prescription des purgatifs, des vomitifs, des sudorifiques, des révulsifs comme des émollients et des moindres antispasmodiques est tour à tour indiquée ou proscrite par des phénomènes tantôt apparents, tantôt larvés, qui induisent souvent le praticien

en erreur. Aussi, sauf quelques cas très nettement tranchés, l'expectation et le repos sont les
meilleurs agents contre les migraines.

MILLIAIRE *(V. F. exanthématiques, Suette)*.

MUGUET *des enfants* :

Suc de citron	
Miel	} àà 10
Collutoire 3 fois par jour.	*(Dugès)*.
Acide salicylique	2
Miel	30
Collutoire 3 à 5 fois par jour.	*(Maury)·*

Des vieillards et des asthéniques : SUC DE JOUBARBE,
SUC DE FEUILLES DE SAUGE pour collutoires.

En général s'abstenir de toute préparation et de
toute tisane SUCRÉES ou GOMMÉES. Le MIEL seul
peut être employé pour masquer les acides des
collutoires. Encore vaudrait-il mieux le rejeter
et s'en tenir à des collutoires minéraux acides
pour détacher l'oïdium albicans.

NÉPHRITES. *Défaut de miction* : PARIÉTAIRE,
GUIMAUVE.
Hématurie : BUSSEROLE.
Diarrhées : Conserve de FRUITS D'ÉGLANTIER.
Manque de sueurs sans défaut de tension artérielle :
Injection hypodermique de CHLORHYDRATE DE
PILOCARPINE.

NÉVRALGIES *par défaut de circulation* : TEIN-
TURE DE SAFRAN en frictions.

Eréthiques superficielles : ALCOOL CAMPHRÉ en frictions, EMPLATRE DE POIX DE BOURGOGNE.

A frigore : POUDRE DE RACINE D'ELLÉBORE BLANC 1 à 2 sur emplâtre simple en application. Poudre d'EUPHORBE DES CANARIES 1 à 2 sur emplâtre simple en applications.

Profonde rebelle :

ESSENCE DE TÉRÉBENTHINE	10
HUILE	30

Frictions (*V. Douleurs*).

NYMPHOMANIE : CAMPHRE, DATURINE.

OBÉSITÉ *lymphatique* : FUCUS CRISPUS, FUCUS VESICULOSUS 50 à 100/1000 décoction ou EXTRAIT 1 par jour.   (*Duparcque*).

Adipeuse : COCA sous forme d'élixir ou en décoction avant les repas pour diminuer la boulimie.

Edulcorer les boissons avec le SIROP DE VERJUS.

En général le rationnement des aliments et surtout des boissons est le seul moyen peu puissant que nous ayons de combattre l'obésité, encore faut-il agir avec prudence, tout traitement trop actif pouvant entraîner des phénomènes dangereux de résorption des hydrocarbures en voie de déliquescence.

OBSTRUCTION (*V. Engouement*).

ODONTALGIE *par névralgie trifaciale* : ACO-
NITINE.

> Extrait de JUSQUIAME
> Extrait de VALÉRIANE   } *àà* 0,05
> Oxyde de zinc
> 1 à 5 pilules par jour.   *(Méglin),*

Par congestion active des gencives : TEINTURE DE
SAFRAN en frictions.

Par congestion atone des gencives : RACINE DE
PYRÊTHRE, TABAC, DENTELAIRE, BUIS à mastiquer.

*Par congestion scorbutique ou fongueuse des gen-
cives* : ALCOOLAT DE COCHLÉARIA 4 à 8 dans 200
eau en collutoire.

Par carie : Cautériser le nerf avec

> Acide phénique   0 10
> Alcool   1
> Eau   9

porté sur le point carié.

Douleurs vives : MORPHINE, HYOSCIAMINE en
applications sur le point carié.

Insensibilité obtenue : Mastiquer avec BAUME DE
CALABA, COLLODION RICINÉ.

Fluxion : Cataplasmes FLEURS DE SUREAU.

Fluxions douloureuses : Cataplasmes FEUILLES DE
BELLADONE.

Abcès en formation : Fomentations et collutoires
décoction FLEURS D'ARNICA et TÊTES DE PAVOT.

En général rejeter la CRÉOSOTE et tous les
caustiques amolissant le cément. Éviter les
boissons SUCRÉES, SALÉES et ACIDES.

ŒDÈME (*V. Ascite, Hydropisie*).

Pour faciliter la diurèse : ACHE PERSIL, FEUILLES FRAÎCHES 10 à 15/1000 infusion.

Sans lésions organiques appréciables: POUDRE DE RÉSINE DE SCAMMONÉE 0,20 à chaque repas jusqu'à diarrhée établie.

Des anémiques : FLEURS ET FEUILLES DE HERNIAIRE 80 à 100/1000 décoction.

Passif des cardiaques : FLEURS DE GENÊT A BALAI 20 à 30/1000 infusion. SCOPARINE et ses sels 0,05 à 0,30.

De la conjonctive : Fomentations tièdes de décoction de PLANTES AROMATIQUES. Lotions fréquentes avec

Teinture d'arnica	5
Esprit de Lavande	50
	(*Artl*).

Œdème de la glotte : HUILE DE CROTON TIGLIUM largà manu autour du cou et à l'intérieur.

Œdème du poumon : RÉVULSIFS CUTANÉS.

Atonie des muscles de Résius : RACINE DE CATALPA 30/1000 décoction chaude.

Œdème des nouveau-nés : Frictions chaudes et massage avec HUILE DE CAMOMILLE.

Pulmonaire : DIGITALINE (*Legroux*) ; DIURÉTIQUES JALAPS (*Bamberger*).

OLIGURIE *essentielle* : LIMONADES ACIDES ; se garder des DIURÉTIQUES TOXIQUES : DIGITALE, SCILLE, etc., qui accumulés produiraient de graves désordres.   *(Goldin-Bird)*.

Des fièvres : LIMOMADES ACIDES, DIURÉTIQUES ANODINS PAR LES SELS.

Compensatrice : DIGITALINE.

Des hydropiques : LIMONADES AU CITRON, un à huit citrons par jour, combattre le pyrosis par la magnésie calcinée.   *(Trinkousky)*.

EXTRAIT DE RACINE DE CAÏNÇA
GOMME-GUTTE   } *àà* 1,20

En 6 pilules, 1 à 6 par jour.   *(Fonssagrives)*.

Toutes les RÉSINES sont diurétiques en raison inverse de leur pouvoir purgatif.   *(Maurin)*.

Teinture de scille
Teinture de digitale   } *àà*

Frictions.   *(Coudray)*.

SPIRÉE ULMAIRE 15 à 30/1000 infusion.
    (Teissier).

QUEUES DE CERISES macération et décoction.
    (Cazin).

OREILLONS. *Traitement abortif :* FEUILLES D'OSEILLE eu cataplasmes dans de l'eau vinaigrée.
    {*Thomas*}.

Indolents : Frictions HUILEUSES.

Douloureux : HUILE DE BELLADONE en onctions.

En voie d'abcédation : HUILE DE BELLADONE en applications et cataplasmes de FLEURS D'ARNICA pour limiter la suppuration.

OS. *Caries atones* : TEINTURE DE MYRRHE en applications.

Douleurs : TEINT. D'ANEMONE PULSATILLE V à XX le soir à doses fractées ; FEUILLES DE NOYER décoction en fomentations.

OXYURES. Lavement avec décoction de TANAISIE 100/1000.

GOUSSE D'AIL pulvérisée	1
HUILE D'OLIVE	30
Emulsionnez dans	
Eau	125
Pour lavement	
SULFATE DE QUININE	0 50
Eau gommeuse	80
Pour lavement	
GOUSSE D'AIL	1
BEURRE DE CACAO	30

Suppositoire analgésique.

POUDRE DE CITRON DESSÉCHÉ en applications sur les marges de l'anus.

OZÈNE *atonique* : Injections de décoction de RUE FÉTIDE 10 à 20/1000.

Mucosités gluantes putrides : RACINE SÈCHE DE CAMOMILLE ou de PYRÊTHRE en poudre, en prises, jusqu'à phénomènes de phlogose.

Ulcérations : CRÉOSOTE   2
              GLYCÉROLÉ D'AMIDON 40

Porté plusieurs fois par jour sur les points exulcérés.

(Billroth).

PALPITATIONS NERVEUSES *Spasmodiques* :
ORANGERS, FEUILLES ET FLEURS.

Par faiblesse : MÉLISSE, MENTHE, FLEURS DE
MUGUET 15 à 20/1000 infusions chaudes.

ASA FŒTIDA 1 à 2
En lavement. *(Lombard)*.

Gomme ammoniaque
Galbanum
Sagapenum } *àà* 1,20
Myrrhe
Esprit de succin q. s.
En 30 pilules 3 par jour. *(Boërhaave)*.

EAU DE FLEUR D'ORANGER, SIROP DE FLEURS
D'ORANGER, adjuvants et coercitifs, inhalations
de CAMPHRE. *(Lombard)*.

PARALYSIE DES BRONCHES *Fleurs d'arnica* :
Décoction 15 à 30/1000 dans tous les cas où
l'arrêt d'expectoration menace d'asphyxie.

(Fonssagrives).

Par inertie rectale : COLOCYNTHINE.

Paralysie infantile *atone* : ESSENCE DE
ROMARIN en frictions, SOMMITÉS FLEURIES DE
ROMARIN 50 à 100/1000 bains peu prolongés et
souvent renouvelés.

PARASITES *volants* : *mouches, cousins* : BOIS
DE QUASSIA AMARA 20/1000 macération en lotions
sur le corps et pulvérisations dans l'appartement.
Puces, punaises : ESSENCE DE TÉRÉBENTHINE.

Pour : TABAC 4/1000, ACTÉE EN ÉPI 100/1000 décoctions pour lotions. POUDRE DE STAPHYSAIGRE, POUDRE D'ÉCORCE DE FUSAIN en applications.

Acariens : HUILE DE CADE en frictions. Se défier des effets caustiques sur les surfaces érodées (V. *Helminthes, Baccilles*).

PEUR *(Convulsions par la) :* FLEUR DE NARCISSE 15 à 20/1000 infusion.

PHTHISIE *baccillaire :* CRÉOSOTE 1 à 8 dans 1000 VIN et 50 ALCOOL, 1 à 3 c. à b. par jour jusqu'à phlogose.

EUCALYPTUS décoction et émanations, GOUDRON boisson et émanations, SÈVE DE PIN 1 à 6 verres par jour jusqu'à diarrhée.

Insomnie d'excitation : PHELLANDRIE 4 à 10/1000 infusion, sirop 30, PHELLANDRINE par milligramme s'arrêter à vertiges ou spasmes.

En général les médicaments sont utiles toutes les fois qu'ils peuvent amender un symptôme d'inflammation ou une complication. Ils sont dangereux et nuisibles dans tous les cas où on les donne sans indication précise. Il n'est pas de maladie qui, plus que la phthisie, exige la médication à juvantibus et lœdentibus. On ne guérit que les phthisiques par erreur de diagnostic.

PLAIES. *Pansement Lister* :

    ACIDE PHÉNIQUE   1
    Eau   100
    Vaporiser pour assainir l'atmosphère
    ACIDE PHÉNIQUE   5
    Eau   100

Solutions pour laver les instruments, rincer les éponges, laver les surfaces de la plaie et les mains du chirurgien.

    Fils de catgut plongés dans
    ACIDE PHÉNIQUE   20
    HUILE D'OLIVE   100

pour les sutures, ligatures et les drains qui doivent séjourner dans la plaie.

Les autres pièces de pansement taffetas vert, calicot, charpie, bande, coton, doivent être trempées dans la solution 5 0/0 acide phénique.

Le pansement de Lister n'est utile qu'à la condition d'un exact emploi de l'atmosphère phéniquée. Cependant on peut substituer l'ACIDE THYMIQUE à l'acide phénique en cas de répugnance du malade.

Plaies de surface *pour les convertir en plaies sous-cutanées* :

    GUTTA PERCHA   1
    Chloroforme   6

Faites dissoudre ; la TRAUMATICINE ainsi obtenue s'étend avec un pinceau sur les brûlures, etc.

Contuses : TEINTURE ALCOOLIQUE DE SUC CONCRET DE BENJOIN mêlé à l'eau.

Douleur vive : Décoction VALÉRIANE en applications.

Tranchantes : BAUME DU COMMANDEUR DE PERTHES R. D'ANGÉLIQUE.

HYPERICUM	
MYRRHE	
OLIBAN	*àà* 10
ALOÈS	
B. de TOLU	*àà* 60
BENJOIN	
ALCOOL à 80°	720

Cette teinture mê'ée à l'eau jusqu'à louchissement. TEINTURE ALCOOLIQUE DE VERGE D'OR, DIACHYLUM pour affronter exactement les surfaces. Les pansements faits par cette méthode donnent des résultats merveilleux de rapidité à condition qu'une fois les bords de la plaie régulièrement affrontés, et l'ensemble maintenu par des gâteaux de charpie imbibés du mélange adragant, on laisse le pansement en place sans le renouveler jusqu'à cicatrisation. Dans la clinique des villes et des campagnes surtout, où l'infection par les germes nosocomiaux n'est pas à redouter, les *pansements à occlusion* retardés donnent de meilleurs résultats que le pansement de Lister.

(*Coste, Maurin*).

Avec caries laissant à nu des filets nerveux douloureux : TEINTURE ALCOOLIQUE DE GALLES DE CYPRÈS en applications caustiques.

Bourgeons exubérants : POUDRE DE BOIS DE GENEVRIER SABINE en applications jusqu'à phlogose.

Atones séreuses : EMPLATRE DE B DE CALABA.

A flux muqueux : ÉCORCE DE JEUNES POUSSES DE CHÊNE 30 à 50/1000 décoction en lotions.

Phlogosées douloureuses : FEUILLES FRAÎCHES DE JOUBARBE pilées en applications.

Ulcérées cachectiques : PULPE DE RACINE FRAÎCHE DE CAROTTE rapée en applications épaisses souvent renouvelées.

FEUILLES DE CIGUE en cataplasmes sédatifs des douleurs ; SUC DE DENTELAIRE en applications légèrement caustiques.

Ulcérées gangréneuses fétides : POUDRE D'ÉCORCE DE QUINQUINA ROUGE en applications. Lotions et fomentations avec ÉCORCE DE QUINQUINA ROUGE 30 à 50/1000. Décoction.

Suppuration abondante : FLEURS D'ARNICA décoction en lotions et fomentations.

A fermentations baccillaires : RACINE D'AUNÉE 50 à 100/1000 décoction chaude en lotions ; FEUILLES D'EUCALYPTUS 30 à 60/1000 infusion en lotions et fomentations.

Pultacés parasitaires : ONGUENT DE STYRAX EXTRAIT DU LIQUIDAMBAR en applications jusqu'à phlogose.

Scrofuleuses atones :

ESSENCE DE TÉRÉBENTHINE	10
Eau	40

Lotions.

Hémorrhagiques : FEUILLES DE MATICO 50 à 100/1000 décoction froide en lotions et applications, TANNIN en poudre, ÉCORCE DE JEUNES POUSSES DE CHÊNE en poudre, en applications.

En génĕral toute plaie soustraite au contact de l'air tend à la guérison si l'on ne détruit les premiers linéaments des cicatrices par des pansements intempestifs.

Les causes de la béance des plaies et de leurs complications sont : 1º les manœuvres chirurgicales inhabiles ou inutiles, 2º les germes infectieux ; 3º les altérations anatomiques des organes.

Le traitement végétalien dans tous les cas est d'un puissant secours si on l'emploie avec prudence et continuité.

PLEURODYNIE : EMPLATRE POIX DE BOURGOGNE, RUBÉFIANTS.

POLYDYPSIE : SEIGLE ERGOTÉ à doses fractées de 0,01 toutes les 2 h. dans 1 c à b. de vin.

POLYURIE *par asthénie des vaso-moteurs* : TEINTURE ALCOOLIQUE DE SUC DE FEUILLES DE BELLADONE X à XX dans une potion p. c. à b.

Par surexcitation encéphalique : TEINTURE D'OPIUM V à X dans une potion p. ç. à b. EXTRAIT D'OPIUM 0,01 toutes les heures. *(Charvet)*.

POURRITURE D'HOPITAL : SUC DE CITRON en expression sur les plaies. POUDRE DE QUINQUINA ROUGE et de CHÈNES ou CHARBON *àà*, en applications épaisses.

Prurit ou douleur ajoutez CAMPHRE en poudre 1 pour 10 du mélange précédent.

POUX : POUDRE DE RACINE DE PYRÈTHRE, POUDRE DE FRUITS DE CÉVADILLE, POUDRE DE GRAINES DE DAUPHINELLE STAPHYSAIGRE en applications, se défier de l'absorption par les surfaces érodées.

Friction ALCOOL, onction HUILE DE PÉTROLE recouvrez de flanelle imprégnée de cette huile laissez 12 heures, lavez avec solution de savon alcoolisée.

PRURIT *herpétigineux* : RACINE DE SAPONAIRE 60 à 100/1000 décoction en lotions.

Eczémateux : RACINE DE BARDANE 60 à 100/1000 décoction en fomentations.

Par phlogose : FLEURS ET FEUILLES DE BOUILLON BLANC 60 à 100/1000 infusion en fomentations.

Des plaies sanieuses : FARINE DE SEMENCES DE FENU-GREC en cataplasmes; FIGUES 60 à 100/1000 décoction filtrée en fomentations.

Acescent : FEUILLES FRAÎCHES DE CERFEUIL pilées en applications.

Vulvaire : ACIDE PHÉNIQUE 0 50
  GLYCÉROLÉ D'AMIDON 100
En onctions. (*Besnier*).

POUDRE DE VARAIRE, 5/1000 décoction en lotions (*Hartmann*).

Vulvaire acescent : THYMOL 0 10
  Glycérine 10
  Eau 100
En onctions. (*Levis*).

Des prurigos et des lichens : RACINE DE CHICORÉE, RACINE DE RHUBARBE 30 à 40/1000 décoction en fomentations.   (*Maurin*).

Avec inflammation : ÉMOLLIENTS.

Eréthisme cutané sans lésions : EAU DE LAURIER-CERISE en applications.

Eruptions atones : GOUDRON, RACINE D'ELLÉBORE BLANC 5 à 10/1000 en fomentations

PTYALISME *sans cause organique et chez les gens affaiblis* : SOMMITÉS DE MARRUBE BLANC 20 à 30/1000 infusion en gargarisme et en boisson.

PYOHÉMIE : ARNICA à l'intérieur jusqu'à doses nauséeuses, à l'extérieur en fomentations sur les plaies TEINTURE DE CASCARILLE 4 à X en potion.

SULFATE DE QUININE 0,50 à 0,80 en suspension dans 80 eau gommeuse à donner en lavement tous les jours après lavement détersif jusqu'à cessation des phénomènes fébriles

En général maintenir par les TONIQUES la vitalité et, par des BOISSONS AMÈRES ET ANTISEPTIQUES, diminuer les chances de résorption, considérer la fièvre comme prédisposant à l'infection pernicieuse et la combattre vigoureusement.

PYROSIS *des dyspepsies atones* :

Rhubarbe	3
Follicules de séné	2
Safran	0 50

Bois de réglisse   2
Raisins secs   50
Alcool   150

Faites digérer 8 jours, filtrez, p. c. à c. avant les repas.

(*Warner*).

Des herpétiques : GLYCÉRINE 1 c. à c. t. les matins.

(*Sydney*).

Des dyspepsies flatulentes : CHARBON DE PEUPLIER 1 c. à c. avant les repas.

RACHITISME : Couche de FOUGÈRE, infusions de HOUBLON ou de MÉNYANTHE en boissons, bains de décoction de PLANTES AROMATIQUES.

Le traitement végétalien est ici purement adjuvant.

REFROIDISSEMENT *cutané sans phlogose* : FLEURS DE COQUELICOT 10 à 15/1000 infusion.

Avec courbature : ACONITINE, SUDORIFIQUES par petites doses chaudes.

Dans les fièvres adynamiques : FLEURS D'ARNICA 20 à 30/1000 infusion par petites doses chaudes jusqu'a nausées.

Dans les affections pulmonaires : RACINE DE POLYGALA DE VIRGINIE 20 à 30/1000 infusion chaude par petites doses jusqu'à nausées.

Chez les hystériques : FLEURS D'ARMOISE 20 à 30/1000 infusion par petites doses chaudes.

Chez les herpétiques chroniques : ÉCORCE DE BOULEAU 15 à 20/1000 décoction chaude.

Chez les exanthématiques : FLEURS DE VIOLETTE 15 à 20/1000 infusion chaude légèrement alcoolisée par petites doses, RÉVULSIFS.

En général rétablir les fonctions cutanées indirectement en incitant le bulbe rachidien et directement en excitant la peau.

REPERCUSSION (V. *Refroidissement*).

RÉTENTION *des règles et de toutes les crises* : SOMMITÉS FLEURIES DE MARRUBE BLANC 15 à 20/1000 infusion chaude, HYOSCIAMINE.

D'urines : HYOSCIAMINE par 1/4 de milligramme doses fractées.

RÉTRACTIONS MUSCULAIRES *chroniques* : sont quelquefois amendées par les BAINS DE MARC DE RAISIN,

RHUMATISME AIGU *à frigore* : ACONITINE.

Musculaire : DATURINE.

Musculaire limité aux régions inférieures : Infusion de TIGES DE DOUCE-AMÈRE 10 à 15/1000.

Articulaire : FEUILLES DE BELLADONE en cataplasmes.

Douleurs vives éréthiques : COLCHICINE par 1/2 milligramme. Veiller sur les complications cardiaques la colchicine agissant seulement comme analgésique et n'enrayant pas la fièvre rhumatismale et ses complications.

Douleurs lancinantes pulsatives par afflux sanguins :
Feuilles blanchies de STAPHYSAIGRE en cataplasmes.

Eréthisme cutané : SOMMITÉS FLEURIES D'ORIGAN 20 à 30/1000 en infusion chaude et en cataplasmes.

Urates nombreux, urines rares : FEUILLES DE FRÊNE COMMUN 30 à 60/1000 infusion chaude par doses fractées.

Douleurs fulgurantes névralgiques : HYOSCLAMINE ou BROMHYDRATE DE CICUTINE par 1/4 de milligramme et alternativement SULFATE DE QUININE par 0,05 toutes les heures, s'arrêter à symptômes narcotiques ou bourdonnements.

En général ne combattre que les accidents douloureux et les complications, sans surcharger l'économie de médicaments qui n'atténuent en rien la fièvre rhumatismale.

Rhumatisme chronique *goutteux* (V. *Goutte*).
Herpétique (V. *Herpétisme*).

Excrétions insuffisantes : DIURÉTIQUES, FRÊNE, HIÈBLE, RAIFORT, SUREAU ;

SUDORIFIQUES, ACONITINE, SPIRÉE, SAUGE ;

PURGATIFS, BRYONINE, ELLATÉRINE, COLOCYNTHINE ;

EXCITANTS CUTANÉS, RÉVULSIFS, MOUTARDE, GAROU, GENEVRIER ;

EXCITANTS GÉNÉRAUX, LABIÉES, MARRUBE, MENTHE, LAVANDE, ARNICA, FRÊNE ;

NARCOTIQUES et ANALGÉSIQUES.

Douleurs localisées névralgiques :

ESSENCE DE TÉRÉBENTHINE	10
Chloroforme	10
HUILE DE JUSQUIAME	20

En frictions.

Douleurs sub-aiguës : SALICYLATE DE SOUDE 0,50 2 fois par jour.

Douleurs atones : Fumigations de vapeurs de bois de gaïac (V. *Douleurs*).

En général le traitement très complexe du rhumatisme chronique exige la connaissance absolue de la cause organique qui maintient en activité le principe rhumatismal. Ici plus que pour le rhumatisme aigu, la bonne institution d'une médication générale est avantageuse et doit fixer l'attention du praticien. Les phénomènes morbides et surtout les indications changent avec l'idiosyncrasie de chaque malade.

RHUME (V. *Coryza, Catarrhe*).

ROUGEOLE *prophylaxie* : ATROPINE 1/4 de milligramme tous les matins.

Au début :

Ext. BELLADONE	0 05
Alc. d'ACONIT	1
Sirop	30
Eau	100

p. c. à b. t. les h. MAUVE et VIOLETTE en boisson chaude jusqu'à cessation de l'éruption. (*Maurin*).

Éruption peu intense : SINAPISME sur la poitrine.
(*Trousseau*).

Eruption rentrée, dyspnée intense : Flagellation avec branches d'ORTIE.   (*Trousseau*).

Otorrhée : Instillatious dans l'oreille d'HUILE DE JUSQUIAME.   (*Bouchut*).

Eruption faible : Décoction de SUREAU.

Ophthalmie, coryza intense, œdème des paupières. conjonctivite : Fomentations, décoction de FLEURS DE SUREAU tiède.

En général point de remèdes inutiles et lutter dès le principe contre toute complication par les agents appropriés.

SCARLATINE (V. *F. exanthématiques, Rougeole*).

Laryngite, toux quinteuse :

Alc. d'ACONIT	1
Eau de LAURIER-CERISE	2
Sirop de FLEURS D'ORANGER	30
Eau de TILLEUL	100

p. c. à c. à c. à b. t. les h.   (*Maurin*).

FLEURS DE BOURRACHE ET DE COQUELICOT infusion tiède.

Les boissons glacées doivent être réservées pour les cas d'atonie ou d'adynamie profondes où la médecine perturbatrice peut seule avoir sa raison d'être et son utilité.

Complications (V. *Anasarques*) durant la période de desquammation, favoriser l'émonction par les décoctions excitantes générales d'AUNÉE, d'HYSSOPE, les PURGATIFS DOUX et les DIURÉTIQUES CARDIAQUES et RÉNAUX, DIGITALINE, SCILLITINE, BRUCINE, STRYCHNINE, ACIDE BENZOÏQUE.

SALIVATION *surabondante* : Infusion de MAR-
RUBE BLANC.

SATYRIASIS : CAMPHRE, ANTISPASMODIQUES,
BAINS DE TILLEUL.

SCIATIQUE (V. *Névralgie, Douleurs*).
Rebelle : RUBÉFIANTS largà menu.

Ess. de TÉRÉBENTHINE	75
Ammoniaque	40
Teint. de cantharides	15

jusqu'à pustulation.　　　　　　　　(*Yseta*).

Ancienne rebelle : Feuilles pilées de RENONCULE
ACRE en applications eczématogènes.

En général après avoir recherché la cause probable, s'être assuré de l'état organique, avoir
combattu les symptômes généraux, il ne faut
pas craindre de modifier la vitalité des extrémités nerveuses par de larges altérations du
derme dans les cas invétérés. L'établissement de
vastes eczémas factices est la dernière ressource
pour amender les sciatiques douloureuses et
rebelles.

SCROFULES *atones* : EXTRAIT DE BROU DE NOIX
1 à 4 par jour dans du vin ou en pilules.

FEUILLES DE NOYER 50 à 60/1000 décoction
intus et extra.

Le NOYER est le spécifique tonique des scrofuleux.

Surcharge d'hydrocarbures : CÔNES DE FLEURS OU LUPULIN DE HOUBLON 0,50 à 1 ; TEINTURE DE LUPULIN 3 à 5 le matin à jeun, continuer longtemps.

A peau sèche : BOIS DE GAYAC 30 à 50/1000 décoction.

Excrétions rares : AUNÉE, GENTIANE, RAIFORT, ORME.

Atonie des organes digestifs : SOUCI.

Atonie des organes cutanés : GAÏAC, ACONIT, ROMARIN et PLANTES AROMATIQUES en bains.

Eréthisme des organes : PHELLANDRIE, DOUCE-AMÈRE.

Eréthisme des vaisseaux : ORTIE BLANCHE, MÉ-NYANTHE.

En général les modificateurs de l'état scrofuleux sont nombreux, mais les résultats de leur emploi sont lents. La médication végétalienne doit jouer un rôle auxiliaire important, mais elle ne saurait, à elle seule, transformer la constitution. Il ne faut pas oublier que la diathèse scrofuleuse est une diathèse de transition. Toute maladie héréditaire s'annonce par des phénomènes lymphatiques. Ces phénomènes masquent l'évolution première de la diathèse spéciale. Il importe que le praticien recherche la cause originelle et la combatte à l'aide des agents spécifiques. C'est pourquoi tantôt le noyer, tantôt la ciguë, le tussillage, le gaïac, le garou, etc., seront indiqués. Jamais plus qu'ici le clinicien ne reconnaîtra la vérité du « Naturam morborum ostendunt curationes. »

SECRÉTION DU LAIT (V. *Lactation*).

SPASMES : FEUILLES D'ORANGER 20 à 30/1000
infusion chaude, EAU DE FLEURS D'ORANGERS 2
à 10.

Du larynx : GOMME ASA-FŒTIDA. 0,05 t. les h.

Gastro-intestinaux des hystériques : RACINE D'IM-
PÉRATOIRE en poudre 0,50 à 1 après les repas.

Des anémiques : PÉTALES DE ROSES ROUGES 10 à
20/1000 infusion chaude.

Vésico-uréthraux : TEINTURE ALCOOLIQUE DE
FEUILLES DE BUCHU 1 à 4.

Des sphincters : HYOSCIAMINE.

En général médication accessoire, le spasme ne
constituant qu'une complication (V. *Convulsions*).

SPERMATORRHÉE *par compression vésicale* :
FEUILLES D'ABSINTHE infusion diurétique.

Par priapisme : LUPULIN 0,50 à 1 tous les soirs,
CÔNES DE HOUBLON décoction froide tous les soirs.

Par éréthisme : CAMPHRE, LACTUCARIUM.

En général n'avoir qu'une médiocre confiance
aux agents végétaux ; disposer surtout la couche
du malade et soigner son alimentation, son
hygiène morale et sa diététique.

SPLÉNOMÉGALIE *atone* : SUC DE FEUILLES
FRAÎCHES DE FUMETERRE 1 à 2 c. à b. le matin
jusqu'à diarrhée.

SQUAMMES *des dermatoses sèches* : Décoction de BAIES DE GENÉVRIER OXYCÈDRE en lotions et applications.

STOMATITE *granuleuse* : FEUILLES DE RONCE 30 à 60/1000 décoction en collutoire ; RATANHIA, BISTORTE, COCA collutoires.

Scorbutique : SUC DE CITRONS, ALCOOLAT DE COCHLÉARIA, SUC DE CRESSON tous les crucifères en collutoire ou en nature et mastication.

Gangréneuse : QUINQUINA, CITRON, EUCALYPTUS en collutoires (adjuvants du traitement).

Mercurielle : Ne rien attendre des végétaux.

En général tous les collutoires, toutes les décoctions doivent être employés sans sucres ni sirops. Supprimez les acides si les dents sont cariées.

SUDORIFIQUES : FEUILLES DE JABORANDI 20/1000 macération par 1/2 verre ; NITRATE DE PILOCARPINE 0,005 à 0,01 ; OLÉOSACCHARURE DE FEUILLES DE MÉLALEUQUE CAJEPUT XX à L.

SUEURS *profuses des tuberculeux* : AGARIC en poudre 0,05 à 0,30. Infusion froide de SAUGE 20/1000. HYOSCIAMINE, DUBOISINE par 1/2 milligr.

Fétides des pieds et des aisselles : FARINE D'AMANDES AMÈRES en applications.

Arrêtées par refroidissement : ACONITINE.

Des pieds supprimées : Feuilles de GÉRANIUM MOSCHATUM OU FARINE DE MOUTARDE en applications.

SUINTEMENTS *glutineux des herpès formant croûtes* : FLEURS DE PENSÉE SAUVAGE 30 à 50/1000 décoction intus et extra.

Pyoïdes des herpès : SOMMITÉS DE LAVANDE infusion en lotions.

SURDITÉ *par bloc céruminique :* SUC DE BULBE D'OIGNON BLANC 1 pour 6 eau en applications dans le conduit auditif. Suspendre s'il survient des vertiges, signes d'excitation myringétique.

Catarrhale : Fumigations de SOMMITÉS DE SAUGE, TEINT. HUILEUSE DE PLANTES AROMATIQUES dans le conduit auditif.

SUREXCITATION CÉRÉBRALE : EXTRAIT DE HASCHISCH 0,05 à 0,15.

SYNCOPE : FLEURS ET FEUILLES DE MÉLISSE 20 à 30/1000 infusion chaude, ALCOOLAT DE MÉLISSE 1 à 4.

Nerveuse : TEINT. AQUEUSE DE SUC DE FEUILLES FRAÎCHES D'ANÉMONE PULSATILLE 1 à 4 dans une potion nervine p. c. à b. t. les 1/4 d'h.

SYPHILIS *chronique surtout dans les accidents de transition :* FEUILLES ET BAIES DE LIERRE HELIX 20 à 30/1000 macération, continuer longtemps ; ÉCORCE ET RACINE DE CAROBA 15 à 30/1000 décoction chaude, sudorifique de compensation ;

(*Thompson*).

ÉCORCE DE DAPHNÉ GNIDIUM 5/1000 décoction, diurétique très excitant, veiller aux inflammations

secondaires; PERSICAIRE AMPHIBIE 100/1000 décoction réduite à moitié par 1/4 de verre jusqu'à
diarrhée établie.

Résine de GAÏAC	20
SASSAFRAS	15
Baume du PÉROU	1
ALCOOL	100

Teinture p. c. à café tous les matins.

(Gouttes des Jésuites).

Rac. SALSEPAREILLE	
Feuilles et racine de BOURRACHE	
Pétales de ROSES ROUGES	àà 12
Feuilles SÉNÉ	
ANIS ÉTOILÉ	

Eau faites une colature et transformez en sirop avec
sucre 2000 3 c. à b. par jour. *(Rob Bugveau-Laffecteur).*

Racine de BARDANE	20
Bulbe de COLCHIQUE	2
Feuilles sèches de CIGUE	4
Racine de SAPONAIRE	20
Bois de GAÏAC	20
Racine de SALSEPAREILLE	15
Tiges de DOUCE-AMÈRE	15

Décoction dans 2000 eau par 1/4 de verre tous les matins.

(Melchior Robert).

Racine de SALSEPAREILLE	45
Bois de GAÏAC	
— SASSAFRAS	àà 15
— RÉGLISSE	
— Daphné meyerium	3
Eau	1500

Décoction réduite à 1000. Passez par 1/4 ou 1/2 verre
1 à 3 fois par jour.   *(Gibert).*

Gaïac rapé	
Salsepareille	
Squine	*àà* 8
Sañapas	
Racine de fraisier	16
Eau	1000

Décoction 1 à 2 verres par jour.   (*Bochet simple*).

Ajoutez à la précédente :

Séné follicules	*àà* 15
Manne .	

(*Bochet purgatif*).

La tisane de BOCHET ou SERPENT des herboristes est formée de tous les déchets, sa composition est donc essentiellement variable, et ses effets très incertains.

Diète sèche : Alimentation exclusive par les FRUITS SECS, DATTES, FIGUES, NOIX, JUJUBES, RAISINS, GALETTES à discrétion pendant 40 à 60 jours. VIN pur pour boisson. Puissante méthode d'amendement de l'économie dans les syphilis rebelles et invétérées surtout contractées dans les pays chauds.   (*Maurin*).

En général le traitement des accidents syphilitiques par les végétaux n'a qu'un seul avantage : il permet au praticien de laisser le malade se reposer de l'abus des mercuriels et des iodures. Tandis que l'on emploie ces moyens empiriques l'économie se débarrasse des doses minérales accumulées et la santé est souvent la conséquence sinon du traitement végétalien, du moins de l'arrêt de l'intoxication de l'organisme, très commun surtout chez les syphilomanes.

TŒNIA : FEUILLES ET JEUNES POUSSES D'ABI-
TSALIM 15 à 20 en hâchis dans eau q. s.

Graines de COURGE 50 à 60 émulsion pendant
huit jours.   (Trousseau).

PELLICULE VERTE DE GRAINES DE CITROUILLE
15 à 20 dans du miel.   (Heckel).

Huile de Fougère mâle	2 à 4
Gomme pulv.	3
Teint. de muscade	6
Sirop de Tolu	18
Eau de cannelle	30

à prendre en une fois dans autant de lait.   (West).

Hâchis de fleurs de COUSSO 15 à 20 dans de
l'eau tiède.

KOUSSÉÏNE 0,02.

Ecorce de racines de GRENADIER 60/1000.
Réduire de moitié par ébullition.

Sulfate de PELLETIÉRINE 0,15 à 0,20.

Kamala	2 à 4
Eau de menthe	80
Sirop de menthe	20

à prendre en trois fois.   (Steiner).

TEINTURE ALCOOLIQUE DE KAMALA 20.

En général dans tous les cas mettre le malade
à la diète le soir, la veille, lui faire prendre 20
d'HUILE DE RICIN, 2 heures avant et 2 heures après
l'administration du remède. Dans les cas rebelles
SOUPE A L'AIL le matin pendant 8 à 10 jours
avant l'administration du tœnicide.

TACHES DE ROUSSEUR : ÉMULSION D'A-
MANDES AMÈRES en applications tous les soirs.
Lotions alcalines le matin.

ANÉMONE PULSATILLE 15 à 20/1000 infusion en
lotions fréquentes.   *(Bonnel)*.

TEIGNE FAVEUSE : Suie de bois   ⎫ *àà* 15
                      Huile   ⎭

Oindre la tête le soir et laver le matin avec
décoction de FLEURS DE PENSÉE SAUVAGE.

                               (Maurin).

Laiteuse : Décoction de FLEURS DE PENSÉE
SAUVAGE en lotions et en boisson.

Tonsurante : Beurre de cacao ⎫ *àà* 5
             Cire blanche   ⎭
             Huile de croton   10

Appliquer avec précaution après avoir fait
tomber les croûtes à l'aide de cataplasmes de
FÉCULE DE RIZ. Lotions fréquentes dans le jour
avec décoction de BROU DE NOIX.

En général la nature parasitaire des teignes
exige des soins méticuleux, une excessive propreté et l'emploi alternatif de caustiques et
d'astringents doux. Il faut veiller sur l'inflammation, la modérer sans la détruire, c'est un long
et pénible travail de patience dans les *teignes
invétérées*. L'épilation est même indispensable
pour détruire les germes cachés dans la racine
du poil. Durant la convalescence il y a avantage
à oindre la tête avec de l'HUILE DE LAVANDE.

TENESME : RIZ DÉCOCTÉ A CREVAISON édulcoré au SIROP DE RATANHIA et acidulé au SUC DE CITRON.   *(Fuster)*.

Après ingestion de fruits couverts de rosée : FLEURS DE BOURRACHE.   *(Comte)*.

TÉTANOS : ACONITINE, ATROPINE.

Contractions douloureuses : Fomentations chaudes de décoctions de DATURA ou de BELLADONE ou de TABAC.

Eréthisme intense : TEINTURE DE CHANVRE INDIEN jusqu'à sommeil.

Convulsions généralisées : EXTRAIT DE FÈVE DE CALABAR 0,01 toutes les heures.
          (Martin Damourette).

Paralysie : Frictions ESSENCE DE TÉRÉBENTHINE.

TORTICOLIS *par refroidissement :* Application de cataplasmes secs d'ORIGAN, de MENTHE ou autres labiées chauffées à la poële. (Excellente pratique populaire).

Rhumatismal : Cataplasmes de CHENOPODE VULVAIRE, de BELLADONE.

Avec engorgement ganglionnaire : Cataplasmes de FLEURS D'ARNICA.

TOUX *convulsive de la dentition :* Infusion de FLEURS DE COQUELICOT.

De la puberté : CODÉÏNE. infusion de TUSSILAGE.

De l'anémie : AUNÉE, GRANDE CENTAURÉE.

De la chlorose : MARRUBE, HYSSOPE, ORIGAN, MENTHE.

Des hystériques :

Racine de valériane	1
Feuilles sèches de digitale	0 50
Sucre	1

Pulvérisez en 10 prises 1 toutes les heures.   (*Maurin*).

Aux époques cataméniales : Infusion de MILLE-FEUILLE.

Par excitation nerveuse : FLEURS ET FEUILLES DE BOUILLON BLANC 30 à 60/1000.

Spasmodique : ASA-FŒTIDA 0,05 trois fois par jour ; infusion de MARRUBE BLANC.   (*Maurin*).

Quinteuse sans phlogose : SIROP DE CODÉÏNE 20 à 30. (*V. Catarrhe, Bronchite, Tubercules, etc.*)

TRANCHÉES (*V. Coliques*).

TRISMUS *traumatique* (*V. Tétanos*).

Sympathique : BRUCINE, HYOSCIAMINE par 2 milligramme en lavement (durant la période de dentition et chez les nouveau-nés on peut donner ces alcaloïdes en lavement au 1/5 ou 1/10 de milligramme et avoir des résultats).

Hystérique : EAU DE LAURIER-CERISE 2 à 4 en lavement (si le trismus persiste après l'accès — contre le trismus durant l'accès il n'y a rien à faire).

Méningétique rhumatismal : HYOSCIAMINE lavements répétés.

TUBERCULES (*V. Phthisie*).

TUMEURS BLANCHES. *Acuité* : FLEURS D'AR-
NICA en cataplasmes jusqu'à éruption vésicoïde.

Atonie : TEINT. DE ROMARIN en frictions. SOM-
MITÉS FLEURIES DE ROMARIN décoction 100/1000
en bains peu prolongés 10' à 15' répétés alternativement tous les 2 jours.

VRILLES DE VIGNE décoction concentrée en
fomentations, décoction en tisane   (*Rust*).

RACINE DE BRYONE 30 à 50/1000 décoction
concentrée additionnée par moitié de vinaigre et
saturée de chlorure de sodium, fomentations
tièdes.   (*Trompel*).

En général la médication végétalienne joue un
rôle important, tempérant ou mâturatif suivant
les cas.

Tumeurs froides (*V. Engorgements*).

TYMPANITE *par rétention des matières* : FLEURS
DE CAMOMILLE ROMAINE décoction en lavement
et en boisson.

Des hystériques : MENTHE POIVRÉE en infusion,
ANIS en infusion, VALÉRIANE décoction en lavement.

Par atonie : Noix vomique   0 30
             Anis   15
En poudre, en 3 prises une avant chaque repas.
                    (*Raynaud*)·

ULCÈRES *atones sanieux* : PÉTALES DE ROSES
ROUGES, cataplasmes au vin.

Sanieux et fétides : Cochléaria

                  Eucalyptus   } àà 30/1000

                  Aunée

Décoction pour fomentations.

Fongueux putrides : PULPE DE CAROTTE en applications souvent renouvelées.

Douloureuses profondes des plis cutanés :

     Mucilage de pépins de coings   15

     Extrait de ratanhia   5

En applications.   *(Archambault)*,

Fétides et douloureux : Cataplasmes de CÔNES DE HOUBLON.   *(Frôtter)*.

Bourgeons atones : Cataplasmes de FEUILLES D'OSEILLE.   *(Richerand)*.

Douloureux : Cataplasmes de MIE DE PAIN ET DE FEUILLES DE BELLADONE.   *(Trousseau)*.

Prurigineux : Cataplasmes de MIE DE PAIN ET DE FEUILLES DE CIGUE.   *(Storck)*.

Diphthéritique : PAPAÏNE en applications.

Fistuleux : Tiges de LAMINAIRE pour dilater les conduits.

En général les applications les plus diverses des qualités des plantes ont été faites pour la médication des ulcères. En réalité on n'obtient avec ces agents que des modifications de surface et l'on peut ainsi faire disparaître quelques complications mais un traitement plus énergique est nécessaire pour achever la cure.

URATES *en excès sans phlogose :* FEUILLES DE FRÊNE 30 à 50/1000 décoction chaude.

UTÉRUS *excitant vasculaire spécial* : APIOL
EXTRAIT DES SEMENCES DE PERSIL en dragées
de 0,05.

Excitant musculaire spécial : ERGOT DE SEIGLE
fraîchement pulvérisé 0,25 à 1 ; ERGOTINE.

VAGINITE *douleurs aigues* : ARENARIA RUBRA,
SABLINE 40 à 50/1000 décoction.

Chronique : GOMME AMMONIAQUE DE DORÊME
20/1000 solution en injection ; suspendre à phlogose.

VARIOLE. *Au début :*

Alc. d'aconit	1
Sirop de belladone	80
Eau	100

p. c. à c. à c. à b. t. les h.

Infusion MAUVE ET VIOLETTE chaude.

Éruptions : Acide salycilique	1
Alcool	9
Sirop	20
Eau	80

p. c. à c. à c. à b. t. les h. comme modérateur, défervescent et sédatif.   *(Bouyer).*

Huile de croton	V à XV
Tartre stibié	0,05 à 0,20

Onction sur le thorax ; l'éruption y devient plus confluente
et demeure légère à la face.   *(Ch. Perrin).*

Ac. phénique	0,50 à 1
Pot. gommeuse	100

p, c. à c. ou à b. t. les h.   *(Chauffard).*

Onctions HUILE D'OLIVE sur la figure, la tenir constamment huilée. C'est le plus sûr moyen d'éviter les cicatrices difformes.   *(Maurin).*

En général ne recourir aux remèdes qu'avec prudence et pour combattre les complications. '
(*V. Fièvres exanthématiques, Rougeole, Scarlatine*).

VERS (*V. Helminthes, Lombrics, Ascarides, Oxyures, Tœnias*).

En général ne croire aux affections vermineuses que lorsque des helminthes ont été rendus, ou lorsque des symptômes anormaux se présentent dans le cours d'une maladie déterminée. Choisir les vermicides et les vermifuges d'après les espèces d'helminthes à combattre.

VERTIGES *a stomacho-læso* (*V. Dyspepsie*).

Hystériques : MÉLISSE. POULIOT, MENTHE, SAUGE infusion chaude.

Épileptiques : VALÉRIANE et ses SELS.

Apoplectiques : ALOÈS, SÉNÉ.

Syncopaux : ALCOOLAT DE MÉLISSE, LAVANDE, ROMARIN, ÉTHERS.

En général il est très important de rechercher la cause première des vertiges pour instituer une médication efficace.

VOMISSEMENTS *par atonie bulbaire* : MENTHE, ANIS, ALCOOL.

Par éréthisme nerveux : EAU DE LAURIER-CERISE, CAMPHRE.

Par excitation cérébrale : MORPHINE, BELLADONE.

Par réflexes gastriques : PURGATIFS, QUASSINE. ASTRINGENTS, CASCARILLE, COLOMBO.

Par réflexes utérins : ARMOISE, STRYCHNINE, MORPHINE.

Par réflexes sténotiques : HYOSCIAMINE, lavements de TABAC, d'EAU DE LAURIER CERISE 2 à 4/250.

Par réflexes d'ulcérations : CRÉOSOTE.

Par mouvements irréguliers du liquide céphalo rachidien : ANESTHÉSIQUES, REPOS.

En général étudier la cause première du vomissement et ne combattre ce symptôme que par des agents rationnels employés avec mesure. Le vomissement est toujours un réflexe, mais les origines de chaque réflexe varient à l'infini, le même médicament ne saurait en triompher dans tous les cas ; le clinicien peut seul déterminer l'indication d'après l'idiosyncrasie.

TABLE DES MATIÈRES

Préface...................................... 5

Étude générale du végétal au point de vue thérapeutique................. 10
Plante, aliment ou remède.............. 10
De l'habitat............................ 13
De l'état de végétation................. 14
De la récolte........................... 16
De la conservation...................... 16
Valeur thérapeutique. 17
Des préparations........................ 20

Répertoire alphabétique des végétaux et de leurs produits............. 21

Memorandum clinique............... 360
Classification des agents thérapeutiques tirés des végétaux................. 360
Tableau analytique des agents thérapeutiques tirés des végétaux : plante, partie employée, partie active, formule et doses, indications cliniques.......... 364

Emploi des plantes dans chaque maladie............................ 415

SAVONS DE A° MOLLARD

A. JOUBERT
Pharmacien de 1re classe, Successeur

VENTE EN GROS

PARIS, 8, Rue des Lombards, PARIS

Paris 1872   Paris 1878

Médaille d'Argent, PARIS : 1885

SAVONS SULFUREUX DE TOILETTE D'E A° MOLLARD, Le pain : Prix
Ces savons, sans causticité, des plus onctueux, des mieux parfumés et n° 1, 1
remarquables de finesse, sont d'une très grande utilité pour les personnes n° 2, 1 50
à peau délicate, sujettes aux irritations ou aux récidives d'affections n° 3, 2 »
cutanées. n° 5, 4

SAVONS SULFUREUX MÉDICINAUX *(action alcaline légèrement* n° 53, » 50
sulfureuse). **A la dose de 2 pains**, on obtient des bains précieux dans n° 54, 1
les affections chroniques sèches : *prurigo, lichen, etc*, avec les......... n° 55, 2
Contre le *psoriasis, l'eczéma chronique*, les *croûtes lichenoïdes*, on obtient
une rapide guérison par de simples **frictions** avec le .... n° 56, 3 »

CRÈME DE BARÈGES. Avec cette crème savonneuse, on prépare
des **bains** qui ont la *douceur* des eaux sulfureuses naturelles et
l'activité sans l'âcreté blessante, des bains artificiels au tri-sulfure.
Contre les *affections cutanées*, employez .... n° 32, 1 50

Pour guérir les *Rhumatismes*, 1 bain de 20 minutes tous les jours
pendant 20 jours : chacun avec un *Grand Flacon*.............. n° 33, 2

CRÈME SULFUREUSE DE SAVON A° MOLLARD. Très active
en **lotions chaudes** ou en **frictions** contre *acnés, masque et affections
parasitaires*. Elle détruit aussi la **gale** en quelques heures sans laisser
d'irritations, ni de prurigo............ n° 31, 3

POMMADE ALCALINO-SULFUREUSE A° MOLLARD, en
onctions pour la nuit. Elle détruit *éphélides, masques, acnés, pityriasis
versicolor, sycosis*. n° 46, 3

POMMADE SULFUREUSE A° MOLLARD (pour la tête).
Elle est précieuse pour arrêter la *chute* des cheveux, faire disparaître
le *pityriasis-furfur* et embellir la chevelure............ n° 30, 2

SAVON AU GOUDRON DE A° MOLLARD (sans causticité)...... n° 28, 1 »

— Phéniqué,	n° 29,	1 »	Savon Ioduré, 10 0/0..	n° 39, 2 »
— Sulfo-phéniqué,	n° 50,	1 »	— au Sublimé, 10 0/0	
— Sulfo-Goudron,	n° 51,	1 »	*(dose pour 1 bain)*,	n° 41, 2 »
— Boraté,	n° 34,	1 »	— Prophylactique,	
— Camphré,	n° 35,	2 »	(10 0/0 *bichlorure*),	n° 42, 1 50
— au Thymol,	n° 36,	1 »	— au Napthol,	n° 63, 1 50
— à l'huile de Cade,	n° 18,	1 50	— au Calomel, 10 0/0	n° 60, 1 50

Médecine Vétérinaire

SAVON PHÉNI-GOUDRON *(suivant grosseur)*. La douz. 6 fr. 12 fr. et 24
 — **SULFUREUX VÉTÉRINAIRE PHÉNATÉ** — 6 fr. 12 fr. et 25
CRÈME SULF, VÉTÉRINAIRE PHÉNATÉE, le 1 2 kilo. 3
 — **DOUBLE SULF, VÉTÉRINAIRE**, le 1 2 kilo. 3

www.ingramcontent.com/pod-product-compliance
Lightning Source LLC
Chambersburg PA
CBHW031355210326
41599CB00019B/2776